Springer-Lehrbuch

Ansgar Steland

Basiswissen Statistik

Kompaktkurs für Anwender aus Wirtschaft,
Informatik und Technik

Dritte, überarbeitete und erweiterte Auflage

 Springer Spektrum

Ansgar Steland
Institut für Statistik
und Wirtschaftsmathematik
RWTH Aachen
Aachen, Deutschland

ISSN 0937-7433
ISBN 978-3-642-37200-1   ISBN 978-3-642-37201-8 (eBook)
DOI 10.1007/978-3-642-37201-8

Die Deutsche Nationalbibliothek verzeichnet diese Publikation in der Deutschen Nationalbibliografie;
detaillierte bibliografische Daten sind im Internet über http://dnb.d-nb.de abrufbar.

Springer Spektrum

Springer Spektrum ist eine Marke von Springer DE. Springer DE ist Teil der Fachverlagsgruppe Springer
Science+Business Media.
www.springer-spektrum.de

Für Heike, Solveig und Adrian.

Vorwort

Modelle und Methoden der angewandten Wahrscheinlichkeitstheorie und Statistik sind aus den modernen Wissenschaften, aber auch aus Industrie und Gesellschaft, nicht mehr wegzudenken. Wirtschaftswissenschaftler, Informatiker und Ingenieure benötigen heutzutage profunde Kenntnisse in diesen Bereichen. Zufallsbehaftete Phänomene sind durch stochastische Ansätze zu modellieren und anfallende Daten durch statistische Methoden zu analysieren. Wahrscheinlichkeitstheorie und Statistik haben sich nicht nur bei klassischen Aufgaben wie der Modellierung und Auswertung von Umfragen, Experimenten oder Beobachtungsstudien bewährt. Sie spielen auch eine entscheidende Rolle für das theoretische Verständnis hochkomplexer Systeme. Dies ist wiederum oftmals die notwendige Grundlage für die Entwicklung moderner Produkte und Dienstleistungen. Beispielhaft seien hier die modernen Finanzmärkte und der Datenverkehr im Internet genannt.

Der in diesem Text behandelte Stoff umfasst hauptsächlich die in der anwendungsorientierten Statistik-Ausbildung für Informatiker, Wirtschaftswissenschaftler und Ingenieure allgemein üblichen Themen. Insbesondere sind die Inhalte der zugehörigen Lehrveranstaltungen an der RWTH Aachen abgedeckt. In diesem Kompaktkurs bin ich sparsam - aber gezielt - mit illustrierenden Beispielen umgegangen. Viele sind so einfach wie möglich gehalten, um das berühmte Aha-Erlebnis zu ermöglichen. Andere wollen motivieren und zeigen daher Anwendungen auf. Ein ausführlicher mathematischer Anhang, *Mathematik - kompakt*, stellt die wichtigsten mathematischen Zusammenhänge, Formeln und Methoden aus Analysis und linearer Algebra zusammen. So ist ein schnelles und zielführendes Nachschlagen möglich.

Das zugrunde liegende didaktische Konzept wurde über viele Jahre an mehreren deutschen Universitäten entwickelt. Studierende tun sich in den ersten Semestern oftmals mit mathematischen Formalismen schwer. Unter dem Motto: „So wenig Formalismus wie möglich, aber so viel wie nötig" habe ich versucht, diesem Umstand Rechnung zu tragen. Die Erfahrung zeigt, dass hierdurch die eigentlichen mathematischen Inhalte - um die es ja geht - von den Studierenden schneller und leichter erfasst und verstanden werden. So manche Erklärung eines mathematischen Sachverhalts lebt davon, dass der Lehrende seine Worte mit einer kleinen Skizze veranschaulicht oder in Schritten eine Formel entwickelt. Dies läßt sich in einem Buch nicht umsetzen. Ich habe mich aber bemüht, möglichst viele eingängige verbale Erklärungen aufzunehmen, die sich im Lehralltag bewährt haben.

Einige mit einem Sternchen gekennzeichneten Abschnitte sind etwas anspruchsvoller oder nur für einen Teil der Leserschaft gedacht. Dort werden jedoch auch Themen angesprochen, die einen kleinen Einblick in wichtige Bereiche der modernen angewandten Stochastik und Statistik bieten und vielleicht den einen oder anderen Leser motivieren, in weiterführende Literatur zu schauen.

Mein Dank gilt Barbara Giese, die weite Teile dieses Buchs mit großer Expertise und Sorgfalt getippt und das Layout verbessert hat. Dipl.-Math. Sabine Teller und Dipl.-Math. André Thrun haben das Manuskript sehr gewissenhaft durchgesehen, etliche Tippfehler und Ungenauigkeiten gefunden und Verbesserungsvorschläge gemacht. Frau Lilith Braun vom Springer-Verlag danke ich für die angenehme und vertrauensvolle Zusammenarbeit bei diesem Buchprojekt.

Aachen,   *Ansgar Steland*
15. Juli 2007

Vorwort zur zweiten Auflage

Für die zweite Auflage wurden Tippfehler und Ungenauigkeiten korrigiert und an unzähligen Stellen Ergänzungen und Verbesserungen vorgenommen. In Anbetracht der guten Prüfungsergebnisse der Aachener Studierenden, die nach diesem Kompaktkurs lernen, und des überraschenden Verkaufserfolges, wurde das Grundkonzept jedoch beibehalten.

Der Anhang *Mathematik - kompakt* wurde ebenfalls durchgesehen und ergänzt. Die Arbeit mit und die Erstellung von englischen Dokumenten wird immer wichtiger. Zur Unterstützung der Studierenden wurde hierzu ein Glossar mit den wichtigsten Begriffen aus Mathematik, Wahrscheinlichkeitsrechnung und Statistik erstellt. Schließlich wurde ein Anhang mit Tabellen der wichtigsten statistischen Testverteilungen angefügt.

Alle Studierenden, die uns auf Fehler und Verbesserungsmöglichkeiten aufmerksam gemacht haben, gilt mein Dank. Frau Simone Gerwert hat mit großer Sorgfalt und kontinuierlichem Engagement alle Änderungen in das Latex-Dokument eingearbeitet.

Aachen,   *Ansgar Steland*
8. September 2009

Vorwort zur dritten Auflage

Die dritte Neuauflage wurde um viele zusätzliche Beispiele ergänzt, um das selbstständige Lernen und Nachbereiten zu erleichtern. Die Einführung von *Meilensteinen* hat sich in den Lehrveranstaltungen sehr bewährt. An Meilensteinen wird in der Praxis – insbesondere bei Projekten – sehr ernsthaft und oftmals bis ins Detail überprüft, inwieweit geplante Aktivitäten erledigt wurden, aufzubauende Fähigkeiten tatsächlich vorhanden sind und gesteckte Ziele erreicht wurden. Bezugnehmend auf die universitäre Lernsituation wurden für die Meilensteine Fragen und Aufgaben konzipiert, die in Form von Lückentexten, einem stärkerem Praxisbezug, offen gestellten Fragen oder Arbeitsaufträgen an die Studierenden als zukünftige Mitarbeiter/innen helfen sollen, den eigenen Wissenstand im Sinne von passivem Verständnis (Nachvollziehen) und aktivem Handlungswissen selbstständig zu überprüfen.

Darüberhinaus wurde der Text gründlich durchgesehen und an vielen Stellen verbessert und ergänzt. Insbesondere wurde der Anhang *Mathematik kompakt* erweitert, auch im Hinblick auf die geänderten Vorkenntnisse der Studierenden aufgrund der verkürzten Abiturzeit. Schließlich wurde das Glossar ausgebaut, um die Arbeit mit englischsprachigen Texten zu erleichtern.

Aachen,   *Ansgar Steland*
5. Februar 2013

Inhaltsverzeichnis

1

Deskriptive und explorative Statistik

Die deskriptive (beschreibende) Statistik hat zum Ziel, empirische Daten durch Tabellen und Grafiken übersichtlich darzustellen und zu ordnen, sowie durch geeignete grundlegende Kenngrößen zahlenmäßig zu beschreiben. Vor allem bei umfangreichem Datenmaterial ist es sinnvoll, sich einen ersten Überblick zu verschaffen. Durch eine systematische Beschreibung der Daten mit Hilfsmitteln der deskriptiven Statistik können mitunter auch Fehler in den Daten - beispielsweise durch Tippfehler bei der Dateneingabe oder fehlerhafte Ergebnisse von Texterkennungssystemen - erkannt werden. Die deskriptive Statistik verwendet keine stochastischen Modelle, so dass die dort getroffenen Aussagen nicht durch Fehlerwahrscheinlichkeiten abgesichert sind. Dies kann durch die Methoden der schließenden Statistik erfolgen, sofern die untersuchten Daten den dort unterstellten Modellannahmen genügen. Die explorative (erkundende) Statistik hat darüber hinaus zum Ziel, bisher unbekannte Strukturen und Zusammenhänge in den Daten zu finden und hierdurch neue Hypothesen zu generieren. Diese auf Stichprobendaten beruhenden Hypothesen können dann im Rahmen der schließenden Statistik mittels wahrscheinlichkeitstheoretischer Methoden auf ihre Allgemeingültigkeit untersucht werden.

1.1 Motivation und Beispiele

Beispiel 1.1.1. Moderne Photovoltaik-Anlagen bestehen aus verschalteten Modulen von Solarzellen, sogenannten PV-Modulen, in denen die Solarzellen vor Beschädigung durch äußere Einflüße geschützt sind. Für die Stromgewinnung wesentlich ist die maximale Leistung (in Watt) unter normierten Bedingungen. Besteht eine Anlage aus n PV-Modulen mit Leistungen $x_1, \ldots, x_n$, so ist die Gesamtleistung gerade die Summe $s = x_1 + \cdots + x_n$. Die Leistung hochwertiger PV-Module sollte nur geringfügig von der Nennleistung abweichen. Zur Bewertung der Produktqualität ist somit die Streuung der Messwerte zu bewerten. Die Analyse von 30 Modulen, die zufällig aus einer anderen Produktionscharge ausgewählt wurden, ergab:

214.50	210.07	219.75	210.48	217.93	217.97	217.07	219.05	216.11
218.43	217.69	217.19	220.42	217.60	222.01	219.58	217.87	217.03
212.38	222.44	219.72	217.99	217.87	221.96	210.42	217.48	222.08
211.61	217.40	216.78						

Es fällt auf, dass etliche Module mehr als 220 [W] leisten, andere hingegen deutlich weniger. Das Schlechteste leistet lediglich 212.8 [W]. Es ist also zu klären, ob die Messungen die Herstellerangabe stützen, oder ob eine signifikante Abweichung (nach unten) vorliegt.

Beispiel 1.1.2. Das US-Magazin *Forbes* veröffentlichte 1993 Daten von 59 Vorstandsvorsitzenden (CEOs) US-amerikanischer Unternehmen, deren Umsatzerlöse zwischen 5 und 350 Millionen USD lagen. In der folgenden Liste sind jeweils das Jahresgehalt und das Alter des CEOs aufgeführt:

(145,53)	(621,43)	(262,33)	(208,45)	(362,46)	(424,55)	(339,41)	(736,55)
(291,36)	(58,45)	(498,55)	(643,50)	(390,49)	(332,47)	(750,69)	(368,51)
(659,48)	(234,62)	(396,45)	(300,37)	(343,50)	(536,50)	(543,50)	(217,58)
(298,53)	(1103,57)	(406,53)	(254,61)	(862,47)	(204,56)	(206,44)	(250,46)
(21,58)	(298,48)	(350,38)	(800,74)	(726,60)	(370,32)	(536,51)	(291,50)
(808,40)	(543,61)	(149,63)	(350,56)	(242,45)	(198,61)	(213,70)	(296,59)
(317,57)	(482,69)	(155,44)	(802,56)	(200,50)	(282,56)	(573,43)	(388,48)
(250,52)	(396,62)	(572,48)					

Deuten diese Daten auf einen Zusammenhang zwischen Alter und Gehalt hin? Kann dieser Zusammenhang eventuell sogar näherungsweise durch eine lineare Funktion beschrieben werden?

Beispiel 1.1.3. Für das Jahr 2005 wurden von der European Automobile Manufactures Association (ACEA) folgende Daten über Neuzulassungen (aufgeschlüsselt nach Herstellern bzw. Herstellergruppen) veröffentlicht:

Hersteller (-gruppe)	Neuzulassungen 2005	Anteil (ohne ANDERE in %)
BMW	772744	4.6
DAIMLER-CHRYSLER	1146034	6.9
FIAT	1265670	7.6
FORD	1822925	10.9
GM	1677496	10.0
JAPAN	2219902	13.3
KOREA	616092	3.7
MG-ROVER	46202	0.3
PSA	2355505	14.1
RENAULT	1754086	10.5
VOLKSWAGEN	2934845	17.6
ANDERE	101345	

Diese Daten beschreiben, wie sich die Neuzulassungen auf dem Automobilmarkt auf die verschiedenen Anbieter verteilen. Ein wichtiger Aspekt der Analyse von Märkten ist die Marktkonzentration. Wie kann die Konzentration gemessen und grafisch veranschaulicht werden?

Beispiel 1.1.4. Besteht ein Zusammenhang zwischen hohen Einnahmen aus Ölexporten und einer hohen Wirtschaftsleistung? In der folgenden Tabelle sind für einige erdölexportierende Staaten die Einnahmen aus Ölexporten sowie das Pro-Kopf-Bruttoinlandsprodukt verzeichnet. Die Angaben beziehen sich auf das Jahr 2005.

Staat	Einnahmen (Mrd. USD)	Pro-Kopf-BIP (USD)
Saudi-Arabien	153	12800
Russland	122	11100
Norwegen	53	42300
V.A.E.	46	43400
Venezuela	38	6100
Nigeria	45	1400

Diese Angaben erschienen im Februar 2007 im *National Geographic* in einem Artikel über die wirtschaftlichen Nöte Nigerias. Ein genauer Blick auf die Zahlen zeigt, dass Nigeria zwar beträchtliche Einnahmen vorweisen kann, jedoch ein verschwindend geringes Pro-Kopf-BIP erzielt. Ist Nigeria ein Sonderfall oder besteht kein positiver Zusammenhang zwischen Öleinnahmen und dem Pro-Kopf-BIP für die betrachteten Staaten?

1.2 Grundbegriffe

Der erste Schritt zur Datenanalyse ist die Erhebung von Daten an ausgewählten Objekten, die **statistische Einheiten**, **Untersuchungseinheiten** oder auch **Merkmalsträger** genannt werden. Werden die Daten durch Experimente gewonnen, spricht man auch von **Versuchseinheiten** und im Kontext von Beobachtungsstudien von **Beobachtungseinheiten**.

Die Menge der statistischen Einheiten, über die eine Aussage getroffen werden soll, bildet die **Grundgesamtheit**, auch **Population** genannt. Der erste wichtige Schritt einer statistischen Untersuchung ist die präzise Definition der relevanten statistischen Einheiten und der Grundgesamtheit.

Beispiel 1.2.1. Im Rahmen einer Befragung soll die Wirtschaftskraft von kleinen IT-Unternehmen in der Euregio untersucht werden. Zunächst muss der Begriff des *kleinen IT-Unternehmens* im Sinne von Ein- und Ausschlusskriterien genau definiert werden. Hier bieten sich Kriterien an die Mitarbeiterzahl und/oder den Umsatz an. Die Grundgesamtheit besteht dann aus allen IT-Unternehmen der Euregio, welche diese Kriterien erfüllen.

In diesem Beispiel ist die Grundgesamtheit endlich. Dies muss nicht immer der Fall sein.

In der Praxis ist eine Untersuchung aller Elemente einer Grundgesamtheit (Totalerhebung) aus Kosten- und Zeitgründen meist nicht möglich. Somit muss sich eine Untersuchung auf eine *repräsentative* Teilauswahl stützen. Eine Teilauswahl einer Grundgesamtheit nennt man **Stichprobe**. Es stellt sich die Frage, wann eine Stichprobe repräsentativ für die Grundgesamtheit ist. Gemeinhin nennt man eine Teilauswahl **repräsentativ**, wenn sie hinsichtlich wichtiger Charakteristika strukturgleich zur Grundgesamtheit ist oder ihr zumindest sehr ähnelt. Bei einer Befragung von Studierenden einer Universität sind nahe liegende Kriterien hierfür das Geschlecht, der Studiengang und das Fachsemester. Nur wenn hier keine übermäßig großen Abweichungen zwischen Stichprobe und Grundgesamtheit bestehen, kann man aussagekräftige Ergebnisse erwarten. Mitunter werden explizit Quoten vorgegeben, welche die Stichprobe einhalten muss. Man spricht dann von einer **quotierten Teilauswahl**.

Um eine getreues Abbild der Grundgesamtheit zu erhalten, sollte die Auswahl aus der Grundgesamtheit *zufällig* erfolgen. Man spricht von einer **(einfachen) Zufallsstichprobe**, wenn jede Teilmenge der Grundgesamtheit dieselbe Wahrscheinlichkeit besitzt, gezogen zu werden. Insbesondere hat dann jedes Element der Grundgesamtheit dieselbe Chance, in die Stichprobe zu gelangen. Der Begriff der Zufallsstichprobe wird später noch präzisiert.

Im nächsten Schritt der Datenerhebung werden an den (ausgewählten) statistischen Einheiten die interessierenden Größen erhoben, die **Merkmale** oder **Variablen** heißen. Der eigentliche Fachbegriff im Rahmen der deskriptiven Statistik ist *Merkmal*; *Variable* ist jedoch ein gebräuchliches und verbreitetes Synonym. Im Folgenden werden absichtlich beide verwendet. Die Werte, die von einem Merkmal angenommen werden können, heißen **Merkmalsausprägungen** oder kurz **(mögliche) Ausprägungen**. Mathematisch ist ein Merkmal eine Abbildung $X : G \to M$, die jeder statistischen Einheit $g \in G$ eine Ausprägung $X(g) \in M$ zuordnet.

1.3 Merkmale und ihre Klassifikation

Die genaue Festlegung der relevanten Merkmale einer statistischen Untersuchung und der möglichen Ausprägungen ist ein wichtiger Schritt in einer statistischen Untersuchung, da hierdurch die maximale Information in einer Erhebung festgelegt wird. Fehler, die hier erfolgen, können meist nicht mehr - oder nur unter großen Mühen und Kosten - korrigiert werden. Wird bei einer Befragung von Studierenden Geschlecht und Studienfach erhoben, um die Studierneigung der Geschlechter zu analysieren, so ist sorgfältig zu überlegen, wie detailliert das Studienfach abgefragt werden soll, beispielsweise ob bei einem Studium des Wirtschaftsingenieurwesens die Fachrichtung (Bauingenieurwesen, Maschinenbau, ...) mit erfasst werden soll.

Wir betrachten dazu einige Beispiele:

statistische Einheit	Merkmal	Merkmalsausprägungen
Studierender	Studienfach	BWL/Informatik/WiIng/...
	Geschlecht	M/W
	Alter	$\mathbb{R}^+$
IT-Unternehmen	Mitarbeiterzahl	$\mathbb{N}$
	Umsatz	$\mathbb{R}^+$
	Gewinn/Verlust	$\mathbb{R}$
Arbeitnehmer	Einkommen	$\mathbb{R}^+$
	Bildungsniveau	Abitur/Bachelor/Master/...
	Arbeitszeit	R_0^+
Regionen	Arbeitslosenquote	$[0,1]$
	Wirtschaftskraft	$\mathbb{R}^+$
Ballungsräume	Bevölkerungsdichte	$\mathbb{Q}$ oder $\mathbb{R}$
	politische Funktion	Mittelzentrum/Landeshauptstadt/ Hauptstadt
Staaten	Bruttoinlandsprodukt	$\mathbb{R}^+$
	Verschuldung (in % des BIP)	$[0,100]$

Aus diesen Beispielen wird ersichtlich, dass ganz unterschiedliche Wertemengen und Informationsstrukturen für die Merkmalsausprägungen vorkommen können, die unterschiedliche Weiterverarbeitungsmöglichkeiten (insbesondere Rechenoperationen und Vergleiche) erlauben. Während das Merkmal *Geschlecht* nur zwei Ausprägungen besitzt, die der reinen Unterscheidung dienen, besitzt die Variable *Bildungsniveau* mehrere Ausprägungen, die angeordnet werden können. Die *Mitarbeiterzahl* eines Unternehmens ist eine Zählvariable mit unendlich vielen möglichen Ausprägungen, die numerische Operationen wie das Addieren erlaubt. Das Betriebsergebnis (Gewinn/Verlust) kann jeden beliebigen nicht-negativen bzw. reellen Zahlenwert annehmen.

In der Statistik werden Merkmale und ihre Ausprägungen wie folgt klassifiziert:

Zunächst unterscheidet man stetige und diskrete Merkmale. Kann ein Merkmal nur endlich viele oder abzählbar unendlich viele Ausprägungen annehmen, dann spricht man von einem **diskreten Merkmal**. Beispiele hierfür sind die Anzahl defekter Dichtungen in einer Zehnerpackung oder die Wartezeit in Tagen bis zum ersten Absturz eines neuen Computers. Kann hingegen jeder beliebige Wert eines Intervalls (oder aus ganz $\mathbb{R}$) angenommen werden, so spricht man von einem **stetigen Merkmal**. Umsatz und Gewinn eines Unternehmens, Aktienkurse und -renditen, oder die Körpergröße sind typische stetige Merkmale. Man spricht mitunter von quasi-stetigen Merkmalen, wenn die Ausprägungen zwar diskret sind, aber die Auflösung so fein ist, dass man sie wie stetige Variablen behandeln kann. Dies ist beispielsweise der Fall, wenn die Leistung eines Solarmoduls auf ganze Zehntelwatt gerundet wird.

Stets kann man von stetigen Variablen durch Vergröberung (Rundung oder Gruppierung) zu diskreten Variablen übergehen. So ist es etwa oftmals üblich, das Einkommen nicht exakt zu erheben, sondern lediglich die Einkommensklasse oder -gruppe, da kaum jemand bereit ist, sein genaues Einkommen anzugeben. Sind beispielsweise die Intervalle

$$[0,500], (500,1000], (1000,2000], (2000,3000], (3000,\infty)$$

als Klassen vorgegeben, so wird nur vermerkt, welcher Einkommensklasse eine Beobachtung entspricht. Es ist zu beachten, dass mit solch einer Gruppierung stets ein Informationsverlust verbunden ist: Sowohl die Anordnung als auch die genauen Werte gehen verloren (Kompression der Daten).

Eine genauere Klassifizierung erfolgt auf Grund der Skala, mit der eine Variable gemessen wird.

Nominalskala: Bei einem **nominal skalierten** Merkmal sind die Ausprägungen lediglich unterscheidbar und stehen in keiner Beziehung zueinander. Beispiele hierfür sind das Geschlecht oder die Religionszugehörigkeit einer Person. Gibt es nur zwei mögliche Ausprägungen, so spricht man auch von einer **dichotomen** oder **binären** Variable. In der Praxis werden die Ausprägungen von nominal skalierten Variablen oft durch Zahlen kodiert. Es ist dann jedoch zu beachten, dass Rechenoperationen wie das Addieren oder Multiplizieren zwar formal durchgeführt werden können, aber inhaltlich sinnlos sind.

Ordinalskala: Bei einer **ordinal skalierten** Variable können die Ausprägungen miteinander verglichen werden. Beispiele hierfür sind der höchste erreichte Bildungsabschluss oder Schulnoten. Letztere sind auch ein gutes Beispiel für ein ordinales Merkmal, bei dem die Abstände zwischen den Ausprägungen nicht interpretiert werden können, auch wenn formal Differenzen berechnet und verglichen werden könnten. Bei ordinal skalierten Merkmalen können die Ausprägungen stets auf die Zahlen von 1 bis n oder ganz $\mathbb{N}$ abgebildet werden.

Metrische Skalen: Viele Merkmale werden auf einer sogenannten **metrischen Skala** - auch **Kardinalskala** genannt - gemessen, die man sich als Mess-Stab anschaulich vorstellen kann, bei dem Vielfache einer Grundeinheit (Maßeinheit) abgetragen sind. Hier können auch Teile und Vielfache der Maßeinheit betrachtet werden, so dass die Abstände von Ausprägungen, also Intervalle, sinnvoll interpretiert werden können. Eine metrische Skala heißt **Intervallskala**, wenn der Nullpunkt willkürlich gewählt ist. Dann können Quotienten nicht sinnvoll interpretiert werden. Dies ist beispielsweise bei der Temperaturmessung der Fall. 0° Celsius entsprechen 32° Fahrenheit. Die Umrechnung erfolgt nach der Formel $y = 1.8 \cdot c + 32$. Die Formulierung, bei 20° Celsius sei es doppelt so warm wie bei 10° ist unsinnig. Ist der Nullpunkt hingegen eindeutig bestimmt, wie es bei der Längen- oder Gewichtsmessung aus physikalischen Gründen der Fall ist, spricht man von einer **Verhältnis-**, **Quotienten-** oder auch **Ratioskala**. Bei einem ratioskalierten Merkmal sind Quotienten sinnvoll interpretierbar. Alle Geldgrößen und Anzahlen sind ratioskaliert.

Statistische Methoden, die für ein gewisses Skalenniveau konzipiert sind, können generell auf Daten angewandt werden, die ein höheres Skalenniveau besitzen: Man kann stets durch Vergröberung zu einer niedrigeren Skala wechseln, wie wir bei der Gruppierung von Einkommensdaten gesehen hatten. Dies ist jedoch zwangsläufig mit einem Informationsverlust verbunden, so dass die resultierende statistische Analyse suboptimal sein kann.

1.4 Studiendesigns

1.4.1 Experimente und Beobachtungsstudien

Daten können ganz unterschiedlich erhoben werden. Bei Experimenten werden (Ziel-) Merkmale von Versuchseinheiten erhoben, denen im Rahmen des Experiments bestimmte Ausprägungen anderer Merkmale (die Versuchsbedingungen) zugewiesen wurden. Sollen etwa zwei Schulungsmethoden A und B anhand der Ergebnisse eines normierten Tests verglichen werden, dann wird man die Versuchspersonen zufällig in zwei Gruppen aufteilen, die mit der Methode A bzw. B geschult werden. Das interessierende (Ziel-) Merkmal ist hier die erreichte Punktzahl im Test, die Schulungsmethode hingegen das zugewiesene Merkmal. Im Gegensatz hierzu werden bei einer (reinen) Beobachtungsstudie alle Merkmale beobachtet, es werden keine Merkmalsausprägungen zugewiesen. Bei Wirtschaftsstudien ist dies auch in der Regel gar nicht möglich. Werden etwa Unternehmensgröße und -rentabilität erhoben, so ist dies eine Beobachtungsstudie, da keine der Ausprägungen einem Unternehmen zugewiesen werden kann. Im strengen Sinne erlauben lediglich experimentelle Studien Rückschlüsse auf kausale Zusammenhänge. Sie sind daher Beobachtungsstudien vorzuziehen, wenn dies möglich ist. Beobachtet man nämlich einen Zusammenhang zwischen zwei Variablen X und Y, so kann dieser durch eine dritte Variable Z fälschlicherweise hervorgerufen sein. Man spricht von einem **Confounder**. Typische Confounder sind Alter und Zeit (engl: *to confound* = vereiteln, verwechseln, durcheinander bringen).

1.4.2 Querschnittsstudie versus Longitudinalstudie

Bei Beobachtungsstudien gibt es zwei wichtige Erhebungstypen: Bei einer Querschnittsstudie (*cross-sectional study*) werden an einem festen Zeitpunkt die interessierenden Merkmale an den statistischen Einheiten erhoben. Aus einer Querschnittsstudie können Aussagen über die Gesamtheit der untersuchten Einheiten oder – bei einer Zufallsstichprobe – über die zugrunde liegende Grundgesamtheit gewonnen werden.

Bei einer Longitudinalstudie werden an einem Kollektiv (Panel) von Versuchseinheiten Merkmale an mehreren Zeitpunkten erhoben. Das Kollektiv bleibt hierbei unverändert. Das primäre Ziel ist die Analyse von zeitlichen Entwicklungen. Wird das Kollektiv als Zufallsstichprobe aus einer Grundgesamtheit gezogen, so können Aussagen über die zeitliche Entwicklung der Grundgesamtheit gewonnen werden.

Beispiel 1.4.1. Das sozioökonomische Panel (SOEP) ist eine seit 1984 laufende Longitudinalstudie privater Haushalte in der Bundesrepublik. Etwa 12000 ausgewählte Haushalte mit rund 20000 Menschen (deutschstämmige und mit Migrationshintergrund) werden jährlich befragt. Themenschwerpunkte sind Haushaltszusammensetzung, Familienbiografie, berufliche Mobilität, Einkommensverläufe, Gesundheit und Lebenszufriedenheit.

1.4.3 Zeitreihen

Man spricht von einer Zeitreihe, wenn die interessierenden Merkmale an einer einzigen statistischen Einheit, jedoch zu verschiedenen Zeitpunkten erhoben werden. Zeitreihen werden im Abschnitt 1.9 gesondert betrachtet.

1.5 Aufbereitung von univariaten Daten

Im Folgenden stellen wir nun einige grundlegende statistische Ansätze zur zahlenmäßigen (tabellarischen) Aufbereitung und visuellen (grafischen) Darstellung von Datenmaterial vor. Hierbei spielt es keine Rolle, ob eine Totalerhebung oder Stichprobe vorliegt.

Ausgangspunkt sind die **Rohdaten** (**Primärdaten**, **Urliste**), welche nach der Erhebung vorliegen. Wurden p Merkmale an n statistischen Einheiten erhoben, so können die erhobenen Ausprägungen in einer Tabelle (Matrix) dargestellt werden. Diese Tabelle heißt **Datenmatrix**. Es werden die an den Untersuchungseinheiten erhobenen Werte zeilenweise untereinander geschrieben. Beispielsweise:

stat. Einheit Nr.	Geschlecht	Alter	Größe	Messwert
1	M	18	72.6	10.2
2	W	21	18.7	9.5
$\vdots$				$\vdots$
n	W	19	15.6	5.6

In der i-ten Zeile der Datenmatrix stehen die p an der i-ten statistischen Einheit beobachteten Ausprägungen. In der j-ten Spalte stehen die n beobachteten Werte des j-ten Merkmals. n heißt Stichprobenumfang, p die Dimension der Daten. Für $p = 1$ spricht man von **univariaten Daten**, ansonsten von **multivariaten Daten**. Es ist oftmals üblich, die Ausprägungen von nicht-numerischen Merkmalen durch Zahlen zu kodieren. Hiervon gehen wir im Folgenden aus. Die Datenerfassung und -speicherung geschieht in der Praxis direkt mit Hilfe geeigneter Statistik-Software oder durch Datenbankprogramme.[1]

Im Folgenden betrachten wir die Aufbereitung in Form von Tabellen und Grafiken von univariaten Daten, d.h. einer Spalte der Datenmatrix. Die n beobachteten Ausprägungen bilden den univariaten Datensatz

$$x_1, \ldots, x_n,$$

den wir auch als n-dimensionalen Vektor

$$\mathbf{x} = (x_1, \ldots, x_n) \in \mathbb{R}^n$$

auffassen können.[2] $\mathbf{x}$ heißt **Datenvektor**.

Für die Erstellung grafischer Darstellungen von Zahlenmaterial sollte eine Grundregel stets beachtet werden, die wir an dieser Stelle vorbereitend formulieren wollen:

Prinzip der Flächentreue Sollen Zahlen grafisch durch Flächenelemente visualisiert werden, so müssen die Flächen proportional zu den Zahlen gewählt werden.

Der Grund hierfür ist, dass unsere visuelle Wahrnehmung auf die Flächen der verwendeten grafischen Elemente (Rechtecke, Kreise) anspricht, und nicht auf deren Breite oder Höhe bzw. den Radius. Zeichnet man beispielsweise Kreise, so wird der Kreis als **groß** empfunden, wenn seine Fläche $F = \pi r^2$ groß ist. Nach dem Prinzip der Flächentreue ist daher der Radius proportional zur Quadratwurzel der darzustellenden Zahl zu wählen.

1.5.1 Nominale und ordinale Daten

Die Darstellung von nominalen und ordinalen Daten erfolgt durch Ermittlung der Häufigkeiten und Anteile, mit denen die Ausprägungen im Datensatz vorkommen, und einer geeigneten Visualisierung dieser Zahlen.

---

[1] Es sei an dieser Stelle kurz darauf hingewiesen, dass die Sprache der Datenbanken eine andere Terminologie als die Statistik verwendet. Insbesondere bezeichnet *Table* eine Datentabelle und statt von Merkmalen oder Variablen spricht man von *Attributen*.

[2] Es ist üblich, nicht streng zwischen Spalten- und Zeilenvektoren zu unterscheiden, wenn dies keine Rolle spielt.

Liegt ein nominales Merkmal mit den Ausprägungen $a_1, \ldots, a_k$ vor, so zählt man zunächst aus, wie oft jede mögliche Ausprägung im Datensatz vorkommt. Wir verwenden im Folgenden die **Indikatorfunktion** $\mathbf{1}(A)$, die den Wert 1 annimmt, wenn der Ausdruck A zutrifft (wahr) ist, und sonst den Wert 0.

Absolute Häufigkeiten, absolute Häufigkeitsverteilung   Die **absoluten Häufigkeiten** (engl.: *frequencies, counts*) $h_1, \ldots, h_k$, sind durch

$$h_j = \text{Anzahl der } x_i \text{ mit } x_i = a_j$$

$$= \sum_{i=1}^{n} \mathbf{1}(x_i = a_j),$$

$j = 1, \ldots, k$ gegeben. Die (tabellarische) Zusammenstellung der absoluten Häufigkeiten $h_1, \ldots, h_k$ heißt **absolute Häufigkeitsverteilung.**

Die Summe der absoluten Häufigkeiten ergibt den Stichprobenumfang:

$$n = h_1 + \cdots + h_k.$$

Oftmals interessiert weniger die Anzahl als vielmehr der *Anteil* einer Ausprägung im Datensatz, etwa der Anteil der Frauen in einer Befragung.

Relative Häufigkeiten, relative Häufigkeitsverteilung   Dividiert man die absoluten Häufigkeiten durch den Stichprobenumfang n, so erhält man die **relativen Häufigkeiten** $f_1, \ldots, f_k$. Für $j = 1, \ldots, k$ berechnet sich f_j durch

$$f_j = \frac{h_j}{n}.$$

f_j ist der Anteil der Beobachtungen, die den Wert a_j haben. Die (tabellarische) Zusammenstellung der $f_1, \ldots, f_k$ heißt **relative Häufigkeitsverteilung.**

Die relativen Häufigkeiten summieren sich zu 1 auf: $f_1 + \cdots + f_k = 1$.

Besitzt ein Merkmal sehr viele Ausprägungen (Kategorien), so kann es zweckmäßig sein, Kategorien geeignet zusammen zu fassen. Hierzu bieten sich insbesondere schwach besetzte Kategorien an. Natürlich sind auch inhaltliche Aspekte zu berücksichtigen, z.B. die Zusammenfassung nach übergeordneten Kriterien.

Bei ordinalem Skalenniveau sollten die Kategorien in der tabellarischen Zusammenfassung entsprechend angeordnet werden.

Visualisierung: Stabdiagramm, Balkendiagramm, Kreisdiagramm

Bei einem Stabdiagramm zeichnet man über den möglichen Ausprägungen Stäbe, deren Höhe entweder den absoluten oder den relativen Häufigkeiten entspricht. Liegt ein ordinales Merkmal vor, besitzen also die Ausprägungen eine Anordnung, so ordnet man sinnvollerweise die Ausprägungen entsprechend von links nach rechts an. Bei einem Kreisdiagramm (Kuchendiagramm) wird die Winkelsumme von 360° (Gradmaß) bzw. 2π (Bogenmaß) entsprechend den absoluten oder relativen Häufigkeiten aufgeteilt. Zu einer relativen Häufigkeit f_i gehört also der Winkel $\varphi_i = \frac{h_i}{n} \cdot 360° = 2\pi f_i$ [rad].

Für einen Vergleich von empirischen Verteilungen mehrerer Vergleichsgruppen können diese einfach nebeneinander gesetzt werden. Alternativ kann man die Stäbe gleicher Kategorien nebeneinander anordnen.

Beispiel 1.5.1. Abbildung 1.1 zeigt ein Kreisdiagramm der Marktanteile von PKW-Herstellern bzw. Herstellergruppen hinsichtlich der Neuzulassungen (vgl. Beispiel 1.1.3.) *MG-ROVER* wurde hierbei der Kategorie *ANDERE* zugeschlagen.

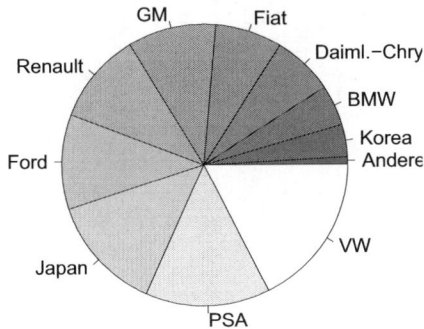

Abb. 1.1. Kreisdiagramm der PKW-Marktanteile.

Beispiel 1.5.2. Die Einnahmen aus Ölexporten und die zugehörigen Pro-Kopf-Bruttoinlandsprodukte aus Beispiel 1.1.4 sind in Abbildung 1.2 in Form von Balkendiagrammen gegenübergestellt. Hierzu wurden die Daten nach dem Pro-Kopf-BIP sortiert. Man erkennt, dass höhere Pro-Kopf-BIPs nicht zwangsläufig an höhere Öleinnahmen gekoppelt sind.

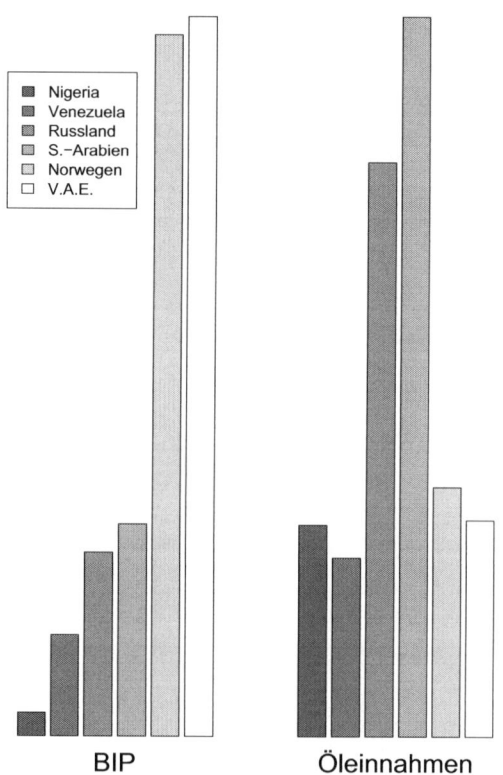

Abb. 1.2. Pro-Kopf-BIP und Einnahmen aus Ölexporten ausgewählter Staaten.

Die Ausprägungen ordinaler Daten können stets angeordnet werden, so dass man einen Datensatz $x_1, \ldots, x_n$ immer sortieren kann. Besonders leicht ist dies, wenn die Ausprägungen des ordinalen Merkmals auf die Zahlen von 1 bis n bzw. auf $\mathbb{N}$ abgebildet wurden.

Ordnungsstatistik, Minimum, Maximum, Messbereich Die sortierten Beobachtungen werden mit $x_{(1)}, \ldots, x_{(n)}$ bezeichnet. Die Klammer um den Index deutet somit den Sortiervorgang an. Es gilt:

$$x_{(1)} \leq x_{(2)} \leq \cdots \leq x_{(n)}.$$

$x_{(i)}$ heißt *i*-te **Ordnungsstatistik**, $(x_{(1)}, \ldots, x_{(n)})$ heißt **Ordnungsstatistik** der Stichprobe $x_1, \ldots, x_n$. Das **Minimum** $x_{(1)}$ wird auch mit $x_{\min}$ bezeichnet, das **Maximum** $x_{(n)}$ entsprechend mit $x_{\max}$.

1.5.2 Metrische Daten

Bei metrisch skalierten Daten ist es insbesondere bei kleinen Stichprobenumfängen sinnvoll und informativ, die Datenpunkte $x_1, \ldots, x_n$ auf der Zahlengerade zu markieren. Hierdurch erhält man sofort einen ersten Eindruck, in welchem Bereich die Daten liegen und wo sie sich häufen. Da die Daten hierdurch automatisch *sortiert* werden, erhält man so auch die Ordnungsstatistik. Das kleinste Intervall, welches alle Daten enthält, ist durch $[x_{\min}, x_{\max}]$ gegeben und heißt **Messbereich**.

▷ **Gruppierung**

Insbesondere bei größeren Datensätzen ist es sinnvoll, die Daten durch Gruppieren zunächst zu verdichten. Hierzu wird der Messbereich durch Intervalle überdeckt und ausgezählt, wieviele Punkte in den jeweiligen Intervallen liegen.

Gruppierung von Daten Lege k Intervalle

$$I_1 = [g_1, g_2], \ I_2 = (g_2, g_3], \ \ldots, I_k = (g_k, g_{k+1}],$$

fest, welche den Messbereich überdecken. Wir vereinbaren an dieser Stelle, dass alle Intervalle - bis auf das erste - von der Form $(a,b]$ (links offen und rechts abgeschlossen) gewählt werden. I_j heißt *j*-te **Gruppe** oder **Klasse** und ist für $j = 2, \ldots, k$ gegeben durch $I_j = (g_j, g_{j+1}]$. Die Zahlen $g_1, \ldots, g_{k+1}$ heißen **Gruppengrenzen**. Des Weiteren führen wir noch die k **Gruppenbreiten**

$$b_j = g_{j+1} - g_j, \qquad j = 1, \ldots, k,$$

und die k **Gruppenmitten**

$$m_j = \frac{g_{j+1} + g_j}{2}, \qquad j = 1, \ldots, k,$$

ein.

▷ **Strichliste**

Im nächsten Schritt zählt man aus, wieviele Beobachtungen in den jeweiligen Klassen liegen, ermittelt also (per Strichliste) die *absoluten Häufigkeiten*:

$$h_j = \text{Anzahl der } x_i \text{ mit } x_i \in I_j$$

$$= \sum_{i=1}^{n} \mathbf{1}(x_i \in I_j).$$

Bei kleinen Datensätzen kann man hierzu nach Markieren der Beobachtungen auf der Zahlengerade die Gruppengrenzen durch Striche kennzeichnen und auszählen, wie viele Beobachtungen jeweils zwischen den Strichen liegen. Diese Anzahl trägt man darüber auf.

▷ **Stamm–Blatt–Diagramm**

Ein Stamm–Blatt–Diagramm ist eine verbesserte Strichliste und kann sinnvoll auf Zahlen anwendet werden, deren Dezimaldarstellung aus wenigen Ziffern besteht. Wie bei einer Strichliste ist auf einen Blick erkennbar, wie sich die Daten auf den Messbereich verteilen. Bei einer Strichliste geht jedoch die Information verloren, wo genau eine Beobachtung in ihrer zugehörigen Klasse liegt. Die Strichliste ist daher eine zwar übersichtliche, aber *verlustbehaftete* Darstellung. Im Gegensatz hierzu kann bei einem Stamm-Blatt-Diagramm die vollständige Stichprobe rekonstruiert werden.

> *Stamm-Blatt-Diagramm* Bestehen die Zahlen aus d Ziffern, so schreibt man die ersten $d-1$ Ziffern der kleinsten Beobachtung $x_{\min}$ auf. Nun wird die notierte Zahl in Einerschritten hochgezählt bis zu derjenigen Zahl, die den ersten $d-1$ Ziffern des Maximums $x_{\max}$ entspricht. Diese Zahlen bilden geeignete Gruppengrenzen. Sie bilden den **Stamm** des Diagramms und werden untereinander aufgeschrieben. Statt wie bei einer Strichliste für die Zahlen nur einen Strich in der jeweiligen Gruppe zu verzeichnen, wird die verbleibende letzte Ziffer rechts neben den zugehörigen Ziffern des Stamms aufgeschrieben.

Beispiel 1.5.3. Die Messung des Durchmessers von $n = 8$ Dichtungen ergab:

$$4.10, 4.22, 4.03, 4.34, 4.39, 4.36, 4.43, 4.28 \,.$$

Alle Zahlen werden durch 3 Dezimalstellen dargestellt. Die ersten beiden bilden den Stamm. Als Stamm-Blatt-Diagramm erhält man:

4.0	3
4.1	0
4.2	28
4.3	469
4.4	3

▷ **Histogramm**

Das Histogramm ist eine grafische Darstellung der relativen Häufigkeitsverteilung, die dem Prinzip der Flächentreue folgt.

Hat man einen Datensatz $x_1, \ldots, x_n$ eines intervall- oder ratioskalierten Merkmals geeignet in k Klassen mit Gruppengrenzen $g_1 < \cdots < g_{k+1}$ gruppiert und die zugehörigen relativen Häufigkeiten $f_1, \ldots, f_k$ ermittelt, dann ist es nahe liegend, über den Gruppen Rechtecke zu zeichnen, die diese relativen Häufigkeiten visualisieren. Wir wollen uns überlegen, wie hoch die Rechtecke sein müssen, damit dem Prinzip der Flächentreue Genüge getan ist. Hierzu bestimmen wir die Höhe l_j des j-ten Rechtecks so, dass die Fläche $F_j = b_j l_j$ des Rechtecks der relativen Häufigkeit f_j entspricht.

Histogramm Zeichnet man über den Klassen Rechtecke mit Höhen $l_1, \ldots, l_k$, wobei

$$l_j = \frac{f_j}{b_j},$$

so erhält man das **Histogramm**. Hierbei repräsentieren die Rechtecke die zugehörigen relativen Häufigkeiten.

Beispiel 1.5.4. Wir analysieren die $n = 30$ Leistungsdaten der Solarmodule aus Beispiel 1.1.1. Mit den $k = 9$ Gruppengrenzen

$$g_1 = 210, \, g_2 = 212.5, \ldots, \, g_6 = 222.5$$

erhält man folgende Arbeitstabelle:

j	I_j	h_j	f_j	l_j
1	[210.0,212.5]	5	0.167	0.067
2	(212.5,215.0]	1	0.033	0.013
3	(215.0,217.5]	7	0.233	0.093
4	(217.5,220.0]	12	0.400	0.160
5	(220.0,222.5]	5	0.167	0.067

Abbildung 1.3 zeigt das resultierende Histogramm. Die empirische Verteilung ist *zweigipfelig*, d.h. es gibt zwei Klassen, die von schwächer besetzten Klassen benachbart sind.

Die Höhen l_j geben an, welcher Anteil der Beobachtungen in der j-ten Klasse liegt, bezogen auf eine Maßeinheit (Anteil *pro* x-Einheit). Sie geben also an, wie *dicht* die Daten in diesem Bereich liegen.

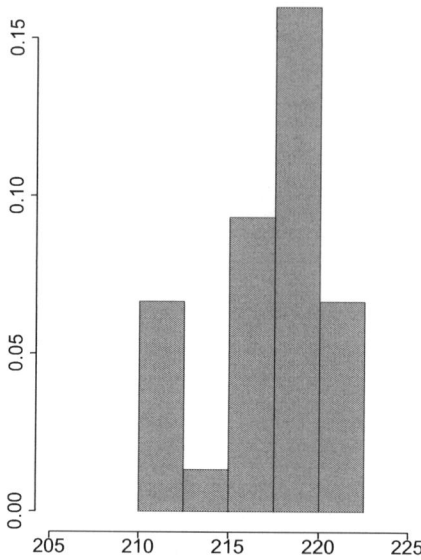

Abb. 1.3. Histogramm der Leistungsdaten von $n = 30$ Solarmodulen.

Häufigkeitsdichte Der obere Rand des Histogramms definiert eine Treppen-funktion $\widehat{f}(x)$, die über dem j-ten Intervall I_j der Gruppeneinteilung den konstanten Funktionswert l_j annimmt. Außerhalb der Gruppeneinteilung setzt man $\widehat{f}(x)$ auf 0.

$$\widehat{f}(x) = \begin{cases} 0, & x < g_1, \\ l_1, & x \in [g_1, g_2], \\ l_j, & x \in (g_j, g_{j+1}], \ j = 2, \ldots, k, \\ 0, & x > g_{k+1}. \end{cases}$$

$\widehat{f}(x)$ heißt **Häufigkeitsdiche** oder auch **Dichteschätzer**.

Zwischen der Häufigkeitsdichte und den Flächen der Rechtecke über den Grup-pen besteht folgender Zusammenhang:

$$f_j = \int_{g_j}^{g_{j+1}} \widehat{f}(x) \, dx.$$

Da sich die relativen Häufigkeiten zu 1 addieren, gilt:

$$\int_{-\infty}^{\infty} \widehat{f}(x)\,dx = \int_{g_1}^{g_{k+1}} \widehat{f}(x)\,dx = 1.$$

Allgemein heißt eine nicht-negative Funktion $f(x)$ mit $\int_{-\infty}^{\infty} f(x)\,dx = 1$ *Dichtefunktion*. Im Kapitel über Wahrscheinlichkeitsrechnung werden wir sehen, dass die Verteilung von stetigen Merkmalen durch Dichtefunktionen festgelegt werden kann. Unter gewissen Annahmen kann die aus den Daten berechnete Häufigkeitsdichte als Schätzung dieser Dichtefunktion angesehen werden.

Die Interpretation eines Histogramms bzw. der Häufigkeitsdichte lässt sich so zusammenfassen:

- Die Fläche repräsentiert die relative Häufigkeit.

- Die Höhe repräsentiert die Dichte der Daten.

▷ Gleitendes Histogramm und Kerndichteschätzer

Das Histogramm misst die Dichte der Daten an der Stelle x, indem die Höhe $l_j = f_j/b_j$ des Rechtecks der Fläche f_j über der zugehörigen Klasse berechnet wird. Diese Klasse bildet gewissermaßen ein Fenster, durch das man auf den Datensatz schaut. Nur diejenigen x_i, die durch das Fenster sichtbar sind, liefern einen positiven Beitrag zur Dichteberechnung.

Es liegt nun nahe, für ein vorgegebenes x nicht die zugehörige Klasse einer festen Gruppeneinteilung als Fenster zu nehmen, sondern das Fenster symmetrisch um x zu wählen. Dies leistet das gleitende Histogramm, bei dem alle Beobachtungen x_i in die Berechnung einfließen, deren Abstand von x einen vorgegebenen Wert $h > 0$ nicht überschreitet.

Gleitendes Histogramm Für $x \in \mathbb{R}$ sei $\widetilde{f}(x)$ der Anteil der Beobachtungen x_i mit $x_i \in [x-h, x+h]$, d.h. $|x - x_i| \leq h$, dividiert durch die Fensterbreite $2h$. $\widetilde{f}(x)$ heißt **gleitendes Histogramm** und h **Bandbreite**. Es gilt:

$$\widetilde{f}(x) = \frac{1}{2nh} \sum_{i=1}^{n} \mathbf{1}(|x_i - x| \leq h)$$

$\widetilde{f}(x)$ misst die Dichte der Daten in dem Intervall $[x-h, x+h]$.

Mit der Funktion

$$K(z) = \frac{1}{2}\mathbf{1}(|z| \leq 1) = \begin{cases} \frac{1}{2}, & |z| \leq 1, \\ 0, & \text{sonst}, \end{cases}$$

die auch **Gleichverteilungs-Kern** genannt wird, hat $\widetilde{f}(x)$ die Darstellung:

$$\widetilde{f}(x) = \frac{1}{nh} \sum_{i=1}^{n} K\left(\frac{x - x_i}{h}\right), \qquad x \in \mathbb{R}.$$

Da $\int_{-\infty}^{\infty} K(z)\,dz = 1$, ergibt sich mit Substitution $z = \frac{x - x_i}{h} \Rightarrow dx = h\,dz$, dass

$$\int_{-\infty}^{\infty} K\left(\frac{x - x_i}{h}\right) dz = h,$$

und somit $\int_{-\infty}^{\infty} \widetilde{f}(x)dx = 1$.

Das gleitende Histogramm ist jedoch – wie das Histogramm – eine unstetige Treppenfunktion: Die Funktion $K((x - x_i)/h)$ wechselt genau an den Stellen $x_i \pm h$ von 0 auf 1 bzw. von 1 auf 0. Eine stetige Dichteschätzung erhält man durch Verwendung von stetigen Funktionen $K(z)$.

Kerndichteschätzer Gegeben sei ein Datensatz $x_1, \ldots, x_n$. Ist $K(z)$ eine stetige Funktion mit

$$K(z) \geq 0, \int_{-\infty}^{\infty} K(z)\,dz = 1,$$

die symmetrisch um 0 ist, dann heißt die Funktion

$$\widehat{f}_n(x) = \frac{1}{nh} \sum_{i=1}^{n} K\left(\frac{x - x_i}{h}\right), \qquad x \in \mathbb{R},$$

Kerndichteschätzer (nach Parzen-Rosenblatt) zur Bandbreite h. $K(z)$ heißt **Kernfunktion**. Gebräuchliche Kernfunktionen sind der **Gauß-Kern**,

$$K(z) = \frac{1}{\sqrt{2\pi}} e^{-z^2/2}, \qquad z \in \mathbb{R},$$

der **Epanechnikov-Kern**,

$$K(z) = \begin{cases} \frac{3}{4}(1 - z^2), & |z| \leq 1, \\ 0, & \text{sonst}, \end{cases}$$

sowie der Gleichverteilungs-Kern.

Beispiel 1.5.5. Abbildung 1.4 zeigt links das gleitende Histogramm (Bandbreite $h = 5$) und den Kerndichteschätzer mit Gauß-Kern (Bandbreite $h = 3$) für die Solarmodul-Daten aus Beispiel 1.1.1. Es ist deutlich erkennbar, dass der Gauß-Kern eine glattere Dichteschätzung liefert als der Gleichverteilungs-Kern. Die rechte Grafik in Abbildung 1.4 zeigt ein Histogramm der CEO-Daten und zum Vergleich eine Kerndichteschätzung mit Gauß-Kern (Bandbreite $h = 75$).

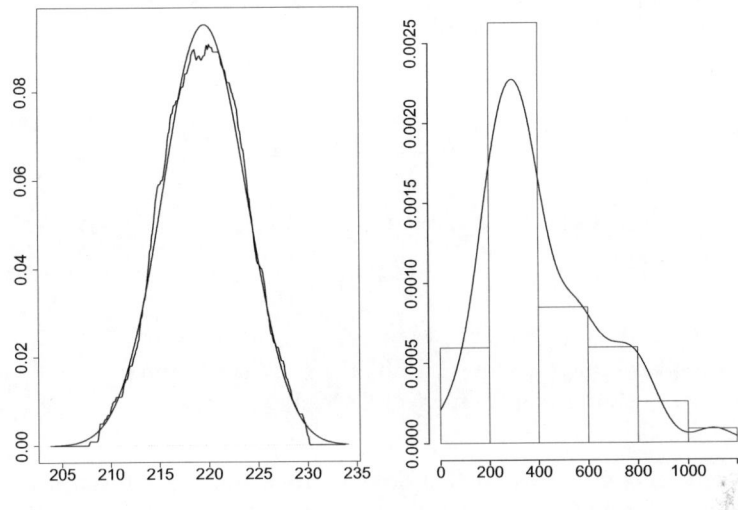

Abb. 1.4. Links: Gleitendes Histogramm und Kerndichteschätzung mit Gauß-Kern für Leistungsmessungen von $n = 30$ Solarmodulen. Rechts: Histogramm der CEO-Gehälter und Kerndichteschätzer mit Gauß-Kern.

▷ Kumulierte Häufigkeitsverteilung, Empirische Verteilungsfunktion

Angenommen, im Rahmen einer empirischen Studie wird der Umsatz von Unternehmen untersucht. Es ist nahe liegend nach der Anzahl beziehungsweise dem Anteil der Unternehmen zu fragen, die einen Umsatz von höchstens x Euro erreichen. Man muss dann also auszählen, wieviele Umsätze kleiner oder gleich x sind; für den Anteil dividiert man noch durch den Stichprobenumfang.

Kumulierte Häufigkeitsverteilung Gegeben seien Rohdaten $x_1, \ldots, x_n$. Die **kumulierte Häufigkeitsverteilung** $H(x)$ ordnet jedem $x \in \mathbb{R}$ die Anzahl der Beobachtungen x_i zu, die kleiner oder gleich x sind, d.h.:

$$H(x) = \sum_{i=1}^{n} \mathbf{1}(x_i \leq x).$$

Sind $a_1 < \cdots < a_k$ die Merkmalsausprägungen und $h(a_j)$ die Anzahl der x_i mit $x_i = a_j$, dann ist

$$H(x) = \sum_{j : a_j \leq x} h(a_j).$$

Hier werden also alle absoluten Häufigkeiten $h(a_j)$ summiert, die zu Ausprägungen a_j gehören, die kleiner oder gleich x sind.

$H(x)$ ist eine monoton wachsende Treppenfunktion, die an den geordneten Werten (Ordnungsstatistiken) $x_{(i)}$ Sprungstellen besitzt. Die Sprunghöhe ist gerade die Anzahl der Beobachtungen, die gleich $x_{(i)}$ sind.

Es ist üblich, die kumulierte Häufigkeitsverteilung, die Werte zwischen 0 und n annimmt, mit ihrem Maximalwert zu normieren. Das heißt, dass statt der Anzahl der *Anteil* der Beobachtungen betrachtet wird, der kleiner oder gleich x ist.

Empirische Verteilungsfunktion Für $x \in \mathbb{R}$ ist die **empirische Verteilungsfunktion (relative kumulierte Häufigkeitsverteilung)** gegeben durch

$$\widehat{F}(x) = \frac{H(x)}{n} = \text{Anteil der } x_i \text{ mit } x_i \leq x.$$

Sind $a_1, \ldots, a_k$ die Merkmalsausprägungen und $f_1, \ldots, f_k$ die zugehörigen relativen Häufigkeiten, dann ist

$$\widehat{F}(x) = \sum_{j : a_j \leq x}^{n} f_j.$$

Die empirische Verteilungsfunktion ist eine monoton wachsende Treppenfunktion mit Werten zwischen 0 und 1, die an den geordneten Werten $x_{(i)}$ Sprungstellen aufweist. Die Sprunghöhe an der Sprungstelle $x_{(i)}$ ist gerade der Anteil der Beobachtungen, die den Wert $x_{(i)}$ haben. Sind alle $x_1, \ldots, x_n$ verschieden, so springt $\widehat{F}(x)$ jeweils um den Wert $1/n$.

An Hand des Grafen der empirischen Verteilungsfunktion kann man leicht den Anteil der Beobachtungen, die kleiner oder gleich einem gegebenem x sind, ablesen.

Beispiel 1.5.6. Abbildung 1.5 zeigt die Anwendung auf die Solarmodul-Daten aus Beispiel 1.1.1. Links ist die Funktion $\widehat{F}_n(x)$ für den vollständigen Datensatz ($n = 30$) dargestellt. Zudem wurde eine Stichprobe vom Umfang 5 aus diesem Datensatz gezogen: $218.8, 222.7, 217.5, 220.5, 223.0$. Die zugehörige empirische Verteilungsfunktion $\widehat{F}_5(x)$ ist rechts dargestellt. Es gilt:
$$\widehat{F}_5(220.5) = 3/5 = 0.6.$$

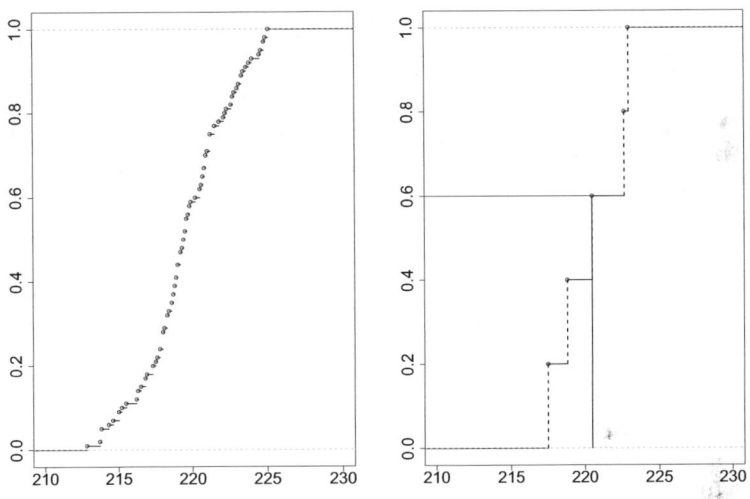

Abb. 1.5. Empirische Verteilungsfunktion der Leistungsdaten von $n = 30$ Solarmodulen (links) bzw. $n = 5$ Solarmodulen (rechts).

1.6 Quantifizierung der Gestalt empirischer Verteilungen

Im vorigen Abschnitt haben wir behandelt, wie in Abhängigkeit vom Skalenniveau die Verteilung einer univariaten Stichprobe $x_1, \ldots, x_n$ zahlenmäßig erfasst und grafisch dargestellt werden kann. Dies ist natürlich nur dann überhaupt von Belang, wenn nicht alle x_i denselben Wert haben, also *streuen*. Oftmals kann diese Variation der Beobachtungen als Messfehler gedeutet werden. Werden etwa im Rahmen der Qualitätskontrolle die Maße von Kolben gemessen, so ist eine gewisse Variation auch bei einer einwandfreien Anlage technisch nicht zu vermeiden. Eine zu hohe Streuung könnte jedoch auf Verschleiß der Fertigungsanlage oder eine Fehljustierung hindeuten. Beides hätte zur Folge, dass sich der Ausschussanteil erhöht.

Folgende Fragen stellen sich jetzt:

- Kann eine Zahl, ein *Lagemaß*, als Zentrum der Daten angegeben werden, um das die Daten streuen?

- Kann das Ausmaß der Streuung der Daten um das Lagemaß durch eine Zahl, ein *Streuungsmaß* quantifiziert werden?

- Wie kann die Gestalt der Streuung um das Zentrum zahlenmäßig erfasst werden?

Können wir für einen Datensatz ein Lagemaß berechnen, also das Zentrum bestimmen, um das die Daten mehr oder weniger stark streuen, dann liegt der Gedanke nahe, dieses Lagemaß als Approximation für den *gesamten* Datensatz zu nehmen. Der Datensatz wird also auf eine Kenngröße verdichtet (komprimiert).

Geeignete Streuungsmaße sollten dann eine Grundlage für die Bewertung des Fehlers liefern, wenn der Datensatz auf das Lagemaß verdichtet wird.

1.6.1 Lagemaße

Es gibt verschiedene Lagemaße. Welches wann verwendet werden sollte, hängt von folgenden Aspekten ab:

- Skalenniveau des Merkmals.

- Erwünschte statistische Eigenschaften.

- (Inhaltliche) Interpretation des Lagemaßes.

Wir wollen an Hand des folgenden Datensatzes verschiedene Lagemaße betrachten.

Beispiel 1.6.1. Die Messung der maximalen Ozonkonzentration (in 1000) [ppm]) an 13 aufeinander folgenden Tagen ergab:

Tag	1	2	3	4	5	6	7	8	9	10	11	12	13
Wert	66	52	49	64	68	26	86	52	43	75	87	188	118

Die Messungen liegen also zwischen $x_{\min} = 26$ und $x_{\max} = 188$. (Für Ozon gilt: 0.1 [ppm] = 0.2 [mg/m^3] = 0.0002 [g/m^3].)

▷ **Ordinal skalierte Daten**

Für mindestens ordinal skalierte Daten ist der Median ein geeignetes Lagemaß der zentralen Lage.

Median Eine Wert $x_\mathrm{med} \in \{x_1, \ldots, x_n\}$ heißt **Median** von $x_1, \ldots, x_n$, wenn

- mindestens die Hälfte der Daten kleiner oder gleich x_med ist und zugleich
- mindestens die Hälfte der Daten größer oder gleich x_med ist.

Sind $x_{(1)} \leq \cdots \leq x_{(n)}$ die geordneten Werte und ist n ungerade, so erfüllt genau die mittlere Beobachtung $x_{(k)}$, $k = \frac{n+1}{2}$, beide Bedingungen. Ist n gerade, so sind sowohl $x_{(n/2)}$ als auch $x_{(n/2+1)}$ Mediane. Für drei Schulnoten $4, 1, 3$ ist somit der eindeutige Median 3, liegen hingegen die Noten $1, 5, 8, 4$ vor, so sind 4 und 5 Mediane.

Der Median ist ein Spezialfall der p-Quantile, die ebenfalls Lagemaße sind. Wir behandeln p-Quantile in einem gesonderten Abschnitt.

Der Median vollzieht *monotone Transformationen* nach. Ist

$$y_i = f(x_i), \qquad i = 1, \ldots, n,$$

mit einer streng monotonen Funktion f, dann gilt: $y_\mathrm{med} = f(x_\mathrm{med})$.

▷ **Metrisch skalierte Daten**

Für metrisch skalierte Daten gibt es neben dem Median eine Vielzahl von Lagemaßen. Die wichtigsten sollen im Folgenden vorgestellt werden.

— **Der Median**

Für metrisch skalierte Daten verwendet man ebenfalls oft den Median als Lagemaß. Für gerades n erfüllt nun jede Zahl aus dem abgeschlossenem Intervall $[x_{(n/2)}, x_{(n/2+1)}]$ die Median-Eigenschaft. Die folgende Konvention ist üblich:

Konvention Für metrisch skalierte Daten ist es im Rahmen der deskriptiven Statistik üblich, die Intervallmitte als Median festzulegen. Damit gilt:

$$x_\mathrm{med} = \begin{cases} x_{\left(\frac{n+1}{2}\right)}, & n \text{ ungerade}, \\ \frac{1}{2}\left(x_{(n/2)} + x_{(n/2+1)}\right), & n \text{ gerade}. \end{cases}$$

Verhalten unter Transformationen

Häufig werden bei einer Auswertung die Beobachtungen noch in vielfältiger Weise transformiert. Zu den wichtigsten gehört die Umrechnung von Einheiten ([mg] in [g], [EUR] in [USD], etc.) Dies sind i.d.R. affin-lineare Transformationen der Form

$$y_i = a + b \cdot x_i, \qquad i = 1, \ldots, n.$$

Werden die Daten einer solchen affin-linearen Transformation unterworfen, so vollzieht der Median diese Transformation nach: Der Median des transformierten Datensatzes ist $y_{\mathrm{med}} = a + b \cdot x_{\mathrm{med}}$.

Minimaleigenschaft

Zu jedem potentiellen Zentrum m kann man die n Abstände

$$|x_1 - m|, \ldots, |x_n - m|$$

zu den Beobachtungen betrachten. Soll als Zentrum dasjenige m gewählt werden, welches diese Abstände gleichmäßig klein macht, dann ist es nahe liegend, die Summe der Abstände

$$Q(m) = \sum_{i=1}^{n} |x_i - m|$$

zu minimieren. Als Minimalstelle ergibt sich der Median.

Die Robustheit des Medians diskutieren wir im Zusammenhang mit dem arithmetischen Mittel.

Beispiel 1.6.2. Wir sortieren die Daten aus Beispiel 1.6.1, gehen also von $x_1, \ldots, x_n$ zur Ordnungsstatistik $(x_{(1)}, \ldots, x_{(n)})$ über (Merke: Klammerung der Indizes heißt Sortierung):

$$26 \quad 43 \quad 49 \quad 52 \quad 52 \quad 64 \quad 66 \quad 68 \quad 75 \quad 86 \quad 87 \quad 118 \quad 188$$

Der Median dieser 13 Messungen ist der 7-te Wert, $x_{(7)} = 66$, der sortierten Messungen.

— Das arithmetische Mittel

Betrachten wir zunächst die Fälle $n = 1$ und $n = 2$. Für $n = 1$ gibt es keinen vernünftigen Grund, nicht die einzige vorliegende Beobachtung als Lagemaß zu nehmen. Ist $n = 2$ und $x_1 \neq x_2$, dann ist die kleinere Beobachtung das Minimum und die größere das Maximum. Diese Situation liegt auch vor, wenn uns statt der Rohdaten ledglich der durch Minimum x_{min} und Maximum x_{max} gegebene Messbereich $[x_{\mathrm{min}}, x_{\mathrm{max}}]$ bekannt ist. Haben wir keine Kenntnis wie sich die Daten innerhalb des Messbereichs verteilen, dann legt der gesunde

Menschenverstand es nahe, als Lagemaß m die Mitte des Intervalls zu verwenden:

$$m = \frac{x_{\min} + x_{\max}}{2}.$$

Wir gehen nun davon aus, dass eine Datenreihe $x_1, \ldots, x_n$ gegeben ist.

Arithmetisches Mittel Das **arithmetische Mittel** ist definiert als

$$\overline{x} = \frac{1}{n} \sum_{i=1}^{n} x_i = \frac{1}{n} \cdot (x_1 + \cdots + x_n).$$

In die Berechnung gehen alle Beobachtungen mit gleichem Gewicht $1/n$ ein.

Liegen die Daten in gruppierter Form vor, etwa bei einem Histogramm, so kann man das arithmetische Mittel nur näherungsweise bestimmen. Sind $f_1, \ldots, f_k$ die relativen Häufigkeiten der k Gruppen mit Gruppenmitten $m_1, \ldots, m_k$, dann verwendet man üblicherweise die gewichtete Summe der Gruppenmitten,

$$\overline{x}_g = \sum_{i=1}^{k} f_i \cdot m_i = f_1 \cdot m_1 + \cdots + f_k \cdot m_k,$$

wobei die relativen Häufigkeiten f_i als Gewichte verwendet werden.

Für (numerische) Häufigkeitsdaten mit Ausprägungen $a_1, \ldots, a_k$ und relativen Häufigkeiten $f_1, \ldots, f_k$ berechnet man entsprechend: $\overline{x} = \sum_{j=1}^{k} a_j f_j$.

Beispiel 1.6.3. Für die Ozondaten aus Beispiel 1.6.1 erhalten wir

$$\sum_{i=1}^{n} x_i = 66 + 52 + 49 + 64 + 68 + 26 + 86 + 52 + 43 + 75 + 87 + 188 + 118 = 974$$

und hieraus $\overline{x} = \frac{974}{13} = 74.923$.

Schwerpunkteigenschaft:

Das arithmetische Mittel besitzt eine sehr anschauliche physikalische Interpretation: Wir stellen uns die Datenpunkte $x_1, \ldots, x_n$ als Kugeln gleicher Masse vor und legen sie an den entsprechenden Stellen auf ein Lineal, das von $x_{\min}$ bis $x_{\max}$ reicht. Dann ist $\overline{x}$ genau die Stelle, an der sich das Lineal im Gleichgewicht balancieren läßt.

Hochrechnungen:

Können die x_i als Bestandsgrößen (Kosten, Umsätze, Anzahlen, Leistungen, ...) interpretiert werden, so ist der Gesamtbestand (Gesamtkosten, Gesamtumsatz, Gesamtanzahl, Gesamtleistung, ...) gerade die Summe $x_1 + \cdots + x_n$. Sind nun das arithmetische Mittel $\overline{x}$ und der Stichprobenumfang n bekannt, so kann die Summe (also der Gesamtbestand) aus der *Erhaltungsgleichung* ermittelt werden:

$$n \cdot \overline{x} = x_1 + \cdots + x_n.$$

Verhalten unter affin-linearen Transformationen:

Wie der Median vollzieht auch das arithmetische Mittel affin-lineare Transformationen der Daten nach: Sind

$$y_i = a \cdot x_i + b, \qquad i = 1, \ldots, n,$$

so ist $\overline{y} = a \cdot \overline{x} + b$.

Robustheit: Median oder arithmetisches Mittel?

Beispiel 1.6.4. Angenommen, das 'mittlere' Einkommen eines kleinen Dorfes soll ermittelt werden, um es als arm oder reich zu klassifizieren. Wohnen in dem Dorf neun arme Bauern, die jeweils 1000 Euro verdienen, und ein zugezogener Reicher, der ein Einkommen von 20000 Euro erzielt, so erhalten wir als arithmetisches Mittel
$\overline{x} = (9/10) \cdot 1000 + (1/10) \cdot 20000 = 2900$. Verdichtet man den Datensatz auf diese eine Kennzahl, so erscheint das Dorf gut situiert. Doch offenkundig ist die Verwendung des arithmetischen Mittels nicht wirklich sinnvoll, da 90% der Dorfbewohner nicht mehr als 1000 Euro verdienen. Das Median-Einkommen beträgt 1000 Euro und bildet die tatsächlichen Einkommensverhältnisse der überwiegenden Mehrheit der Dorfbewohner ab.

An diesem Beispiel sehen wir, dass das arithmetische Mittel sehr empfindlich bei Vorliegen von **Ausreißern** reagiert. Ausreißer sind Beobachtungen, die in auffälliger Weise weit entfernt vom zentralen Bereich der Messungen liegen. Ausreißer können durch Tippfehler, Übertragungsfehler oder einfach ungewöhnlich starke Messfehler zustande kommen, also für das zu untersuchende Phänomen vollkommen uninformativ sein. Man spricht dann von einer **Kontamination** (Verschmutzung) der Daten. In anderen Fällen steckt in Ausreißern gerade die interessante Information: Auffällige Messergebnisse, die ihren Ursprung in bisher unbekannten Effekten haben. Es ist daher wichtig zu wissen, ob die verwendeten Statistiken **robust** oder **sensitiv** bzgl. Ausreißer sind. In dem ersten Fall beeinflussen Ausreißer das Ergebnis nicht oder kaum. Robuste Verfahren sind also zur Datenanalyse von potentiell verschmutzten Daten geeignet. Sensitive Kenngrößen können hingegen bei Vorliegen von Ausreißern vollkommen verfälschte Ergebnisse liefern.

Der Grad der Robustheit kann wie folgt quantifiziert werden:

> *Bruchpunkt* Der kleinste Anteil der Daten, der geändert werden muss, damit ein Lagemaß einen beliebig vorgegebenen Wert annimmt (also beliebig verfälscht werden kann), heißt **Bruchpunkt**.

Von zwei Lagemaßen kann daher das mit dem größeren Bruchpunkt als das robustere angesehen werden. Da beim arithmetischen Mittel jeder Werte mit gleichem Gewicht eingeht,

$$\overline{x} = \frac{x_1}{n} + \frac{x_2}{n} + \cdots + \frac{x_n}{n},$$

kann der Wert von $\overline{x}$ jeden beliebigen Wert annehmen, wenn nur eine Beobachtung geändert wird. Das arithmetische Mittel hat also den Bruchpunkt $1/n$. Im Gegensatz hierzu müssen beim Median mindestens die Hälfte (d.h. die Mehrheit) aller Beobachtungen geändert werden, um ihn beliebig zu verfälschen. Der Median stellt daher ein sehr robustes Lagemaß dar.

Zur explorativen Aufdeckung von Ausreißern ist es sinnvoll, die Ergebnisse einer robusten Analyse und einer nicht-robusten zu vergleichen. Große Unterschiede legen den Verdacht nahe, dass Ausreißer vorhanden sind. Bei den Ozondaten aus Beispiel 1.6.2 ist die Messung 188 ein möglicher Ausreißer, der vielleicht mit einem Smog-Tag korrespondiert.

Minimierungseigenschaft:

Das arithmetische Mittel besitzt die folgende Minimierungseigenschaft: $\overline{x}$ minimiert die Summe der Abstandsquadrate

$$Q(m) = (x_1 - m)^2 + (x_2 - m)^2 + \cdots + (x_n - m)^2.$$

Wir werden diesen Sachverhalt später verifizieren. Betrachtet man also den quadrierten Abstand eines Kandidaten m zu allen einzelnen Datenpunkten, so ist $\overline{x}$ der in diesem Sinne optimale Kandidat.

— Geometrisches Mittel

$x_1, \ldots, x_n \neq 0$ seien zeitlich geordnete Bestandsgrößen, etwa Anzahlen, Umsätze, Preise oder Mengen, jeweils gemessen am Ende einer Periode. Die zeitliche Entwicklung (Zunahme/Abnahme) wird dann sinnvoll durch die folgenden Größen beschrieben:

> *Wachstumsfaktor, Wachstumsrate* Sind $x_1, \ldots, x_n$ Bestandsgrößen, dann heißt
> $$w_1 = 1 \quad \text{und} \quad w_i = x_i / x_{i-1}, \qquad i = 2, \ldots, n,$$
> i-ter **Wachstumsfaktor** und
> $$r_i = w_i - 1 \qquad \Leftrightarrow \qquad x_i = (1 + r_i) x_{i-1}.$$
> i-te **Wachstumsrate** (bei monetären Größen: *Zinssatz*).

Multiplikation des Bestands x_{i-1} mit dem Wachstumsfaktor w_i der i-ten Periode liefert den Bestand $x_i = x_{i-1} w_i$ am Periodenende. $100 \cdot r_i\%$ ist die prozentuale Änderung während der i-ten Periode. Es gilt dann:

$$x_n = x_0 \prod_{i=1}^{n} w_i = x_0 \prod_{i=1}^{n} (1 + r_i).$$

> *Mittlerer Wachstumsfaktor, mittlere Wachstumsrate* Der *mittlere Wachstumsfaktor* ist definiert als derjenige Wachstumsfaktor w, der bei Anwendung in allen n Perioden zum Wert x_n führt. Die **mittlere Wachstumsrate** (bei monetären Größen: **effektiver Zinssatz**) ist $r = w - 1$.

Bei Geldgrößen ist der effektive Zinssatz derjenige Zinssatz, der bei Anwendung in allen Perioden vom Anfangskapital x_0 zum Endkapital x_n führt.

Allgemein berechnet sich der mittlere Wachstumsfaktor wie folgt:

$$x_n = x_0 w^n = x_0 \prod_{i=1}^{n} w_i \quad \Leftrightarrow \quad w = \left(\prod_{i=1}^{n} w_i \right)^{1/n} = \sqrt[n]{w_1 \cdot \ldots \cdot w_n} \, .$$

w stellt sich als **geometrisches Mittel** der w_i heraus.

> *Geometrisches Mittel* Das **geometrische Mittel** von n nichtnegativen Zahlen $x_1, \ldots, x_n$ ist gegeben durch
> $$\overline{x}_{geo} = (x_1 \cdots x_n)^{1/n}.$$
> Es gilt die Ungleichung: $\overline{x}_{geo} \leq \overline{x}$.

Herleitung: Unter Verwendung der Rechenregeln $\ln(ab) = \ln(a) + \ln(b)$ und $\ln(a^b) = b \ln(a)$ erhält man:

$$\ln(\overline{x}_{geo}) = \ln\left([x_1 \cdot \cdots \cdot x_n]^{1/n}\right)$$

$$= \frac{1}{n}\ln(x_1 \cdot \cdots \cdot x_n)$$

$$= \frac{1}{n}\left(\sum_{i=1}^{n}\ln(x_i)\right)$$

$$\leq \ln\left(\frac{1}{n}\sum_{i=1}^{n}x_i\right),$$

wobei im letzten Schritt die Jensen-Ungleichung verwendet wurde.   □

Beispiel: Gegeben seien die folgenden Kontostände am Jahresbeginn:

2006	2007	2008	2009	2010
$(i=1)$	$(i=2)$	$(i=3)$	$(i=4)$	$(i=5)$
200	202	204.02	216.26	229.24

Hieraus berechnen sich (gerundet auf zwei Nachkommastellen) die Wachstumsfaktoren

$$w_1 = 1,\ w_2 = 1.01,\ w_3 = 1.01,\ w_4 = 1.06,\ w_5 = 1.06,$$

sowie die Zinssätze (p.a.)

$$r_2 = 0.01,\ r_3 = 0.01,\ r_4 = 0.06,\ r_5 = 0.06.$$

Für den effektiven Zinssatz erhält man

$$r^* = (1.01^3 \cdot 1.06^3)^{\frac{1}{6}} - 1 = 0.024698.$$

Das arithmetische Mittel von 0.03 suggeriert eine deutlich höhere Verzinsung. Da die Zinssätze in den ersten beiden Jahren jedoch sehr niedrig sind, wirkt sich der Zinseszinseffekt kaum aus. Man berechne zum Vergleich r^* für $r_1 = 0.06, r_2 = 0.06, r_3 = 0.01, r_4 = 0.01$!

— Harmonisches Mittel

Der Vollständigkeit halber sei an dieser Stelle auch das harmonische Mittel erwähnt:

Harmonisches Mittel Das **harmonische Mittel** von n Zahlen $x_1, \ldots, x_n$, die alle ungleich null sind und die Bedingung $\sum_{i=1}^{n}\frac{1}{x_i} \neq 0$ erfüllen, ist definiert durch

$$\overline{x}_{har} = \frac{1}{\frac{1}{n}\sum_{i=1}^{n}\frac{1}{x_i}}.$$

— Getrimmte und winsorisierte Mittel*

Vermutet man Ausreißer in den Daten, jedoch nicht mehr als $2a \cdot 100\%$, so ist folgende Strategie nahe liegend: Man läßt die kleinsten $k = \lfloor na \rfloor$ und die k größten Beobachtungen weg und berechnet von den verbliebenen $n - 2k$ (zentralen) Beobachtungen das arithmetische Mittel. Hierbei ist $[x]$ die größte natürliche Zahl, die kleiner oder gleich x ist (Bsp: $[2.45] = 2, [8.6] = 8$). Als Formel:

$$\overline{x}_a = \frac{x_{(\lfloor k+1 \rfloor)} + \cdots + x_{(\lfloor n-k \rfloor)}}{n - 2k}$$

Übliche Werte für a liegen zwischen 0.05 und 0.2.

Beim **winsorisierten Mittel** werden die $2\lfloor na \rfloor$ extremen Beobachtungen nicht weggelassen, sondern durch den nächst gelegenen der zentralen $n - 2\lfloor na \rfloor$ Werte ersetzt.

1.6.2 Streuung

In diesem Abschnitt besprechen wir die wichtigsten Maßzahlen, anhand derer sich die Streuung realer Daten quantifizieren lässt.

▷ Nominale und ordinale Merkmale

Unsere Anschauung legt es nahe, die empirische Häufigkeitsverteilung eines Merkmals mit k möglichen Ausprägungen als *breit streuend* zu charakterisieren, wenn sich die Beobachtungen (gleichmäßig) auf viele Kategorien verteilen. Ein sinnvolles Streuungsmaß sollte also die Anzahl der besetzten Kategorien erfassen, jedoch unter Berücksichtigung der relativen Häufigkeiten. Ist hingegen nur eine Kategorie besetzt, so streuen die Daten nicht.

Liegt eine Gleichverteilung auf $r \leq k$ Kategorien vor, beispielsweise den ersten r, d.h.

$$f_j = 1/r, \qquad j = 1, \ldots, r,$$

dann ist die Anzahl r ein geeignetes Streuungsmaß. Um die Zahl r in Binärdarstellung darzustellen, werden $b = \log_2(r)$ Ziffern (Bits) benötigt. Beispielsweise ist 101 die Binärdarstellung der Zahl $5 = 1 \cdot 2^2 + 0 \cdot 2^1 + 1 \cdot 2^0$. Nach den Rechenregeln des Logarithmus gilt:

$$b = \log_2(r) = -\log_2\left(\frac{1}{r}\right).$$

Die Verwendung des Logarithmus zur Basis 2 kann auch durch folgende Überlegung veranschaulicht werden: $b = \log_2(r)$ gibt die Anzahl der binären Entscheidungen an, die zu treffen sind, um eine Beobachtung in die richtige Kategorie einzuordnen. Die so gewonnene Maßzahl wird nun auf die r besetzten Kategorien umgelegt; jeder Kategorie wird also der Anteil

$$-\frac{1}{r}\log_2\left(\frac{1}{r}\right) = -f_j \log_2(f_j), \qquad j \in \{1, \ldots, r\},$$

zugeordnet. In dieser Darstellung kann der Ansatz von der Gleichverteilung auf r Kategorien auf beliebige Verteilungen übertragen werden: Jeder besetzten Kategorie mit relativer Häufigkeit $f_j > 0$ wird der Streuungsbeitrag $-f_j \log_2(f_j)$ zugeordnet. Als Maß für die Gesamtstreuung verwenden wir die Summe der einzelnen Streuungsbeiträge.

> **Shannon-Wiener-Index, Entropie**   Die Maßzahl
>
> $$H = -\sum_{j=1}^{k} f_j \cdot \log_2(f_j)$$
>
> heißt **Shannon-Wiener-Index** oder **(Shannon) - Entropie**.

Statt des Logarithmus zur Basis 2 verwendet man häufig auch den natürlichen Logarithmus ln oder den Logarithmus $\log_{10}$ zur Basis 10. Die Shannon-Entropie hängt von der Wahl der Basis des Logarithmus ab. Da das Umrechnen von Logarithmen zu verschiedenen Basen nach der Formel

$$\log_a(x) = \log_a(b) \cdot \log_b(x)$$

erfolgt, gehen die jeweiligen Maßzahlen durch Multiplikation mit dem entsprechenden Umrechnungsfaktor auseinander hervor. Weil die im Folgenden zu besprechenden Eigenschaften nicht von der Wahl des Logarithmus abhängen, schreiben wir kurz $\log(x)$.

Die Entropie H misst sowohl die Anzahl der besetzten Kategorien als auch die Gleichheit der relativen Häufigkeiten. Je mehr Kategorien besetzt sind, und je ähnlicher die Häufigkeitsverteilung der diskreten Gleichverteilung ist, desto größer ist der Wert von H.

Betrachten wir die Extremfälle: Für eine Einpunktverteilung, etwa $f_1 = 1$ und $f_2 = 0, \ldots, f_k = 0$, erhält man den Minimalwert

$$f_1 \cdot \log(f_1) = \log(1) = 0.$$

Der Maximalwert wird für die empirische Gleichverteilung auf den Kategorien angenommen:

$$-\sum_{i=1}^{k} \frac{1}{k} \log\left(\frac{1}{k}\right) = -\log\left(\frac{1}{k}\right) = \log(k).$$

Der Shannon-Wiener-Index hat zwei Nachteile: Sein Wert hängt vom verwendeten Logarithmus ab und er ist nicht normiert.

Relative Entropie Die *relative Entropie* oder **normierte Entropie** ist gegeben durch

$$J = \frac{H}{\log(k)}.$$

J hängt nicht von der Wahl des Logarithmus ab, da sich die Umrechnungsfaktoren herauskürzen. Zudem können nun Indexwerte von Verteilungen verglichen werden, die unterschiedlich viele Kategorien besitzen.

▷ Metrische Merkmale

Messen wir auf einer metrischen Skala, etwa Gewichte, Längen oder Geldgrößen, dann können wir Streuungsmaße betrachten, die auf den n Abständen der Beobachtungen $x_1, \ldots, x_n$ vom Lagemaß beruhen. Die Grundidee vieler Streuungsmaße für metrische Daten ist es, diese Abstände zunächst zu bewerten und dann zu einer Kennzahl zu verdichten. Je nachdem, welches Lagemaß man zugrunde legt und wie die Abstände bewertet und verdichtet werden, gelangt man zu unterschiedlichen Streuungsmaßen.

— Stichprobenvarianz und Standardabweichung

Wählt man das arithmetische Mittel als Lagemaß, dann kann man die n quadrierten Abstände

$$(x_1 - \overline{x})^2, (x_2 - \overline{x})^2, \ldots, (x_n - \overline{x})^2,$$

berechnen. Da alle Datenpunkte x_i gleichberechtige Messungen desselben Merkmals sind, ist es nahe liegend, diese n Abstandsmaße zur Streuungsmessung zu mitteln, und zwar wieder durch das arithmetische Mittel.

Empirische Varianz, Stichprobenvarianz, Standardabweichung Die **Stichprobenvarianz** oder **empirische Varianz** von $x_1, \ldots, x_n$ ist gegeben durch

$$s^2 = \frac{1}{n} \sum_{i=1}^{n} (x_i - \overline{x})^2.$$

Diese Größe ist eine Funktion des Datenvektors $\mathbf{x} = (x_1, \ldots, x_n)$. Wir notieren s^2 daher mitunter auch als $\mathrm{var}(\mathbf{x})$. Die Wurzel aus der Stichprobenvarianz,

$$s = \sqrt{s^2} = \sqrt{\mathrm{var}(\mathbf{x})},$$

heißt **Standardabweichung**.

Zur Formulierung der folgenden Rechenregeln vereinbaren wir: Für Zahlen $a, b \in \mathbb{R}$ und jeden Datenvektor $\mathbf{x} = (x_1, \ldots, x_n)$ ist

$$\mathbf{x} + a = (x_1 + a, \ldots, x_n + a), \quad b\mathbf{x} = (bx_1, \ldots, bx_n).$$

Rechenregeln der Stichprobenvarianz Für alle Datenvektoren $\mathbf{x}, \mathbf{y} \in \mathbb{R}^n$ und Zahlen $a, b \in \mathbb{R}$ gilt:

1) Invarianz unter Lageänderungen:

$$\operatorname{var}(a + \mathbf{x}) = \operatorname{var}(\mathbf{x})$$

2) Quadratische Reaktion auf Maßstabsänderungen

$$\operatorname{var}(b\mathbf{x}) = b^2 \operatorname{var}(\mathbf{x})$$

3) Die Stichprobenvarianz ist ein Maß der paarweisen Abstände aller Beobachtungen:

$$s^2 = \operatorname{var}(\mathbf{x}) = \frac{1}{2n^2} \sum_{i=1}^{n} \sum_{j=1}^{n} (x_i - x_j)^2$$

Liegen die Daten in gruppierter Form vor, also als Häufigkeitsverteilung $f_1, \ldots, f_k$ mit Gruppenmitten $m_1, \ldots, m_k$, dann verwendet man

$$s_g^2 = \sum_{j=1}^{k} f_j (m_j - \overline{x}_g)^2.$$

Für Häufigkeitsdaten eines metrisch skalierten Merkmals mit Ausprägungen $a_1, \ldots, a_k$ und relativen Häufigkeiten $f_1, \ldots, f_k$ ist analog: $s_a^2 = \sum_{j=1}^{k} f_j (a_j - \overline{x})^2$.

s^2 ist im folgenden Sinne das in natürlicher Weise zu $\overline{x}$ korrespondierende Streuungsmaß: Das arithmetische Mittel minimiert die Funktion

$$Q(m) = \frac{1}{n} \sum_{i=1}^{n} (x_i - m)^2$$

und s^2 ist gerade der Minimalwert: $s^2 = Q(\overline{x})$.

Für Handrechnungen führt folgende besonders wichtige Formel zu erheblichen Vereinfachungen:

Verschiebungssatz Es gilt

$$\sum_{i=1}^{n}(x_i - \overline{x})^2 = \sum_{i=1}^{n} x_i^2 - n \cdot (\overline{x})^2.$$

und somit

$$s^2 = \frac{1}{n}\sum_{i=1}^{n} x_i^2 - (\overline{x})^2.$$

Für gruppierte Daten gilt analog:

$$s_g^2 = \sum_{i=1}^{n} f_j m_j^2 - (\overline{x}_g)^2.$$

Herleitung: Nach Ausquadrieren $(x_i - \overline{x})^2 = x_i^2 - 2x_i\overline{x} + (\overline{x})^2$ erhält man durch Summation

$$\sum_{i=1}^{n} x_i^2 - 2\overline{x}\sum_{i=1}^{n} x_i + n(\overline{x})^2.$$

Berücksichtigt man, dass $\sum_i x_i = n \cdot \overline{x}$ gilt, so erhält man den Verschiebungssatz.
□

In der statistischen Praxis wird üblicherweise die Berechnungsvorschrift

$$s^2 = \frac{1}{n-1}\sum_{i=1}^{n}(x_i - \overline{x})^2.$$

verwendet. Diese Formel ist durch das theoretische Konzept der Erwartungstreue begründet, das im Kapitel über schließende Statistik behandelt wird. Wir verwenden in beiden Fällen das selbe Symbol s^2 und geben jeweils im Kontext an, ob der Vorfaktor $1/n$ oder $1/(n-1)$ zu verwenden ist.

− MAD*

Verwendet man den Median zur Kennzeichnung der Lage der Daten, so werden die Abstände zu den Beobachtungen durch den Absolutbetrag gemessen. Dies liefert n Abstände

$$|x_1 - \widetilde{x}_{med}|, \ldots, |x_n - \widetilde{x}_{med}|,$$

deren Mittel ein nahe liegendes Streuungsmaß liefert.

MAD Die **mittlere absolute Abweichung** (Mean Absolute Deviation, MAD) ist gegeben durch

$$\text{MAD} = \frac{1}{n} \sum_{i=1}^{n} |x_i - \tilde{x}_{med}|.$$

Die Dimension von MAD stimmt mit der Dimension der Beobachtungen überein. Im Gegensatz zum Median ist der MAD nicht robust bzgl. Ausreißer-Abständen $x_i - \tilde{x}_{med}$. Daher verwendet man zur Mittelung der n Abstände häufig nicht das arithmetische Mittel, sondern wiederum den Median:

$$\text{Med}(|x_1 - \tilde{x}_{med}|, \ldots, |x_n - \tilde{x}_{med}|).$$

1.6.3 Schiefe versus Symmetrie

Die Schiefe einer empirischen Verteilung wollen wir versuchen anschaulich zu fassen.

Symmetrie Eine Funktion $f(x)$ heißt **symmetrisch mit Symmetriezentrum** m, wenn für alle $x \in \mathbb{R}$ gilt:

$$f(m + x) = f(m - x).$$

Eine empirische Verteilung ist symmetrisch, wenn die Häufigkeitsdichte $f_n(x)$ diese Eigenschaft hat. Dann ist m insbesondere der Median. Für den praktischen Gebrauch muss man die Gleichheitsbedingung jedoch aufweichen zu $f(m + x) \approx f(m - x)$.

Linksschiefe liegt vor, wenn für alle $a > 0$ der Anteil der Beobachtungen mit $x_i > m + a$ größer ist als der Anteil der Beobachtungen mit $x_i < m - a$. Ist es genau umgekehrt, so spricht man von **Rechtsschiefe**. Eine Verteilung ist symmetrisch, wenn Gleichheit vorliegt.

Zunächst verraten sich schiefe Verteilungen dadurch, dass arithmetisches Mittel und Median deutlich voneinander abweichen.

Das bekannteste Schiefemaß ist das **dritte standardisierte Moment**

$$m_3^* = \frac{1}{n} \sum_{i=1}^{n} \left(\frac{x_i - \overline{x}}{s} \right)^3.$$

mit $s^2 = \frac{1}{n} \sum_{i=1}^{n} (x_i - \overline{x})^2$. Die standardisierten Variablen

$$x_i^* = \frac{x_i - \overline{x}}{s}$$

sind bereinigt um die Lage und die Streuung, d. h. ihr arithmetisches Mittel ist 0 und ihre Stichprobenvarianz 1. Ist die Verteilung rechtsschief, so gibt es viele x_i für die $x_i - \overline{x}$ sehr groß ist. In diesem Fall wird das arithmetische Mittel der

$$(x_i^*)^3 = \left(\frac{x_i - \overline{x}}{s}\right)^2 \cdot \frac{x_i - \overline{x}}{s}$$

positiv sein. Bei Linksschiefe sind hingegen sehr viele $x_i - \overline{x}$ sehr klein (und negativ), so dass m_3^* tendenziell negativ ist. Somit zeigt $m_3^* > 0$ Rechtsschiefe und $m_3^* < 0$ Linksschiefe an. Für exakt symmetrische Daten ist $m_3^* = 0$.

1.6.4 Quantile und abgeleitete Kennzahlen

Mitunter interessiert nicht nur die Lage des Zentrums einer Datenmenge, sondern die Lage der unteren oder oberen $p \cdot 100\%$. Man nennt solch einen Wert **Quantil** bzw. **Perzentil**. Ein konkretes Anwendungsbeispiel:

Beispiel 1.6.5. Ein PC-Händler bestellt einmal im Monat TFT-Monitore, deren Absatz von Monat zu Monat variiert. Da er nur einen kleinen Lagerraum hat, möchte er so viele Geräte bevorraten, dass in 9 von 10 Monaten der Vorrat bis zum Monatsende reicht. Zur Bestimmung der gewünschten Menge kann er auf seine Verkaufszahlen $x_1, \ldots, x_n$ der letzten $n = 10$ Monate zurückgreifen.

Der PC-Händler im obigen Beispiel sucht die Absatzmenge, die ihm seine (potentiellen) Kunden in 9 von 10 Monaten bescheren, also das Quantil für $p = 0.9$.

Da die wahren Quantile der Grundgesamtheit nicht bekannt sind, berechnet man die entsprechenden Größen aus Stichproben. Wir geben die Definition für ordinal skalierte Daten:

> *(Empirisches) p-Quantil* Ein **(empirisches)** p-**Quantil**, $p \in (0,1)$, eines Datensatzes $x_1, \ldots, x_n$ ist jeder Wert $\widetilde{x}_p \in \{x_1, \ldots, x_n\}$, so dass
>
> - mindestens $100 \cdot p\%$ der Datenpunkte kleiner oder gleich $\widetilde{x}_p$ sind und zugleich
> - mindestens $100 \cdot (1 - p)\%$ der Datenpunkte größer oder gleich $\widetilde{x}_p$ sind.

Wie beim Median ist zwischen zwei Fällen zu unterscheiden:

1) Fall $np \in \mathbb{N}$ ganzzahlig: $x_{(np)}$ und $x_{(np+1)}$ sind p-Quantile.

2) Fall $np \notin \mathbb{N}$: $\widetilde{x}_p = x_{(\lfloor np \rfloor + 1)}$ ist das eindeutige p-Quantil, wobei $\lfloor x \rfloor$ wieder die Abrundung von $x \in \mathbb{R}$ ist.

Bei metrischer Skalierung bezeichnet man im Fall $np \in \mathbb{N}$ jede Zahl des Intervals $[x_{(np)}, x_{(np+1)}]$ als p-Quantil. In der Praxis muss eine Festlegung getroffen werden, etwa in der Form, dass die Intervalmitte verwendet wird: $\widetilde{x}_p = \frac{1}{2}(x_{(np)} + x_{(np+1)})$.

> *Quartile* Das 0.25-Quantil bezeichnet man auch als *erstes Quartil* oder auch **unteres Quartil** Q_1, das 0.75-Quantil als **drittes Quartil** bzw. *oberes Quartil* Q_3. Zusammen mit Median (Q_2), Minimum und Maximum unterteilen die beiden Quartile einen Datensatz in vier Bereiche mit gleichen Anteilen.

Beispiel 1.6.6. Wir betrachten die Ozondaten aus Beispiel 1.6.2:

$$26 \quad 43 \quad 49 \quad 52 \quad 52 \quad 64 \quad 66 \quad 68 \quad 75 \quad 86 \quad 87 \quad 118 \quad 188$$

Als Median hatte sich ergeben: $x_{\mathrm{med}} = x_{0.5} = x_{(7)} = 66$. Zusätzlich sollen die p-Quantile für $p \in \{0.1, 0.25, 0.75\}$ berechnet werden.

p	np	$\widetilde{x}_p$
0.1	1.3	$x_{(2)} = 43$
0.25	3.25	$x_{(4)} = 52$
0.75	9.75	$x_{(10)} = 86$
0.9	11.7	$x_{(12)} = 118$

Für $p = 0.1$ gilt: $2/13$ ($\approx 15.4\%$) der Datenpunkte sind kleiner oder gleich $x_{(2)} = 43$ und $12/13$ ($\approx 92.3\%$) der Datenpunkte sind größer oder gleich 43.

Aus den empirischen Quantilen lassen sich für metrisch skalierte Merkmale auch Streuungsmaße ableiten.

> *Quartilsabstand* Die Kenngröße
> $$IQR = Q_3 - Q_1$$
> heißt **Quartilsabstand** (engl.: *interquartile range*).

Das Intervall $[Q_1, Q_3]$ grenzt die zentralen 50% der Daten ab und der Quartilsabstand ist die Länge dieses Intervalls.

Beispiel 1.6.7. Für die Ozondaten ergibt sich als Quartilsabstand

$$IQR = 86 - 52 = 34.$$

Die zentralen 50% der Datenpunkte unterscheiden sich also um nicht mehr als 34 [ppm].

1.6.5 Fünf–Punkte–Zusammenfassung und Boxplot

Fünf–Punkte–Zusammenfassung Die Zusammenstellung des Minimums $x_{\min}$, des ersten Quartils, $Q_1 = \tilde{x}_{0.25}$, des Medians $Q_2 = x_{\mathrm{med}}$, des dritten Quartils Q_3 sowie des Maximums $x_{\max}$ bezeichnet man als **Fünf–Punkte–Zusammenfassung**.

Diese 5 Kennzahlen verraten schon vieles über die Daten: Die Daten liegen innerhalb des Messbereichs $[x_{min}, x_{\max}]$; der Median ist ein robustes Lagemaß, das den Datensatz in zwei gleichgroße Hälften teilt. Die Mitten dieser Hälften sind die Quartile Q_1 und Q_3. Die Fünf–Punkte–Zusammenfassung liefert somit bereits ein grobes Bild der Verteilung.

Beispiel 1.6.8. Für die Ozondaten lautet die Fünf–Punkte–Zusammenfassung:

$x_{\min}$	$\tilde{x}_{0.25}$	x_{med}	$\tilde{x}_{0.75}$	$x_{\max}$
26	52	66	86	188

Boxplot Der **Boxplot** ist eine graphische Darstellung der Fünf–Punkte–Zusammenfassung. Man zeichnet eine Box von Q_1 bis Q_3, die einen vertikalen Strich beim Median erhält. An die Box werden Striche – die sogenannten Whiskers (*whiskers* sind die Schnurrhaare einer Katze) – angesetzt, die bis zum Minimum bzw. Maximum reichen.

Beispiel 1.6.9. Der Boxplot der Fünf–Punkte–Zusammenfassung der Ozondaten ist in Abbildung 1.6 dargestellt.

Der Boxplot ist nicht eindeutig definiert. Es gibt Varianten und vielfältige Ergänzungen. Wir wollen hier nur die wichtigsten Modifikationen kurz besprechen.

In großen Stichproben können Minimum und Maximum optisch „divergieren", da in diesem Fall extreme Beobachtungen häufiger beobachtet werden. Dann kann es sinnvoll sein, $x_{\min}$ und $x_{\max}$ durch geeignet gewählte Quantile, bspw.

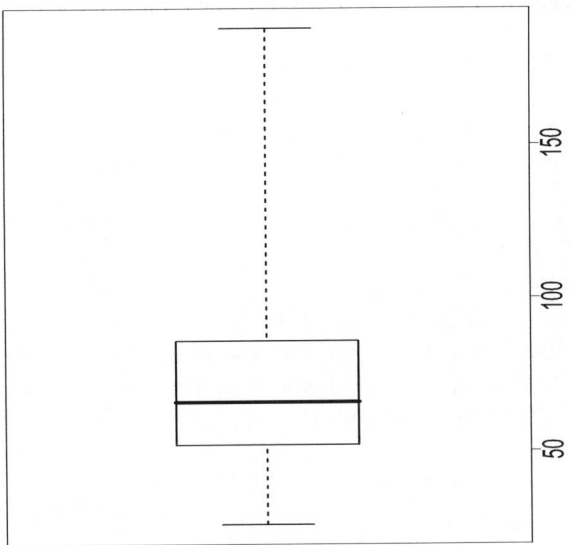

Abb. 1.6. Boxplot der Ozondaten.

durch $\widetilde{x}_{p/2}$ und $\widetilde{x}_{1-p/2}$, zu ersetzen, so dass zwischen den Whiskers $(1 - p) \cdot 100\%$ der Daten liegen.

Die Whiskers markieren also den tatsächlichen Messbereich oder einen Bereich, in dem die allermeisten Beobachtungen liegen. Die Box visualisiert den Bereich, in dem die zentralen 50% der Datenpunkte liegen. Der Mittelstrich markiert den Median, der die Verteilung teilt. Schiefe Verteilungen erkennt man daran, dass der Medianstrich deutlich von der Mittellage abweicht.

Zusätzlich werden häufig extreme Beobachtungen eingezeichnet, z.B. die kleinsten und größten fünf Beobachtungen. Eine andere Konvention besagt, dass zur Aufdeckung von Ausreißern Beobachtungen eingezeichnet werden, die unterhalb der unteren Ausreißergrenze

$$Q_1 - 1.5 \cdot (Q_3 - Q_1)$$

bzw. oberhalb der oberen Ausreißergrenze

$$Q_3 + 1.5 \cdot (Q_3 - Q_1)$$

liegen. Diese Grenzen heißen auch *innere Zäune* und Beobachtungen, die außerhalb der inneren Zäune liegen, werden *äußere Beobachtungen* genannt. Verwendet man statt des Faktors 1.5 den Faktor 3, so erhält man die *äußeren Zäune*.

Die Grundüberlegung bei Verwendung solcher Ausreißerregeln ist es, verdächtige Beobachtungen aufzudecken, die darauf hindeuten, dass ein gewisser Teil der Beobachtungen ganz anders verteilt ist als die Masse der Daten. Diese Ausreißergrenzen sind jedoch mit Vorsicht zu genießen. Wir werden später die Normalverteilung kennen lernen, von der viele elementare statistische Verfahren ausgehen. Hat man den Verdacht, dass eventuell ein Teil der zu untersuchenden Daten nicht normalverteilt ist (Kontamination), sondern von der Normalverteilung abweicht (z.B. stärker streut), so liegt es nahe, obige Ausreißerregeln anzuwenden. Wendet man die obigen Ausreißerregeln auf normalverteilte Datensätze an, so werden jedoch zu häufig fälschlicherweise Beobachtungen als 'auffällig' klassifiziert. Liegt n zwischen 10 und 20, so wird im Schnitt in jeder zweiten Stichprobe eine Beobachtung fälschlicherweise als auffällig klassifiziert, obwohl gar keine Kontamination vorliegt. Man schließt also viel zu häufig auf ein Ausreißerproblem, da die Regeln sehr sensitiv sind.

Beispiel 1.6.10. Für die Ozondaten ergeben sich folgende Ausreißergrenzen:

$$Q_1 - 1.5 \cdot (Q_3 - Q_1) = 52 - 1.5 \cdot 34 = 1$$
$$Q_1 + 1.5 \cdot (Q_3 - Q_1) = 86 + 1.5 \cdot 34 = 137$$

Auffällige äußere Beobachtungen sind somit nur 188.

1.6.6 QQ-Plot (Quantildiagramm)

Der QQ-Plot ist ein nützliches grafisches Tool, um schnell erkennen zu können, ob zwei Datensätze unterschiedliche empirische Verteilungen besitzen. Grundlage ist hierbei der Vergleich von empirischen Quantilen. Während der Boxplot lediglich 3 (bzw. 5) Quantile visualisiert, werden beim QQ-Plot deutlich mehr Quantile verglichen. Konkret werden für ausgewählte Anteile p die p-Quantile des y-Datensatzes gegen die p-Quantile des x-Datensatzes aufgetragen. Im Idealfall, dass die Verteilungen der Datensätze übereinstimmen, ergibt sich die Winkelhalbierende. Unterschiede schlagen sich in Abweichungen von der Winkelhalbierenden nieder.

Gegeben seien also zwei Datensätze

$$x_1, \ldots, x_n \quad \text{und} \quad y_1, \ldots, y_m.$$

Gilt $n = m$, so verwendet man die p_i-Quantile mit

$$p_i = i/n, \qquad i = 1, \ldots, n,$$

welche gerade durch die Ordnungsstatistiken $x_{(i)}$ und $y_{(i)}$ gegeben sind. Man trägt also lediglich die geordneten Werte gegeneinander auf. Bei ungleichen Stichprobenumfängen verwendet man die p_i-Werte des kleineren Datensatzes und muss daher lediglich für den größeren Datensatz die zugehörigen Quantile berechnen. Zur Interpretation halten wir fest:

- In Bereichen, in denen die Punkte unterhalb der Winkelhalbierenden liegen, sind die y-Quantile kleiner als die x-Quantile. Die y-Verteilung hat daher mehr Masse bei kleinen Werten als die x-Verteilung.

- Liegen alle Punkte (nahezu) auf einer Geraden, so gehen die Datensätze durch eine lineare Transformation auseinander hervor: $y_i = ax_i + b$ (Lage- und Skalenänderung).

1.7 Konzentrationsmessung*

Eine wesentliche Fragestellung bei der Analyse von Märkten ist, wie stark die Marktanteile auf einzelne Marktteilnehmer konzentriert sind. Dies gilt insbesondere für den Vergleich von Märkten. Der Marktanteil kann hierbei anhand ganz verschiedener Merkmale gemessen werden (z.B. verkaufte Autos, erzielte Umsatzerlöse oder die Anzahl der Kunden). Ein Markt ist stark konzentriert, wenn sich ein Großteil des Marktvolumens auf nur wenige Marktteilnehmer verteilt, also wenig streut. Bei schwacher Konzentration verteilt sich das Volumen gleichmäßig auf viele Anbieter. Wir wollen in diesem Abschnitt die wichtigsten Konzentrationsmaße sowie geeignete grafische Darstellungen kennen lernen.

Ausgangspunkt ist die Modellierung eines Marktes durch n Merkmalsträger $1, \ldots, n$, für die n kardinalskalierte Merkmalsausprägungen $x_1, \ldots, x_n \geq 0$ gegeben sind.

1.7.1 Lorenzkurve

Wir gehen im Folgenden davon aus, dass die Merkmalsausprägungen sortiert sind:

$$x_1 \leq x_2 \leq \cdots \leq x_n.$$

Die j *kleinsten* Marktteilnehmer vereinen die Merkmalssumme $x_1 + \cdots + x_j$ auf sich. Jeweils in Anteilen ausgedrückt, bedeutet dies: Die $j/n \cdot 100\%$ kleinsten Marktteilnehmer vereinen den (Markt-) Anteil

$$a_j = \frac{x_1 + \cdots + x_j}{x_1 + \cdots + x_n}$$

auf sich.

Lorenzkurve Die **Lorenzkurve** $L(t)$, $t \in [0,1]$, ist die grafische Darstellung der $n+1$ Punktepaare $(0,0), (1/n, a_1), \ldots, (1, a_n)$ durch einen Streckenzug. Man verbindet also diese Punktepaare durch Linien.

Es ist zu beachten, dass nur die Funktionswerte an den Stellen $0, 1/n, \ldots, 1$ sinnvoll interpretiert werden können.

Bei minimaler Konzentration verteilt sich die Merkmalssumme nach einer Gleichverteilung auf die n Merkmalsträger. Es ist dann $x_j = s/n$ und $a_j = \frac{js/n}{s} = \frac{j}{n}$ für $j = 1, \ldots, n$. Die Lorenzkurve fällt mit der Diagonalen $y = x$ zusammen, die man daher zum Vergleich in die Grafik einzeichnen sollte.

Bei maximaler Konzentration gilt: $x_1 = 0, \ldots, x_{n-1} = 0$ und somit $a_1 = 0, \ldots, a_{n-1} = 0$ und $a_n = 1$. Die Lorenzkurve verläuft zunächst entlang der x-Achse bis zur Stelle $(n-1)/n$ und steigt dann linear auf den Wert 1 an. Bei wachsender Anzahl n der Merkmalsträger nähert sich die Lorenzkurve der Funktion an, die überall 0 ist und nur im Punkt $x = 1$ den Wert 1 annimmt. Dieser Grenzfall entspricht der Situation, dass ein Markt mit unendlich vielen Marktteilnehmern von einem Monopolisten vollständig beherrscht wird.

Die Lorenzkurve ist monoton steigend und konvex. Je stärker der Markt konzentriert ist, desto stärker ist die Lorenzkurve (nach unten) gekrümmt.

Wir betrachen ein einfaches Zahlenbeispiel, auf das wir auch im Folgenden zurückgreifen werden.

Beispiel 1.7.1. Drei Anbieter A_1, A_2, A_3 teilen in zwei Ländern einen Markt unter sich auf:

X-Land			Y-Land		
A_1	A_2	A_3	A_1	A_2	A_3
10%	20%	70%	5%	5%	90%

	X-Land			Y-Land		
j	x_j	j/n	a_j	x_j	j/n	a_j
1	0.1	1/3	0.1	0.05	1/3	0.05
2	0.2	2/3	0.3	0.05	2/3	0.10
3	0.7	1	1	0.90	1	1

Abbildung 1.7 zeigt die zugehörigen Lorenzkurven. Der Markt in Y-Land ist stärker konzentriert als in X-Land, die Lorenzkurve hängt entsprechend stärker durch.

Beispiel 1.7.2. Wir betrachten die PKW–Zulassungszahlen aus Beispiel 1.1.3, um die Konzentration zu analysieren. Aus der Lorenzkurve aus Abbildung 1.8 liest man ab, dass die 50% kleinsten Hersteller lediglich 25% des Marktvolumens auf sich vereinen. Volkswagen als Marktführer erzielt allein bereits 17.6% des Absatzes.

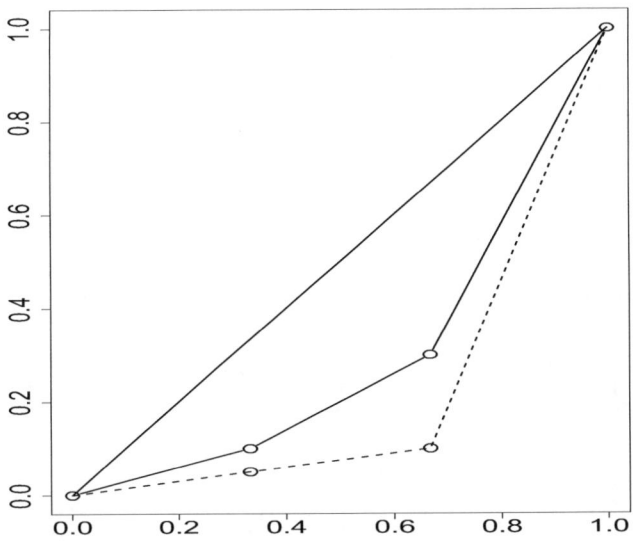

Abb. 1.7. Lorenzkurven von X-Land und Y-Land (gestrichelt).

1.7.2 Gini–Koeffizient

Der Gini-Koeffizient verdichtet die Lorenzkurve auf eine Kennzahl. Ausgangspunkt ist die Beobachtung, dass die Fläche zwischen der Diagonalen und der Lorenzkurve ein Maß für die Stärke der Konzentration ist. Auf einem Markt mit unendlich vielen Marktteilnehmern und einem Monopolisten nimmt diese Fläche den Maximalwert $1/2$ an.

Gini–Koeffizient Der **Gini–Koeffizient** G ist gegeben durch

$$G = 2 \cdot \text{Fläche zwischen Lorenzkurve und Diagonale.}$$

Berechnungsformel für den Gini–Koeffizienten   Es gilt:

$$G = \frac{n + 1 - 2\sum_{j=1}^{n} a_j}{n}.$$

Hieraus sieht man: Bei einer Gleichverteilung $x_1 = \cdots = x_n$ nimmt G den Wert 0 an, bei maximaler Konzentration gilt $G = \frac{n-1}{n}$.

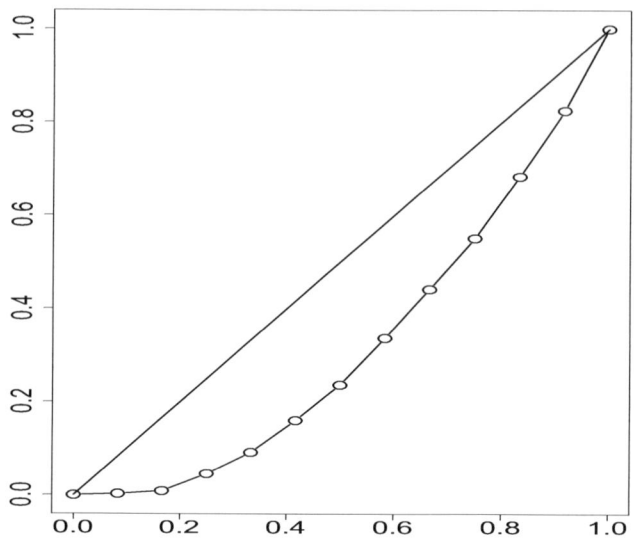

Abb. 1.8. Lorenzkurve der Zulassungszahlen aus Beispiel 1.1.3.

Herleitung: Wir leiten die Berechnungsformel für G her: Die Fläche unterhalb der Lorenzkurve besteht aus n Flächenstücken. Das Erste ist ein Dreieck der Fläche $\frac{1}{2}\frac{1}{n}a_1$. Die Übrigen setzen sich jeweils aus einem Rechteck der Breite $\frac{1}{n}$ und der Höhe a_{j-1} und einem aufgesetzten Dreieck zusammen, dessen achsenparallele Seiten die Längen $\frac{1}{n}$ und $a_j - a_{j-1}$ haben. Ist $j \in \{2, \ldots, n\}$, dann hat das j-te Flächenstück die Fläche

$$F_j = \frac{1}{2}\frac{1}{n}(a_j - a_{j-1}) + \frac{1}{n}a_{j-1}$$
$$= \frac{1}{2n}(a_{j-1} + a_j).$$

Summation über j liefert für die Gesamtfläche:

$$F = \frac{1}{2}\frac{1}{n}a_1 + \sum_{j=2}^{n}\frac{1}{2n}(a_{j-1} + a_j)$$
$$= \frac{1}{2n}\left(2\sum_{j=1}^{n}a_j - a_n\right).$$

Da $a_n = 1$, ergibt sich $F = \frac{2\sum_{j=1}^{n}a_j - 1}{2n}$. Die Fläche zwischen der Diagonalen und der Lorenzkurve ist daher

$$\frac{1}{2} - \frac{2\sum_{j=1}^{n}a_j - 1}{2n} = \frac{n + 1 - 2\sum_{j=1}^{n}a_j}{2n},$$

und der Gini–Koeffizient ist gerade das Doppelte hiervon. $\qquad\square$

Beispiel 1.7.3. Für das Zahlenbeispiel 1.7.1 ergibt sich für X–Land:

$$\sum_{j=1}^{n} a_j = 0.1 + 0.3 + 1 = 1.4.$$

Der Gini–Koeffizient ist daher:

$$G_X = \frac{3 + 1 - 2 \cdot 1.4}{3} = 0.4.$$

Für Y–Land erhält man: $\sum_{j=1}^{n} a_j = 1.15$ und $G_Y = 0.567$.

Normierter Gini–Koeffizient Der **normierte Gini-Koeffizient** berechnet sich zu

$$G^* = \frac{n}{n-1} G$$

und nimmt Werte zwischen 0 und 1 an.

Beispiel 1.7.4. Für X–Land erhält man $G_X^* = 0.4 \cdot 3/2 = 0.6$ und für Y–Land $G_Y^* = 0.85$.

Lorenzkurve und Gini-Koeffizient messen die *relative Konzentration* unter n Marktteilnehmern. Die Anzahl der Marktteilnehmer wird jedoch nicht berücksichtigt. Insbesondere erhält man bei gleichen Marktanteilen unter n Teilnehmer stets dieselbe Lorenzkurve, unabhängig von n. Dies ist ein Kritikpunkt, da in der Regel ein Markt mit gleichstarken Anbietern als umso konzentrierter angesehen wird, je weniger Anbieter vertreten sind.

1.7.3 Herfindahl-Index

Ein einfach zu berechnendes und verbreitetes Konzentrationsmaß, welches die Anzahl der Merkmalsträger berücksichtigt, ist der Index nach Herfindahl. Er basiert auf den einzelnen Marktanteilen.

Herfindahl-Index Der **Herfindahl-Index** ist gegeben durch

$$H = \sum_{i=1}^{n} p_i^2,$$

wobei

$$p_i = \frac{x_i}{x_1 + \cdots + x_n}$$

den Merkmalsanteil des i-ten Merkmalsträgers notiert.

Bei Vorliegen eines Monopols gilt: $p_1 = \cdots = p_{n-1} = 0$ und $p_n = 1$, so dass sich $H = 1$ ergibt. Bei gleichen Marktanteilen $p_1 = \cdots = p_n = 1/n$ erhält man $H = 1/n$. Der Herfindahl-Index erhöht sich daher, wenn sich der Markt gleichmäßig auf weniger Teilnehmer verteilt.

Beispiel 1.7.5. Für unser Rechenbeispiel 1.7.1 erhalten wir für X–Land bzw. Y–Land:

$$H_X = 0.1^2 + 0.2^2 + 0.7^2 = 0.54, \qquad H_Y = 0.05^2 + 0.05^2 + 0.9^2 = 0.815.$$

Wie erwartet, ist auch im Herfindahl–Sinn der Markt in Y–Land konzentrierter.

1.8 Deskriptive Korrelations- und Regressionsanalyse

Werden zwei Merkmale X und Y an n statistischen Einheiten beobachtet, so stellt sich die Frage, ob zwischen den Merkmalen ein Zusammenhang besteht. Im Rahmen der Korrelationsrechnung sollen sogenannte *ungerichtete* Zusammenhänge untersucht und in Form von Kennzahlen quantifiziert werden. Dies meint, dass kein funktionaler Zusammenhang zwischen X und Y vorausgesetzt wird, etwa in der Form, dass Y eine (verrauschte) Funktion von X ist. Es geht lediglich darum, zu klären, ob gewisse Ausprägungskombinationen von X und Y gehäuft beobachtet werden. Man spricht dann davon, dass X und Y *korrelieren*. Die Regressionsrechnung hingegen unterstellt, dass zwischen den Merkmalen ein linearer Zusammenhang besteht, der auf Grund von Zufallseinflüssen nur in gestörter Form beobachtet werden kann. Die Korrelation wird dann durch die zu Grunde liegende lineare Abhängigkeit induziert. Im Rahmen der Regressionsrechnung soll die wahre lineare Funktion bestmöglichst aus den Daten geschätzt werden.

1.8.1 Korrelation

Gegeben seien n Punktepaare $(x_1, y_1), \ldots, (x_n, y_n)$, generiert durch simultane Erhebung der Merkmale X und Y an n statistischen Einheiten. Wir sprechen auch von einer **zweidimensionalen** oder **bivariaten Stichprobe**.

▷ **Nominale Merkmale**

Für nominal skalierte Merkmale X und Y, die simultan an statistischen Einheiten beobachtet werden, geht man wie folgt vor:
Die Merkmalsausprägungen von X seien $a_1, \ldots, a_r$, diejenigen von Y notieren wir mit $b_1, \ldots, b_s$. Das bivariate Merkmal (X,Y) hat dann $r \cdot s$ mögliche Ausprägungen, nämlich $(a_1, b_1), (a_1, b_2), \ldots, (a_r, b_s)$. Liegt nun eine bivariate

Stichprobe $(x_1,y_1),\ldots,(x_n,y_n)$ vom Umfang n vor, so stimmt jedes Beobachtungspaar mit einer der Ausprägungen (a_i,b_j) überein. Zählt man aus, wie oft die Kombination (a_i,b_j) in der Stichprobe vorkommt, so erhält man die zugehörige absolute Häufigkeit h_{ij}. Die $r \cdot s$ absoluten Häufigkeiten werden in einem ersten Schritt übersichtlich in einer Tabelle mit $r \cdot s$ Feldern, die auch **Zellen** genannt werden, zusammengestellt. Diese Tabelle heißt **Kontingenztafel**. In der Praxis liegen Stichproben nominal skalierter Merkmale oftmals direkt in dieser Form vor; man spricht dann von **Zähldaten**. Dividiert man die absoluten Häufigkeiten h_{ij} durch n, so erhält man die relativen Häufigkeiten $f_{ij} = h_{ij}/n$ der Zelle (i,j).

		Y			
		b_1	$\cdots$	b_s	
	a_1	h_{11}	$\cdots$	h_{1s}	$h_{1\bullet}$
X	$\vdots$	$\vdots$		$\vdots$	$\vdots$
	a_r	h_{r1}	$\cdots$	h_{rs}	$h_{r\bullet}$
		$h_{\bullet 1}$	$\cdots$	$h_{\bullet s}$	$h_{\bullet\bullet} = n$

Der Übergang zu den Zeilensummen resultiert in der absoluten Häufigkeitsverteilung von X; die Spaltensummen liefern entsprechend die absolute Häufigkeitsverteilung von Y. Man spricht auch von den **Randverteilungen** (kurz: **Rändern**) der Kontingenztafel. Wir verwenden die folgenden Schreibweisen:

$$h_{i\bullet} = h_{i1} + \cdots + h_{is} = \sum_{j=1}^{s} h_{ij}$$

$$h_{\bullet j} = h_{1j} + \cdots + h_{rj} = \sum_{i=1}^{r} h_{ij}$$

Division durch n ergibt die relativen Häufigkeitsverteilungen der Merkmale.

Beispiel 1.8.1. Bei einer Befragung von Unternehmen der drei Branchen Metall (M), Gastronomie (G) und IT (I) wurde u.A. erhoben, ob ein Fitnessraum für die Mitarbeiter kostenlos zur Verfügung steht (ja (J) bzw. nein (N)). Die bereits vorsortierte Urliste ist:

(M,J), (M,J), (M,J), (M,N), (M,N), (M,N), (M,N), (M,N), (M,N), (M,N),
(M,N), (G,J), (G,J), (G,J), (G,N), (G,N), (G,N), (G,N), (G,N), (G,N),
(I,J), (I,J), (I,J), (I,J), (I,J), (I,J), (I,J), (I,J), (I,J)

(a) Welche Merkmale und Merkmalsausprägungen liegen hier vor?

(b) Erstellen Sie die zugehörige Kontingenztabelle der absoluten Häufigkeiten.

Erhoben wurden die nominalen Merkmale

$$X : \text{,,Branche'' mit den Ausprägungen } M, G, I$$

und

$$Y : \text{,,Fitnessraum vorhanden'' mit den Ausprägungen } J, N$$

Die Kontingenztafel der absoluten Häufigkeiten ergibt sich zu

			Y		
		M	G	I	
X	J	3	3	9	15
	N	9	6	0	15
		12	9	9	30

Die zugehörige Tafel der relativen Häufigkeiten ist dann

			Y		
		M	G	I	
X	J	0.1	0.1	0.3	0.5
	N	0.3	0.2	0	0.5
		0.4	0.3	0.3	1

Angenommen, wir interessieren uns lediglich für die Zähldaten $h_{i1}, \ldots, h_{is}$ der i-ten Zeile der Kontingenztafel. Dies sind die Anzahlen der Ausprägungen $b_1, \ldots, b_s$ von Y, für die X den Wert a_i hat. Dividieren wir durch die Zeilensummen $h_{i\bullet}$, so erhalten wir eine relative Häufigkeitsverteilung.

Bedingte Häufigkeitsverteilung Die **bedingte Häufigkeitsverteilung** von Y unter der Bedingung $X = a_i$ ist gegeben durch

$$f_Y(b_j \mid a_i) = \frac{h_{ij}}{h_{i\bullet}} = \frac{f_{ij}}{f_{i\bullet}}, \qquad j = 1, \ldots, s,$$

sofern $h_{i\bullet} > 0$. Entsprechend heißt

$$f_X(a_i \mid b_j) = \frac{h_{ij}}{h_{\bullet j}} = \frac{f_{ij}}{f_{\bullet j}}, \qquad i = 1, \ldots, r$$

bedingte Häufigkeitsverteilung von X unter der Bedingung $Y = b_j$.

Die bedingte Häufigkeitsverteilung ergibt sich aus denjenigen Zähldaten (Beobachtungen), die wir durch Selektieren der i-ten Zeile bzw. der j-ten Spalte erhalten. Im ersten Fall werden alle Daten ausgewählt, die bei Vorliegen der Zusatzinformation „$X = a_i$" noch relevant sind, der zweite Fall entspricht der Zusatzinformation „$Y = b_j$".

Beispiel 1.8.2. Wir setzen das obige Beispiel fort. Die bedingten Häufigkeitsverteilungen gegeben die Branche erhalten wir durch Normieren der Spalten,
also teilen durch die Spaltensumme. Man kann hier wahlweise die Tafel der
absoluten oder relativen Häufigkeiten als Startpunkt nehmen.

		Y		
		M	G	I
X	J	1/4	1/3	1
	N	3/4	2/3	0
		1	1	1

Ablesebeispiel: Die bedingte relative Häufigkeit, dass ein Fitnessraum vorhanden ist, beträgt für Unternehmen der Metallbranche 1/4. Nur jedes vierte
Unternehmen (in der Studie) hat einen Fitnessraum. Im Gastronimiesektor
ist es jedes dritte.

Besteht zwischen den Merkmalen X und Y kein Zusammenhang, so sollte es
insbesondere keine Rolle spielen; auf welche Spalte oder Zeile wir bedingen.
Dann stimmt die bedingte relative Häufigkeit $f_Y(b_j \mid a_i)$ mit f_j überein:

$$f_Y(b_j \mid a_i) = \frac{h_{ij}}{h_{i\bullet}} = f_{\bullet j} = \frac{h_{\bullet j}}{n}$$

Diese Überlegung führt auf die Formel $h_{ij} = \frac{h_{i\bullet} \cdot h_{\bullet j}}{n}$.

Empirische Unabhängigkeit Die Merkmale einer Kontingenztafel heißen
empirisch unabhängig, falls

$$h_{ij} = \frac{h_{i\bullet} \cdot h_{\bullet j}}{n} \Leftrightarrow f_{ij} = f_{i\bullet} \cdot f_{\bullet j}$$

für alle $i = 1, \ldots, r$ und $j = 1, \ldots, s$ gilt.

Sind die Merkmale X und Y empirisch unabhängig, dann ergeben sich alle
Einträge der Kontingenztafel als Produkt der jeweiligen Randsummen dividiert durch die Summe aller Einträge. Die Randverteilungen legen dann bereits die gesamte Kontingenztafel fest.

Aus der empirischen Unabhängigkeit folgt ferner, dass die bedingten Häufigkeitsverteilungen nicht von den Bedingungen abhängen:

$$f_X(a_i \mid b_j) = \frac{h_{ij}}{h_{\bullet j}} = \frac{h_{i\bullet} \cdot h_{\bullet j}}{n \cdot h_{\bullet j}} = f_{i\bullet}, \qquad i = 1, \ldots, r,$$

und

$$f_Y(a_i \mid b_j) = \frac{h_{ij}}{h_{i\bullet}} = \frac{h_{i\bullet} \cdot h_{\bullet j}}{n \cdot h_{i\bullet}} = f_{\bullet j}, \qquad j = 1, \ldots, s.$$

Die Selektion einzelner Zeilen oder Spalten ändert die relativen Häufigkeiten nicht. In diesem Sinne ist die Information „$Y = b_j$" bzw. „$X = a_i$" nicht informativ für die jeweils andere Variable, da sie die relativen Häufigkeiten nicht ändert, mit denen wir rechnen.

Beispiel 1.8.3. Betrachten wir am Beispiel, wie die Kontingenztafel der absoluten Häufigkeiten bei Vorliegen empirischer Unabhängigkeit aussieht. Für beide Zeilen erhalten wir die Rechnungen

$$0.5 \cdot 0.4 = 0.2 \qquad 0.5 \cdot 0.3 = 0.15 \qquad 0.5 \cdot 0.3 = 0.15$$

(da beide Ausprägungen von X gleichhäufig sind). Zu den relativen Randhäufigkeiten in der Studie gehört also die folgende Kontingenztafel:

		Y			
		M	G	I	
X	J	0.2	0.15	0.15	0.5
	N	0.2	0.15	0.15	0.5
		0.4	0.3	0.3	

Man sieht, dass (bei gleichen Rändern) die absoluten Häufigkeiten verschieden von den tatsächlichen aus der Studie sind. Somit liegt keine empirische Unabhängigkeit vor.

Kontingenztafeln von realen Datensätzen sind nahezu nie empirisch unabhängig im Sinne obiger Definition. Oftmals ist die Verteilung jedoch gut durch die Produktverteilung approximierbar, d.h.

$$h_{ij} \approx \frac{h_{i\bullet} \cdot h_{\bullet j}}{n}, \qquad f_{ij} \approx f_{i\bullet} \cdot f_{\bullet j},$$

für alle i und j. Sind die h_{ij} gut durch die Zahlen $h_{i\bullet} \cdot h_{\bullet j}/n$ approximierbar, dann kann man die gemeinsame Verteilung von X und Y - also die Kontingenztafel der $r \cdot s$ Anzahlen h_{ij} - auf die Randverteilungen $(h_{1\bullet}, \ldots, h_{r\bullet})$ und $(h_{\bullet 1}, \ldots, h_{\bullet s})$ verdichten. Benötigt man in Rechnungen die gemeinsame relative Häufigkeit f_{ij}, dann verwendet man $f_{i\bullet} \cdot f_{\bullet j}$ als Näherung.

Die Diskrepanz zwischen den beobachteten relativen Häufigkeiten und denjenigen Werten, die sich bei Annahme der empirischen Unabhängigkeit ergeben, können durch die folgende Kennzahl gemessen werden:

Chiquadrat–Statistik, χ^2-Koeffizient   Die Maßzahl

$$Q = \sum_{i=1}^{r} \sum_{j=1}^{s} \frac{(h_{ij} - e_{ij})^2}{e_{ij}}, \qquad e_{ij} = \frac{h_{i\bullet} \cdot h_{\bullet j}}{n},$$

heißt **Chiquadrat–Statistik** *(χ^2-Koeffizient)* und wird auch mit dem Symbol χ^2 bezeichnet. Es gilt:

$$Q = n \sum_{i=1}^{r} \sum_{j=1}^{s} \frac{(f_{ij} - f_{i\bullet} \cdot f_{\bullet j})^2}{f_{i\bullet} \cdot f_{\bullet j}}.$$

Für eine (2×2)-Kontingenztafel gilt die einfache Formel:

$$Q = n \frac{(h_{11}h_{22} - h_{12}h_{21})^2}{h_{1\bullet}h_{2\bullet}h_{\bullet 1}h_{\bullet 2}}.$$

Der χ^2-Koeffizient vergleicht die beobachtete Kontingenztafel mit derjenigen, die sich bei gleichen Randverteilungen im Falle der empirischen Unabhängigkeit einstellt. Q ist ein Maß für die Stärke des *ungerichteten* Zusammenhangs: Vertauschen von X und Y ändert Q nicht. Die χ^2-Statistik kann sinnvoll eingesetzt werden, um Kontingenztafeln gleicher Dimension und gleichen Stichprobenumfangs zu vergleichen, aber die Interpretation einer einzelnen χ^2-Zahl ist mit den Mitteln der deskriptiven Statistik kaum möglich.

Ein formales Prüfverfahren, ob der erhaltene Wert für oder gegen die Annahme spricht, dass zwischen X und Y kein Zusammenhang besteht, lernen wir in Kapitel über schließende Statistik kennen.

Beispiel 1.8.4. Wir berechnen Q für die gegebenen Daten:

$$\begin{aligned}
Q &= \frac{(0.1 - 0.2)^2}{0.2} + \frac{(0.1 - 0.15)^2}{0.15} + \frac{(0.3 - 0.15)^2}{0.15} \\
&\quad + \frac{(0.3 - 0.2)^2}{0.2} + \frac{(0.2 - 0.15)^2}{0.15} + \frac{(0 - 0.15)^2}{0.15} \\
&= 0.4333
\end{aligned}$$

Für die Chiquadrat-Statistik gilt:

$$0 \leq Q \leq n \cdot \min(r - 1, s - 1).$$

Der Maximalwert wird genau dann angenommen, wenn in jeder Zeile und Spalte jeweils genau eine Zelle besetzt ist. Nimmt Q seinen Maximalwert an, dann gibt es zu jeder Ausprägung a_i von X genau eine Ausprägung b_j von Y (und umgekehrt), so dass nur die Kombination (a_i, b_j) in der Stichprobe vorkommt, jedoch nicht die Kombinationen (a_i, b_k), $k \in \{1, \ldots, s\}$ mit $k \neq j$, und auch nicht die Kombinationen (a_l, b_j), $l \in \{1, \ldots, r\}$, $l \neq i$. Somit kann von der Ausprägung a_i von X direkt auf die Ausprägung b_j von Y geschlossen werden (und umgekehrt). Man spricht in diesem Fall von einem *vollständigen Zusammenhang*.

In der deskriptiven Statistik normiert man die χ^2-Statistik, so dass die resultierende Maßzahl nicht vom Stichprobenumfang und/oder der Dimension der Kontingenztafel abhängt.

Kontingenzkoeffizient, normierter Kontingenzkoeffizient   Der **Kontingenzkoeffizient nach Pearson** ist gegeben durch

$$K = \sqrt{\frac{Q}{n + Q}}$$

und nimmt Werte zwischen 0 und $K_{\max} = \sqrt{\frac{\min(r,s)-1}{\min(r,s)}}$ an. Der **normierte Kontingenzkoeffizient** ist definiert als

$$K^* = \frac{K}{K_{\max}}$$

und nimmt Werte zwischen 0 und 1 an.

Beispiel 1.8.5. Der Kontingenzkoeffizient nach Pearson ergibt sich zu

$$K = \sqrt{\frac{Q}{Q + n}} = 0.1193$$

und für den normierten Kontingenzkoeffizienten erhält man mit

$$K_{\max} = \sqrt{\frac{\min(2,3) - 1}{\min(2,3)}} = \frac{1}{\sqrt{2}} = 0.7071$$

den Wert

$$K^* = \frac{K}{K_{\max}} = 0.1688.$$

▷ Metrische Merkmale

Ist $(x_1, y_1), \ldots, (x_n, y_n)$ eine bivariate Stichprobe vom Umfang n zweier metrisch skalierter Merkmale, dann kann man die Punktepaare in einem (x,y)–Koordinatensystem auftragen und erhält eine *Punktwolke*. Der Korrelationskoeffizient, den wir im Folgenden einführen wollen, ist in einem gewissen Sinne zugeschnitten auf ellipsenförmige Punktwolken. Eine ellipsenförmige Punktwolke kann mit ihrer gedachten Hauptachse parallel zur x–Achse liegen oder eine von links nach rechts aufsteigende oder absteigende Ausrichtung haben. Liegt etwa eine aufsteigende Form vor, dann korrespondieren im Schnitt große x_i zu großen y_i. Eine sinnvolle Maßzahl zur Quantifizierung der Korrelation sollte umso größere Werte annehmen, je gestreckter die Punktwolke ist. Im Extremfall streut die Punktwolke nur geringfügig um eine Gerade, die Hauptachse der Ellipse.

Ein sinnvoller Ausgangspunkt hierfür ist es, die Abstände der Beobachtungen zum Schwerpunkt $(\overline{x}, \overline{y})$ der Punktwolke zu betrachten.

Stellt man sich die Punkte (x_i, y_i) als Massepunkte und das (x,y)–Koordinatensystem als masseloses Blatt Papier vor, dann ist der Schwerpunkt gerade gegeben durch $(\overline{x}, \overline{y})$, wobei $\overline{x}$ und $\overline{y}$ die arithmetischen Mittelwerte sind:

$$\overline{x} = \frac{1}{n} \sum_{i=1}^{n} x_i, \qquad \overline{y} = \frac{1}{n} \sum_{i=1}^{n} y_i.$$

Legen wir ein Achsenkreuz durch diesen Schwerpunkt, so wird die Punktwolke in vier Quadranten zerlegt. In den diagonal aneinanderstoßenden Quadranten habe $(x_i - \overline{x})$ und $(y_i - \overline{y})$ das selbe Vorzeichen.

Empirische Kovarianz Die **empirische Kovarianz** einer bivariaten Stichprobe $(x_1, y_1), \ldots, (x_n, y_n)$ ist definiert als

$$s_{xy} = \frac{1}{n} \sum_{i=1}^{n} (x_i - \overline{x})(y_i - \overline{y}).$$

Die empirische Kovarianz ist eine Funktion der beiden Datenvektoren $\mathbf{x} = (x_1, \ldots, x_n)$ und $\mathbf{y} = (y_1, \ldots, y_n)$. Mitunter verwenden wir daher auch die Notation $\mathrm{cov}(\mathbf{x}, \mathbf{y})$:

$$s_{xy} = \mathrm{cov}(\mathbf{x}, \mathbf{y}).$$

Das Vorzeichen der empirischen Kovarianz s_{xy} zeigt an, in welchen beiden Quadranten sich die Punktwolke hauptsächlich befindet.

Wir erinnern an die Vereinbarung, dass für Datenvektoren $\mathbf{x} = (x_1, \ldots, x_n)$ und $\mathbf{y} = (y_1, \ldots, y_n)$ sowie Zahlen a, b gilt:

$$a\mathbf{x} + b\mathbf{y} = (ax_1 + by_1, \ldots, ax_n + by_n).$$

Rechenregeln der empirischen Kovarianz Für Datenvektoren $\mathbf{x}, \mathbf{y}, \mathbf{z} \in \mathbb{R}^n$ und Zahlen $a, b \in \mathbb{R}$ gilt:

1) Symmetrie:
$$\operatorname{cov}(\mathbf{x}, \mathbf{y}) = \operatorname{cov}(\mathbf{y}, \mathbf{x}).$$

2) Konstante Faktoren können ausgeklammert werden:
$$\operatorname{cov}(a\mathbf{x}, b\mathbf{y}) = ab\operatorname{cov}(\mathbf{x}, \mathbf{y}).$$

3) Additivität:
$$\operatorname{cov}(\mathbf{x}, \mathbf{y} + \mathbf{z}) = \operatorname{cov}(\mathbf{x}, \mathbf{y}) + \operatorname{cov}(\mathbf{x}, \mathbf{z}).$$

4) Zusammenhang zur Stichprobenvarianz:
$$\operatorname{cov}(\mathbf{x}, \mathbf{x}) = s_x^2.$$

5) Stichprobenvarianz einer Summe:
$$\operatorname{var}(\mathbf{x} + \mathbf{y}) = \operatorname{var}(\mathbf{x}) + \operatorname{var}(\mathbf{y}) + 2\operatorname{cov}(\mathbf{x}, \mathbf{y}).$$

Die empirische Kovarianz ist nicht dimensionslos. Somit ist nicht klar, ob ein berechneter Wert „groß" ist. Der maximale Wert ist jedoch bekannt: Die Cauchy–Schwarz–Ungleichung besagt, dass

$$|s_{xy}| \leq s_x s_y$$

mit Gleichheit, falls die Datenvektoren linear abhängig sind, d.h. wenn $y_i = a + b x_i$, $i = 1, \ldots, n$, für zwei Koeffizienten $a, b \in \mathbb{R}$ gilt. In Vektorschreibweise:

$$\mathbf{y} = a + b \cdot \mathbf{x}.$$

Der Maximalwert $s_x s_y$ wird also angenommen, wenn die Punktwolke perfekt auf einer Geraden liegt.

Normieren wir s_{xy} mit dem Maximalwert, so erhalten wir eine sinnvolle Maßzahl zur Messung des Zusammmenhangs.

Korrelationskoeffizient nach Bravais–Pearson Für eine bivariate Stichprobe $(x_1, y_1), \ldots, (x_n, y_n)$ ist der **Korrelationskoeffizient nach Bravais–Pearson** gegeben durch

$$r_{xy} = \widehat{\rho} = \operatorname{cor}(\mathbf{x}, \mathbf{y}) = \frac{s_{xy}}{s_x s_y} = \frac{\sum_{i=1}^{n}(x_i - \overline{x})(y_i - \overline{y})}{\sqrt{\sum_{i=1}^{n}(x_i - \overline{x})^2 \sum_{i=1}^{n}(y_i - \overline{y})^2}},$$

wobei $s_x^2 = \frac{1}{n} \sum_{i=1}^{n}(x_i - \overline{x})^2$ und $s_y^2 = \frac{1}{n} \sum_{i=1}^{n}(y_i - \overline{y})^2$.

Die vielen Bezeichnungen für den Korrelationskoeffizienten mögen verwirrend erscheinen, sind aber alle gebräuchlich.

> **Eigenschaften des Korrelationskoeffizienten** Für alle Datenvektoren $\mathbf{x}, \mathbf{y} \in \mathbb{R}^n$ und Zahlen $a,b,c,d \in \mathbb{R}$ gilt:
>
> 1) $-1 \leq r_{xy} \leq 1$
> 2) $\mathrm{cor}(a\mathbf{x} + b, c\mathbf{y} + d) = \mathrm{cor}(\mathbf{x}, \mathbf{y})$
> 3) $|r_{xy}| = 1$ gilt genau dann, wenn $\mathbf{y}$ und $\mathbf{x}$ linear abhängig sind. Speziell:
>   a) $r_{xy} = 1$ genau dann, wenn $\mathbf{y} = a + b\mathbf{x}$ mit $b > 0$.
>   b) $r_{xy} = -1$ genau dann, wenn $\mathbf{y} = a + b\mathbf{x}$ mit $b < 0$.

Beispiel 1.8.6. Wir analysieren die Managergehälter aus Beispiel 1.1.2 im Hinblick auf die Frage, ob ein Zusammenhang zwischen Alter (x) und Gehalt (y) existiert. Das Streudiagramm in Abbildung 1.9 zeigt keinerlei Auffälligkeiten, die Punktwolke erscheint regellos ohne Struktur. Dies bestätigt die Berechnung des Korrelationskoeffizienten. Aus den Daten erhält man zunächst die arithmetischen Mittelwerte, $\overline{x} = 51.54$ und $\overline{y} = 27.61$, sowie

$$\frac{1}{n} \sum_{i=1}^n y_i^2 = 970.15, \quad \frac{1}{n} \sum_{i=1}^n x_i^2 = 2735.88, \quad \frac{1}{n} \sum_{i=1}^n x_i y_i = 1422.83.$$

Für die empirische Kovarianz folgt

$$\mathrm{cov}(\mathbf{x},\mathbf{y}) = s_{xy} = \frac{1}{n} \sum_{i=1}^n x_i y_i - \overline{x} \cdot \overline{y} = 1422.83 - 51.54 \cdot 27.61 = -0.1894,$$

Ferner sind $s_x^2 = 2735.88 - 51.54^2 = 79.51$ und $s_y^2 = 970.15 - 27.61^2 = 207.84$. Somit erhalten wir für den Korrelationskoeffizienten

$$r_{xy} = \frac{-0.1894}{\sqrt{79.51} \cdot \sqrt{207.84}} = -0.00147,$$

also nahezu 0.

Geometrische Interpretation*

Die statistischen Größen Kovarianz, Varianz und Korrelation können durch Größen der Vektorrechnung ausgedrückt und geometrisch interpretiert werden.

Sind $\mathbf{x} = (x_1, \ldots, x_n)'$ und $\mathbf{y} = (y_1, \ldots, y_n)'$ zwei Spaltenvektoren, dann ist das Skalarprodukt die reelle Zahl

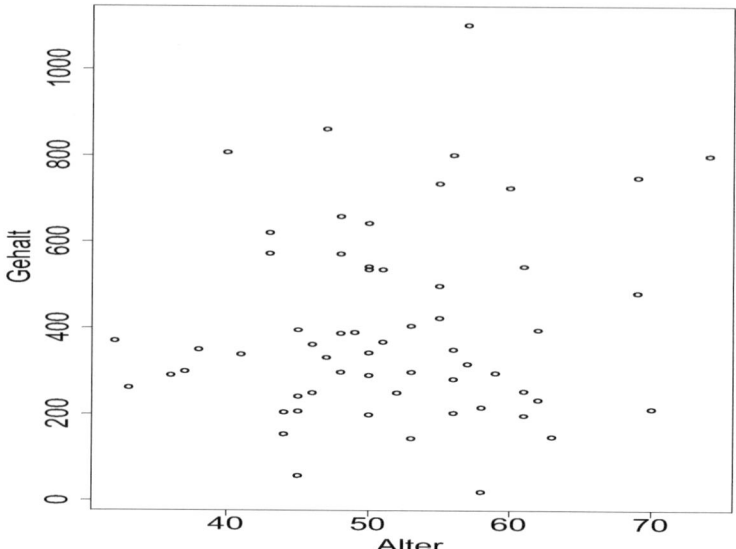

Abb. 1.9. Streudiagramm des Alters (x-Achse) und des Gehalts (y-Achse) von Managern.

$$\mathbf{x}'\mathbf{y} = \sum_{i=1}^{n} x_i y_i.$$

Die Norm von $\mathbf{x}$ ist definiert als

$$\|\mathbf{x}\| = \sqrt{\mathbf{x}'\mathbf{x}} = \sqrt{\sum_{i=1}^{n} x_i^2}.$$

Der *normierte Vektor*

$$\mathbf{x}^* = \frac{\mathbf{x}}{\|\mathbf{x}\|}$$

hat dann Norm 1. Es gilt stets die als Cauchy–Schwarz–Ungleichung bekannte Abschätzung:

$$|\mathbf{x}'\mathbf{y}| \le \|\mathbf{x}\| \cdot \|\mathbf{y}\|\,.$$

Sind $\mathbf{x}^*$ und $\mathbf{y}^*$ normiert, dann ist $(\mathbf{x}^*)'(\mathbf{y}^*)$ eine Zahl zwischen -1 und 1. Daher gibt es einen Winkel α mit

$$\cos(\alpha) = (\mathbf{x}^*)'(\mathbf{y}^*)\,.$$

α heißt **Winkel** zwischen den Vektoren $\mathbf{x}$ und $\mathbf{y}$.

Betrachtet man den zweidimensionalen Fall ($n = 2$), dann zeigt sich, dass die Begriffe Norm und Winkel mit der Anschauung übereinstimmen. So ist beispielsweise nach dem Satz des Phythagoras die Länge der Strecke vom Ursprung zum Punkt (x_1, x_2) gerade $\sqrt{x_1^2 + x_2^2} = \|\mathbf{x}\|$. $\mathbf{x} - \overline{x}$ ist der Datenvektor mit den Einträgen $x_i - \overline{x}$, $i = 1, \ldots, n$ und heißt **zentrierter Datenvektor**. Dann gilt

$$\|\mathbf{x} - \overline{x}\|^2 = \sum_{i=1}^{n}(x_i - \overline{x})^2 = n \operatorname{var}(\mathbf{x}).$$

und

$$(\mathbf{x} - \overline{x})'(\mathbf{y} - \overline{y}) = \sum_{i=1}^{n}(x_i - \overline{x})(y_i - \overline{y}) = n \operatorname{cov}(\mathbf{x}, \mathbf{y}).$$

Hieraus folgt:

$$\frac{(\mathbf{x} - \overline{x})'(\mathbf{y} - \overline{y})}{\|\mathbf{x} - \overline{x}\| \|\mathbf{y} - \overline{y}\|} = \frac{\operatorname{cov}(\mathbf{x}, \mathbf{y})}{\sqrt{\operatorname{var}(\mathbf{x}) \operatorname{var}(\mathbf{y})}} = \operatorname{cor}(\mathbf{x}, \mathbf{y}).$$

Die *standardisierten Vektoren*

$$\mathbf{x}^* = \frac{\mathbf{x} - \overline{x}}{\|\mathbf{x} - \overline{x}\|} \quad \text{und} \quad \mathbf{y}^* = \frac{\mathbf{y} - \overline{y}}{\|\mathbf{y} - \overline{y}\|}$$

sind zentriert und ihre Stichprobenvarianz ist 1. Der Korrelationskoeffizient ist also gegeben durch das Skalarprodukt der standardisierten Datenvektoren. Dieses wiederum ist der Kosinus des Winkels α zwischen $\mathbf{x}$ und $\mathbf{y}$:

$$r_{xy} = \operatorname{cor}(\mathbf{x}, \mathbf{y}) = \cos(\alpha).$$

▷ **Ordinale Merkmale**

Die der bivariaten Stichprobe $(x_1, y_1), \ldots, (x_n, y_n)$ zugrunde liegenden Merkmale X und Y seien nun ordinal skaliert. Dann können wir den x- und y-Werten sogenannte **Rangzahlen** zuordnen: Die Beobachtung x_i erhält den Rang $r_{X,i} = k$, wenn x_i an der k-ten Stelle in der Ordnungsstatistik $x_{(1)}, \ldots, x_{(n)}$ steht: $x_i = x_{(k)}$. Ist die Position k nicht eindeutig, da es mehrere Beobachtungen mit dem Wert x_i gibt, dann verwendet man das arithmetische Mittel dieser Positionen (Mittelränge). Sind die x_i Zahlen, so erhält man die Rangzahlen leicht, indem man die x_i auf der Zahlengeraden mit einem Punkt markiert und darüber „x_i" schreibt. Durchnummerieren von links nach rechts liefert nun die Zuordnung der x_i zu ihren Rängen. Genauso verfahren wir für die y-Werte: y_i erhält den Rang $r_{Y,i} = k$, wenn y_i an der k-ten Stelle in der Ordnungsstatistik $y_{(1)}, \ldots, y_{(n)}$ der y-Werte steht.

Sind die Rangvektoren $\mathbf{r}_X = (r_{X,1}, \ldots, r_{X,n})$ und $\mathbf{r}_Y = (r_{Y,1}, \ldots, r_{Y,n})$ identisch, so treten die x_i und y_i stets an denselben Stellen in der Ordnungsstatistik auf. Dann besteht ein perfekter monotoner Zusammenhang. In diesem Fall liegen die Punktepaare $(r_{X,i}, r_{Y,i})$, $i = 1, \ldots, n$, auf der Geraden $y = x$.

Bestehen Abweichungen, dann streuen diese Punktepaare mehr oder weniger um die Gerade $y = x$. Man kann daher die Stärke des monotonen Zusammenhangs durch Anwendung des Korrelationskoeffizienten nach Bravais-Pearson auf die Rangzahlen messen. Für Stichprobenumfänge $n \geq 4$ gibt es jedoch eine einfachere Formel, die auf den Differenzen $d_i = r_{Y,i} - r_{X,i}$ der Rangzahlen beruht.

Rangkorrelationskoeffizient nach Spearman Für $n \geq 4$ ist der **Rangkorrelationskoeffizient nach Spearman** gegeben durch

$$R_{\mathrm{Sp}} = 1 - \frac{6 \sum_{i=1}^{n} d_i^2}{n(n+1)(n-1)}$$

mit $d_i = r_{Y,i} - r_{X,i}$, $i = 1, \ldots, n$.

Beispiel 1.8.7. Es soll die Korrelation zwischen der Examensnote (X) und der Dauer des Studiums (Y) untersucht werden. Wir betrachten beiden Merkmale als ordinal skaliert. Die Stichprobe sei $(1,8), (2,12), (4,9), (3,10)$, so dass $\mathbf{x} = (1,2,4,3)$ und $\mathbf{y} = (8,12,9,10)$. Die zugehörigen Rangvektoren sind $r_X = (1,2,4,3)$ und $r_Y = (1,4,2,3)$, woraus man sich $d_1 = 0, d_2 = 2, d_3 = -2$ und $d_4 = 0$ erhält. Der Korrelationskoeffizient nach Spearman berechnet sich zu

$$R_{\mathrm{Sp}} = 1 - \frac{6 \cdot (0 + 4 + 4 + 0)}{4 \cdot 5 \cdot 3} = 1 - 0.8 = 0.2$$

1.8.2 Grenzen der Korrelationsrechnung

Von einer „blinden" Berechnung von Korrelationskoeffizienten, was insbesondere bei der Analyse von großen Datensätzen mit vielen Variablen oftmals geschieht, ist dringend abzuraten. Weder kann in jedem Fall ein Zusammenhang zwischen den Merkmalen ausgeschlossen werden, wenn r_{xy} klein ist, noch sprechen große Werte von r_{xy} automatisch für einen (linearen) Zusammenhang.

Abbildung 1.10 illustriert dies an vier Datensätzen, die alle einen Korrelationskoeffizienten von 0.816 (gerundet) aufweisen. [3] Ein Blick auf die Streudiagramme zeigt jedoch, dass sich die Datensätze strukturell sehr unterscheiden. Die eingezeichneten Ausgleichsgeraden werden im nächsten Abschnitt besprochen.

---

[3] Anscombe, F. J. (1973). Graphs in Statistical Analysis. *The American Statistician*, **27**, 1, 17-21.

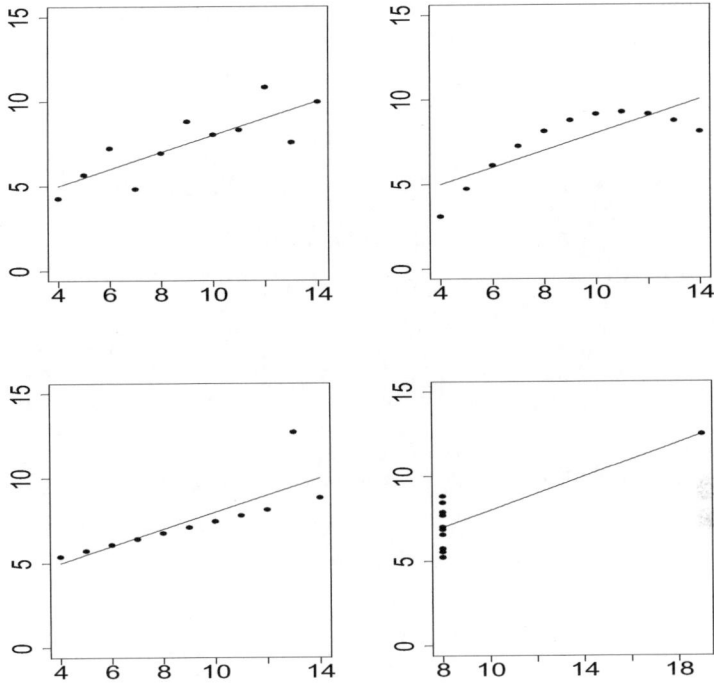

Abb. 1.10. Vier Datensätze, die zu identischen Korrelationskoeffizienten und Regressionsgeraden führen.

1.8.3 Einfache lineare Regression

Das Ziel der deskriptiven einfachen linearen Regression ist die Approximation einer zweidimensionalen Punktwolke $(x_1,y_1), \ldots, (x_n,y_n)$ durch eine Gerade.

Gesucht werden Koeffizienten $a, b \in \mathbb{R}$, so dass die Gerade

$$f(x) = a + bx, \quad x \in \mathbb{R},$$

den Datensatz bestmöglichst approximiert. Für ein Punktepaar (x_i,y_i) ist $|y_i - (a + bx_i)|$ der Abstand zwischen y_i und dem zugehörigen Wert auf der Geraden. Bei n Punktepaaren gibt es n Abstände, die gleichmäßig klein sein sollen. Um Abstände, die deutlich größer als 1 sind, zu bestrafen, werden die quadrierten Abstände betrachtet.

Kleinste-Quadrate-Methode (KQ-Methode) Bei der **KQ–Methode** wird die Zielfunktion

$$Q(a,b) = \sum_{i=1}^{n} (y_i - (a + bx_i))^2, \quad (a,b) \in \mathbb{R}^2,$$

minimiert. Die Minimalstelle $(\widehat{a}, \widehat{b})$ ist gegeben durch:

$$\widehat{b} = \frac{s_{xy}}{s_x^2} = \frac{\sum_{i=1}^{n}(x_i - \overline{x})(y_i - \overline{y})}{\sum_{i=1}^{n}(x_i - \overline{x})^2},$$

$$\widehat{a} = \overline{y} - \widehat{b}\,\overline{x}.$$

Herleitung: $Q(a,b)$ ist stetig partiell differenzierbar und es gilt: $\lim_{|a| \to \infty} Q(a,b) = \lim_{|b| \to \infty} Q(a,b) = \infty$. Die partiellen Ableitungen von $Q(a,b)$ nach a und b sind:

$$\frac{\partial Q(a,b)}{\partial a} = -2 \sum_{i=1}^{n} (y_i - a - bx_i),$$

$$\frac{\partial Q(a,b)}{\partial b} = -2 \sum_{i=1}^{n} (y_i - a - bx_i)x_i.$$

Ist $(\widehat{a}, \widehat{b})$ eine Minimalstelle, dann gilt nach dem notwendigen Kriterium 1. Ordnung:

$$0 = - \sum_{i=1}^{n} y_i + n\widehat{a} + \widehat{b} \sum_{i=1}^{n} x_i,$$

$$0 = - \sum_{i=1}^{n} y_i x_i + \widehat{a} \sum_{i=1}^{n} x_i + \widehat{b} \sum_{i=1}^{n} x_i^2.$$

Dies ist ein lineares Gleichungssystem mit zwei Gleichungen und zwei Unbekannten. Division der ersten Gleichung durch $n > 1$ führt auf:

$$0 = -\overline{y} + \widehat{a} + \widehat{b} \cdot \overline{x}.$$

Löst man diese Gleichung nach $\widehat{a}$ auf, so erhält man $\widehat{a} = \overline{y} - \widehat{b}\overline{x}$. Einsetzen in die zweite Gleichung und anschließendes Auflösen nach $\widehat{b}$ ergibt

$$\widehat{b} = \frac{\sum_{i=1}^{n} y_i x_i - n\overline{x}\,\overline{y}}{\sum_{i=1}^{n} x_i^2 - n(\overline{x})^2}.$$

Berechnet man die Hesse-Matrix, so stellt sich $(\widehat{a}, \widehat{b})$ als Minimalstelle heraus (vgl. Anhang). □

Ausgleichsgerade, Regressionsgerade   Sind $\widehat{a},\widehat{b}$ die KQ-Schätzer für a,b, dann ist die **Ausgleichsgerade (geschätzte Regressionsgerade)** gegeben durch

$$\widehat{f}(x) = \widehat{a} + \widehat{b} \cdot x, \quad x \in [x_{\min}, x_{\max}].$$

Das Intervall $[x_{\min}, x_{\max}]$ heißt **Stützbereich** der Regression.

Im strengen Sinne ist die Verwendung der Ausgleichsgeraden nur für Argumente aus dem Stützbereich zulässig. Nur innerhalb dieses Intervalls liegen reale Beobachtungen vor. Wendet man $\widehat{f}(x)$ auch für andere Argumente an, so spricht man von **Extrapolation**.

Die Werte

$$\widehat{y}_i = \widehat{a} + \widehat{b} \cdot x_i, \qquad i = 1, \dots, n,$$

heißen **Prognosewerte** oder auch **Vorhersagewerte** (engl.: *predicted values*). Die Differenzen zu den Zielgrößen Y_i,

$$\widehat{\epsilon}_i = y_i - \widehat{y}_i, \qquad i = 1, \dots, n,$$

sind die **geschätzten Residuen** (kurz: **Residuen**). Wir erhalten also zu jeder Beobachtung auch eine Schätzung des Messfehlers.

Ein guter Schätzer für den Modellfehler σ^2 ist

$$s_n^2 = \frac{1}{n-2} \sum_{i=1}^{n} \widehat{\epsilon}_i^2.$$

- Der Schwerpunkt $(\overline{x}, \overline{y})$ der Datenwolke, gebildet aus den arithmetischen Mittelwerten, liegt auf der Ausgleichsgerade, d.h.

$$\widehat{f}(\overline{x}) = \overline{y}.$$

  Dies ergibt sich aus der ersten Gleichung der Normalgleichungen, die auf die Formel

$$\widehat{a} = \overline{y} - \widehat{b}\overline{x}$$

  führt. Auflösen nach $\overline{y}$ liefert nämlich

$$\overline{y} = \widehat{a} + \widehat{b}\overline{x} = f(\overline{x}),$$

  also liegt der Schwerpunkt auf der Regressionsgerade.

- Die Prognosewerte besitzen denselben Mittelwert wie die y-Beobachtungen:

$$\frac{1}{n} \sum_{i=1}^{n} \widehat{y}_i = \frac{1}{n} \sum_{i=1}^{n} (\widehat{a} + \widehat{b}x_i)$$

$$= \widehat{a} + \widehat{b} \cdot \frac{1}{n} \sum_{i=1}^{n} x_i$$

$$= \widehat{a} + \widehat{b}\overline{x} = \overline{y}$$

- Der Mittelwert der Residuen $\widehat{\epsilon}_1, \ldots, \widehat{\epsilon}_n$ ist 0:

$$\frac{1}{n} \sum_{i=1}^{n} \widehat{\epsilon}_i = 0.$$

Denn: Die Residuen sind definiert durch

$$\widehat{\epsilon}_i = y_i - \widehat{y}_i, \qquad i = 1, \ldots, n.$$

Somit ist

$$\frac{1}{n} \sum_{i=1}^{n} \widehat{\epsilon}_i = \frac{1}{n} \sum_{i=1}^{n} y_i - \frac{1}{n} \sum_{i=1}^{n} \widehat{y}_i = 0,$$

der Mittelwert der Prognose mit dem Mittelwert der Originalbeobachtungen übereinstimmt. In diesem Sinne gleicht die Kleinste-Quadrate-Regression die Fehler $\widehat{\epsilon}_i$ gegeneinander aus.

Beispiel 1.8.8. Gegeben seien die folgenden Daten:

x	1	2	3	4	5	6	7
y	1.7	2.6	2.0	2.7	3.2	3.6	4.6

Hieraus berechnet man:

$$\sum_{i=1}^{7} x_i = 28, \qquad \sum_{i=1}^{7} x_i^2 = 140, \qquad \overline{x} = 4,$$

$$\sum_{i=1}^{7} y_i = 20.4, \qquad \sum_{i=1}^{7} y_i^2 = 65.3, \qquad \overline{y} = 2.91429,$$

sowie $\sum_{i=1}^{7} y_i x_i = 93.5$. Die geschätzten Regressionskoeffizienten lauten somit:

$$\begin{aligned}
\widehat{b} &= \frac{\sum_{i=1}^{7} y_i x_i - n \cdot \overline{x}\,\overline{y}}{\sum_{i=1}^{7} x_i^2 - n \cdot \overline{x}^2} \\
&\approx \frac{93.5 - 7 \cdot 4 \cdot 2.91}{140 - 7 \cdot (4)^2} \\
&= \frac{12.02}{28} \\
&\approx 0.4293.
\end{aligned}$$

$$\widehat{a} = \overline{y} - \widehat{b} \cdot \overline{x} = 2.91 - 0.4293 \cdot 4 = 1.1928.$$

Die Ausgleichsgerade ist somit gegeben durch:

$$\widehat{f}(x) = 1.1928 + 0.4293 \cdot x, \qquad x \in [1,7].$$

▷ Anpassungsgüte

Als nächstes überlegen wir uns, wie gut die Ausgleichsgerade die realen Daten beschreibt und wie man diese Anpassungsgüte messen kann.

Hätten wir keine Kenntnis von den x-Werten, so würden wir die Gesamtstreuung in den y-Werten letztlich mit der Stichprobenvarianz bewerten, also i.w. durch den Ausdruck

$$SST = \sum_{i=1}^{n}(y_i - \overline{y})^2\,.$$

SST steht für *sum of squares total.*

Berechnen wir hingegen eine Regression, so erklärt sich ein gewisser Teil dieser Gesamtstreuung schlichtweg durch die Regressionsgerade: Auch wenn alle Datenpunkte perfekt auf der Ausgleichsgerade liegen, messen wir eine Streuung in den y-Werten, die jedoch vollständig durch den linearen Zusammenhang zu x und die Variation der x-Werte erklärt wird. Auch wenn die Punkte perfekt auf der Geraden liegen, wundern wir uns über die Streuung der Prognosen $\widehat{y}_i$ um das arithmetische Mittel $\overline{y}$,

$$SSR = \sum_{i=1}^{n}(\widehat{y}_i - \overline{y})^2,$$

nicht (SSR: *sum of squares regression*). Diese Streuung wird durch die Regression erklärt. Sorgen bereitet uns vielmehr die Reststreuung der Daten um die Gerade, also

$$SSE = \sum_{i=1}^{n}\widehat{\epsilon}_i^2$$

(SSE: *sum of squares error*).

Streuungszerlegung, Bestimmtheitsmaß Die Gesamtstreuung SST in den y-Werten kann additiv in die Komponenten SSR und SSE zerlegt werden:

$$SST = SSR + SSE\,.$$

Der durch die Regression erklärte Anteil

$$R^2 = \frac{SSR}{SST}$$

heißt **Bestimmtheitsmaß**. R^2 ist der quadrierte Korrelationskoeffizient nach Bravais–Pearson:

$$R^2 = r_{xy}^2 = \operatorname{cor}(\mathbf{x},\mathbf{y})^2\,.$$

▷ Residuenplot

Die Güte der Modellanpassung sollte auch grafisch überprüft werden. Hierzu erstellt man einen Residuenplot, bei dem die Residuen $\widehat{\epsilon}_i$ gegen die Beobachtungsnummer oder (meist sinnvoller) gegen die Regressorwerte x_i geplottet werden. Ist eine systematische Struktur in den Residuen zu erkennen, so deutet dies darauf hin, dass das Modell den wahren Zusammenhang zwischen den Variablen nur ungenügend erfasst.

1.8.4 Grenzen der Regressionsrechnung

Eine erschöpfende Diskussion der Grenzen von Regressionen ist hier nicht möglich, aber einige wichtige Gefahrenquellen für Fehlinterpretationen können anhand der Beispiele aus dem letzten Abschnitt über Korrelationsrechnung aufgezeigt werden.

Die vier Datensätze aus Abbildung 1.10 führen nicht nur zu identischen Korrelationskoeffizienten, sondern auch zur gleichen Regressionsgerade $\widehat{f}(x) = 3 + 0.5 \cdot x$. Während die Beobachtungen des linken oberen Datensatzes recht mustergültig um eine lineare Funktion streuen, liegt bei dem Datensatz rechts oben offenkundig ein nichtlinearer Zusammenhang vor, der nur in sehr grober Näherung durch eine lineare Regression erfasst wird. Beim dritten Datensatz liegen alle Punkte, bis auf einen, sehr nahe an der Geraden $y = 4 + 0.346 \cdot x$. Der Ausreißer liegt - verglichen mit den übrigen Punkten - sehr weit entfernt von dieser Geraden. Der rechte untere Datensatz folgt zwar mustergültig dem linearen Modell, jedoch kann die Information über die Steigung der Geraden lediglich aus einem Datenpunkt bezogen werden. Wird dieser aus dem Datensatz entfernt, so kann die Steigung nicht mehr geschätzt werden. Dieser eine Datenpunkt übt einen sehr großen Einfluss auf das Ergebnis der Regression aus. Auch kleinste Änderungen führen zu stark abweichenden Ergebnissen. Da in der Praxis die Beobachtungen als fehlerbehaftet angenommen werden müssen, ist es wichtig, solche einflussreichen Punkte zu erkennen. Mit Ausnahme eines Datensatzes sind somit die oben eingeführten Mittel (Regressionsgerade und R^2) für eine angemessenen Beschreibung und Interpretation nicht ausreichend.

1.9 Deskriptive Zeitreihenanalyse*

Während bei einer Querschnittsstudie n statistische Einheiten an einem festen Zeitpunkt erhoben werden, sind Zeitreihen dadurch gekennzeichnet, dass den Beobachtungen verschiedene Zeitpunkte zugeordnet werden können. Somit liegen n Paare (y_i, t_i), $i = 1, \ldots, n$, von Beobachungen vor. Im Folgenden betrachten wir nur den Fall, dass ein Merkmal im Zeitablauf erhoben wird.

> *Zeitreihe*   Ein Datensatz $(y_1,t_1),\ldots(y_n,t_n)$ heißt **Zeitreihe**, wenn die $t_1,\ldots,t_n$ strikt geordnete Zeitpunkte sind, d.h. $t_1 < \cdots < t_n$, und y_i zur Zeit t_i erhoben wird, $i = 1,\ldots,n$. Die Zeitpunkte heißen **äquidistant**, wenn $t_i = \Delta i$ für $i = 1,\ldots,n$ und ein $\Delta > 0$ gilt.

Sind die Zeitpunkte aus dem Kontext heraus klar oder spielen bei der Untersuchung keine ausgezeichnete Rolle, dann nimmt man zur Vereinfachung oftmals an, dass $t_i = i$ für alle $i = 1,\ldots,n$ gilt. Um den Zeitcharakter zu verdeutlichen, ist es üblich, den Index mit t statt i und den Stichprobenumfang mit T statt n zu bezeichnen.

> *Vereinbarung*   Man spricht von einer Zeitreihe $y_1,\ldots,y_T$, wenn y_t am t-ten Zeitpunkt beobachtet wurde.

1.9.1 Indexzahlen

Eine wichtige Fragestellung der deskriptiven Zeitreihenanalyse ist die Verdichtung der zeitlichen Entwicklung von einer oder mehreren Zeitreihen auf aussagekräftige Indexzahlen. Das Statistische Bundesamt berechnet beispielsweise regelmäßig Preisindizes, um die Entwicklung der Kaufkraft abzubilden. Aktienindizes wie der DAX oder der Dow Jones Industrial Average Index haben zum Ziel, die Entwicklung des jeweiligen Aktienmarktes im Ganzen zu erfassen.

Zu diesem Zweck werden die vorliegenden Einzelwerte durch Aggregation (meist: Mittelung) zu einer Indexzahl verdichtet. Oftmals wird hierbei ein Zeitpunkt bzw. eine Periode als Basis ausgewählt, so dass der Index die zeitliche Entwicklung bezogen auf diese Referenzgröße beschreibt. Wir betrachten im Folgenden einige wichtige Ansätze zur Indexkonstruktion.

Preisindizes

Durch einen Preisindex soll die geldmäßige Wertentwicklung eines fiktiven Warenkorbs von I Gütern erfasst werden. Ausgangspunkt sind die Preise

$$p_i(t), \qquad t = 1,\ldots,T,\ i = 1,\ldots,I,$$

von I Gütern an T Zeitpunkten. Der Quotient $100 \cdot \frac{p_1(t)}{p_0(t)}\%$ beschreibt die prozentuale Veränderung des Preises während der ersten Periode. Allgemein erfasst $\frac{p_i(t)}{p_0(t)}$ die Preisänderung nach t Perioden bezogen auf die Basisperiode 0. Eine einfache Mittelung dieser Quotienten über alle Güter ist jedoch nicht sinnvoll, da zu berücksichtigen ist, mit welchen Mengen die Güter in den Warenkorb eingehen. $x_1(0),\ldots,x_I(0)$ seien die Mengen in der Basisperiode.

Preisindex nach Laspeyres Der **Preisindex nach Laspeyres** ist gegeben durch das gewichtete Mittel

$$P_L(t) = \sum_{i=1}^{I} w_i \frac{p_i(t)}{p_i(0)} = \frac{\sum_{i=1}^{I} p_i(t)x_i(0)}{\sum_{j=1}^{I} p_j(0)x_j(0)}$$

der Preisänderungen mit den Gewichten

$$w_i = \frac{p_i(0)x_i(0)}{\sum_{j=1}^{I} p_j(0)x_j(0)}, \qquad i = 1, \ldots, I.$$

Die Gewichte w_i entsprechen dem Ausgabenanteil des Guts i bei Kauf des Warenkorbs.

Beispiel 1.9.1. DAX Der DAX wird nach der Laspeyres-Formel berechnet, wobei Korrekturfaktoren hinzukommen. Die Kurse $p_i(t)$, $i = 1, \ldots, I = 30$, der wichtigsten deutschen Aktien werden mit den an der Frankfurter Börse zugelassenen und für lieferbar erklärten Aktienanzahlen $x_i(0)$ gewichtet. Dies ergibt die Marktkapitalisierungen

$$k_i(t) = p_i(t) \cdot x_i(0), \qquad i = 1, \ldots, 30,$$

zur Zeit t, deren Summe ins Verhältnis zur Marktkapitalisierung der Basisperiode gesetzt wird:

$$DAX = K \frac{\sum_{i=1}^{30} p_i(t)x_i(0) \cdot c_i}{\sum_{i=1}^{30} p_i(0)x_i(0)} \cdot 1000,$$

wobei $c_1, \ldots, c_{30}$ und K hierbei Korrekturfaktoren sind. Der Faktor c_i dient dazu, marktfremde Ereignisse wie Zahlungen von Dividenden oder Kapitalmaßnahmen der Unternehmen zu berücksichtigen, die zu Kursabschlägen führen. Man setzt daher

$$c_i = \frac{p_i(t-)}{p_i(t-) - A_i},$$

wobei $p_i(t-)$ der Kurs vor dem Abschlag und A_i die Höhe des Abschlags ist. Die Korrekturfaktoren c_i werden einmal im Jahr, jeweils am dritten Freitag im September, auf 1 zurückgesetzt und die Änderung durch Anpassen des Faktors K aufgehoben: Statt K verwendet man fortan

$$K' = K \cdot \frac{DAX_{vorher}}{DAX_{nachher}}.$$

Eine solche Anpassung des Faktors erfolgt auch bei einer Änderung der Aktienauswahl. Näheres findet man auf Internetseiten der Deutschen Börse AG.

Beim Preisindex nach Laspeyres wird die Zusammensetzung des Warenkorbs also für die Basisperiode ermittelt und bleibt dann fest. Mitunter ist es jedoch sinnvoll, bei der Indexberechnung zeitliche Änderungen der mengenmäßigen Zusammensetzung des Warenkorbs zu berücksichtigen. Hierzu seien $x_1(t), \ldots, x_I(t)$ die Mengen der I Güter des Warenkorbs zur Zeit t.

Preisindex nach Paasche Der **Preisindex nach Paasche** mittelt die Preisänderungen in der Form

$$P_P(t) = \sum_{i=1}^{I} \frac{p_i(t)}{p_i(0)} w_i(t)$$

mit Gewichten

$$w_i(t) = \frac{p_i(t)x_i(t)}{\sum_{j=1}^{I} p_j(t)x_j(t)}, \qquad i = 1, \ldots, I.$$

Die Gewichte $w_i(t)$ entsprechen dem Wert des Guts i zur Zeit t bei jeweils angepasstem Warenkorb.

Beispiel 1.9.2. Der Warenkorb bestehe aus zwei Gütern.
Preise und Mengen in $t = 0$

$p_i(0)$	10	20
$x_i(0)$	2	3

Preise in $t = 1$ und Mengen in $t = 1$

$p_i(1)$	15	20
$x_i(1)$	4	2

Werte der Güter in $t = 1$ bezogen auf Warenkorb in $t = 0$:

$$
\begin{array}{lccr}
p_1(1) \cdot x_1(0) & = & 15 \cdot 2 & = & 30 \\
p_2(1) \cdot x_2(0) & = & 20 \cdot 3 & = & 60 \\
\hline
\text{Summe} & & & & 90
\end{array}
$$

Gewichte $w_1 = \frac{30}{90} = \frac{1}{3}$ und $w_2 = \frac{2}{3}$.
Preisänderungen:

$$\frac{p_1(1)}{p_1(0)} = \frac{15}{10} = 1.5, \qquad \frac{p_2(1)}{p_2(0)} = \frac{20}{20} = 1.$$

Für den Preisindex nach Laspeyres erhält man:

$$P_L = \frac{1}{3} \cdot 1.5 + \frac{2}{3} \cdot 1 = \frac{1}{2} + \frac{2}{3} = \frac{7}{6}.$$

Werte der Güter in $t = 1$ bezogen auf den Warenkorb in $t = 1$:

$$
\begin{array}{rcccc}
p_1(1) \cdot x_1(1) & = & 15 \cdot 4 & = & 60 \\
p_2(1) \cdot x_2(1) & = & 20 \cdot 2 & = & 40 \\
\hline
\text{Summe} & & & & 100
\end{array}
$$

Als Gewichte ergeben sich $w_1(1) = 0.6$ und $w_2(1) = 0.4$. Somit ist der Preisindex nach Paasche gegeben durch

$$P_P(1) = 0.6 \cdot 1.5 + 0.4 \cdot 1 = 1.3.$$

1.9.2 Zerlegung von Zeitreihen

Bei vielen Zeitreihen $y_1, \ldots, y_T$ ist es nahe liegend anzunehmen, dass sie sich additiv aus mehreren Komponenten zusammensetzen:

$$y_t = m_t + k_t + s_t + \epsilon_t, \qquad t = 1, \ldots, T.$$

Die **Trendkomponente** m_t soll längerfristige, strukturelle Veränderungen des Niveaus der Zeitreihe abbilden. Mehrjährige Konjunkturzyklen werden durch die **Konjunkturkomponente** k_t erfasst, jahreszeitliche (periodische) Abweichungen (saisonale Einflüsse) werden hingegen durch die **Saisonkomponente** s_t erfasst. Die Summe aus Trend-, Konjunktur- und Saisonkomponente bilden die **systematische Komponente** einer Zeitreihe, die auch **glatte Komponente** genannt wird. Die **irreguläre Komponente** ϵ_t erfasst Abweichungen von der systematischen Komponente, die sich aus Erhebungs- und Messungenauigkeiten sowie sonstigen Zufallseinflüssen ergeben und meist eine regellose Gestalt aufweisen.

Prinzipiell gibt es jeweils zwei Vorgehensweise zur Bestimmung von Trend-, Konjunktur- oder Saisonkomponente. Man kann wie bei der linearen Regressionsrechnung eine feste funktionale Form der Komponente unterstellen, die bis auf einige unbekannte Parameter festgelegt wird. Bei diesem parametrischen Modellierungsansatz müssen lediglich diese Parameter aus der Zeitreihe geschätzt werden. Alternative Ansätze bestimmen eine Komponente unter lediglich qualitativen Annahmen aus den Daten, ohne eine feste Funktionsform bzw. -klasse zu unterstellen.

1.9.3 Bestimmung und Bereinigung der Trendkomponente

Viele Zeitreihen sind in offensichtlicher Weise trendbehaftet. Das gängigste und zugleich wichtigste parametrische Trendmodell unterstellt hierbei einen einfachen linearen Zeittrend in den Daten:

$$Y_t = a + b\,t + \epsilon_t, \qquad t = 1, \ldots, T.$$

Dieses Modell kann der linearen Regressionsrechnung untergeordnet werden, wenn man $x_i = i$, $i = 1, \ldots, n = T$, setzt. Die Schätzung erfolgt in der Regel durch die Kleinste–Quadrate–Methode. Leichte Umformungen ergeben die folgenden einfachen Formeln:

$$\widehat{a} = \overline{y} - \widehat{b}\,\overline{t}, \qquad \widehat{b} = \frac{s_{yt}}{s_t^2} = \frac{\sum_{t=1}^{T}(t_i - \overline{t})(y_i - \overline{y})}{\sum_{t=1}^{T}(t_i - \overline{t})^2}.$$

Die sogenannte Bereinigung um den linearen Trend erfolgt durch den Übergang zu den geschätzten Residuen

$$\widehat{\epsilon}_t = y_t - \widehat{a} - \widehat{b}\,t, \qquad t = 1, \ldots, T.$$

Man spricht dann auch von trendbereinigten Daten. Wie im Abschnitt über die deskriptive Regressionsrechnung dargestellt, kann dieser Ansatz auch auf nichtlineare Trendmodelle ausgeweitet werden.

Mitunter ist die Annahme einer festen Struktur der Trendkomponente, etwa in Form eines Polynoms, nicht realistisch, zumal hierdurch eine zeitliche Veränderung der Struktur des Trends nicht erfasst wird. Flexibler ist dann die Methode der gleitenden Durchschnitte.

> *Gleitender Durchschnitt*   Bei einem **gleitenden Durchschnitt** der Ordnung $2q + 1$ werden an jedem Zeitpunkt t die $2q$ zeitlich nähesten Beobachtungen gemittelt:
>
> $$\widehat{m}_t = \frac{y_{t-q} + \cdots + y_t + \cdots + y_{t+q}}{2q + 1}, \qquad t = q + 1, \ldots n - q.$$
>
> Für $t \leq q$ und $t > n - q$ ist $\widehat{m}_t$ nicht definiert.

Man schaut bei diesem Ansatz also durch ein *Fenster* der Breite $2q+1$, das am Zeitpunkt t zentriert wird, auf die Zeitreihe und berücksichtigt bei der Mittelung lediglich die Beobachtungen, deren Zeitindex im Fenster liegt. Werte, deren Zeitabstand größer als q ist, werden nicht berücksichtigt.

1.9.4 Bestimmung einer periodischen Komponente

Die parametrische Modellierung einer periodischen Komponente (Saison- oder Konjunkturkomponente) kann durch eine Sinus- oder Kosinusfunktion erfolgen, etwa in der Form

$$s_t = b_0 + c_1 \sin(2\pi t/L), \qquad t = 1, \ldots, T.$$

Allgemeiner kann man ein trigonometrisches Polynom der Ordnung $2K$

$$s_t = b_0 + \sum_{k=1}^{K} b_k \cos(2\pi t/L) + \sum_{k=1}^{K-1} c_k \sin(2\pi t/L)$$

verwenden. Hierbei ist L die Periode. Bei Monatsdaten hat man für eine Saisonkomponente $L = 12$, bei Quartalsdaten für eine Konjunkturkomponente mit einer Periode von 2 Jahren $L = 8$. Die Schätzung der Koeffizienten $b_0, b_1, c_1, \ldots, b_K, c_K$ erfolgt meist durch die KQ-Methode.

Wird die Vorgabe einer funktionalen Form der periodischen Abweichungen vom Trend als zu starr angesehen, bietet sich alternativ folgende Variante der gleitenden Durchschitte an, die wir am Beispiel von Monatsdaten für eine Saisonkomponente kurz erläutern wollen. Jede Beobachtung kann genau einem Monat zugeordnet werden. Man schätzt nun den saisonal bedingten Januar-Effekt durch das arithmetische Mittel der Abweichungen der Januar-Werte vom zugehörigen gleitenden Durchschnitt zur Schätzung des Trends. Analog verfährt man für die anderen Monate.

Beispiel 1.9.3. Zur Illustration betrachten wir die Arbeitslosenzahlen von 1965 bis 2004. Markant ist, dass konjunkturelle Einflüsse zwar periodisch zu einer Senkung der Arbeitslosenzahlen führen. Es gibt jedoch einen langfristigen Trend, so dass es zu keiner nachhaltigen Absenkung kommt. Die Arbeitslosenzahlen wurden zunächst um ihren linearen Trend $m_t = a + bt$, bereinigt. Aus den Residuen wurde dann ein einfaches Konjunkturmodell der Form $k_t = \sin(2\pi t/10)$, geschätzt. Abbildung 1.11 zeigt die resultierende geschätzte glatte Komponente $\widehat{m}_t + \widehat{k}_t$ der Daten. Schon dieses einfache Modell zeigt gut die charakteristische Struktur in den Arbeitslosenzahlen auf.

1.10 Meilenstein

1) Welches sind die Grundaufgaben der Deskriptiven Statistik?

2) Was versteht man unter einer quotierten Auswahl? Was ist eine Zufallsstichprobe? Geben Sie (mit Begründung) zwei Beispiele für Datenerhebungen an, die keine Zufallsstichproben liefern können.

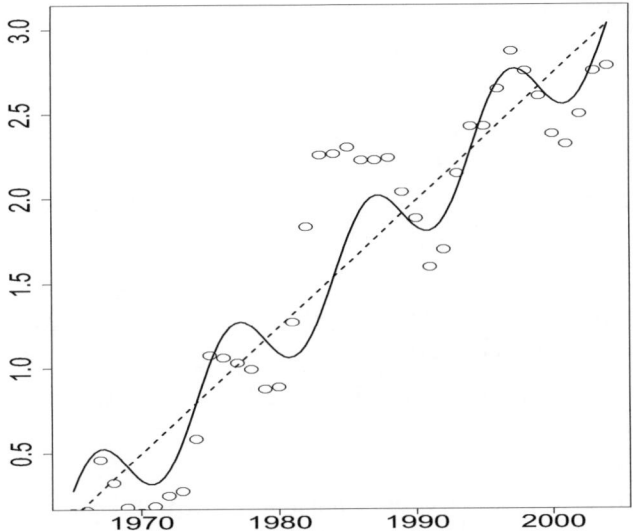

Abb. 1.11. Arbeitslosenzahlen (in Mio) mit geschätzter glatter Komponente.

3) Sie werden beauftragt, eine empirische Studie zu planen, um mögliche Zusammenhänge zwischen den Merkmalen *Bildungsniveau*, *Gehalt* und *Migrationshintergrund* zu analysieren. Wie würden Sie die Daten erheben? Wie können die Merkmale präzise definiert werden? Wie sollen die erhobenen Daten graphisch a) pro Merkmal, b) pro Merkmalspaar aufbereitet und ggfs. durch Kennzahlen analysiert werden?

4) Bilden Sie einen inhaltlich sinnvollen Satz mit den folgenden Begriffen: Merkmal, Merkmalsausprägung, Abbildung, Grundgesamtheit. Ihr Bereichsleiter beauftragt Sie, kurze prägnante Definitionen dieser Begriffe auf einem Blatt Papier zusammen zu stellen.

5) Welche Skalen gibt es? Wodurch sind diese unterschieden? Erstellen Sie auch eine tabellarische Übersicht.

6) Erstellen Sie ein Stamm-Blatt-Diagramm für die folgenden Messungen:

   $11.3, 9.82, 9.81, 9.2, 6.87, 7.4, 7.56, 7.67, 8.23, 8.43, 8.55,$

   $9.12, 10.2, 10.43, 9.99, 11.12, 10.82.$

   Erstellen Sie auch eine geeignetes Histogramm. Geben Sie die zugehörige Häufigkeitsdichte an und berechnen Sie den zugehörigen Mittelwert und die Stichprobenvarianz.

7) Untersuchen Sie, ob der Kerndichteschätzer bei Verwendung des Gauss-Kerns differenzierbar ist und berechnen Sie die Ableitung.

8) Die empirische Verteilungsfunktion ist eine _____ Funktion mit Sprungstellen _____ und Sprunghöhen _____ .

9) Welche Lage- und Streumaße gibt es? Welches Verhalten unter monotonen bzw. linearen Transformationen weisen sie auf? Welche robusten Lagemaße kennen Sie?

10) Skizzieren Sie einen Boxplot und erläutern Sie, wie er interpretiert werden kann. Wie erkennt man bei einem Boxplot Ausreißer?

11) Erläutern Sie das Konzept der Lorenzkurve. Woran erkennt man eine hohe bzw. niedrige Konzentration?

12) Was versteht man unter einer Kontingenztafel? Woran erkennt man, ob empirische Unabhängigkeit vorliegt? Was misst in diesem Zusammenhang die χ^2-Statistik?

13) Welcher rechnerische Zusammenhang besteht zwischen der Stichproben-varianz der Summe von zwei Datensätzen und den einzelnen Stichproben-varianzen?

14) Es soll für n Fussballvereine der ungerichtete Zusammenhang zwischen den Merkmalen *Tabellenplatz* und *Anzahl der Nationalspieler* untersucht und durch eine geeignete Kennzahl quantifiziert werden. Beschreiben Sie Ihr Vorgehen.

15) Es liege eine Punktewolke eines bivariaten Datensatzes metrisch skalierter Variablen x und y vor. Stimmen die Regressionsgeraden einer Regression von y auf x bzw. von x auf y überein? Wann kann ein Wert auf der Ausgleichsgerade als Prognose und wann muss er als Extrapolation betrachtet werden?

16) Welche verdichtenden Kennzahlen eines Datensatzes $(x_1, y_1), \ldots, (x_n, y_n)$ werden (mindestens) benötigt, um die arithmetischen Mittelwerte, die Stichprobenvarianzen sowie alle für eine deskriptive Regressionsanalyse benötigten Größen berechnen zu können? Stellen Sie alle Formeln übersichtlich zusammen.

2

Wahrscheinlichkeitsrechnung

2.1 Grundbegriffe

Wir betrachten zwei Beispiele, um erste Grundbegriffe anschaulich einzuführen.

Beispiel 2.1.1. In einem Elektronikmarkt liegen 50 MP3-Player auf einem Tisch, von denen einer defekt ist. Wie wahrscheinlich ist es, dass der nächste Käufer den defekten Player greift?
Der Käufer greift zufällig eines der Geräte heraus, die wir in Gedanken mit den Zahlen $1, \ldots, 50$ versehen. Das defekte Gerät habe die Nummer 1. Der Zufallsvorgang besteht nun darin, eine der Zahlen aus der Menge $\Omega = \{1, \ldots, 50\}$ auszuwählen, wobei jede Zahl (jedes Gerät) mit derselben Wahrscheinlichkeit gezogen wird. Der gesunde Menschenverstand diktiert geradezu, die Wahrscheinlichkeit p_k, dass der Player Nr. k gezogen wird, durch

$$p_k = \frac{1}{50}, \qquad k = 1, \ldots, 50,$$

festzulegen.

Dieses Beispiel legt den Ansatz nahe, Zufallsvorgänge durch eine Menge Ω mit N Elementen $\omega_1, \ldots, \omega_N$ zu modellieren, denen wir N Wahrscheinlichkeiten $p_1, \ldots, p_N$ zuordnen, die sich zu 1 ($\hat{=} 100\%$) addieren.

Beispiel 2.1.2. Ein Lottospieler beschließt, so lange Lotto zu spielen, bis er zweimal in Folge drei Richtige hat. Zunächst stellt sich die Frage, wie hier Ω anzusetzen ist. Das Ergebnis dieses zufälligen Lotto-Experiments ist die Wartezeit (in Wochen) auf den zweiten Dreier. Somit ist in diesem Fall $\Omega = \{0,1,2,\ldots\} = \mathbb{N}_0$. Ordnen wir jeder möglichen Wartezeit $k \in \mathbb{N}_0$ eine Wahrscheinlichkeit p_k zu, so ergeben sich unendlich viele Wahrscheinlichkeiten. Somit können die p_k nicht alle gleich groß sein.

Wir sehen, dass auch Zufallsvorgänge auftreten können, bei denen die Menge Ω eine unendliche Menge ist. Ist Ω wie im Beispiel 2.1.2 *abzählbar unendlich*, d.h. von der Form

$$\Omega = \{\omega_1, \omega_2, \omega_3, \ldots\},$$

dann können wir jedem ω_k eine Wahrscheinlichkeit p_k zuordnen. Die Zahlen p_k müssen sich zu 1 addieren:

$$p_1 + p_2 + \cdots = \sum_{k=1}^{\infty} p_k = 1.$$

2.1.1 Zufallsexperimente und Wahrscheinlichkeit

In der Wahrscheinlichkeitsrechnung fasst man alle zufälligen Phänomene unter dem Begriff des Zufallsexperiments zusammen, auch wenn nicht im eigentlichen Wortsinne ein Experiment vorliegt.

Zufallsexperiment Unter einem **Zufallsexperiment** versteht man einen zufallsbehafteten Vorgang, dessen Ausgang nicht deterministisch festgelegt ist.

Ergebnismenge, Grundmenge, Ausgang, Ergebnis Die Menge aller möglichen Ausgänge eines Zufallsexperiments heißt **Ergebnismenge (Grundmenge)** und wird mit Ω bezeichnet. Ein Element $\omega \in \Omega$ heißt **Ausgang (Ergebnis, Versuchsausgang)**.

Beispiel 2.1.3. Beim einfachen Würfelwurf ist $\Omega = \{1, \ldots, 6\}$. Eine gerade Augenzahl entspricht den Ausgängen 2,4 und 6. Dieses (zufällige) Ereignis wird also durch die Teilmenge

$$A = \text{„gerade Augenzahl"} = \{2,4,6\} \subset \Omega$$

dargestellt. Es tritt ein, wenn der tatsächliche Versuchsausgang ω in der Menge A liegt. Würfelt man mit einem fairen Würfel, so liegt es nahe, dem Ereignis A die Wahrscheinlichkeit $1/2$ zu zuordnen.

Geleitet durch die Überlegungen aus dem Beispiel 2.1.3 definieren wir:

Ereignis, Ereignisalgebra, Elementarereignis Ist Ω eine höchstens abzählbar unendliche Grundmenge, dann heißt jede Teilmenge $A \subset \Omega$ **Ereignis**. Die Menge aller Ereignisse ist die **Potenzmenge**

$$\mathrm{Pot}(\Omega) = \{A \mid A \subset \Omega\}$$

aller Teilmengen von Ω und heißt in diesem Kontext auch **Ereignisalgebra**. Man sagt, das Ereignis A tritt ein, wenn $\omega \in A$ gilt. Ein Ereignis von der Form $A = \{\omega\}$ für ein $\omega \in \Omega$ heißt **Elementarereignis**.

Da zufällige Ereignisse über Teilmengen der Obermenge Ω dargestellt werden, kann man Ereignisse gemäß den Operatoren und Rechenregeln der Mengenlehre miteinander kombinieren.

UND-/ODER-Ereignis, komplementäres Ereignis Für zwei Ereignisse $A \subset \Omega$ und $B \subset \Omega$ heißt die Schnittmenge

$$A \cap B = \{x \mid x \in A \text{ und } x \in B\}$$

UND-Ereignis und

$$A \cup B = \{x \mid x \in A \text{ oder } x \in B\}$$

ODER-Ereignis. Das Komplement

$$\overline{A} = A^c = \{x \mid x \in \Omega \text{ und } x \notin A\} = \Omega \setminus A$$

heißt **komplementäres Ereignis** und entspricht der logischen Negation.

Hier einige wichtige Regeln für das Kombinieren von Ereignissen:

Sind $A, B, C \subset \Omega$ Ereignisse, dann gilt:

1)	$A \cap (B \cup C) = (A \cap B) \cup (A \cap C),$
2)	$A \cup (B \cap C) = (A \cup B) \cap (A \cup C),$
3)	$\overline{(A \cup B)} = \overline{A} \cap \overline{B},$
4)	$\overline{(A \cap B)} = \overline{A} \cup \overline{B}.$

1) und 2) sind die **Distributivgesetze**, 3) und 4) die **Regeln von DeMorgan**.

Gelegentlich hat man es auch mit unendlich vielen Ereignissen $A_1, A_2, \dots$ zu tun. Beim Warten auf die erste Sechs beim Werfen eines Würfels macht es etwa Sinn, das Ereignis

$$A_k = \text{„Die erste Sechs erscheint im } k\text{-ten Wurf"}$$

zu betrachten. Jedes $\omega \in \Omega$ ist dann in genau einer der Mengen $A_k \subset \Omega$, so dass Ω die disjunkte Vereinigung aller (unendlich vielen) A_k ist.

Für Ereignisse $A_1, A_2, \ldots$ ist

$$\bigcup_{k=1}^{\infty} A_k = A_1 \cup A_2 \cup \cdots = \{\omega \in \Omega : \omega \in A_k \text{ für mind. ein } k\}$$

das Ereignis, dass mindestens eines der Ereignisse A_k eintritt.

$$\bigcap_{k=1}^{\infty} A_k = A_1 \cap A_2 \cap \cdots = \{\omega \in \Omega : \omega \in A_k \text{ für alle } k = 1, 2, \ldots\}$$

ist das Ereignis, dass alle A_k eintreten.

Die Distributivgesetze und die Regeln von DeMorgan können auf solche Mengen verallgemeinert werden. Beispielsweise gilt: $\overline{\cup_{i=1}^{\infty} A_i} = \cap_{i=1}^{\infty} \overline{A_i}$ und $A \cap \cup_{i=1}^{\infty} B_i = \cup_{i=1}^{\infty} (A \cap B_i)$.

Wir wollen nun Ereignissen $A \subset \Omega$ Wahrscheinlichkeiten $P(A)$ zuordnen. Diese Zuordnung kann jedoch nicht völlig beliebig geschehen, sondern muss gewissen Regeln folgen. In Beispiel 2.1.2 hatten wir etwa erkannt, dass für eine abzählbar unendliche Grundmenge Ω die Ausgänge ω nicht alle dieselbe Wahrscheinlichkeit haben können.

Wahrscheinlichkeitsmaß, Wahrscheinlichkeitsverteilung Eine Abbildung P, die jedem Ereignis $A \subset \Omega$ eine Zahl $P(A)$ zuordnet, heißt **Wahrscheinlichkeitsmaß** oder **Wahrscheinlichkeitsverteilung**, wenn die so genannten Kolmogorov-Axiome gelten:

1) $0 \leq P(A) \leq 1$ für alle Ereignisse A,
2) $P(\Omega) = 1$ (Normierung),
3) Sind $A_1, A_2, \ldots$ disjunkte Mengen, dann gilt

$$P(A_1 \cup A_2 \cup \cdots) = P(A_1) + P(A_2) + \cdots = \sum_{k=1}^{\infty} P(A_k).$$

Ein Zufallsexperiment ist erst durch Angabe einer Ergebnismenge Ω und eines Wahrscheinlichkeitsmaßes P vollständig beschrieben.

Beispiel 2.1.4. Ist Ω eine diskrete Ergebnismenge, $\Omega = \{\omega_1, \omega_2, \ldots\}$, und sind $p_1, p_2, \ldots$ Zahlen zwischen 0 und 1, die sich zu 1 addieren, dass heißt $\sum_{i=1}^{\infty} p_i = 1$, dann ist durch

$$P(\{\omega_i\}) = p_i \quad \text{und} \quad P(A) = \sum_{\omega_i \in A} p_i, \qquad A \subset \Omega,$$

ein Wahrscheinlichkeitsmaß gegeben. Es gilt für die Elementarereignisse $\{\omega_i\}$: $P(\{\omega_i\}) = p_i$. Ist Ω endlich mit N Elementen, d.h. $\Omega = \{\omega_1, \dots, \omega_N\}$, dann kann die Wahrscheinlichkeitsverteilung durch eine Tabelle angegeben werden:

ω_1	ω_2	$\dots$	ω_N
p_1	p_2	$\dots$	p_N

Die Wahrscheinlichkeit eines Ereignisses A erhält man durch Addition derjenigen p_i, die zu Elementen ω_i gehören, die in A liegen.

Beispiel 2.1.5. In der deskriptiven Statistik hatten wir die relative Häufigkeitsverteilung eines Merkmals eingeführt. Sind $a_1, \dots, a_k$ die möglichen Ausprägungen des Merkmals und sind $f_1, \dots, f_k$ die zugehörigen relativen Häufigkeiten, so gilt: $f_1 + \cdots + f_k = 1$. Setzen wir $\Omega = \{a_1, \dots, a_k\}$ und definieren das Wahrscheinlichkeitsmaß

$$P(A) = \sum_{j:a_j \in A} f_j, \qquad A \subset \Omega,$$

dann ist P eine Wahrscheinlichkeitsverteilung auf Ω. Es gilt insbesondere für die Elementarereignisse $\{a_j\}$:

$$P(\{a_j\}) = f_j.$$

Das zu Grunde liegende Zufallsexperiment besteht darin, zufällig aus der Grundgesamtheit G ein Element g auszuwählen und den zugehörigen Merkmalswert $X(g) \in \{a_1, \dots, a_k\} = \Omega$ zu berechnen. Jede relative Häufigkeitsverteilung der deskriptiven Statistik definiert also ein Wahrscheinlichkeitsmaß, und sämtliche Rechenregeln, die wir im Folgenden vorstellen, gelten insbesondere für relative Häufigkeiten. Ist speziell $f_j = 1/n$ für alle $j = 1, \dots, n$, dann heißt P **empirisches Wahrscheinlichkeitsmaß**.

Aus der Additivität von P bei Vorliegen von *disjunkten* Vereinigungen ergeben sich die folgenden wichtigen Rechenregeln:

Rechenregeln Für Ereignisse $A, B \subset \Omega$ gelten die folgenden Regeln:

1) $P(\overline{A}) = 1 - P(A)$.
2) Für $A \subset B$ gilt: $P(B \backslash A) = P(B) - P(A)$.
3) Für *beliebige* Ereignisse A, B gilt:

$$P(A \cup B) = P(A) + P(B) - P(A \cap B).$$

4) Für *beliebige* Ereignisse A, B gilt:

$$P(A \cap B) = P(A) + P(B) - P(A \cup B).$$

Herleitung:

(i) Ω kann disjunkt in A und $\overline{A}$ zerlegt werden. Daher ist

$$1 = P(\Omega) = P(A) + P(\overline{A}) \Rightarrow P(\overline{A}) = 1 - P(A).$$

(ii) Gilt $A \subset B$, dann ist $(B \backslash A) \cup A$ eine disjunkte Vereinigung von B in die Mengen $B \backslash A$ und A. Daher gilt:

$$P(B) = P(B \backslash A) + P(A).$$

Umstellen liefert: $P(B \backslash A) = P(B) - P(A)$.

(iii) Wir können $A \cup B$ disjunkt aus A und $B \backslash (A \cap B)$ zusammensetzen. Daher gilt:

$$P(A \cup B) = P(A) + P(B \backslash (A \cap B)).$$

Für den zweiten Term auf der rechten Seite wenden wir (ii) an ($A \cap B$ ist Teilmenge von B) und erhalten:

$$P(A \cup B) = P(A) + P(B) - P(A \cap B).$$

(iv) folgt aus (iii) durch Auflösen nach $P(A \cap B)$. $\qquad\qquad\square$

Wie wir schon in Beispiel 2.1.1 gesehen hatten, ist die Berechnung von Wahrscheinlichkeiten besonders einfach, wenn die Elementarereignisse von Ω gleichwahrscheinlich sind.

Laplace-Raum Man spricht von einem **Laplace-Raum** (Ω, P), wenn die Ergebnismenge $\Omega = \{\omega_1, \ldots, \omega_K\}$ endlich ist und das Wahrscheinlichkeitsmaß P auf Ω jedem Elementarereignis dieselbe Wahrscheinlichkeit zuordnet:

$$P(\omega) = P(\{\omega\}) = \frac{1}{K}, \qquad \omega \in \Omega.$$

P heißt auch **(diskrete) Gleichverteilung auf** Ω.

In Laplace'schen Wahrscheinlichkeitsräumen erhält man die Wahrscheinlichkeit eines Ereignisses A durch Abzählen.

Regel Ist (Ω,P) ein Laplace-Raum, dann gilt für jedes Ereignis A:

$$P(A) = \frac{|A|}{|\Omega|} = \frac{\text{Anzahl der für } A \text{ günstigen Fälle}}{\text{Anzahl aller Fälle}}.$$

Hierbei bezeichnet $|A|$ die Anzahl der Elemente von A (Kardinalität).

Beispiel 2.1.6. (Urnenmodelle I und II)

(i) Urnenmodell I: Ziehen in Reihenfolge mit Zurücklegen
In einer Urne befinden sich N Kugeln mit den Nummern 1 bis N. Die Urne mit den N Kugeln kann etwa für eine Grundgesamtheit mit N statistischen Einheiten stehen. Man greift n-mal in die Urne und zieht jeweils eine Kugel. Nach Notieren der Nummer wird die Kugel zurückgelegt. Ist $\omega_i \in \{1,\ldots,N\} = A$ die Nummer der i-ten gezogenen Kugel, dann beschreibt das n-Tupel $\omega = (\omega_1,\ldots,\omega_n)$ das Ergebnis einer Stichprobenziehung. Hier ist

$$\Omega_I = \{\omega = (\omega_1,\ldots,\omega_n) \mid \omega_1,\ldots,\omega_n \in A\}.$$

Da alle Stichproben gleichwahrscheinlich sind, liegt ein Laplace-Raum mit $|\Omega_I| = N^n$ vor.

(ii) Urnenmodell II: Ziehen in Reihenfolge ohne Zurücklegen
Man geht wie in (i) vor, jedoch werden nun die gezogenen Kugeln nicht zurückgelegt. Alle ω_i sind also verschieden. Man kann

$$\Omega_{II} = \{(\omega_1,\ldots,\omega_n) : \omega_1,\ldots,\omega_n \in A, \omega_i \neq \omega_j \text{ für } i \neq j\}$$

wählen. Es gilt $|\Omega_{II}| = N \cdot (N-1) \cdot \ldots \cdot (N-n+1)$.

Für $N \in \mathbb{N}$ und $n \in \mathbb{N}$ mit $n \leq N$ setzt man:

$$(N)_n = N \cdot (N-1) \cdot \ldots \cdot (N-n+1).$$

Beispiel 2.1.7. 1) k Objekte sollen in einem Array der Länge n gespeichert werden, wobei der Speicherplatz zufällig ausgewählt wird (Hashing). Ist ein Platz schon vergeben, so spricht man von einer Kollision; in diesem Fall wird in der Regel der nächste freie Platz vergeben. Es bezeichnet A_{nk} das Ereignis einer Kollision. Um die Wahrscheinlichkeit $P(A_{nk})$ zu berechnen, benötigen wir ein korrektes Modell. Bezeichnen wir mit ω_i den für das $i$te Objekt ausgewählten Speicherplatz, so liegt das Urnenmodell I (mit $N = n$ und $n = k$) vor:

$$\Omega = \{\omega = (\omega_1, \ldots, \omega_k) : \omega_1, \ldots, \omega_k \in \{1, \ldots n\}\}, \quad P(\omega) = \frac{1}{n^k}, \omega \in \Omega.$$

Nun kann das komplementäre Ereignis $\overline{A}_{nk}$ (keine Kollision) formal in der Form $A_{nk} = \{(\omega_1, \ldots, \omega_k) \in \Omega : \omega_i \neq \omega_j, i \neq j\}$ dargestellt werden. Dies entspricht genau dem Urnenmodell II (mit $N = n$ und $n = k$). Somit gilt:

$$q_{nk} = P(\overline{A}_{nk}) = \frac{n(n-1)\cdots(n-k+1)}{n^k}$$

und $P(A_{nk}) = 1 - q_{nk}$. Wir wollen noch eine obere Schranke für q_{nk} herleiten: Man hat

$$q_{nk} = \frac{(n)_k}{n^k} = \prod_{i=1}^{k-1}\left(1 - \frac{i}{n}\right)$$

$$= \exp\left(\sum_{i=1}^{k-1} \ln\left(1 - \frac{i}{n}\right)\right).$$

Für $x < 1$ gilt $\ln(1 - x) \leq -x$. Damit erhalten wir

$$q_{nk} \leq \exp\left(-\sum_{i=1}^{k-1} \frac{i}{n}\right) = \exp\left(-\frac{(k-1)k}{2n}\right),$$

wobei die Formel $\sum_{i=1}^{k-1} i = \frac{(k-1)k}{2}$ verwendet wurde.

2) Die Marketing-Abteilung mit $n = 6$ Mitarbeitern kann sich nicht darauf einigen, wie $k = 3$ anliegende Aufgaben verteilt werden sollen. Schließlich wird entschieden, die Sache auszuwürfeln. Es wird k mal gewürfelt und der entsprechende Mitarbeiter bekommt die Aufgabe. Wie wahrscheinlich ist es, dass ein Mitarbeiter mehr als eine Aufgabe bekommt?

Es liegt das Urnenmodell I vor mit $N = 6$ und $n = k$: Bezeichnet ω_i das Ergebnis des $i$ten Wurfs, $i = 1, \ldots, k$, so ist

$$\Omega = \{\omega = (\omega_1, \ldots, \omega_k) : \omega_1, \ldots, \omega_k \in \{1, \ldots 6\}\}, \quad P(\omega) = \frac{1}{6^k}, \omega \in \Omega.$$

Sei A das Ereignis, dass alle Mitarbeiter verschiedene Aufgaben erhalten:

$$A = \{(\omega_1, \ldots, \omega_k) \in \Omega : \omega_i \neq \omega_j, i \neq j\}$$

Gesucht ist dann $P(\overline{A}) = 1 - P(A)$. Das Ereignis A entspricht gerade der Ergebnismenge des Urnenmodells II mit $N = 6$ und $n = k$. Somit ist $P(A) = \frac{6 \cdot 5 \cdots (6-k+1)}{6^k}$. Nun kann für verschiedene Werte von k die Wahrscheinlichkeit berechnet werden. Für $k = 3$ erhält man

$$1 - \frac{6 \cdot 5 \cdot 4}{6^3} = 1 - \frac{120}{216} \approx 0.444.$$

2.1.2 Chancen (Odds)*

Chancen (Odds) Die **Chance** (engl.: *odds*) $o = o(A)$ eines Ereignisses A ist definiert als der Quotient der Wahrscheinlichkeit $p = P(A)$ von A und der komplementären Wahrscheinlickeit $P(\overline{A}) = 1 - p$:

$$o = o(A) = \frac{p}{1-p}.$$

Durch Logarithmieren erhält man die **logarithmierten Chancen** (engl.: *log-odds*):
$$\log(o) = \log(p/(1-p)) = \log(p) - \log(1-p).$$

Die logarithmierten Chancen transformieren Wahrscheinlichkeiten, also Zahlen zwischen 0 und 1, in reelle Zahlen. Sie besitzen eine interessante *Symmetrieeigenschaft*: Die logarithmierte Chance des komplementären Ereignisses $\overline{A}$ ist gerade das Negative der logarithmierten Chance von A:

$$\log o(\overline{A}) = \log\left(\frac{1-p}{p}\right) = -\log\left(\frac{p}{1-p}\right) = -\log o(A).$$

Sind A und $\overline{A}$ gleichwahrscheinlich, d.h. $p = P(A) = P(\overline{A}) = 1/2$, dann ergibt sich $o = 1$ und somit $\log(o) = 0$.

Chancenverhältnis (Odds-Ratio) Die Chancen $o(A)$ und $o(B)$ von zwei Ereignissen A und B werden häufig durch das **Chancenverhältnis** (engl.: *Odds Ratio*) verglichen:

$$r = \frac{o(A)}{o(B)} = \frac{P(A)/(1-P(A))}{P(B)/(1-P(B))}.$$

Das logarithmierte Odds Ratio ist gerade die Differenz der logarithmierten Odds. Trägt man Wahrscheinlichkeiten auf der log-Odds-Skala auf, so ist ihre Differenz gleich dem logarithmierten Odds Ratio.

Beispiel 2.1.8. Das Ereignis A, ein Spiel zu gewinnen, trete mit Wahrscheinlichkeit $p = P(A) = 0.75$ ein. Die Chancen stehen also 75 zu 25, so dass sich $o = 0.75/0.25 = 3$ ergibt. Zu gewinnen ist dreimal so wahrscheinlich wie zu verlieren. Gilt für ein anderes Spiel $p = 0.9$, so ist es $o = 0.9/0.1 = 9$-mal wahrscheinlicher zu gewinnen als zu verlieren. Das Chancenverhältnis beträgt

$r = 9/3 = 3$. Die Chancen sind beim zweiten Spiel um den Faktor 3 günstiger. Auf der logarithmischen Skala erhalten wir $\log(3)$ und $\log(9)$ mit Abstand $\log(9) - \log(3) = \log(r) = \log(3)$.

Siebformel*

Mitunter muss man die Wahrscheinlichkeit von ODER-Ereignissen berechnen, bei denen mehr als zwei Ereignissen verknüpft werden.

Es gilt:

$$P(A \cup B \cup C) = P(A) + P(B) + P(C) - P(A \cap B) - P(A \cap C)$$
$$- P(B \cap C) + P(A \cap B \cap C).$$

Herleitung: Wir wenden die Formel $P(A \cup B) = P(A) + P(B) - P(A \cap B)$ zweimal an und markieren durch Unterstreichen, welche Mengen A und B auf der linken Seite der Formel entsprechen. Zunächst ist

$$P(A \cup \underline{B \cup C}) = P(A) + P(B \cup C) - P(A \cap (B \cup C))$$
$$= P(A) + P(B) + P(C) - P(B \cap C) - P(A \cap (B \cup C)).$$

Für den letzten Term gilt:

$$P(A \cap (B \cup C)) = P((A \cap B) \cup \underline{(A \cap C)})$$
$$= P(A \cap B) + P(A \cap C) - P(A \cap B \cap C).$$

Setzt man dies oben ein, so ergibt sich die gewünschte Formel.   □

Die Formeln für $P(A \cup B)$ und $P(A \cup B \cup C)$ sind Spezialfälle einer allgemeinen Formel:

Siebformel Sind $A_1, \ldots, A_n \subset \Omega$ Ereignisse, dann gilt:

$$P(A_1 \cup \cdots \cup A_n) = \sum_{i=1}^{n} P(A_i) - \sum_{i<j} P(A_i \cap A_j)$$
$$+ \sum_{i<j<k} P(A_i \cap A_j \cap A_k) \mp \cdots + (-1)^{n-1} P(A_1 \cap \cdots \cap A_n).$$

2.1.3 Ereignis-Algebra*

In Anwendungen treten nicht nur Ergebnismengen auf, die abzählbar unendlich sind, wie die folgenden Beispiele zeigen.

Beispiel 2.1.9. 1) Der Gewinn eines Unternehmens kann prinzipiell jeden beliebigen Wert annehmen. Hier ist $\Omega = \mathbb{R}$ ein geeigneter Ergebnisraum.

2) Für den zufälligen Zeitpunkt, an dem der Kurs eines Wertpapiers eine feste Schranke c übersteigt, ist $\Omega = [0,\infty)$ ein geeigneter Ergebnisraum.

In diesen beiden Beispielen interessieren uns Teilmengen A von $\mathbb{R}$ bzw. $\mathbb{R}^+$ als Ereignisse.

Beispiel 2.1.10. Bei der Herstellung von CPUs werden feine Schaltstrukturen auf mit Silizium beschichtete Scheiben - sogenannte Wafer - aufgebracht. Wir modellieren den Wafer durch seine Oberfläche Ω. Jede Verunreinigung der Beschichtung macht die entsprechende CPU unbrauchbar. Ein Staubpartikel falle zufällig auf eine Stelle $\omega \in \Omega$ des Wafers. Ist $A \subset \Omega$ eine Teilfläche, etwa ein Rechteck, so ist diese nutzlos, wenn $\omega \in A$ gilt. Trifft ein Staubpartikel an einer zufälligen Stelle auf den Wafer, ohne dass bestimmte Regionen mit höherer Wahrscheinlichkeit getroffen werden als andere, so ist der Flächenanteil $|A|/|\Omega|$ eine nahe liegende Festsetzung von $P(A)$.

Ein tiefliegendes Ergebnis der Mathematik zeigt, dass für überabzählbare Ereignismengen nicht *allen* Teilmengen eine Wahrscheinlichkeit zugeordnet werden kann. Es gibt dann einfach *zu viele* Teilmengen.

Als Ausweg betrachtet man nicht alle Teilmengen von Ω, sondern nur eine kleinere Auswahl $\mathcal{A} \subset \mathrm{Pot}(\Omega)$, so dass die gewünschten Rechenregeln gelten. Hierbei geht man konstruktiv vor. Zunächst formuliert man Minimalforderungen, damit die Ereignisse sinnvoll kombiniert werden können.

Ereignisalgebra, Ereignis Ein Mengensystem $\mathcal{A} \subset \mathrm{Pot}(\Omega)$ von Teilmengen von Ω heißt **Ereignisalgebra (σ-Algebra)**, wenn die folgenden Eigenschaften gelten:

1) Die Ergebnismenge Ω und die leere Menge $\emptyset$ gehören zu $\mathcal{A}$.
2) Mit A ist auch $\overline{A}$ Element von $\mathcal{A}$.
3) Sind $A_1, A_2, \ldots$ Mengen aus $\mathcal{A}$, dann ist auch $\cup_{i=1}^{\infty} A_i = A_1 \cup A_2 \cup \ldots$ ein Element von $\mathcal{A}$.

Die Elemente von $\mathcal{A}$ heißen **Ereignisse**.

Man kann zeigen, dass dann auch abzählbare Schnitte von Ereignissen wieder Ereignisse sind.

Einfache Beispiele für Ereignisalgebren, allerdings für unsere Zwecke recht uninteressante, sind: $\mathcal{A} = \{\emptyset, \Omega\}$, $\mathcal{A} = \{\emptyset, A, A^c, \Omega\}$ und $\mathcal{A} = \mathrm{Pot}(\Omega)$.

Ist $\mathcal{E} \subset \mathrm{Pot}(\Omega)$ irgendeine Menge von Teilmengen von Ω, dann gibt es eine kleinste Ereignisalgebra, notiert mit $\sigma(\mathcal{E})$, die $\mathcal{E}$ umfasst, nämlich den Schnitt über alle Ereignisalgebren, die $\mathcal{E}$ umfassen. $\mathcal{E}$ heißt **Erzeuger**

Für uns sind die folgenden Fälle wichtig:

- $\Omega = \mathbb{R}$: Hier konstruiert man die sogenannte **Borelsche Ereignisalgebra (Borel-σ-Algebra)** $\mathcal{B}$, indem man als Erzeuger die Menge aller endlichen Intervalle der Form $(a,b]$, $a \leq b$, $a,b \in \mathbb{R}$, nimmt. Die Elemente von $\mathcal{B}$ heißen **Borelsche Mengen**. $\mathcal{B}$ umfasst insbesondere alle Intervalle $(a,b), (a,b], [a,b), [a,b]$ und überhaupt alle Mengen, die in diesem Buch eine Rolle spielen.

- $\Omega = \mathcal{X} \subset \mathbb{R}$: Ereignisse sind hier alle Mengen der Form $B \cap \mathcal{X}$, wobei B eine Borelsche Teilmenge von $\mathbb{R}$ ist. Man wählt daher die Ereignisalgebra $\mathcal{B}(\mathcal{X}) = \{B \cap \mathcal{X} : B \in \mathcal{B}\}$. $\mathcal{B}(\mathcal{X})$ heißt auch Spur-σ-Algebra.

- $\Omega = \mathbb{R}^n$: Im $\mathbb{R}^n$ verwendet man als Erzeuger die Menge aller Rechtecke der Form
$$(\mathbf{a},\mathbf{b}] = (a_1, b_1] \times (a_2, b_2] \times \cdots \times (a_n, b_n],$$
wobei $\mathbf{a} = (a_1, \ldots, a_n), \mathbf{b} = (b_1, \ldots, b_n) \in \mathbb{R}^n$ sind. Die erzeugte Ereignisalgebra heißt ebenfalls **Borelsche Ereignisalgebra** und wird mit $\mathcal{B}^n$ bezeichnet.

- $\mathcal{X} \subset \mathbb{R}^n$: Wiederum nimmt man die Ereignisalgebra aller Mengen der Form $B \cap \mathcal{X}$, wobei B eine Borelsche Menge des $\mathbb{R}^n$ ist.

2.2 Bedingte Wahrscheinlichkeiten

2.2.1 Begriff der bedingten Wahrscheinlichkeit

Der Wahrscheinlichkeitsbegriff steht in einem engen Zusammenhang zum Informationsbegriff: Solange wir nicht wissen, ob ein Ereignis A eingetreten ist oder nicht, bewerten wir das Ereignis mit der Eintrittswahrscheinlichkeit $P(A)$. Sichere Fakten werden durch die 1 repräsentiert, Unmögliches durch die 0. Die Kenntnis, dass ein anderes Ereignis B eingetreten ist, kann informativ für das mögliche Eintreten von A sein und seine Eintrittswahrscheinlichkeit ändern. Wie ist die bedingte Wahrscheinlichkeit von A gegeben B, die wir mit $P(A|B)$ notieren wollen, zu definieren? Haben wir das Vorwissen, dass B eingetreten ist, dann sind nur noch diejenigen Ausgänge $\omega \in A$ relevant, die auch in B liegen. Zu betrachten ist also das Schnittereignis $A \cap B$ und dessen Wahrscheinlichkeit $P(A \cap B)$. Bei Vorliegen der Information, dass B schon eingetreten ist, wird B zum sicheren Ereignis. Somit muss $P(B|B) = 1$ gelten. Dies ist durch die folgende Definition gewährleistet:

Bedingte Wahrscheinlichkeit Es seien $A, B \subset \Omega$ Ereignisse mit $P(B) > 0$. Dann heißt

$$P(A|B) = \frac{P(A \cap B)}{P(B)}$$

bedingte Wahrscheinlichkeit von A gegeben B. Liegt speziell ein Laplace-Raum vor, dann ist $P(A|B)$ der Anteil der für das Ereignis $A \cap B$ günstigen Fälle, bezogen auf die möglichen Fälle, welche die Menge B bilden:

$$P(A|B) = \frac{|A \cap B|}{|\Omega|} \frac{|\Omega|}{|B|} = \frac{|A \cap B|}{|B|}.$$

Für festes B ist die Zuordnung $A \mapsto P(A|B)$ tatsächlich ein Wahrscheinlichkeitsmaß im Sinne der Kolmogorov-Axiome.

Löst man diese Definition nach $P(A \cap B)$ auf, so erhält man:

Rechenregel Sind $A, B \subset \Omega$ Ereignisse mit $P(B) > 0$, dann gilt:

$$P(A \cap B) = P(A|B)P(B).$$

Vertauschen von A und B in dieser Formel ergibt: $P(A \cap B) = P(B|A)P(A)$, sofern $P(A) > 0$.

Soll die bedingte Wahrscheinlichkeit von C gegeben die Information, dass A und B eingetreten sind, berechnet werden, so ist auf das Schnittereignis $A \cap B$ zu bedingen:

$$P(C|A \cap B) = \frac{P(A \cap B \cap C)}{P(A \cap B)}.$$

Man verwendet oft die Abkürzung: $P(C|A,B) = P(C|A \cap B)$. Umstellen liefert die nützliche Formel:

$$P(A \cap B \cap C) = P(C|A \cap B)P(A \cap B)$$

Setzt man noch $P(A \cap B) = P(B|A)P(A)$ ein, so erhält man:

Rechenregel: Sind $A, B, C \subset \Omega$ Ereignisse mit $P(A \cap B \cap C) > 0$, dann ist

$$P(A \cap B \cap C) = P(C|A \cap B)P(B|A)P(A).$$

Sind allgemeiner $A_1, \ldots, A_n$ Ereignisse mit $P(A_1 \cap \cdots \cap A_n) > 0$, dann gilt:

$$P(A_1 \cap \cdots \cap A_n) = P(A_1)P(A_2|A_1)P(A_3|A_1 \cap A_2) \ldots P(A_n|A_1 \cap \cdots \cap A_{n-1}).$$

Beispiel 2.2.1. Betrachte die Ereignisse

$$A = \text{„Server nicht überlastet“},$$
$$B = \text{„Server antwortet spätestens nach 5 [s]“},$$
$$C = \text{„Download dauert nicht länger als 20 [s]“}.$$

Der Server sei mit einer Wahrscheinlichkeit von 0.1 nicht überlastet. Wenn der Server nicht überlastet ist, erfolgt mit einer Wahrscheinlichkeit von 0.95 eine Antwort nach spätestens 5 [s]. In diesem Fall dauert der Download in 8 von 10 Fällen nicht länger als 20[s]. Bekannt sind also: $P(A) = 0.1$, $P(B|A) = 0.95$ und $P(C|A,B) = 0.8$. Es folgt:

$$P(A \cap B \cap C) = 0.1 \cdot 0.95 \cdot 0.8 = 0.076.$$

2.2.2 Satz von totalen Wahrscheinlichkeit

Beispiel 2.2.2. Die Produktion eines Unternehmens ist auf drei Standorte gemäß den folgenden Produktionsquoten verteilt:

Standort	1	2	3
Wahrscheinlichkeit	0.2	0.7	0.1

Die Standorte produzieren mit unterschiedlichen Wahrscheinlichkeiten defekte Produkte:

Standort	1	2	3
Ausfallquote	0.1	0.05	0.1

Ein zufällig ausgewähltes Produkt stammt mit einer gewissen Wahrscheinlichkeit p_i vom Standort i, $i = 1,2,3$. Die p_i sind in der ersten Tabelle angegeben. Sei A_i das Ereignis, dass das Produkt am Standort i hergestellt wurde. B sei das Ereignis, dass das Produkt defekt ist. In der zweiten Tabelle stehen nun die bedingten Wahrscheinlichkeiten $P(B|A_i)$, dass ein Produkt defekt ist, gegeben die Kenntnis A_i über den Standort. Es stellt sich die Frage, wie man aus diesen Informationen folgende Wahrscheinlichkeiten berechnen kann:

1) Mit welcher Wahrscheinlichkeit $P(B)$ ist ein zufällig aus der Gesamtproduktion ausgewähltes Produkt defekt?

2) Mit welcher Wahrscheinlichkeit $P(A_1|B)$ wurde ein defektes Produkt an Standort 1 gefertigt?

Wir wenden uns zunächst der ersten Frage zu.

Totale Wahrscheinlichkeit Es sei $A_1, \ldots, A_K$ eine disjunkte Zerlegung von Ω:

$$\Omega = A_1 \cup \cdots \cup A_K, \quad A_i \cap A_j = \emptyset, i \neq j.$$

Dann gilt:

$$P(B) = P(B|A_1)P(A_1) + P(B|A_2)P(A_2) + \cdots + P(B|A_K)P(A_K).$$

In Summenschreibweise:

$$P(B) = \sum_{i=1}^{K} P(B|A_i)P(A_i).$$

Diese Formel gilt auch sinngemäß für $K = \infty$.

Herleitung: Indem wir B mit allen Mengen A_k schneiden, erhalten wir eine disjunkte Zerlegung von B:

$$B = (B \cap A_1) \cup (B \cap A_2) \cup \cdots \cup (B \cap A_K)$$

mit $(B \cap A_i) \cap (B \cap A_j) = \emptyset$, sofern $i \neq j$. Daher ist

$$P(B) = P(B \cap A_1) + \cdots + P(B \cap A_K).$$

Einsetzen von $P(B \cap A_i) = P(B|A_i)P(A_i)$ für $i = 1, \ldots, K$ liefert die gewünschte Formel. $\qquad\square$

Beispiel 2.2.3. Wir wenden den Satz von der totalen Wahrscheinlichkeit an, um die erste Frage aus Beispiel 2.2.2 zu beantworten.

$$\begin{aligned}
P(B) &= P(B|A_1)p_1 + P(B|A_2)p_2 + P(B|A_3)p_3 \\
&= 0.1 \cdot 0.2 + 0.05 \cdot 0.7 + 0.1 \cdot 0.1 \\
&= 0.065.
\end{aligned}$$

2.2.3 Satz von Bayes

Der Satz von Bayes beantwortet die in Beispiel 2.2.2 aufgeworfene zweite Frage, nämlich wie aus der Kenntnis der bedingten Wahrscheinlichkeiten $P(B|A_i)$ und der Wahrscheinlichkeiten $P(A_i)$ die bedingte Wahrscheinlichkeit $P(A_i|B)$ berechnet werden kann.

Satz von Bayes $A_1, \ldots, A_K$ sei eine disjunkte Zerlegung von Ω mit $P(A_i) > 0$ für alle $i = 1, \ldots, K$. Dann gilt für jedes Ereignis B mit $P(B) > 0$

$$P(A_i|B) = \frac{P(B|A_i)P(A_i)}{P(B)} = \frac{P(B|A_i)P(A_i)}{\sum_{k=1}^{K} P(B|A_k)P(A_k)}.$$

Diese Formel gilt sinngemäß auch für den Fall $K = \infty$.

Herleitung: Zunächst gilt nach Definition der bedingten Wahrscheinlichkeit

$$P(A_i|B) = \frac{P(A_i \cap B)}{P(B)}.$$

Nach der allgemeinen Formel für die Wahrscheinlichkeit eines Schnittereignisses ist

$$P(A_i \cap B) = P(B|A_i)P(A_i).$$

Somit erhalten wir $P(A_i|B) = \frac{P(B|A_i)P(A_i)}{P(B)}$. Wenden wir auf den Nenner, $P(B)$, noch den Satz von der totalen Wahrscheinlichkeit an, dann ergibt sich:

$$\frac{P(B|A_i)P(A_i)}{P(B)} = \frac{P(B|A_i)P(A_i)}{\sum_{k=1}^{K} P(B|A_k)P(A_k)}.$$

$\square$

Beispiel 2.2.4. (Bayessche Spamfilter). Ungefähr 80% aller E-Mails sind unerwünscht (Spam). Spam-Filter entscheiden aufgrund des Auftretens gewisser Worte, ob eine Email als Spam einzuordnen ist. Wir betrachten die Ereignisse:

$$A = \text{„E-Mail ist Spam“},$$
$$B_1 = \text{„E-Mail enthält das Wort } Uni\text{“},$$
$$B_2 = \text{„E-Mail enthält das Wort } win\text{“}.$$

Es gelte $P(A) = 0.8$, $P(B_1|A) = 0.05$, $P(B_1|\overline{A}) = 0.4$, $P(B_2|A) = 0.4$ und $P(B_2|\overline{A}) = 0.01$. Die bedingten Wahrscheinlichkeiten können näherungsweise bestimmt werden, indem der Benutzer alte E-Mails klassifiziert. Dann kann man die relativen Häufigkeiten, mit denen die erwünschten bzw. unerwünschten E-Mails die Worte *Uni* bzw. *win* enhalten, bestimmen und als Schätzungen verwenden.

Kommt in der E-Mail das Wort *Uni* vor, so ist die E-Mail mit einer Wahrscheinlichkeit von

$$P(A|B_1) = \frac{P(B_1|A)P(A)}{P(B_1|A)P(A) + P(B_1|\overline{A})P(\overline{A})}$$
$$= \frac{0.05 \cdot 0.8}{0.05 \cdot 0.8 + 0.4 \cdot 0.2} = \frac{1}{3}$$

unerwünscht. Kommt hingegen das Wort *win* vor, so ist

$$P(A|B_2) = \frac{P(B_2|A)P(A)}{P(B_2|A)P(A) + P(B_2|\overline{A})P(\overline{A})}$$
$$= \frac{0.4 \cdot 0.8}{0.4 \cdot 0.8 + 0.01 \cdot 0.2} \approx 0.9938.$$

Sortiert der Spam-Filter E-Mails, in denen das Wort *win* vorkommt, aus, so gehen jedoch auch 1% der erwünschten E-Mails verloren.

2.3 Mehrstufige Wahrscheinlichkeitsmodelle

Bedingte Wahrscheinlichkeiten treten insbesondere bei **mehrstufigen Zufallsexperimenten** auf, bei denen an verschiedenen Zeitpunkten jeweils mehrere zufällige Ereignisse (Folgezustände) eintreten können. Dies ist oftmals gut durch einen **Wahrscheinlichkeitsbaum** darstellbar. Verzweigungen entsprechen hierbei möglichen Folgezuständen einer Stufe. Die Endknoten stellen alle möglichen Ausgänge des Gesamtexperiments dar.

Beispiel 2.3.1. Bei einem Produktionsprozess zur Herstellung von Nadellagern werden in Stufe 1 zunächst Rohlinge gefertigt, die mit einer Wahrscheinlichkeit von 0.02 nicht den Qualitätsanforderungen genügen und aussortiert werden. Die gelungenen Rohlinge werden in einer zweiten Stufe nachbearbeitet. Die fertigen Lager werden entsprechend der Einhaltung der Toleranzen in drei Klassen (Normal/P5/P6) sortiert. Man erhält den folgenden Wahrscheinlichkeitsbaum:

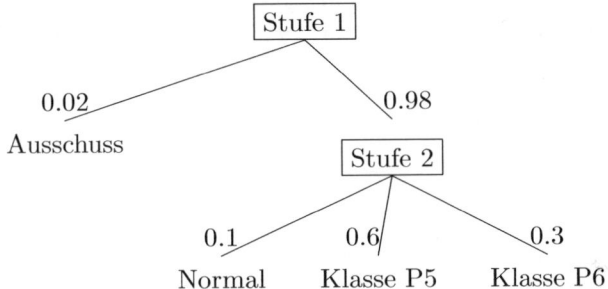

Ein Rohling wird mit einer Wahrscheinlichkeit von $0.98 \cdot 0.6 = 0.588$ der Klasse P5 zugeordnet.

Wir betrachten nun ein formales Modell für solche Prozesse: Besteht ein Zufallsexperiment aus n Teilexperimenten (den sogenannten Stufen) mit Ergebnismengen $\Omega_1, \ldots, \Omega_n$, dann ist das kartesische Produkt

$$\Omega = \Omega_1 \times \cdots \times \Omega_n$$

aller n-Tupel $\omega = (\omega_1, \ldots, \omega_n)$ mit $\omega_i \in \Omega_i$ für $i = 1, \ldots, n$, ein geeigneter Grundraum. Sind alle Ω_i diskret, dann können wir wie folgt ein Wahrscheinlichkeitsmaß auf Ω festlegen: Die sogenannte **Startverteilung** auf Ω_1,

$$p(\omega_1), \qquad \omega_1 \in \Omega_1$$

definiert die Wahrscheinlichkeiten von Ereignissen des ersten Teilexperiments. Gegeben den Ausgang ω_1 des ersten Experiments sei $p(\omega_2 | \omega_1)$ die bedingte Wahrscheinlichkeit, dass $\omega_2 \in \Omega_2$ eintritt. Gegeben die Ausgänge (ω_1, ω_2)

der ersten zwei Stufen, sei $p(\omega_3|\omega_1, \omega_2)$ die Wahrscheinlichkeit, dass $\omega_3 \in \Omega_3$ eintritt. Allgemein sei

$$p(\omega_j|\omega_1, \ldots, \omega_{j-1})$$

die bedingte Wahrscheinlichkeit, dass ω_j eintritt, wenn in den Stufen 1 bis $j-1$ die Ausgänge $\omega_1, \ldots, \omega_{j-1}$ eingetreten sind. Für die Wahrscheinlichkeit $p(\omega) = P(\{\omega\})$ des Gesamtexperiments $\omega = (\omega_1, \ldots, \omega_n)$ erhalten wir nach der Multiplikationsregel für bedingte Wahrscheinlichkeiten:

Pfadregel Mit obigen Bezeichnungen gilt:

$$p(\omega) = p(\omega_1)p(\omega_2|\omega_1) \cdot \ldots \cdot p(\omega_n|\omega_1, \ldots, \omega_{n-1}).$$

2.4 Unabhängige Ereignisse

Sind A, B Ereignisse mit $P(B) > 0$, dann hatten wir die bedingte Wahrscheinlichkeit von A gegeben B als $P(A|B) = P(A \cap B)/P(B)$ definiert. Im Allgemeinen gilt $P(A|B) \neq P(A)$, d.h. die Information, dass B eingetreten ist, ändert die Wahrscheinlichkeit für A. Gilt hingegen $P(A|B) = P(A)$, dann ist das Ereignis B aus stochastischer Sicht nicht informativ für A. Dann gilt:

$$P(A|B) = \frac{P(A \cap B)}{P(B)} = P(A) \quad \Leftrightarrow \quad P(A \cap B) = P(A)P(B).$$

Die Wahrscheinlichkeit, dass A und B eintreten, ist in diesem wichtigen Spezialfall einfach durch das Produkt der einzelnen Wahrscheinlichkeiten gegeben:

Unabhängige Ereignisse, Produktsatz Zwei Ereignisse A und B heißen **stochastisch unabhängig** (kurz: unabhängig), wenn

$$P(A \cap B) = P(A)P(B)$$

gilt. Diese Identität wird als **Produktsatz** bezeichnet.

Beispiel 2.4.1. Zwei Lampen L1 und L2 fallen unabhängig voneinander aus. Definiere die Ereignisse

$$A : \text{„L1 brennt"},$$
$$B : \text{„L2 brennt"}.$$

Dann sind A und B unabhängig. Sei $p = P(A)$ und $q = P(B)$. Bei einer Reihenschaltung fließt Strom, wenn beide Lampen brennen. Es gilt:

$$P(\text{„Strom fließt"}) = P(A \cap B) = P(A)P(B) = pq.$$

Sind die Lampen parallel geschaltet, dann fließt Strom, wenn mindestens eine der Lampen brennt:

$$P(\text{„Strom fließt"}) = P(A \cup B) = P(A) + P(B) - P(A \cap B) = p + q - pq.$$

A und B seien Ereignisse mit $P(A) > 0$ und $P(B) > 0$. Sind A und B unabhängig, dann gilt $P(A \cap B) > 0$. Sind A und B disjunkt, dann ist hingegen $P(A \cap B) = P(\emptyset) = 0$. Disjunkte Ereignisse sind also stochastisch abhängig!

Wie überträgt sich der Begriff der stochastischen Unabhängigkeit auf n Ereignisse? Für praktische Rechnungen ist es hilfreich, wenn die Produktformel $P(A \cap B) = P(A) \cdot P(B)$ sinngemäß auch für k herausgegriffene Ereignisse gilt.

> *Produktsatz* k Ereignisse $A_1, \ldots, A_k \subset \Omega$ erfüllen den **Produktsatz**, wenn gilt:
> $$P(A_1 \cap A_2 \cap \cdots \cap A_k) = P(A_1) \cdot \ldots \cdot P(A_k).$$

Man definiert daher:

> *Totale und paarweise Unabhängigkeit* n Ereignisse $A_1, \ldots, A_n \subset \Omega$ heißen **(total) stochastisch unabhängig**, wenn für jede Teilauswahl $A_{i_1}, \ldots, A_{i_k}$ von $k \in \mathbb{N}$ Ereignissen der Produktsatz gilt. $A_1, \ldots, A_n$ heißen **paarweise stochastisch unabhängig**, wenn alle Paare A_i, A_j $(i \neq j)$ stochastisch unabhängig sind.

Sind A, B, C (total) unabhängig, dann gelten die Gleichungen:

$$P(A \cap B) = P(A) \cdot P(B),$$
$$P(B \cap C) = P(B) \cdot P(C),$$
$$P(A \cap C) = P(A) \cdot P(C),$$
$$P(A \cap B \cap C) = P(A) \cdot P(B) \cdot P(C).$$

Die ersten drei Gleichungen liefern die paarweise Unabhängigkeit, aus denen jedoch nicht die vierte folgt, wie Gegenbeispiele zeigen. Allgemein gilt: Aus der totalen Unabhängigkeit folgt die paarweise Unabhängigkeit.

Für praktische Berechnungen ist der folgende Zusammenhang wichtig:

> Eigenschaften unabhängiger Ereignisse   Sind $A_1, \ldots, A_n \subset \Omega$ unabhängig, dann sind auch die Ereignisse $B_1, \ldots, B_k$, $k \leq n$, unabhängig, wobei jedes B_i entweder A_i oder $\overline{A}_i$ ist, für $i = 1, \ldots, k$.

Beispiel 2.4.2. n Kühlpumpen sind parallel geschaltet. Die Kühlung fällt aus, wenn alle Pumpen versagen. Die Pumpen fallen unabhängig voneinander mit Wahrscheinlichkeit p aus. Bezeichnet A_i das Ereignis, dass die i-te Pumpe ausfällt, dann sind $A_1, \ldots, A_n$ unabhängig mit $P(A_i) = p$, $i = 1, \ldots, n$. Sei B das Ereignis $B =$ „Kühlung fällt aus". Dann ist

$$B = \bigcap_{i=1}^{n} A_i.$$

Da $A_1, \ldots, A_n$ unabhängig sind, ergibt sich die Ausfallwahrscheinlichkeit des Kühlsystems zu

$$P(B) = P(A_1) \ldots P(A_n) = p^n.$$

Setzt man beispielsweise vier Pumpen mit $p = 0.01$ ein, dann erhält man $P(B) = 0.01^4 = 10^{-8}$.

Die Kühlleitung bestehe aus n Rohrstücken, die mit Dichtungen verbunden sind. Die Dichtungen werden unabhängig voneinander mit Wahrscheinlichkeit q undicht. Bezeichnet C_i das Ereignis, dass die i-te Dichtung undicht wird, und D das Ereignis $D =$ „Rohr undicht", dann ist

$$D = \bigcup_{i=1}^{n} C_i, \qquad \overline{D} = \bigcap_{i=1}^{n} \overline{C}_i.$$

Wir erhalten:

$$P(D) = 1 - P(\overline{D}) = 1 - P(\overline{C}_1 \cap \cdots \cap \overline{C}_n).$$

Da $C_1, \ldots, C_n$ unabhängig sind, sind auch die komplementären Ereignisse $\overline{C}_1, \ldots, \overline{C}_n$ unabhängig. Somit ist:

$$P(\overline{C}_1 \cap \cdots \cap \overline{C}) = (1 - q)^n.$$

Die Rohrleitung ist daher mit einer Wahrscheinlichkeit von $P(D) = 1 - (1-q)^n$ undicht. Für $q = 0.01$ und $n = 10$ erhält man beispielsweise $P(D) = 0.0956$.

2.5 Zufallsvariablen und ihre Verteilung

Oftmals interessiert nicht die komplette Beschreibung $\omega \in \Omega$ des Ausgangs eines Zufallsexperiments, sondern lediglich ein Teilaspekt, etwa in Form eines numerischen Werts x, den man aus ω berechnen kann. Wir schreiben dann $x = X(\omega)$, wobei X die Berechnungsvorschrift angibt und x den konkreten Wert. Mathematisch ist X eine Abbildung vom Stichprobenraum Ω in die reellen Zahlen oder eine Teilmenge $\mathcal{X} \subset \mathbb{R}$.

Zufallsvariable Eine Abbildung

$$X : \Omega \to \mathcal{X} \subset \mathbb{R}, \qquad \omega \mapsto X(\omega),$$

einer abzählbaren Ergebnismenge Ω in die reellen Zahlen heißt **Zufallsvariable (mit Werten in $\mathcal{X}$)**. Wurde $\omega \in \Omega$ gezogen, dann heißt $x = X(\omega)$ **Realisation**. Zusatz: Ist Ω überabzählbar und mit einer Ereignisalgebra $\mathcal{A}$ versehen, dann müssen alle Teilmengen der Form $\{\omega \in \Omega : X(\omega) \in B\}$, wobei B eine Borelsche Menge von $\mathcal{X}$ ist, Ereignisse von Ω sein, d.h.

(2.1) $\{\omega \in \Omega : X(\omega) \in B\} \in \mathcal{A}$ für alle Ereignisse B von $\mathcal{X}$.

Zwei wichtige Spezialfälle stellen Zufallsvariablen dar, bei denen die Menge der möglichen Realisationen $\mathcal{X}$ diskret (endlich oder abzählbar unendlich) ist.

Diskrete Zufallsvariable Ist die Menge $\mathcal{X} = \{X(\omega) : \omega \in \Omega\}$ diskret, dann heißt X **diskrete Zufallsvariable**.

Ist die Ergebnismenge Ω diskret, so sind alle Zufallsvariablen $X : \Omega \to \mathcal{X}$ automatisch diskret. Einen weiteren wichtigen Spezialfall, den wir in einem eigenen Abschnitt behandeln, stellen Zufallsvariablen dar, bei denen $\mathcal{X}$ ein Intervall, $\mathbb{R}^+$, $\mathbb{R}^-$ oder ganz $\mathbb{R}$ ist. Dies ist nur bei überabzählbaren Ergebnismengen möglich.

Beispiel 2.5.1. Bei einer Befragung von $n = 100$ zufällig ausgewählten Studierenden werden die folgenden Variablen erhoben: *X: Alter, Y: Miethöhe,* und *Z: Einkommen.* Ist G die Grundgesamtheit aller Studierenden, so ist der Stichprobenraum gegeben durch

$$\Omega = \{\omega = (\omega_1, \ldots, \omega_{100}) : \omega_i \in G,\ i = 1, \ldots, 100\}.$$

Die Zufallsvariablen X_i, Y_i, Z_i sind nun definiert durch:

$X_i(\omega) :$ Alter (in Jahren) des i-ten ausgewählten Studierenden ω_i,

$Y_i(\omega) :$ Miete des i-ten ausgewählten Studierenden ω_i,

$Z_i(\omega) :$ Einkommen des i-ten ausgewählten Studierenden ω_i.

Die Zufallsvariablen X_i sind diskret mit Werten in $\mathcal{X} = \mathbb{N}$, während die Zufallsvariablen Y_i und Z_i Werte in $\mathbb{R}^+$ annehmen.

In der Regel gibt es einen Zeitpunkt t, an dem der eigentliche Zufallsvorgang stattfindet bzw. abgeschlossen ist, so dass ein Element ω der Ergebnismenge

Ω ausgewählt wurde. Ab diesem Zeitpunkt können wir nicht mehr von Wahrscheinlichkeiten reden. Ist A ein Ereignis, dann gilt entweder $\omega \in A$ oder $\omega \notin A$. Dann liegt auch der konkrete Wert $x = X(\omega)$ fest. Vor dem Zeitpunkt t hingegen wissen wir noch nicht, welchen Ausgang das Zufallsexperiment nimmt. Das Wahrscheinlichkeitsmaß P beschreibt, mit welchen Wahrscheinlichkeiten Ereignisse eintreten. Da der Versuchsausgang noch nicht feststeht, ist auch der interessierende numerische Wert noch unbestimmt. Dies wird durch die Verwendung von Großbuchstaben kenntlich gemacht: X symbolisiert also den numerischen Wert eines Zufallsvorgangs, der gedanklich in der Zukunft liegt, x symbolisiert einen Zufallsvorgang, der gedanklich abgeschlossen ist.

2.5.1 Die Verteilung einer Zufallsvariable

Ist $A \subset \mathcal{X}$ ein Ereignis, dann können wir das Ereignis betrachten, dass X Werte in der Menge A annimmt. Dieses Ereignis wird abkürzend mit $\{X \in A\}$ bezeichnet,

$$\{X \in A\} = \{\omega \in \Omega : X(\omega) \in A\},$$

und tritt mit der Wahrscheinlichkeit

$$P(X \in A) = P(\{\omega \in \Omega : X(\omega) \in A\})$$

ein. Als Funktion von A erhalten wir eine Wahrscheinlichkeitsverteilung:

Verteilung von X Ordnet man jedem Ereignis A von $\mathcal{X}$ die Wahrscheinlichkeit $P(X \in A)$ zu, dann ist hierdurch eine Wahrscheinlichkeitsverteilung auf $\mathcal{X}$ gegeben, die **Verteilung von** X heißt und auch mit P_X bezeichnet wird. Für Ereignisse A von $\mathcal{X}$ gilt:

$$P_X(A) = P(X \in A).$$

Hat man die relevante Information eines Zufallsexperiments $(\Omega, \mathcal{A}, P)$ durch Einführen einer Zufallsvariable $X : \Omega \to \mathcal{X}$ verdichtet, dann interessiert primär die Verteilung von X. Für Anwendungen fragt man hierbei meist nach der Wahrscheinlichkeit von punktförmigen Ereignissen der Form $\{x\}$, $x \in \mathcal{X}$, also nach

$$P_X(\{x\}) = P(X = x),$$

bzw. von Intervallereignissen der Form $A = (a,b]$ mit $a < b$, d.h. nach

$$P_X((a,b]) = P(X \in (a,b]) = P(a < X \le b).$$

Da $(-\infty, b]$ disjunkt in die Intervalle $(-\infty, a]$ und $(a, b]$ zerlegt werden kann, gilt:

$$P(X \leq b) = P(X \leq a) + P(a < X \leq b).$$

Umstellen liefert: $P(a < X \leq b) = P(X \leq b) - P(X \leq a)$. Intervallwahrscheinlichkeiten können also sehr leicht aus den Wahrscheinlichkeiten der Form $P(X \leq x)$, $x \in \mathbb{R}$, berechnet werden. Für punktförmige Ereignisse gilt:

$$P_X(\{x\}) = P(X = x) = P(X \leq x) - P(X < x),$$

da $\{X = x\} = \{X \leq x\} \backslash \{X < x\}$.

2.5.2 Die Verteilungsfunktion

Die obigen Zusammenhänge motivieren die folgende Definition:

Verteilungsfunktion Die Funktion $F_X : \mathbb{R} \to [0,1]$,

$$F_X(x) = P(X \leq x), \qquad x \in \mathbb{R},$$

heißt **Verteilungsfunktion von** X. $F_X(x)$ ist monoton wachsend, rechtsstetig und es gilt:

$$F(-\infty) := \lim_{x \to -\infty} F_X(x) = 0, \qquad F(\infty) := \lim_{x \to \infty} F_X(x) = 1.$$

Ferner gilt:

$$P(X < x) = F(x-) = \lim_{z \uparrow x} F(z)$$

und

$$P(X = x) = F(x) - F(x-).$$

Allgemein heißt jede monoton wachsende und rechtsstetige Funktion $F : \mathbb{R} \to [0,1]$ mit $F(-\infty) = 0$ und $F(\infty) = 1$ **Verteilungsfunktion (auf $\mathbb{R}$)** und besitzt obige Eigenschaften.

Beispiel 2.5.2. Die Funktion

$$F(x) = \begin{cases} 0, & x < 0, \\ 1 - e^{-x}, & x \geq 0, \end{cases}$$

hat die folgenden Eigenschaften: (1) $0 \leq F(x) \leq 1$ für alle $x \in \mathbb{R}$, (2) $F(-\infty) = 0$, und (3) $F(\infty) = 1$. Ferner ist $F(x)$ wegen $F'(x) = e^{-x} > 0$ streng monoton wachsend, falls $x > 0$. Daher ist $F(x)$ eine Verteilungsfunktion.

Eine Funktion $f(x)$ ist stetig in einem Punkt x, wenn links- und rechtsseitiger Grenzwert übereinstimmen. Da eine Verteilungsfunktion $F(x)$ rechtsstetig ist, bedeutet Stetigkeit in x in diesem Fall, dass $F(x) = F(x-)$ gilt. Daraus folgt, dass $P(X = x) = 0$.

2.5.3 Quantilfunktion und p-Quantile

In der deskriptiven Statistik hatten wir die empirischen p-Quantile kennen gelernt, die grafisch aus der relativen Häufigkeitsfunktion bestimmt werden können. Das wahrscheinlichkeitstheoretische Pendant ist die Quantilfunktion:

Quantilfunktion, Quantil Ist $F(x)$ eine Verteilungsfunktion, dann heißt die Funktion $F^{-1} : [0,1] \to \mathbb{R}$,

$$F^{-1}(p) = min\{x \in \mathbb{R} : F(x) \geq p\}, \qquad p \in (0,1),$$

Quantilfunktion von F. Ist $F(x)$ stetig und steng monoton wachsend, dann ist $F^{-1}(p)$ die Umkehrfunktion von $F(x)$. Für ein festes p heißt $F^{-1}(p)$ **(theoretisches)** p-**Quantil**.

Beispiel 2.5.3. Wir berechnen die Quantilfunktion der in Beispiel 2.5.2 betrachteten Verteilungsfunktion $F(x) = 1 - e^{-x}, x > 0$. Für $x > 0$ ist $F(x) = 1 - e^{-x} = p$ gleichbedeutend mit $x = -\ln(1 - p)$. Somit ist für $p \in (0,1)$:
$$F^{-1}(p) = -\ln(1 - p),$$
die Quantilfunktion von $F(x)$.

2.5.4 Diskrete Zufallsvariablen

Wir hatten schon festgestellt, dass für diskretes Ω auch $\mathcal{X} = \{X(\omega) : \omega \in \Omega\}$ diskret ist. Sind $x_1, x_2, \ldots$ die möglichen Werte von X, also $\mathcal{X} = \{x_1, x_2, \ldots\}$, dann ist die Verteilung von X durch Angabe der Wahrscheinlichkeiten

$$p_i = P(X = x_i) = P(\{\omega \in \Omega : X(\omega) = x_i\}), \quad i = 1,2,\ldots,$$

gegeben.

Wahrscheinlichkeitsfunktion (Zähldichte) Ist X eine diskrete Zufallsvariable mit Werten in $\mathcal{X} = \{x_1, x_2, \ldots\} \subset \mathbb{R}$, dann heißt die Funktion

$$p_X(x) = P(X = x), \qquad x \in \mathbb{R},$$

Wahrscheinlichkeitsfunktion oder **Zähldichte** von X. Es gilt:

$$\sum_{x \in \mathcal{X}} p_X(x) = \sum_{i=1}^{\infty} p_X(x_i) = 1.$$

Die Zähldichte bestimmt eindeutig die Verteilung von X und ist durch Angabe der Punktwahrscheinlichkeiten

$$p_i = P(X = x_i), \qquad i = 1, 2, \ldots$$

festgelegt: Es gilt $p_X(x_i) = p_i$ und $p_X(x) = 0$, wenn $x \notin \mathcal{X}$. Kann X nur endlich viele Werte $x_1, \ldots, x_k$ annehmen, dann heißt $(p_1, \ldots, p_k)$ auch **Wahrscheinlichkeitsvektor.**

Beispiel 2.5.4. Sei $\Omega = \{-2, -1, 0, 1, 2\}$ und P die Gleichverteilung auf Ω. Betrachte die Zufallsvariable $X : \Omega \to \mathbb{R}$, $X(\omega) = |\omega|$, $\omega \in \Omega$. Hier ist $\mathcal{X} = \{0, 1, 2\}$. Es ist:

$$P(X = 1) = P(\{\omega \in \{-2, -1, 0, 1, 2\} : |\omega| = 1\}) = P(\{-1, 1\}) = 2/5,$$

sowie $P(X = 2) = P(\{-2, 2\}) = 2/5$ und $P(X = 0) = P(\{0\}) = 1/5$. Ferner ist: $P(X = 0) + P(X = 1) + P(X = 2) = 1$.

Besitzt X die Zähldichte $p(x)$, dann schreibt man:

$$X \sim p(x).$$

Die Wahrscheinlichkeit eines Ereignisses A berechnet sich dann durch Summierung aller $p(x)$ mit $x \in A$:

$$P(X \in A) = \sum_{x \in A} p(x) = \sum_{i : x_i \in A} p(x_i).$$

Die Verteilungsfunktion von X ist

$$F_X(x) = \sum_{i : x_i \leq x} p(x_i), \qquad x \in \mathbb{R}.$$

Dies ist eine Treppenfunktion: An den Sprungstellen x_i beträgt die zugehörige Sprunghöhen $p_i = p(x_i)$.

Nimmt X nur endlich viele Werte an, dann kann die Verteilung einfach in *tabellarischer* Form angegeben werden:

$$
\begin{array}{cccc}
x_1 & x_2 & \cdots & x_K \\
\hline
p_1 & p_2 & \cdots & p_K
\end{array}
$$

Beispiel 2.5.5. Für die Zufallsvariable $X : \{1,2,3\} \to \mathbb{R}$ gelte

$$
P(X = 1) = 0.1, \quad P(X = 2) = 0.5, \quad P(X = 3) = 0.4.
$$

Hierdurch ist die Verteilung von X eindeutig festgelegt – beachte, dass die Summe dieser drei Wahrscheinlichkeiten 1 ergibt. In der Tat: Jede Teilmenge A von $\{1,2,3\}$ ist eine Vereinigung von Elementarereignissen, so dass $P(A)$ aus obigen Angaben berechnet werden kann. Zum Beispiel ist: $A = \{1,3\} = \{1\} \cup \{3\}$ und somit $P(X \in A) = P(X = 1) + P(X = 3) = 0.5$. Die Verteilung kann auch über die Verteilungsfunktion angegeben werden:

$$
F_X(x) = \begin{cases}
0, & x < 1, \\
0.1, & 1 \le x < 2, \\
0.6, & 2 < x \le 3, \\
1, & x \ge 3.
\end{cases}
$$

Eine dritte Möglichkeit besteht in der Angabe der Zähldichte:

$$
p_X(x) = \begin{cases}
0.1, & x = 1, \\
0.5, & x = 2, \\
0.4, & x = 3, \\
0, & \text{sonst.}
\end{cases}
$$

2.5.5 Stetige Zufallsvariablen

Stetige Zufallsvariable, Dichtefunktion Eine Zufallsvariable X heißt **stetig (verteilt)**, wenn es eine integrierbare, nicht-negative Funktion $f_X(x)$ gibt, so dass für alle Intervalle $(a,b] \subset \mathbb{R}$ gilt:

$$
P_X((a,b]) = P(a < X \le b) = \int_a^b f(x)\,dx.
$$

$f_X(x)$ heißt dann **Dichtefunktion von X** (kurz: Dichte). Allgemein heißt jede Funktion $f : \mathbb{R} \to [0,\infty)$ mit $f(x) \ge 0$, $x \in \mathbb{R}$, und $\int_{-\infty}^{\infty} f(x)\,dx = 1$ **Dichtefunktion**.

Die Dichtefunktion ist das wahrscheinlichkeitstheoretische Pendant zum Histogramm aus der deskriptiven Statistik. Es sei auch an die Anschauung des Integrals erinnert: $\int_a^b f(x)\,dx$ ist das Maß der Fläche unter dem Graphen von $f(x)$ in den Grenzen a und b. Für kleine Δx gilt:

$$
f(x) \approx \frac{P(x < X \le x + \Delta x)}{\Delta x}.
$$

Beispiel 2.5.6. Sei

$$f(x) = \begin{cases} e^{-x}, & x \geq 0, \\ 0, & x < 0. \end{cases}$$

Dann gilt $f(x) \geq 0$ für alle $x \in \mathbb{R}$ und

$$\int_{-\infty}^{+\infty} f(x)dx = \lim_{a \to \infty} \int_0^a e^{-x}dx = \lim_{a \to \infty} -e^{-x}\Big|_0^a = 1.$$

$f(x)$ ist also eine Dichtefunktion.

Besitzt X die Dichtefunktion $f_X(x)$, dann schreibt man:

$$X \sim f_X(x).$$

Die Verteilungsfunktion von X berechnet sich aus der Dichte durch Integration:

$$F_X(x) = P(X \leq x) = \int_{-\infty}^x f_X(t)dt, \qquad x \in \mathbb{R}.$$

Besitzt umgekehrt X die Verteilungsfunktion $F(x)$ und ist $F(x)$ differenzierbar, dann gilt:

$$f_X(x) = F'_X(x), \qquad x \in \mathbb{R}.$$

Wenn die Zuordnung einer Verteilungsfunktion bzw. Dichtefunktion zu einer Zufallsvariablen klar ist oder keine Rolle spielt, schreibt man einfach $F(x)$ bzw. $f(x)$.

Oftmals werden Zufallsvariablen X transformiert; man betrachtet dann die Zufallsvariable $Y = g(X)$ mit einer geeigneten Funktion $g : \mathbb{R} \to \mathbb{R}$.

Beispiel 2.5.7. Für welche Konstante $c > 0$ definiert

$$f(x) = \begin{cases} cx^2, & 0 \leq x \leq 1, \\ 0, & \text{sonst}, \end{cases}$$

eine Dichtefunktion? Bestimme die zugehörige Verteilungsfunktion.

Lösung: Es gilt $f(x) = 3x^2 \geq 0$ für $x \in [0,1]$ und somit $f \geq 0$, da $f(x) = 0$ für $x \notin [0,1]$. Die Konstante c bestimmt sich aus der Bedingung $\int_{-\infty}^{\infty} f(x)\, dx = 1$. Es gilt:

$$\int_{-\infty}^{\infty} f(x)\, dx = \int_0^1 cx^2\, dx = c\frac{x^3}{3}\Big|_0^1 = \frac{c}{3} \overset{!}{=} 1$$

genau dann, wenn $c = 3$.

Wir bestimmen nun die Verteilungsfunktion aus $F(x) = \int_{-\infty}^x f(t)\, dt$, $x \in \mathbb{R}$. Da die Dichte nur für $x \in [0,1]$ ungleich 0 ist, betrachten wir zunächst diesen Fall: Für $0 \leq x \leq 1$ ist

$$F(x) = \int_{-\infty}^{x} f(t)\, dt$$

$$= 3 \int_{0}^{x} t^2\, dt$$

$$= 3 \left. \frac{t^3}{3} \right|_{0}^{x}$$

$$= t^3.$$

Somit ist die Verteilungsfunktion gegeben durch:

$$F(x) = \begin{cases} 0, & x < 0, \\ x^3, & 0 \le x \le 1, \\ 1, & x \ge 1. \end{cases}$$

Dichtetransformation Sei $y = g(x)$ eine stetige differenzierbare Funktion, das heißt $g : (a,b) \to (c,d)$ mit Umkehrfunktion $x = g^{-1}(y)$, die $(g^{-1})'(y) \neq 0$ für alle $y \in (c,d)$ erfüllt. Dann hat die Zufallsvariable $Y = g(X)$ die Dichtefunktion

$$f_Y(y) = f_X(g^{-1}(y)) \left| \frac{dg^{-1}(y)}{dy} \right|, \qquad y \in (c,d).$$

Herleitung: Es gelte $(g^{-1})'(y) > 0$ für alle $y \in (c,d)$. Die Verteilungsfunktion $F_Y(y) = P(Y \le y)$, $y \in (c,d)$, von $Y = g(X)$ ergibt sich wegen $g(X) \le y \Leftrightarrow X \le g^{-1}(y)$ zu

$$F_Y(y) = P(g(X) \le y) = P(X \le g^{-1}(y)) = F_X(g^{-1}(y)).$$

Somit erhalten wir für die Dichte

$$f_Y(y) = \frac{d}{dy} F_X(g^{-1}(y)) = f_X(g^{-1}(y)) \cdot (g^{-1})'(y)$$

$\square$

Beispiel 2.5.8. X besitze die Dichte $f_X(x) = e^{-x}$, $x > 0$. Sei $Y = g(X)$ mit $g : (0,\infty) \to (0,\infty)$, $g(x) = x^2$. Die Funktion $g(x)$ hat die Umkehrfunktion $x = g^{-1}(y) = \sqrt{y}$, $y > 0$, mit Ableitung

$$(g^{-1})'(y) = \frac{dg^{-1}(y)}{dy} = \frac{1}{2\sqrt{y}}.$$

Es gilt $(g^{-1})'(y) > 0$ für alle $y > 0$. Somit hat Y die Dichte

$$f_Y(y) = f_X(g^{-1}(y))|(g^{-1})'(y)| = \frac{e^{-\sqrt{y}}}{2\sqrt{y}}, \qquad y > 0.$$

2.5.6 Unabhängigkeit von Zufallsvariablen und Zufallsstichproben

Zufallsvariablen sind unabhängig, wenn Wissen über die Realisierung der einen Variablen keinen Einfluß auf die Wahrscheinlichkeitsverteilung der anderen Variable hat. Da alle Ereignisse, die vom Zufallsprozess nur über X und Y abhängen, die Form $\{X \in A\}$ bzw. $\{Y \in B\}$ haben, können wir die Definition der Unabhängigkeit von Ereignissen anwenden.

Unabhängige Zufallsvariablen

1) Zwei Zufallsvariablen X und Y mit Werten in $\mathcal{X}$ bzw. $\mathcal{Y}$ heißen (**stochastisch**) **unabhängig**, wenn für alle Ereignisse $A \subset \mathcal{X}$ und für alle Ereignisse $B \subset \mathcal{Y}$ gilt:

$$P(X \in A, Y \in B) = P(X \in A)P(Y \in B).$$

2) Die Zufallsvariablen $X_1, \ldots, X_n$ mit Werten in $\mathcal{X}_1, \ldots, \mathcal{X}_n$ heißen (**stochastisch**) **unabhängig**, wenn für alle Ereignisse $A_1 \subset \mathcal{X}_1, \ldots, A_n \subset \mathcal{X}_n$ die Ereignisse $\{X_1 \in A_1\}, \ldots, \{X_n \in A_n\}$ (total) unabhängig sind. D.h.: Für alle $i_1, \ldots, i_k \in \{1, \ldots, n\}$, $1 \leq k \leq n$, gilt:

$$P(X_{i_1} \in A_{i_1}, \ldots, X_{i_k} \in A_{i_k}) = P(X_{i_1} \in A_{i_1}) \cdots P(X_{i_k} \in A_{i_k}).$$

Der zweite Teil der Definition besagt, dass $X_1, \ldots, X_n$ stochastisch unabhängig sind, wenn man stets zur Berechnung gemeinsamer Wahrscheinlichkeiten den Produktsatz anwenden darf.

Für zwei diskrete Zufallsvariablen X und Y gilt speziell:

Kriterium für diskrete Zufallsvariablen Zwei diskrete Zufallsvariablen X und Y sind stochastisch unabhängig, wenn für alle Realisationen x_i von X und y_j von Y die Ereignisse $\{X = x_i\}$ und $\{Y = y_j\}$ stochastisch unabhängig sind, d.h.

$$P(X = x_i, Y = y_j) = P(X = x_i)P(Y = y_j).$$

Dann gilt ferner

$$P(X = x_i | Y = y_j) = P(X = x_i), \quad \text{und} \quad P(Y = y_j | X = x_i) = P(Y = y_j).$$

Für zwei stetige Zufallsvariablen X und Y ergibt sich folgendes Kriterium:

Kriterium für stetige Zufallsvariablen Zwei stetige Zufallsvariablen X und Y sind stochastisch unabhängig, wenn für alle Intervalle $(a, b]$ und $(c,d]$ die Ereignisse $\{a < X \leq b\}$ und $\{c < Y \leq d\}$ unabhängig sind, d.h.

$$P(a < X \leq b, c < Y \leq d) = \int_a^b f_X(x)\, dx \int_c^d f_Y(y)\, dy$$

$$= \int_a^b \int_c^d f_X(x) f_Y(y)\, dy dx.$$

Beispiel 2.5.9. Die gemeinsame Verteilung des Paars (X,Y) von Zufallsvariablen sei gegeben durch die folgende Tabelle:

$Y\backslash X$	0	1	2	$\sum$
0	0.1	0.2	0.3	0.6
1	0.2	0.1		
$\sum$				

(a) Vervollständigen Sie die Tabelle.

(b) Berechnen Sie $P(X = 0|Y \geq 1)$.

(c) Berechnen Sie die Verteilung von Y und geben Sie die Verteilungsfunktion von Y an.

(d) Sind X und Y unabhängig?

Lösung:

Zu (a): Der fehlende Tabelleneintrag muss 0.1 sein, da sich dann alle Einträge zu 1 aufsummieren.

Zu (b): Es gilt :

$$P(Y = 0|X \geq 1) = P(Y = 0|X \in \{1,2\})$$
$$= \frac{P(Y = 0, X \in \{1,2\})}{P(X \in \{1,2\})}$$
$$= \frac{P(Y = 0, X = 1) + P(Y = 0, X = 2)}{P(X = 1) + P(X = 2)}$$
$$= \frac{0.2 + 0.3}{0.3 + 0.4} = \frac{5}{7}.$$

Zu (c): Die Verteilung von X ist gegeben durch

$$P(X = 0) = 0.3, \quad P(X = 1) = 0.3, \quad P(X = 2) = 0.4.$$

Da sich diese Wahrscheinlichkeiten zu 1 summieren, ist der Träger von P_X gerade $\{0, 1, 2\}$, so dass die Zähldichte von X durch

$$p_X(x) = 0.3 \cdot \mathbf{1}_{\{0\}}(x) + 0.3 \cdot \mathbf{1}_{\{1\}}(x) + 0.4 \cdot \mathbf{1}_{\{2\}}(x), \qquad x \in \mathbb{R},$$

gegeben ist. Die Verteilungsfunktion von Y ist

$$F_Y(y) = \begin{cases} 0, & x < 0, \\ 0.6, \, 0 \leq x \leq 1, \\ 1, & x \geq 2. \end{cases}$$

Zu (d): Um die Unabhängigkeit zu prüfen, vergleichen wir der Reihe nach alle Tabelleneinträge mit den jeweiligen Produkten der Ränder:

$$P(X = 0, Y = 0) = 0.1, \qquad P(X = 0) \cdot P(Y = 0) = 0.6 \cdot 0.3 = 0.18$$

Hieraus folgt bereits, dass X und Y stochastisch abhängig sind, da die Produktregel verletzt ist.

▷ Zufallsstichprobe (Random Sample)

Um stochastische Vorgänge zu untersuchen, werden in der Regel mehrere Beobachtungen erhoben, sagen wir n, die zu einer Stichprobe $x_1, \ldots, x_n$ führen. In vielen Fällen werden diese n Werte unter identischen Bedingungen unabhängig voneinander erhoben. Mit den getroffenen Vorbereitungen sind wir nun in der Lage, ein wahrscheinlichkeitstheoretisch fundiertes Modell hierfür anzugeben.

Das Gesamtexperiment bestehe also in der n-fachen Wiederholung eines Zufallsexperiments. Zur stochastischen Modellierung nehmen wir n Zufallsvariablen $X_1, \ldots, X_n$. X_i beschreibe den zufälligen Ausgang der i-ten Wiederholung, $i = 1, \ldots, n$.

Zufallsstichprobe n Zufallsvariablen $X_1, \ldots, X_n$ bilden eine **(einfache) Zufallsstichprobe**, wenn sie unabhängig und identisch verteilt sind:

- $X_1, \ldots, X_n$ sind stochastisch unabhängig und
- $X_1, \ldots, X_n$ sind identisch verteilt, d.h. alle X_i besitzen dieselbe Verteilung:

$$P(X_i \in A) = P(X_1 \in A), \qquad i = 1, \ldots, n.$$

Bezeichnet $F(x) = F_X(x)$ die Verteilungsfunktion der X_i, so schreibt man kurz:

$$X_1, \ldots, X_n \overset{i.i.d.}{\sim} F(x).$$

i.i.d. (engl.: *independent and identically distributed*) steht hierbei für **unabhängig und identisch verteilt**.

2.5.7 Verteilung der Summe: Die Faltung

Sehr oft muss man die Verteilung der Summe von zwei (oder mehr) Zufallsvariablen berechnen. Wir betrachten zunächst den diskreten Fall:

Diskrete Faltung Sind X und Y unabhängige Zufallsvariablen mit Wahrscheinlichkeitsfunktionen $p_X(x)$ bzw. $p_Y(y)$, dann ist die Verteilung der Summenvariable $Z = X + Y$ gegeben durch die **diskrete Faltung**

$$P(Z = z) = \sum_{y \in \mathcal{Y}} p_X(z - y)p_Y(y) = \sum_{x \in \mathcal{X}} p_Y(z - x)p_X(x)$$

für $z \in \mathcal{Z} = \{x + y : x \in \mathcal{X}, y \in \mathcal{Y}\}$.

Herleitung: Sei $\mathcal{X} = \{x_1, x_2, \dots\}$ und $\mathcal{Y} = \{y_1, y_2, \dots\}$. Das relevante Ereignis $\{X + Y = z\}$ kann wie folgt disjunkt zerlegt werden:

$$\{X + Y = z\} = \{X = z - y_1, Y = y_1\} \cup \{X = z - y_2, Y = y_2\} \cup \cdots$$

Somit ist $P(Z = z) = \sum_{i=1}^{\infty} P(X = z - y_i, Y = y_i)$. Da X und Y unabhängig sind, gilt: $P(X = z - y_i, Y = y_i) = P(X = z - y_i)P(Y = y_i)$. Also ergibt sich:

$$P(Z = z) = \sum_{i=1}^{\infty} p_X(z - y_i)p_Y(y_i).$$

Die Gültigkeit der anderen Formel prüft man ähnlich nach. $\square$

Für stetig verteilte Zufallsvariablen gilt entsprechend:

Stetige Faltung Sind $X \sim f_X(x)$ und $Y \sim f_Y(y)$ unabhängige stetige Zufallsvariablen, dann hat die Summenvariable $Z = X + Y$ die Dichtefunktion

$$f_Z(z) = \int_{-\infty}^{\infty} f_X(z - y)f_Y(y)\, dy = \int_{-\infty}^{\infty} f_Y(z - x)f_X(x)\, dx.$$

$f_Z(z)$ heißt **stetige Faltung von $f_X(x)$ und $f_Y(y)$**.

2.6 Erwartungswert, Varianz und Momente

2.6.1 Erwartungswert

In der deskriptiven Statistik hatten wir das arithmetische Mittel $\bar{x} = \frac{1}{n}\sum_{i=1}^{n} x_i$ von n reellen Zahlen $x_1, \dots, x_n$ als geeignetes Lagemaß kennengelernt. Der Erwartungswert stellt das wahrscheinlichkeitstheoretische Analogon dar.

Erwartungswert einer diskreten Zufallsvariablen Ist X eine diskrete Zufallsvariable mit Werten in $\mathcal{X}$ und Wahrscheinlichkeitsfunktion (Zähldichte) $p_X(x)$, $x \in \mathcal{X}$, dann heißt die reelle Zahl

$$E(X) = \sum_{x \in \mathcal{X}} x \cdot p_X(x)$$

Erwartungswert von X, sofern $\sum_{x \in \mathcal{X}} |x| p_X(x) < \infty$ gilt. Im wichtigen Spezialfall, dass $\mathcal{X} = \{x_1, \ldots, x_k\}$ endlich, gilt:

$$E(X) = x_1 p_X(x_1) + x_2 p_X(x_2) + \cdots + x_k p_X(x_k).$$

Beispiel 2.6.1. Bei einem Spiel werden 150 Euro ausgezahlt, wenn beim Werfen einer fairen Münze Kopf erscheint. Sonst verliert man seinen Einsatz, der 50 Euro beträgt. Der Gewinn G ist eine Zufallsvariable, die entweder den Wert -50 Euro oder $+100$ Euro annimmt. Der mittlere (erwartete) Gewinn beträgt:

$$E(X) = \frac{1}{2} \cdot (-50) + \frac{1}{2} \cdot 100 = 25.$$

Für stetig verteilte Zufallsvariablen wird die mit der Zähldichte gewichtete Summation durch eine mit der Dichtefunktion gewichtete Integration ersetzt.

Erwartungswert einer stetigen Zufallsvariablen Ist X eine stetige Zufallsvariable mit Dichtefunktion $f_X(x)$, dann heißt

$$E(X) = \int_{-\infty}^{\infty} x f_X(x)\, dx$$

Erwartungswert von X (sofern $\int_{-\infty}^{\infty} |x| f_X(x)\, dx < \infty$).

Beispiel 2.6.2. 1) Sei $X \sim f(x)$ mit

$$f(x) = \begin{cases} e^{-x}, & x \geq 0, \\ 0, & x < 0. \end{cases}$$

Dann liefert partielle Integration:

$$E(X) = \int_{-\infty}^{\infty} x f(x)\, dx = \int_{0}^{\infty} x e^{-x}\, dx = -x e^{-x} \big|_{0}^{\infty} + \int_{0}^{\infty} e^{-x}\, dx = 1.$$

2) Sei $X \sim f(x)$ mit

$$f(x) = 3x^2 \mathbf{1}_{[0,1]}(x), \qquad x \in \mathbb{R}.$$

Dann gilt

$$\begin{aligned}
E(X) &= \int_{-\infty}^{\infty} x f(x) \, dx \\
&= \int_0^1 x 3x^2 \, dx \\
&= 3 \int_0^1 x^3 \, dx = \frac{3}{4}.
\end{aligned}$$

Beispiel 2.6.3. In einer Kuchenfabrik werde ein Kuchen aus 8 rohen Eiern gebacken, die nacheinander aufgeschlagen und in die Schüsel mit dem Teig gegeben werden. Wenn ein Ei faul ist, wird die ganze Schüssel entsorgt. Jedes Ei koste $0.09 \, €$. Ein Ei sei mit Wahrscheinlichkeit 0.05 verfault. Was ist der erwartete Verlust bei diesem Vorgehen?

Lösung: Die Eier sind unabhängig voneinander faul oder nicht. Somit beträgt die Wahrscheinlichkeit, dass nach Aufschlagen des $i$ten Eis die Schüssel entsorgt wird, gerade

$$P(\text{,,Schüssel entsorgen nach dem } i\text{ten Ei''}) = 0.95^{i-1} \cdot 0.05,$$

für $i = 1, \dots, 8$. Sei

$$X = i, \text{ wenn das } i\text{te Ei faul ist}, \qquad i = 1, \dots, 8,$$

und $X = 0$, wenn kein Ei faul ist. Der Verlust berechnet sich dann zu $L = 0.1 \cdot X$. Es folgt

$$\begin{aligned}
E(L) &= E(0.1 \cdot X) \\
&= 0.1 \sum_{i=0}^{8} i P(X = i) \\
&= 0.1 \cdot 0.05 \sum_{i=1}^{8} i \cdot 0.95^{i-1} \\
&\approx 0.128.
\end{aligned}$$

Für das Rechnen mit Erwartungswerten gelten die folgenden allgemeinen Regeln, unabhängig davon, ob man es mit diskreten oder stetigen Zufallsvariablen zu tun hat.

Rechenregeln des Erwartungswerts   Seien X und Y Zufallsvariablen und $a,b \in \mathbb{R}$.

1) $E(X + Y) = E(X) + E(Y)$,
2) $E(aX + b) = aE(X) + b$,
3) $E|X + Y| \leq E|X| + E|Y|$.

4) **Jensen-Ungleichung**: Ist $g(x)$ konvex, dann gilt: $E(g(X)) \geq g(E(X))$ und $E(g(X)) > g(E(X))$, falls $g(x)$ strikt konvex ist. Ist $g(x)$ konkav bzw. strikt konkav, dann kehren sich die Ungleichheitszeichen um.

Produkteigenschaft   Sind X und Y stochastisch unabhängige Zufallsvariablen, dann gilt für alle Funktionen $f(x)$ und $g(y)$ (mit $E|f(X)| < \infty$ und $E|g(Y)| < \infty$),
$$E(f(X)g(Y)) = E(f(X)) \cdot E(g(Y)).$$
Daher gilt insbesondere $E(XY) = E(X) \cdot E(Y)$.

Beispiel 2.6.4. X sei eine Zufallsvariable mit $P(X = 1) = p$ und $P(X = 0) = 1 - p$. X_1 und X_2 seien unabhängige Zufallsvariablen mit der selben Verteilung wie X. Berechne $E(X_1 X_2)$, $E(X_1 X_2^2)$, $E((X_1 - p)X_2)$ und $E(6X_1 + X_2^2)$.

Zunächst gilt $E(X_1) = E(X_2) = p$ sowie $E(X_1^2) = E(X_2^2) = p$, da $X, X_1, X_2 \sim \text{Ber}(p)$. Die Produkteigenschaft liefert

$$E(X_1 X_2) = E(X_1) \cdot E(X_2) = p^2,$$

da X_1 und X_2 unabhängig sind. Ferner ist

$$E((X_1 - p)X_2) = E(X_1 - p)E(X_2) = 0,$$

weil $E(X_1 - p) = E(X_1) - p = p - p = 0$. Schließlich ist

$$E(6X_1 + X_2^2) = 6E(X_1) + E(X_2^2) = 6p + p = 7p.$$

2.6.2 Varianz

Die Varianz einer Zufallsvariablen ist das wahrscheinlichkeitstheoretische Pendant zur Stichprobenvarianz.

Varianz Sei X eine Zufallsvariable. Dann heißt

$$\sigma_X^2 = \text{Var}(X) = E\big((X - E(X))^2\big)$$

Varianz von X, sofern $E(X^2) < \infty$. Die Wurzel aus der Varianz,

$$\sigma_X = \sqrt{\text{Var}(X)},$$

heißt **Standardabweichung von** X.

Die vielen Klammern in obiger Definition sind verwirrend. Bezeichnen wir mit $\mu = E(X)$ den Erwartungswert von X, dann ist $\text{Var}(X) = E\big((X - \mu)^2\big)$. Man darf auch die äußeren Klammern weglassen und $\text{Var}(X) = E(X - \mu)^2$ schreiben.

Der Zusammenhang zur Stichprobenvarianz ist wie folgt:

Varianz und Stichprobenvarianz Ist X diskret verteilt mit Werten in der Menge $\mathcal{X} = \{x_1, \ldots, x_n\}$ und gilt $P(X = x_i) = \frac{1}{n}$ für alle $i = 1, \ldots, n$ (ist also P_X das empirische Wahrscheinlichkeitsmaß auf $x_1, \ldots, x_n$ aus Beispiel 2.1.5), dann gilt $E(X) = \frac{1}{n} \sum_{i=1}^{n} x_i$ und

$$\text{Var}(X) = \frac{1}{n} \sum_{i=1}^{n} (x_i - \overline{x})^2.$$

In der deskriptiven Statistik hatten wir gesehen, dass der Verschiebungssatz hilfreich ist, um die Stichprobenvarianz per Hand zu berechnen. Dies gilt oftmals auch bei der Berechnung der Varianz.

Verschiebungssatz Es gilt:

$$\text{Var}(X) = E(X^2) - (E(X))^2.$$

Herleitung: Zunächst quadrieren wir $(X - E(X))^2$ aus:

$$(X - E(X))^2 = X^2 - 2X \cdot E(X) + (E(X))^2.$$

Da der Erwartungswert additiv ist, erhalten wir:

$$\text{Var}(X) = E\big((X - E(X))^2\big) = E(X^2) - 2E(X) \cdot E(X) + (E(X))^2 = E(X^2) - (E(X))^2$$

$\square$

Beispiel 2.6.5. 1) Sei $X \sim \mathrm{Ber}(p)$ Dann ist $E(X^2) = E(X) = p$. Der Verschiebungssatz liefert

$$\mathrm{Var}(X) = E(X^2) - (E(X))^2 = p - p^2 = p(1-p).$$

2) Seien $X_1 \sim \mathrm{Ber}(p)$ und $X_2 \sim \mathrm{Ber}(p)$ unabhängig. Dann liefert die Additionsregel

$$\mathrm{Var}(X_1 + X_2) = \mathrm{Var}(X_1) + \mathrm{Var}(X_2) = 1p(1-p).$$

Für eine Zufallsstichprobe $X_1, \ldots, X_n \sim \mathrm{Ber}(p)$ erhält man durch n-faches Anwenden der Additionsregel

$$\mathrm{Var}(X_1 + \cdots + X_n) = \mathrm{Var}(X_1) + \cdots + \mathrm{Var}(X_n) = np(1-p).$$

3) Sei $X \sim f(x)$ mit $f(x) = e^{-x}$, $x \geq 0$ und $f(x) = 0$, wenn $x < 0$. Wir hatten schon in Beispiel 2.6.2 den Erwartungswert berechnet: $E(X) = 1$. Durch zweimalige partielle Integration erhält man:

$$E(X^2) = \int_0^\infty x^2 e^{-x}\, dx = 2.$$

Somit folgt: $\mathrm{Var}(X) = E(X^2) - (EX)^2 = 2 - 1^2 = 1$.

Für die theoretische Varianz $\mathrm{Var}(X)$ gelten dieselben Rechenregeln wie für die empirische Varianz $\mathrm{Var}(\mathbf{x})$.

Rechenregeln Sind X, Y Zufallsvariablen mit existierenden Varianzen und ist a eine reelle Zahl, dann gelten die folgenden Regeln:

1) $\mathrm{Var}(aX) = a^2 \mathrm{Var}(X)$.
2) Falls $E(X) = 0$, dann gilt: $\mathrm{Var}(X) = E(X^2)$.
3) Sind X und Y stochastisch unabhängig, dann gilt:

$$\mathrm{Var}(X + Y) = \mathrm{Var}(X) + \mathrm{Var}(Y).$$

2.6.3 Momente und Transformationen von Zufallsvariablen

Oftmals interessiert der Erwartungswert einer Transformation $g(X)$, $g : \mathcal{X} \to \mathbb{R}$, beispielsweise $g(x) = |x|^k$ für ein $k \in \mathbb{N}$.

(zentrierte/absolute) Momente Für $E|X|^k < \infty$ und eine Zahl $a \in \mathbb{R}$ seien

$$m_k(a) = E(X-a)^k, m_k = m_k(0), \quad m_k^*(a) = E|X-a|^k, m_k^* = m_k^*(0).$$

$m_k(a)$ heißt **Moment k-ter Ordnung von X bzgl. a**, $m_k^*(a)$ **zentriertes Moment k-ter Ordnung von X bzgl. a**. $\mu_k = m_k(E(X))$ ist das **zentrale Moment** und $\mu_k^* = \mu_k^*(E(X))$ das **zentrale absolute Moment**.

Es ist $m_1 = E(X)$, $m_2 = E(X^2)$ und $\mu_2 = \text{Var}(X)$. Das vierte Moment von $X^* = \frac{X - E(X)}{\sqrt{\text{Var}(X)}}$, $\beta_2 = E(X^*)^4 = \frac{m_4(X)}{\sigma_X^4}$, heißt **Kurtosis** und misst die Wölbung der Wahrscheinlichkeitsverteilung. Ist $X \sim N(\mu, \sigma^2)$, dann ist $\beta_2 = 3$. $\gamma_2 = \beta_2 - 3$ heißt **Exzess**. X besitze eine Dichte $f_X(x)$. Für $\gamma_2 > 0$ ist die Diche spitzer, für $\gamma_2 < 0$ flacher als die der entsprechenden Normalverteilung. Der Fall $\gamma_2 > 0$ tritt oft bei Finanzmarktdaten auf.

Transformationsformel für den Erwartungswert Sei X eine Zufallsvariable und $g : \mathcal{X} \to \mathcal{Y}$ eine Funktion (mit $E|g(X)| < \infty$). Für den Erwartungswert der Zufallsvariablen $Y = g(X)$ gelten die folgenden Formeln:

1) Sind X und $Y = g(X)$ diskrete Zufallsvariablen mit Wahrscheinlichkeitsfunktionen $p_X(x)$ bzw. $p_Y(y)$, dann gilt:

$$E(Y) = \sum_{x \in \mathcal{X}} g(x) p_X(x) = \sum_{y \in \mathcal{Y}} y p_Y(y).$$

2) Sind X und $Y = g(X)$ stetig, mit den Dichtefunktionen $f_X(x)$ bzw. $f_Y(y)$, dann gilt:

$$E(Y) = \int_{-\infty}^{\infty} g(x) f_X(x)\, dx = \int_{-\infty}^{\infty} y f_Y(y)\, dy.$$

2.6.4 Entropie*

In der deskriptiven Statistik hatten wir schon die Entropie als Streuungsmaß für nominal skalierte Daten kennen gelernt. Der Entropiebegriff spielt eine wichtige Rolle in der Informationstheorie. Sei $\mathcal{X} = \{a_1, \ldots, a_k\}$ ein Alphabet von k Symbolen und f_j sei die relative Häufigkeit oder Wahrscheinlichkeit, mit der das Symbol a_j in einem Text vorkommt bzw. beobachtet wird. Eine Nachricht ist dann eine Kette $x_1 x_2 \ldots x_n$ mit $x_i \in \mathcal{X}$, die wir auch als Vektor $(x_1, \ldots, x_n)$ schreiben können. Wie kann die Nachricht optimal durch Bitfolgen kodiert werden? Für Symbole, die häufig vorkommen, sollten kurze Bitfolgen gewählt werden, für seltene hingegen längere.

Um zu untersuchen, wie lang die Bitfolgen im Mittel sind, werden die Nachrichten als Realisationen von Zufallsvariablen aufgefasst. Die Entropie misst die minimale mittlere Länge der Bitfolgen, wenn man die $f_1, \ldots, f_k$ kennt und ein optimales Kodierverfahren verwendet.

Entropie Ist X eine diskrete Zufallsvariable mit möglichen Realisationen $\mathcal{X} = \{x_1, x_2, \ldots\}$ und zugehörigen Wahrscheinlichkeiten $p_i = P(X = x_i)$, dann heißt

$$H(X) = -\sum_{i=1}^{\infty} p_i \log_2(p_i)$$

Entropie von X.

Da $p \log_2(p) \to 0$, für $p \to 0$, setzt man $0 \log_2(0) = 0$.

Beispiel 2.6.6. Kann X die Werte 0 und 1 annehmen mit gleicher Wahrscheinlichkeit $p = P(X = 1) = 1/2$ annehmen (zwei gleichwahrscheinliche Symbole), dann ist $H(X) = -0.5 \log_2(0.5) - 0.5 \log_2(0.5) = 1$. Ist allgemeiner $p = P(X = 1) \neq 1/2$ (ein Symbol tritt häufiger auf als das andere), dann beträgt die Entropie $H(X) = -(p \log_2(p) + q \log_2(q))$ mit $q = 1 - p$. Für $p = 0$ oder $p = 1$ tritt nur ein Symbol auf, die Nachricht ist somit vollständig bekannt, d.h. $H(X) = 0$. Sind alle Symbole gleichwahrscheinlich, dann nimmt die Entropie ihren Maximalwert $\log_2(k)$ an.

2.7 Diskrete Verteilungsmodelle

Wir stellen nun die wichtigsten Verteilungsmodelle für diskrete Zufallsvorgänge zusammen. Da diese Verteilungen in den Anwendungen meist als Verteilungen für Zufallsvariablen X mit Werten in $\mathcal{X} \subset \mathbb{R}$ erscheinen, führen wir sie als Wahrscheinlichkeitsverteilungen auf $\mathcal{X}$ ein. Setzt man $\Omega = \mathcal{X}$ und $X(\omega) = \omega$, so kann man sie auch als Verteilungen auf Ω interpretieren.

2.7.1 Bernoulli-Verteilung

Ein **Bernoulli-Experiment** liegt vor, wenn man lediglich beobachtet, ob ein Ereignis A eintritt oder nicht. Sei

$$X = \mathbf{1}_A = \begin{cases} 1, & A \text{ tritt ein} \\ 0, & A \text{ tritt nicht ein.} \end{cases}$$

Sei $p = P(X = 1)$ und $q = 1 - p = P(X = 0)$. X heißt **Bernoulli-verteilt** mit Parameter $p \subset [0,1]$ und man schreibt: $X \sim \mathrm{Ber}(p)$. Es gilt:

$$\text{Erwartungswert:} \quad E(X) = p,$$
$$\text{Varianz:} \quad \text{Var}(X) = p(1 - p),$$
$$\text{Zähldichte:} \quad p(k) = p^k(1 - p)^{1-k}, \ k \in \{0,1\}.$$

2.7.2 Binomialverteilung

Die Binomialverteilung gehört zu den wichtigsten Wahrscheinlichkeitsverteilungen zur Beschreibung von realen zufallsbehafteten Situationen.

Beispiel 2.7.1. 1) 50 zufällig ausgewählte Studierende werden gefragt, ob sie mit der Qualität der Mensa zufrieden sind (ja/nein). Wie wahrscheinlich ist es, dass mehr als 30 zufrieden sind?

2) Bei einem Belastungstest wird die Anzahl der Versuche bestimmt, bei denen der Werkstoff bei extremer Krafteinwirkung bricht. Insgesamt werden 5 Versuche durchgeführt. Wie wahrscheinlich ist es, dass k Werkstücke brechen, wenn ein Bruch mit einer Wahrscheinlichkeit von 0.05 erfolgt?

Beide Beispiele fallen in den folgenden Modellrahmen: Es werden unabhängig voneinander n Bernoulli-Experimente durchgeführt und gezählt, wie oft das Ereignis eingetreten ist. Um eine einheitliche Sprache zu finden, ist es üblich, von einem Erfolg zu reden, wenn eine 1 beobachtet wurde. Bezeichnet X_i das zufällige Ergebnis des i-ten Bernoulli-Experiments, $i = 1, \ldots, n$, dann ist $X_1, \ldots, X_n$ eine Zufallsstichprobe von Bernoulli-verteilten Zufallsvariablen,

$$X_1, \ldots, X_n \overset{i.i.d.}{\sim} \text{Ber}(p).$$

Die Anzahl der Erfolge berechnet sich dann durch:

$$Y = X_1 + \cdots + X_n = \sum_{i=1}^{n} X_i.$$

Y nimmt Werte zwischen 0 und n an. Das Ereignis $\{Y = k\}$ tritt genau dann ein, wenn exakt k der X_i den Wert 1 haben. $P(Y = k)$ ergibt sich daher als Summe der Wahrscheinlichkeiten dieser Einzelfälle. So führt z.B. die Realisation $(x_1, \ldots, x_n) = (\underbrace{1, \ldots, 1}_{k}, 0, \ldots, 0)$ zur Anzahl k. Aufgrund der Unabhängigkeit der X_i gilt

$$P(X_1 = 1, \ldots, X_k = 1, X_{k+1} = 0, \ldots, X_n = 0) = p^k(1 - p)^{n-k}.$$

Überhaupt stellt sich immer die Wahrscheinlichkeit $p^k(1 - p)^{n-k}$ ein, wenn genau k der x_i den Wert 1 haben. Betrachten wir die Menge $\{1, \ldots, n\}$ der möglichen Positionen, so stellt sich die Frage, wie viele Möglichkeiten es gibt, eine k-elementige Teilmenge auszuwählen. Machen wir uns dies am Beispiel von $n = 4$ Positionen und $k = 3$ klar:

$$\bullet \ \bullet \ \bullet \ \circ$$

$$\bullet \ \bullet \ \circ \ \bullet$$

$$\bullet \ \circ \ \bullet \ \bullet$$

$$\circ \ \bullet \ \bullet \ \bullet$$

Es gibt also 4 Möglichkeiten. Wir können dieses Problem auf ein Urnenmodell zurückführen: Wir ziehen aus einer Urne mit n Kugeln k Kugeln ohne Zurücklegen und interessieren uns nicht für die Reihenfolge.

Beispiel 2.7.2. (Urnenmodelle III: Ziehen ohne Reihenfolge ohne Zurücklegen)

In einer Urne befinden sich n Kugeln mit den Nummern 1 bis n. Man zieht k Kugeln ohne Zurücklegen. Zieht man in Reihenfolge, so ist jede möglich Ziehung durch ein k-Tupel $\omega = (\omega_1, \ldots, \omega_k)$ beschrieben, wobei $\omega_i \in \{1, \ldots, n\}$ für $i = 1, \ldots, k$ gilt mit $\omega_i \neq \omega_j$ für alle Indizes $i, j \in \{1, \ldots, n\}$ mit $i \neq j$, vgl. Beispiel 2.1.6 (ii). Hier hatte sich die Anzahl der Möglichkeiten gerade zu $n(n-1) \cdots (n-k+1)$ ergeben.

Wir suchen jetzt aber eine Zusammenfassung der Dinge $\omega_1, \ldots, \omega_k$, bei der es nicht auf die Anordnung ankommt. Dies ist der Fall, wenn wir statt des k-Tupels $(\omega_1 \ldots, \omega_k)$ die *Menge* $\{\omega_1, \ldots, \omega_k\}$ betrachten. Eine geeignete Ergebnismenge ist daher

$$\Omega = \big\{ \{\omega_1, \ldots, \omega_k\} : \omega_1, \ldots, \omega_k \in \{1, \ldots, n\}, \omega_i \neq \omega_j \ (i \neq j)\} \big\}.$$

Ω ist also die Menge aller k-elementigen Teilmengen von $\{1, \ldots, n\}$.

Wieviel k-Tupeln werden auf diese Weise dieselbe Menge zugeordnet? Es sind genau $k!$ k-Tupel, da jede Permutation der k Elemente von $(\omega_1, \ldots, \omega_k)$ zu derselben Menge führt und die Fakultät $k!$ gerade die Anzahl der möglichen Permutationen angibt. Somit hat Ω nicht $n(n-1) \cdots (n-k+1)$ Elemente, sondern nur

$$|\Omega| = \frac{n(n-1) \cdots (n-k+1)}{k!}.$$

Der Ausdruck auf der rechten Seite tritt sehr häufig auf.

Binomialkoeffizient Für $n \in \mathbb{N}$ und $k \in \{0, \ldots, n\}$ gibt der **Binomialkoeffizient**

$$\binom{n}{k} = \frac{n \cdot (n-1) \ldots (n-k+1)}{k \cdot (k-1) \ldots 2 \cdot 1} = \frac{n!}{k!(n-k)!}$$

die Anzahl der Möglichkeiten an, aus einer n-elementigen Obermenge (aus n Objekten) eine k-elementige Teilmenge (k Objekte ohne Zurücklegen und ohne Berücksichtigung der Reihenfolge) auszuwählen.

Berechnen wir einige Binomialkoeffizienten:

$$\binom{6}{3} = \frac{6!}{3!(6-3)!} = \frac{6\cdot5\cdot4\cdot3\cdot2\cdot1}{3\cdot2\cdot1\cdot3\cdot2\cdot1} = \frac{6\cdot5\cdot4}{3\cdot2\cdot1} = \frac{120}{6} = 20.$$

$$\binom{3}{3} = \frac{3!}{3!0!} = \frac{3\cdot2\cdot1}{3\cdot2\cdot1\cdot1} = 1.$$

Für die Berechnung nutzt man die Regel von Pascal aus:

$$\binom{n+1}{k} = \binom{n}{k} + \binom{n}{k-1}, \ k = 1,\ldots,n, \ n \in \mathbb{N},$$

wobei $\binom{0}{0} = 1$. Im Pascalschen Dreieck ist jeder Eintrag die Summe der beiden über ihm stehenden:

$$\binom{0}{0} = 1$$

$$\binom{1}{0} = 1 \qquad \binom{1}{1} = 1$$

$$\binom{2}{0} = 1 \qquad \binom{2}{1} = 2 \qquad \binom{2}{2} = 1$$

$$\binom{3}{0} = 1 \qquad \binom{3}{1} = 3 \qquad \binom{3}{2} = 3 \qquad \binom{3}{3} = 1$$

$$\binom{4}{0} = 1 \qquad \binom{4}{1} = 4 \qquad \binom{4}{2} = 6 \qquad \binom{4}{3} = 4 \qquad \binom{4}{4} = 1$$

Der Binomialkoeffizient liefert uns also die Anzahl der Realisationen, die zu genau k Erfolgen führen. Wir erhalten

$$P(Y = k) = \binom{n}{k} p^k (1-p)^{n-k}, \quad k = 0,\ldots,n.$$

Y heißt **binomialverteilt** mit Parametern $n \in \mathbb{N}$ und $p \in [0{,}1]$. Notation: $Y \sim \text{Bin}(n,p)$.

$$\text{Erwartungswert:} \quad E(Y) = np,$$
$$\text{Varianz:} \quad \text{Var}(Y) = np(1-p),$$
$$\text{Zähldichte:} \quad p(k) = \binom{n}{k} p^k (1-p)^{n-k}, \ k \in \{0,\ldots,n\}.$$

Sind $X \sim \text{Bin}(n_1,p)$ und $Y \sim \text{Bin}(n_2,p)$ unabhängig, dann ist die Summe wieder binomialverteilt: $X + Y \sim \text{Bin}(n_1 + n_2, p)$.

Beispiel 2.7.3. Eine Fluggesellschaft hat für einen Flug 302 Tickets verkauft, allerdings sind lediglich 300 Sitzplätze vorhanden. Mit einer Wahrscheinlichkeit von 0.02 erscheint ein Fluggast nicht zum Abflug, wobei die Fluggäste unabhängig voneinander den Flug antreten oder nicht antreten. Ist das Flugzeug überbucht, so muss den Fluggästen, die auf einen späteren Flug umgebucht werden müssen, eine Hotelübernachtung bezahlt werden.

(a) Geben Sie ein geeignetes stochastisches Modell an.

(b) Berechnen Sie die erwartete Anzahl der Fluggäste, die nicht zum Flug erscheinen.

(c) Berechnen Sie die Wahrscheinlichkeit, dass das Flugzeug überbucht ist.

Lösung: Sei für $i = 1, \ldots, n = 302$ führen wir die folgenden n Zufallsvariablen ein:

$$X_i = \begin{cases} 1, & \text{der } i\text{te Fluggast erscheint,} \\ 0, & \text{der } i\text{te Fluggast erscheint nicht.} \end{cases}$$

Nach Voraussetzung sind $X_1, \ldots, X_{302}$ unabhängig und identisch verteilte Bernoulli-Variablen mit Erfolgswahrscheinlichkeit

$$p = P(\text{„ein Fluggast erscheint zum Abflug"}) = 0.98.$$

Somit ist die Anzahl der Fluggäste, die zum Abflug erscheint,

$$Y = X_1 + \cdots + X_{302},$$

eine $\text{Bin}(302, 0.98)$-verteilte Zufallsgröße. Die Anzahl Z der Fluggäste, die *nicht* zum Abflug erscheint, ist ebenfalls binomialverteilt:

$$Z = n - Y = 302 - Y \sim \text{Bin}(302, 0.02).$$

Es gilt:

$$E(Z) = 302 \cdot 0.02 = 6.04.$$

Die Maschine ist überbucht, wenn mehr als 300 Fluggäste tatsächlich erscheinen bzw. gleichbedeutend hiermit, wenn weniger als 2 nicht kommen. Die Wahrscheinlichkeit hierfür beträgt

$$
\begin{aligned}
P(Z < 2) &= P(Z = 0) + P(Z = 1) \\
&= \binom{302}{0} 0.02^0 \cdot 0.98^{302} + \binom{302}{1} \cdot 0.02^1 \cdot 0.98^{301} \\
&= 0.98^{302} + 302 \cdot 0.02 \cdot 0.98^{301} \\
&= 2.24013 \cdot 10^{-3} + 0.013807 \\
&\approx 0.01605
\end{aligned}
$$

Wir können nun auch das vierte Urnenmodell behandeln:

Beispiel 2.7.4. (Urnenmodell IV: Ziehen ohne Reihenfolge mit Zurücklegen)

Aus einer Urne mit N Kugeln mit den Nummern 1 bis N werde n mal mit Zurücklegen gezogen. Die Reihenfolge, in der die Kugeln gezogen werden, interessiere hierbei nicht.

Da nach jedem Zug die gezogene Kugel zurückgelegt wird, sind Mehrfachziehungen möglich. Bezeichnen wir das Ergebnis der $i$ten Zugs mit ω_i, so gilt auf jeden Fall $\omega_i \in \{1, \ldots, N\}$, $i = 1, \ldots, n$. Die Tatsache, dass die Reihenfolge keine Rolle spielt, können wir dadurch berücksichtigen, dass wir die gezogenen Kugeln $\omega_1, \ldots, \omega_n$ in sortierter Form in einen Vektor (n-Tupel) schreiben. Somit ist

$$\Omega_{IV} = \{(\omega_1, \ldots, \omega_n) \in \{1, \ldots, N\}^n : \omega_1 \leq \cdots \leq \omega_n\}.$$

Das einfachste Argument, um zu verstehen, wie man die Anzahl der Elemente von Ω_{IV} erhält, orientiert sich am Vorgehen im Alltag: Da alle Zahlen von 1 bis N gezogen werden können und die Reihenfolge keine Rolle spielt, kann man eine Strichliste führen, also auf einen Zettel die Zahlen 1 bis N schreiben und darunter soviele Striche machen, wie eben die jeweilige Kugel gezogen wurde. Dies sieht dann im Grunde so wie in diesem Beispiel aus:

$$
\begin{array}{c|c|c|c|c}
1 & 2 & 3 & \cdots & N \\
\| & | & \|\|\| & & |
\end{array}
$$

Wesentlich ist nun die Beobachtung, dass *jede* Stichprobe genau so repräsentiert werden kann: $N - 1 + n$ Striche, davon $N - 1$ große Striche, um die Felder für die Zahlen 1 bis N abzugrenzen, und n kleine Striche. Wir können sogar zusätzlich die Zahlen 1 bis N weglassen, da die $N - 1$ großen Striche ja genau N Felder abgrenzen, die hierfür stehen. Umgekehrt kann jede Folge von Strichen, die aus $N - 1$ großen Strichen und n kleinen Strichen besteht, als eine mögliche Ziehung interpretiert werden!

Somit ist die Anzahl der möglichen Ziehungsergebnisse gegeben durch Anzahl der Möglichkeiten, von $N - 1 + n$ Strichen n auszuwählen und sie zu verkleinern (d.h. als kleine Striche festzulegen und die anderen als große). Damit gilt aber:

$$\Omega_{IV} = \binom{N - 1 + n}{n}$$

2.7.3 Hypergeometrische Verteilung

In der Industrie werden eingehende Lieferungen von Zulieferern routinemäßig auf ihre Qualität überprüft. So lassen beispielsweise Hersteller von Computern viele wichtige Komponenten wie die Hauptplatine oder Grafikkarten von spezialisierten Herstellern im Auftrag fertigen oder beziehen standardisierte Komponenten von der Stange. Bei solch empfindlichen Teilen kann sich der nicht vermeidbare und in der Kalkulation berücksichtigte Ausschussanteil durch den Transport oder falsche Lagerung erheblich erhöhen. Aus Kostengründen oder weil bei der Prüfung der Prüfling beschädigt oder zertört wird können nur in seltenen Fällen alle gelieferten Produkte untersucht werden. Somit muss man eine Stichprobe ziehen und vom Stichprobenergebnis auf den wahren Anteil der minderwertigen Produkte schließen.

Wie ist die Anzahl der schlechten Teile in einer Stichprobe vom Umfang n, die aus einer Lieferung mit $N \geq n$ Teilen gezogen wird verteilt? Da die gezogenen Teile nicht zurückgelegt werden, um Mehrfachprüfungen zu vermeiden, sind die Züge nicht unabhängig voneinander. Zudem ändert sich der Anteil der schlechten Teile von Zug zu Zug. Aus diesem Grund ist die Anzahl nicht binomialverteilt.

Wir können uns eine Lieferung vom Umfang N als Urne mit roten bzw. blauen Kugeln vorstellen. Rote Kugeln stehen für Teile schlechter Qualität, die blauen Kugeln für die guten. Sind R Kugeln rot, so sind $B = N - R$ blau. Der wahre Anteil der roten Kugeln (schlechten Teile) in der Urne (Lieferung) ist dann

$$p = \frac{R}{N}$$

Es wird nun eine Stichprobe vom Umfang n ohne Zurücklegen gezogen. Da man nur an der Anzahl bzw. dem Anteil der roten Kugeln interessiert ist, beachten wir nicht die Reihenfolge der Züge. Insgesamt gibt es dann $\binom{N}{n} = \binom{R+B}{n}$ mögliche Stichproben.

Jede mögliche Stichprobe vom Umfang ist durch Anzahl r der gezogenen roten Kugeln charakterisiert; dann sind die übrigen $b = n - r$ blau. Es gibt nun genau $\binom{R}{r}$ Möglichkeiten, r rote Kugeln auszuwählen, und $\binom{N-R}{b}$ Möglichkeiten, b von den blauen Kugeln auszuwählen. Die Wahrscheinlichkeit, dass sich in der Stichprobe genau r rote Kugeln befinden, ist folglich

$$p_r = \frac{\binom{R}{r}\binom{B}{b}}{\binom{R+B}{n}}, \qquad \max(0, n - B) \leq r \leq \min(R, n).$$

Beachte, dass aufgrund der Identitäten $n = r + b$ und $N = R + B$ diese Formel auf verschiedene Weise aufgeschrieben werden kann. Da n mal gezogen wird und es B blaue Kugeln in der Urne gibt, zieht man im Fall $n \geq B$ mindestens $n - B$ rote Kugeln. Hierdurch erklärt sich die untere Grenze für r.

Eine Zufallsvariable X heißt **hypergeometrisch verteilt**, wenn ihre Zähldichte durch obige Formel gegeben ist, wenn also $P(X = r) = p_r$ gilt.

In der Praxis ist das Rechnen mit den Wahrscheinlichkeiten der hypergeometrischen Verteilung oftmals mühselig, vor allem wenn N groß ist. Man verwendet daher die Binomialverteilung $\text{Bin}(n,p)$ mit $p = R/N$ als Näherung, tut also so, als ob mit Zurücklegen gezogen wird. Es gibt zwei verbreitete Faustregeln, wann diese Näherung in der Praxis angewendet werden kann: $n < 0.05 \cdot \min(R,B)$ bzw. $n < 0.05 \cdot N$.

2.7.4 Geometrische Verteilung und negative Binomialverteilung

Beispiel 2.7.5. Bei der Fließbandproduktion von Autos wird bei der End-kontrolle geprüft, ob die Türen richtig eingepasst sind. Wie ist die Wartezeit auf das erste Auto mit falsch eingepassten Türen verteilt?

Beiden Situationen ist gemein, dass eine prinzipiell unendlich lange Folge von *binären* Ereignissen betrachtet wird, bei denen lediglich zwei Ausgänge möglich sind, sagen wir ● und ○. Hier ein Beispiel für eine möglich Realisation:

$$\circ\circ\circ\circ\circ\circ\circ\circ\circ\bullet\circ\bullet\bullet\circ\circ\cdots$$

In diesem Fall ist das 9te Ereignis das erste, bei dem ● erscheint.

Wir machen die folgenden grundlegenden Annahmen:

- Die einzelnen Ereignisse sind stochastisch unabhängig.

- Die Wahrscheinlichkeiten, mit denen die zwei möglichen Ausgänge eintreten, ändern sich nicht.

Was ist ein geeignetes stochastisches Modell für diese Situation? Wir können statt ○ und ● die möglichen Ausgänge auch mit 0 und 1 bezeichnen und somit Bernoulli-Variablen verwenden.

Somit nehmen wir an, dass eine Folge $X_1, X_2, X_3, \ldots$ von unabhängig und identisch verteilten Bernoulli-Variablen beobachtet wird, d.h.

$$X_i \sim \mathrm{Ber}(p), \quad i = 1, 2, \ldots$$

Sei

$$T = \min\{k \in \mathbb{N} : X_k = 1\}$$

der zufällig Index (Zeitpunkt), an dem zum ersten Mal eine 1 beobachtet wird. Die zugehörige Wartezeit ist dann $W = T - 1$. $T = n$ gilt genau dann, wenn die ersten $n - 1$ X_i den Wert 0 annehmen und X_n den Wert 1. Daher gilt:

$$P(T = n) = p(1 - p)^{n-1}, \quad n = 1, 2, \ldots$$

T heißt geometrisch verteilt mit Parameter $p \in (0,1]$. Notation: $T \sim \mathrm{Geo}(p)$.

$$P(W = n) = p(1 - p)^n, \quad n = 0, 1, \ldots$$

Erwartungswerte: $E(T) = \dfrac{1}{p}$, $\qquad\qquad E(W) = \dfrac{1}{p} - 1$,

Varianzen: $\mathrm{Var}(T) = \dfrac{1-p}{p^2}$, $\qquad \mathrm{Var}(W) = \dfrac{1-p}{p^2}$.

Die Verteilung der Summe $S_k = T_1 + \cdots + T_k$ von k unabhängig und identisch Geo(p)-verteilten Zufallsvariablen heißt **negativ-binomialverteilt**. S_k ist die Anzahl der erforderlichen Versuche, um k Erfolge zu beobachten. Es gilt:

$$P(S_k = n) = \binom{n-1}{k-1} p^k (1-p)^{n-k}, \qquad n = k, k+1, \ldots,$$

da im n-ten Versuch ein Erfolg vorliegen muss und es genau $\binom{n-1}{k-1}$ Möglichkeiten gibt, die übrigen $k-1$ Erfolge auf die $n-1$ restlichen Positionen zu verteilen. Es gilt: $E(S_n) = \frac{k}{p}$ und $\mathrm{Var}(S_n) = \frac{k(1-p)}{p^2}$.

2.7.5 Poisson-Verteilung

Die Poisson-Verteilung eignet sich zur Modellierung der Anzahl von punktförmigen Ereignissen in einem Kontinuum (Zeit, Fläche, Raum). Hier einige Beispiele:

Beispiel 2.7.6. 1) Die Anzahl der Staubpartikel auf einem Wafer.

2) Die Anzahl der eingehenden Notrufe bei der Feuerwehr.

3) Die von einem Geigerzähler erfasste Anzahl an Partikeln, die eine radioaktive Substanz emittiert.

Wir beschränken uns auf den Fall, dass punktförmige Ereignisse während eines Zeitintervalls $[0,T]$ gezählt werden. Für jeden Zeitpunkt $t \in [0,T]$ führen wir eine Zufallsvariable X_t ein:

$$X_t = \begin{cases} 1, & \text{Ereignis zur Zeit } t, \\ 0, & \text{kein Ereignis zur Zeit } t. \end{cases}$$

Es werden nun die folgenden Annahmen getroffen:

1) Die X_t sind unabhängig verteilt.

2) Ist $I \subset [0,T]$ ein Intervall, dann hängt $P(X_t \in I)$ nur von der *Länge*, nicht jedoch von der *Lage* des Intervalls I ab.

Wir zerlegen das Intervall $[0,T]$ in n gleichbreite Teilintervalle und führen die Zufallsvariablen

$$X_{ni} = \begin{cases} 1, & \text{Ereignis im } i\text{-ten Teilintervall}, \\ 0, & \text{kein Ereignis im } i\text{-ten Teilintervall}, \end{cases}$$

ein. Die $X_{n1}, \ldots, X_{nn}$ sind unabhängig und identisch Bernoulli-verteilt mit einer gemeinsamen Erfolgswahrscheinlichkeit p_n, die proportional zur Länge der Teilintervalle ist. Daher gibt es eine Proportionalitätskonstante λ, so dass

$$p_n = \lambda \cdot \frac{T}{n}.$$

Folglich ist die Summe der X_{ni} binomialverteilt,

$$Y_n = X_{n1} + \cdots + X_{nn} \sim \text{Bin}(n, p_n).$$

Wir können den folgenden Grenzwertsatz mit λT anstatt λ anwenden:

Poisson-Grenzwertsatz Sind $Y_n \sim \text{Bin}(n, p_n)$, $n = 1, 2, \ldots$, binomialverteilte Zufallsvariablen mit $np_n \to \lambda$, $n \to \infty$, dann gilt für festes k:

$$\lim_{n \to \infty} P(Y_n = k) = p_\lambda(k) = \frac{\lambda^k}{k!} e^{-\lambda}.$$

Die Zahlen $p_\lambda(k)$, $k \in \mathbb{N}_0$, definieren eine Verteilung auf $\mathbb{N}_0$.

Herleitung: Wir verwenden $e^x = \lim_{n \to \infty} (1 + \frac{x}{n})^n$ und $e^x = \sum_{k=0}^{\infty} \frac{x^k}{k!}$.

$$P(Y_n = k) = \binom{n}{k} p_n^k (1 - p_n)^{n-k}$$

$$= \frac{n}{n} \frac{n-1}{n} \cdots \frac{n-k+1}{n} \cdot \frac{1}{k!} \underbrace{(np_n)^k}_{\to \lambda^k} \underbrace{\left(1 - \frac{np_n}{n}\right)^{n-k}}_{\to e^{-\lambda}}$$

$$\to \frac{(\lambda)^k}{k!} e^{-\lambda}.$$

Die Zahlen $\frac{\lambda^k}{k!} e^{-\lambda}$ definieren eine Wahrscheinlichkeitsverteilung auf $\mathbb{N}_0$:

$$\sum_{k=0}^{\infty} \frac{\lambda^k}{k!} e^{-\lambda} = e^{-\lambda} \sum_{k=0}^{\infty} \frac{\lambda^k}{k!} = 1.$$

$\square$

Y heißt dann **poissonverteilt** mit Parameter λ. Notation: $Y \sim \text{Poi}(\lambda)$. Es gilt:

$$\text{Erwartungswert:} \quad E(Y) = \lambda,$$
$$\text{Varianz:} \quad \text{Var}(Y) = \lambda,$$
$$\text{Zähldichte:} \quad p(k) = e^{-\lambda} \frac{\lambda^k}{k!}, \ k \in \mathbb{N}_0.$$

Es sei explizit bemerkt, dass der Poisson-Grenzwertsatz angewendet werden kann, um die Binomialverteilung $\text{Bin}(n, p)$ für sehr kleine Erfolgswahrscheinlichkeiten zu approximieren: Für $Y \sim \text{Bin}(n, p)$ gilt: $P(Y = k) \approx \frac{\lambda^k}{k!} e^{-\lambda}$ mit

$\lambda = np$. Beim Arbeiten mit der Poisson-Verteilung sind die folgenden Regeln nützlich:

1) Sind $X \sim \text{Poi}(\lambda_1)$ und $Y \sim \text{Poi}(\lambda_2)$ unabhängig, dann gilt für die Summe: $X + Y \sim \text{Poi}(\lambda_1 + \lambda_2)$.

2) Ist $X \sim \text{Poi}(\lambda_1)$ die Anzahl der Ereignisse in $[0,T]$ und Y die Anzahl der Ereignisse in dem Teilintervall $[0, r \cdot T]$, so ist $Y \sim \text{Poi}(r \cdot \lambda_1)$.

2.8 Stetige Verteilungsmodelle

Wir besprechen einige wichtige Verteilungsmodelle für stetige Zufallsvariablen. Weitere Verteilungen, die insbesondere in der Statistik Anwendung finden, werden im Abschnitt 3.3 des Kapitels 3 behandelt.

2.8.1 Stetige Gleichverteilung

Hat eine Zufallsvariable X die Eigenschaft, dass für jedes Intervall $I \subset [a,b]$ die Wahrscheinlichkeit des Ereignisses $\{X \in I\}$ nur von der Länge des Intervalls I, nicht jedoch von der Lage innerhalb des Intervalls $[a,b]$ abhängt, dann muss die Dichtefunktion $f(x)$ von X konstant auf $[a,b]$ sein:

$$f(x) = \begin{cases} \frac{1}{b-a}, & x \in [a,b], \\ 0, & x \notin [a,b]. \end{cases}$$

X heißt dann **(stetig) gleichverteilt auf dem Intervall** $[a,b]$. Notation: $X \sim \text{U}[a,b]$. Für die Verteilungsfunktion ergibt sich:

$$F(x) = \frac{x - a}{b - a}, \qquad x \in [a,b],$$

sowie $F(x) = 0$, wenn $x < a$, und $F(x) = 1$, für $x > b$. Es gilt:

$$\text{Erwartungswert:} \quad E(X) = \frac{b + a}{2},$$

$$\text{Varianz:} \quad \text{Var}(X) = \frac{(b - a)^2}{12}.$$

2.8.2 Exponentialverteilung

Folgt die Anzahl von Ereignissen während einer Zeiteinheit einer Poisson-Verteilung mit Parameter λ, dann gilt für die Wartezeit X auf das erste Ereignis: Es ist $X > t$ genau dann, wenn die zufällige Anzahl Y_t der Ereignisse während des Intervalls $[0,t]$ den Wert 0 annimmt. Da Y_t poissonverteilt mit Parameter λt ist, ergibt sich $P(X > t) = P(Y_t = 0) = e^{\lambda t}$. Somit besitzt X die Verteilungsfunktion

$$F(t) = 1 - e^{-\lambda t}, \qquad t > 0.$$

$F(t)$ ist differenzierbar, so dass die zugehörige Dichtefunktion durch

$$f(t) = F'(t) = \lambda e^{-\lambda t}, \qquad t > 0,$$

gegeben ist. Y heißt **exponentialverteilt** mit Parameter λ. Notation: $Y \sim$ Exp(λ).

$$\text{Erwartungswert:} \quad E(X) = \frac{1}{\lambda},$$
$$\text{Varianz:} \quad \text{Var}(X) = \frac{1}{\lambda^2}.$$

2.8.3 Normalverteilung

Die Normalverteilung ist die zentrale stetige Verteilung in der Wahrscheinlichkeitstheorie und Statistik. Recht häufig kann beispielsweise angenommen werden, dass Messfehler normalverteilt sind. Die Normalverteilung ist gegeben durch die Dichtefunktion (Gauß'sche Glockenkurve),

$$\varphi_{(\mu,\sigma^2)}(x) = \frac{1}{\sqrt{2\pi\sigma^2}} \exp\left(-\frac{(x-\mu)^2}{2\sigma^2}\right), \qquad x \in \mathbb{R},$$

und besitzt zwei Parameter $\mu \in \mathbb{R}$ und $\sigma^2 \in (0, \infty)$. Eine Kurvendiskussion zeigt, dass $\varphi_{(\mu,\sigma)}(x)$ das Symmetriezentrum μ besitzt und an den Stellen $\mu - \sigma$ und $\mu + \sigma$ Wendepunkte vorliegen. Für $\mu = 0$ und $\sigma^2 = 1$ spricht man von der **Standardnormalverteilung**. Notation: $\varphi(x) = \varphi_{(0,1)}(x)$, $x \in \mathbb{R}$.

Für die Verteilungsfunktion der $N(0,1)$-Verteilung,

$$\Phi(x) = \int_{-\infty}^{x} \varphi(t)\, dt, \qquad x \in \mathbb{R},$$

gibt es keine explizite Formel. Sie steht in gängiger (Statistik-) Software zur Verfügung. In Büchern findet man Tabellen für $\Phi(z)$, jedoch nur für nichtnegative Werte, da $\Phi(x) = 1 - \Phi(-x)$ für alle $x \in \mathbb{R}$ gilt. Für die p-Quantile

$$z_p = \Phi^{-1}(p), \qquad p \in (0,1),$$

der $N(0,1)$-Verteilung gibt es ebenfalls keine explizite Formel.

Zwischen der Verteilungsfunktion $\Phi_{(\mu,\sigma)}(x)$ der $N(\mu,\sigma^2)$-Verteilung und der $N(0,1)$-Verteilung besteht der Zusammenhang:

$$\Phi_{(\mu,\sigma^2)}(x) = \Phi\left(\frac{x-\mu}{\sigma}\right), \qquad x \in \mathbb{R}.$$

Differenzieren liefert $\varphi_{(\mu,\sigma^2)}(x) = \frac{1}{\sigma}\varphi(\frac{x-\mu}{\sigma})$. Die p-Quantile der $N(\mu,\sigma^2)$-Verteilung berechnen sich aus den entsprechenden Quantilen der $N(0,1)$-Verteilung:

$$\Phi_{(\mu,\sigma^2)}^{-1}(p) = \mu + \sigma\Phi^{-1}(p), \qquad p \in (0,1).$$

Eigenschaften von normalverteilten Zufallsvariablen

1) Sind $X \sim N(\mu_1,\sigma_1^2)$ und $Y \sim N(\mu_2,\sigma_2^2)$ unabhängig sowie $a,b \in \mathbb{R}$, dann gilt: $aX + bY \sim N(a\mu_1 + b\mu_2, a^2\sigma_1^2 + b^2\sigma_2^2)$.

2) Ist $X \sim N(\mu,\sigma^2)$ normalverteilt mit Parametern μ und σ^2, dann gilt:

$$X^* = (X - \mu)/\sigma \sim N(0,1).$$

3) Es seien $X_1,\ldots,X_n \sim N(\mu,\sigma^2)$ unabhängig. Dann gilt:
   a) Das arithmetische Mittel ist normalverteilt mit Erwartungswert μ und Varianz σ^2/n:

$$\overline{X} \sim N(\mu,\sigma^2/n)$$

   b) Die *standardisierte Version* $\overline{X}^* = \frac{\overline{X}-\mu}{\sigma/\sqrt{n}} = \sqrt{n}\frac{\overline{X}-\mu}{\sigma}$ ist standardnormalverteilt: $\overline{X}^* \sim N(0,1)$.

4) Ist $X^* \sim N(0,1)$, dann gilt $\mu + \sigma X^* \sim N(\mu,\sigma^2)$, wenn $\mu \in \mathbb{R}$ und $\sigma > 0$.

Beispiel 2.8.1. Für $X \sim N(1,4)$: $P(X \leq 4.3) = P((X-1)/2 \leq 1.65) = 0.95$.

Weitere - von der Normalverteilung abgeleitete Verteilungen - werden im Kapitel über schließende Statistik besprochen.

Betaverteilung*

Die Betaverteilung ist ein parametrisches Verteilungsmodell für Zufallsvariablen, die Werte im Einheitsintervall $[0,1]$ annehmen. Sie besitzt die Dichtefunktion

$$f_{(p,q)}(x) = \frac{x^{p-1}(1-x)^{q-1}}{B(p,q)}, \qquad x \in [0,1],$$

wobei $B(p,q) = \int_0^1 x^{p-1}(1-x)^{q-1}\,dx$, $p,q \in [0,1]$, die **Betafunktion** ist. Notation: $X \sim \text{Beta}(p,q)$. Es gilt: $E(X) = p/(p \mid q)$ und $\text{Var}(X) = \frac{pq}{(p+q+1)(p+q)^2}$.

Gammaverteilung*

Eine Zufallsvariable folgt einer Gammaverteilung mit Parametern $a > 0$ und $\lambda > 0$, wenn ihre Dichte durch

$$f(x) = \frac{\lambda^a}{\Gamma(a)} x^{a-1} e^{-\lambda x}, \qquad x > 0,$$

gegeben ist. Notation: $X \sim \Gamma(a,\lambda)$. Für $a = 1$ erhält man die Exponentialverteilung als Spezialfall. Hierbei ist $\Gamma(x)$ die **Gammafunktion**. Es gilt: $E(X) = a/\lambda$ und $\mathrm{Var}(X) = \frac{a}{\lambda^2}$.

2.9 Erzeugung von Zufallszahlen*

Für Computersimulationen werden Zufallszahlen benötigt, die gewissen Verteilungen folgen. Durch Beobachten realer stochastischer Prozesse wie dem Zerfall einer radioaktiven Substanz können echte Zufallszahlen gewonnen werden. Pseudo-Zufallszahlen, die nicht wirklich zufällig sind, aber sich wie Zufallszahlen verhalten, erhält man durch geeignete Algorithmen. Der *gemischte lineare Kongruenzgenerator* erzeugt Zufallszahlen mit maximaler Periodenlänge m, die in guter Näherung U[0,1]-verteilt sind: Basierend auf einem Startwert $y_1 \in \{0, \ldots, m-1\}$ wird die Folge $y_i = (ay_{i-1} + b) \mod m$ mit $a, b \in \{1, \ldots, m-1\}$ und $a \in \{1, \ldots, m-1\}$ berechnet. Der Output ist y_i/m. Gute Resultate erhält man mit $m = 2^{35}$, $a = 2^7 + 1$ und $b = 0$. Für kryptografische Zwecke ist dieser Algorithmus jedoch nicht sicher genug!

Quantil-Transformation, Inversionsmethode Ist $U \sim$ U[0,1], dann besitzt die Zufallsvariable $X = F^{-1}(U)$ die Verteilungsfunktion $F(x)$.

Beispielsweise ist $X = -\ln(U)/\lambda$ Exp(λ)-verteilt. Bei der Implementierung muss der Fall $U = 0$ abgefangen werden.

Sind $Y_1, \ldots, Y_n$ unabhängig und identisch Exp(1)-verteilt, dann ist die nichtnegative ganze Zahl X mit $\sum_{i=1}^{X} Y_i < \lambda \leq \sum_{i=1}^{X+1} Y_i$ poissonverteilt mit Erwartungswert λ.

Für $N(0,1)$-verteilte Zufallszahlen verwendet man oft das folgende Ergebnis:

Box-Muller-Methode Sind U_1, U_2 unabhängig und identisch U[0,1]-verteilt, dann sind $Z_1 = \sqrt{-2\ln U_1} \cos(2\pi U_2)$ und $Z_2 = \sqrt{-2\ln U_2} \sin(2\pi U_2)$ unabhängig und identisch $N(0,1)$-verteilt.

2.10 Zufallsvektoren und ihre Verteilung

Interessiert eine endliche Anzahl von nummerischen Werten, $X_1(\omega), X_2(\omega), \ldots,$ $X_k(\omega)$, dann fasst man diese zu einem Vektor zusammen.

Zufallsvektor Ist Ω abzählbar, dann heißt jede Abbildung

$$\mathbf{X} : \Omega \to \mathbb{R}^n, \qquad \omega \mapsto \mathbf{X}(\omega) = (X_1(\omega), \ldots, X_n(\omega))$$

in den n-dimensionalen Raum $\mathbb{R}^n$ **Zufallsvektor**.
Zusatz: Ist Ω überabzählbar, dann müssen alle X_i, $i = 1, \ldots, n$, die Bedingung (2.1) erfüllen.

Die Realisationen eines Zufallsvektors $\mathbf{X} = (X_1, \ldots, X_n)$ sind Vektoren $\mathbf{x}$ im $\mathbb{R}^n$: $\mathbf{x} = (x_1, \ldots, x_n) \in \mathbb{R}^n$.

Verteilung Ist $\mathbf{X} = (X_1, \ldots, X_n)$ ein Zufallsvektor mit Werten in $\mathcal{X} \subset \mathbb{R}^n$, dann wird durch

$$P_X(A) = P(\mathbf{X} \in A) = P((X_1, \ldots, X_n) \in A)$$

eine Wahrscheinlichkeitsverteilung auf $\mathcal{X}$ definiert, die jedem Ereignis A, $A \subset \mathcal{X}$, die Wahrscheinlichkeit zuordnet, dass sich $\mathbf{X}$ in der Menge A realisiert. P_X heißt **Verteilung von** X.

2.10.1 Verteilungsfunktion und Produktverteilung

Wie bei eindimensionalen Zufallsvariablen kann man die Verteilungsfunkion einführen, die nun eine Funktion von n Veränderlichen wird.

Betrachten wir zunächst den zweidimensionalen Fall. Sei also (X,Y) ein zweidimensionaler Zufallsvektor. Dann ist für $x, y \in \mathbb{R}$

$$\{X \leq x, Y \leq y\} = \{X \leq x\} \cap \{Y \leq y\}$$

das Ereignis, dass $X \leq x$ und $Y \leq y$. Die zugehörige Wahrscheinlichkeit ist

$$F_{(X,Y)}(x,y) = P(X \leq x, Y \leq y)$$

und definiert die Verteilungsfunktion von (X,Y).

Verteilungsfunktion eines Zufallsvektors Ist $\mathbf{X} = (X_1, \ldots, X_n)$ ein Zufallsvektor mit Werten in $\mathcal{X} \subset \mathbb{R}^n$, dann heißt die Funktion $F : \mathbb{R}^n \to [0,1]$,

$$F(x_1, \ldots, x_n) = P(X_1 \le x_1, \ldots, X_n \le x_n), \qquad x_1, \ldots, x_n \in \mathbb{R},$$

Verteilungsfunktion von X. F ist in jedem Argument monoton wachsend mit folgenden Eigenschaften: Der Limes $\lim_{x_i \to \infty} F(x_1, \ldots, x_n)$ liefert gerade die Verteilungsfunktion der Zufallsvariablen $X_1, \ldots, X_{i-1}, X_{i+1}, \ldots, X_n$, ist also gegeben durch:

$$P(X_1 \le x_1, \ldots, X_{i-1} \le x_{i-1}, X_{i+1} \le x_{i+1}, \ldots, X_n \le x_n).$$

Ferner ist:

$$\lim_{x_i \to -\infty} F(x_1, \ldots, x_n) = 0, \qquad \lim_{x_1, \ldots, x_n \to \infty} F(x_1, \ldots, x_n) = 1.$$

Eine Wahrscheinlichkeitsverteilung auf $\mathcal{X} = \mathbb{R}^n$ ist eindeutig spezifiziert, wenn man die (für Anwendungen) relevanten Wahrscheinlichkeiten von Intervallen der Form $(\mathbf{a}, \mathbf{b}] = (a_1, b_1] \times \cdots \times (a_n, b_n]$, mit $\mathbf{a} = (a_1, \ldots, a_n) \in \mathbb{R}^n$ und $\mathbf{b} = (b_1, \ldots, b_n) \in \mathbb{R}^n$, vorgibt. Im n-dimensionalen Fall führt dies jedoch zu einer technischen Zusatzbedingung an eine nicht-negative Funktion $F : \mathbb{R}^n \to [0,1]$ mit den obigen Eigenschaften, die mitunter schwer zu verifizieren ist. Ein einfacher und wichtiger Spezialfall liegt jedoch vor, wenn man F als Produkt von eindimensionalen Verteilungsfunktionen konstruiert.

Produktverteilung Sind $F_1(x), \ldots, F_n(x)$ Verteilungsfunktionen auf $\mathbb{R}$, dann definiert

$$F(x_1, \ldots, x_n) = F_1(x_1) \cdot F_2(x_2) \cdot \ldots \cdot F_n(x_n)$$

eine Verteilungsfunktion auf $\mathbb{R}^n$. Die zugehörige Wahrscheinlichkeitsverteilung heißt **Produktverteilung**. Ist $\mathbf{X} = (X_1, \ldots, X_n)$ ein Zufallsvektor mit Verteilungsfunktion $F(\mathbf{x})$, dann gilt:

1) $X_i \sim F_i(x)$, d.h. $P(X_i \le x) = F_i(x)$, $x \in \mathbb{R}$, für alle $i = 1, \ldots, n$.
2) $X_1, \ldots, X_n$ sind stochastisch unabhängig.

Weitere Möglichkeiten, eine Produktverteilung zu spezifieren, besprechen wir in den nächsten beiden Unterabschnitten.

2.10.2 Diskrete Zufallsvektoren

Diskreter Zufallsvektor Ein Zufallsvektor, der nur Werte in einer diskreten Menge annimmt, heißt **diskreter Zufallsvektor.**

Die Verteilung eines diskreten Zufallsvektors mit möglichen Realisierungen $\mathbf{x}_1, \mathbf{x}_2, \ldots$ ist durch die Punktwahrscheinlichkeiten $p(\mathbf{x}_i) = P(\mathbf{X} = \mathbf{x}_i)$ eindeutig festgelegt.

Zähldichte Die Funktion $p_{\mathbf{X}} : \mathbb{R}^n \to [0,1]$,

$$p_{\mathbf{X}}(\mathbf{x}) = P(\mathbf{X} = \mathbf{x}), \quad \mathbf{x} \in \mathbb{R}^n,$$

heißt **(multivariate) Zähldichte (Wahrscheinlichkeitsfunktion) von X.** Ist umgekehrt $\mathcal{X} = \{x_1, x_2, \ldots\} \subset \mathbb{R}^n$ eine diskrete Punktemenge und sind $p_1, p_2, \ldots$ Zahlen aus $[0,1]$ mit $\sum_{i=1}^{n} p_i = 1$, dann erhält man wie folgt eine Zähldichte p: Definiere $p(\mathbf{x}) = p_i$, wenn $\mathbf{x} = \mathbf{x}_i$ für ein i, und $p(\mathbf{x}) = 0$, wenn $\mathbf{x} \notin \mathcal{X}$.

Die Wahrscheinlichkeit eines Ereignisses A berechnet sich dann durch:

$$P(\mathbf{X} \in A) = \sum_{i:\mathbf{x}_i \in A} p_{\mathbf{X}}(\mathbf{x}_i).$$

Für die Verteilungsfunktion erhält man:

$$F_{\mathbf{X}}(\mathbf{x}) = \sum_{i:\mathbf{x}_i \le \mathbf{x}} p_{\mathbf{X}}(\mathbf{x}_i), \qquad \mathbf{x} = (x_1, \ldots, x_n) \in \mathbb{R}^n.$$

Hierbei ist die Summe über alle Werte $\mathbf{x}_i = (x_{i1}, \ldots, x_{in})$ zu nehmen, für die gilt:

$$\mathbf{x}_i \le \mathbf{x} \quad \Leftrightarrow \quad x_{i1} \le x_1, \ldots, x_{in} \le x_n.$$

Sind n Wahrscheinlichkeitsfunktionen vorgegeben, so kann man stets eine n-dimensionale Wahrscheinlichkeitsfunktion definieren, die zum Modell der Unabhängigkeit korrespondiert:

Produkt-Zähldichte Sind $p_1(x), \ldots, p_n(x)$ Zähldichten auf den Mengen $\mathcal{X}_1, \ldots, \mathcal{X}_n$, dann definiert

$$p(x_1, \ldots, x_n) = p_1(x_1) \cdot \ldots \cdot p_n(x_n)$$

eine Zähldichte auf $\mathcal{X}_1 \times \cdots \times \mathcal{X}_n$, genannt **Produkt-Zähldichte.** Ist $(X_1, \ldots, X_n)$ nach der Produkt-Zähldichte verteilt, so sind die Koordinaten unabhängig mit $X_i \sim p_i(x)$, $i = 1, \ldots, n$.

Rand-Zähldichte Gilt $(X, Y) \sim p_{(X,Y)}(x,y)$, dann erhält man die Zähldichte von X beziehungsweise Y durch Summation über die jeweils andere Variable, das heißt

$$p_X(x) = \sum_{y \in \mathcal{Y}} p_{(X,Y)}(x,y), \qquad p_Y(y) = \sum_{x \in \mathcal{X}} p_{(X,Y)}(x,y).$$

Man spricht in diesem Zusammenhang von Rand-Zähldichten. Analog erhält man die Rand-Zähldichte eines Teilvektors durch Summation über diejenigen Indizes, die nicht den Teilvektor festlegen.

Beispiel 2.10.1. Gelte $p_{(X,Y)}(x,y) = \frac{1}{n} \cdot \binom{m}{y} p^y (1-p)^{m-y}$ für $x = 1, \ldots, n$ und $y = 0, \ldots, m$. Hierbei sind $m, n \in \mathbb{N}$ und $p \in [0,1]$ vorgegeben. Dann ist

$$p_X(x) = \sum_{y=0}^{m} \frac{1}{n} \binom{m}{y} p^y (1-p)^{m-y} = \frac{1}{n}, \quad x = 1, \ldots, n,$$

und

$$p_Y(y) = \sum_{x=1}^{m} \frac{1}{n} \binom{m}{y} p^y (1-p)^{m-y} = \binom{m}{y} p^y (1-p)^{m-y}, y = 0, \ldots, m.$$

Man erkennt: X ist diskret gleichverteilt auf $\{1, \ldots, n\}$ und Y ist Bin(m,p)-verteilt. Ferner sind X und Y unabhängig.

2.10.3 Stetige Zufallsvektoren

Stetiger Zufallsvektor, Dichtefunktion Ein Zufallsvektor $\mathbf{X} = (X_1, \ldots, X_n)$ heißt **stetig (verteilt)**, wenn es eine nichtnegative Funktion $f_\mathbf{X}(x_1, \ldots, x_n)$ gibt, so dass für alle Intervalle $(\mathbf{a}, \mathbf{b}] \subset \mathbb{R}^n$, $\mathbf{a} = (a_1, \ldots, a_n)$, $\mathbf{b} = (b_1, \ldots, b_n) \in \mathbb{R}^n$, gilt:

$$P(\mathbf{X} \in (\mathbf{a}, \mathbf{b}]) = P(a_1 < X_1 \leq b_1, \ldots, a_n < X_n \leq b_n)$$

$$= \int_{a_n}^{b_n} \cdots \int_{a_1}^{b_1} f_\mathbf{X}(x_1, \ldots, x_n) \, dx_1 \ldots dx_n.$$

Notation: $\mathbf{X} \sim f_\mathbf{X}$.
Eine nicht-negative Funktion $f(x_1, \ldots, x_n)$ mit

$$\int_{-\infty}^{\infty} \cdots \int_{-\infty}^{\infty} f(x_1, \ldots, x_n) \, dx_1 \ldots dx_n = 1$$

heißt **(multivariate) Dichtefunktion** und definiert eindeutig eine Wahrscheinlichkeitsverteilung auf $\mathbb{R}^n$.

Gilt $\mathbf{X} \sim f(x_1, \ldots, x_n)$, so erhält man die zugehörige Verteilungsfunktion durch:

$$F(x_1, \ldots, x_n) = \int_{-\infty}^{x_n} \cdots \int_{-\infty}^{x_1} f(t_1, \ldots, t_n)\, dt_1 \ldots dt_n.$$

Randdichte Gilt $(X_1, \ldots, X_n) \sim f(x_1, \ldots, x_n)$, dann berechnet sich die Dichte von X_i, genannt i-te **Randdichte**, durch:

$$f_{X_i}(x_i) = \int_{-\infty}^{\infty} \cdots \int_{-\infty}^{\infty} f(x_1, \ldots, x_n)\, dx_1 \ldots dx_{i-1} dx_{i+1} \ldots dx_n,$$

also durch Integration der Dichte über alle anderen Variablen. Die Randdichte eines Teilvektors erhält man analog, indem die gemeinsame Dichte bzgl. der anderen Koordinaten integriert wird.

Ein wichtiger Spezialfall für eine multivariate Dichte ist die Produktdichte, die zum Modell unabhängiger Koordinaten korrespondiert.

Produktdichte Sind $f_1(x), \ldots, f_n(x)$ Dichtefunktionen auf $\mathbb{R}$, dann definiert

$$f(x_1, \ldots, x_n) = f_1(x_1) \cdot \ldots \cdot f_n(x_n)$$

eine Dichte auf $\mathbb{R}^n$, genannt **Produktdichte**. Ist $(X_1, \ldots, X_n)$ verteilt nach der Produktdichte $f_1(x_1) \cdot \ldots \cdot f_n(x_n)$, dann sind die Koordinaten unabhängig mit $X_i \sim f_i(x_i)$, $i = 1, \ldots, n$.

Beispiel 2.10.2. Sei

$$f(x,y) = \begin{cases} e^{-x-y}, & x \geq 0, y \geq 0, \\ 0, & \text{sonst.} \end{cases}$$

Dann gilt $f(x,y) \geq 0$. Wegen $\int_0^{\infty} e^{-x}\, dx = -e^{-x}\big|_0^{\infty} = 1$ ist

$$\int_{-\infty}^{\infty} \int_{-\infty}^{\infty} f(x,y)\, dx\, dy = \int_0^{\infty} e^{-y}\, dy = 1.$$

Also ist $f(x,y)$ eine Dichtefunktion (auf $\mathbb{R}^2$). Wegen $\int_0^y e^{-t}\, dt = 1 - e^{-y}$ ist die zugehörige Verteilungsfunktion gegeben durch:

$$F(x,y) = \int_{-\infty}^x \int_{-\infty}^y f(x,y)\, dx\, dy = (1 - e^{-y}) \int_0^x e^{-x}\, dx = (1 - e^{-x})(1 - e^{-y}),$$

für $x,y \geq 0$. Ist $(X,Y) \sim f(x,y)$, so berechnet sich die Randdichte von X zu:

$$f_X(x) = \int_0^{\infty} e^{-x-y}\, dy = e^{-x} \int_0^{\infty} e^{-y}\, dy = e^{-x},$$

für $x > 0$. Analog ergibt sich $f_Y(y) = e^{-y}$, $y > 0$. Da $f(x,y) = f_X(x)f_Y(y)$ für alle $x,y \in \mathbb{R}$ gilt, ist $f(x,y)$ eine Produktdichte und X und Y sind unabhängig.

2.10.4 Bedingte Verteilung und Unabhängigkeit

Sind X und Y diskrete Zufallsvektoren mit möglichen Realisationen $x_1, x_2, \ldots$ bzw. $y_1, y_2, \ldots$, dann sind $\{X = x_i\}$ und $\{Y = y_j\}$ Ereignisse mit positiver Wahrscheinlichkeit. Aus diesem Grund kann man die bedingte Wahrscheinlichkeit von $X = x_i$ gegeben $Y = y_j$ gemäß der elementaren Formel $P(A|B) = P(A \cap B)/P(B)$ berechnen:

$$P(X = x_i|Y = y_j) = \frac{P(X = x_i, Y = y_j)}{P(Y = y_j)}.$$

Entsprechend definiert man die bedingte Wahrscheinlichkeit von $Y = y_j$ gegeben $X = x_i$:

Bedingte Zähldichte für diskrete Zufallsvektoren Ist (X,Y) diskret verteilt mit Zähldichte $p(x,y)$, dann wird die bedingte Verteilung von X gegeben $Y = y$ definiert durch die **bedingte Zähldichte (Wahrscheinlichkeitsfunktion)**

$$p_{X|Y}(x|y) = P(X = x|Y = y) = \begin{cases} \frac{p(x,y)}{p_Y(y)}, & y \in \{y_1, y_2, \ldots\}, \\ p_X(x), & y \notin \{y_1, y_2, \ldots, \}, \end{cases}$$

aufgefasst als Funktion von x. Hierbei ist $p_X(x) = P(X = x)$ und $p_Y(y) = P(Y = y)$. Für jedes feste y ist $p(x|y)$ also eine Zähldichte auf $\mathcal{X} = \{x_1, x_2, \ldots, \}$. Notation: $X|Y = y \sim p_{X|Y=y}(x|y)$.

Zur Abkürzung verwendet man oft die Notation: $p(x|y) = p_{X|Y}(x|y)$.

Für stetig verteilte Zufallsvariablen $(X,Y) \sim f(x,y)$ besitzen die Ereignisse $\{X = x\}$ und $\{Y = y\}$ die Wahrscheinlichkeit 0, so dass obiger Ansatz versagt. Man betrachtet nun die Ereignisse $A = \{X \leq x\}$ und $B = \{y < Y \leq y + \varepsilon\}$, $\varepsilon > 0$, die für kleines $\varepsilon > 0$ positive Wahrscheinlichkeit haben, wenn $f_X(x) > 0$ und $f_Y(y) > 0$ gilt. Anwenden der Formel $P(A|B) = P(A \cap B)/P(B)$ liefert die *bedingte Verteilungsfunktion* von X an der Stelle x gegeben $Y \in (y, y + \varepsilon]$. Führt man den Grenzübergang $\varepsilon \to 0$ durch und differenziert dann nach x, so erhält man die bedingte Dichtefunktion von X gegeben $Y = y$:

Bedingte Dichtefunktion Sind X und Y stetig verteilt mit der gemeinsamen Dichtefunktion $f(x,y)$, dann heißt

$$f_{X|Y}(x|y) = \begin{cases} \frac{f(x,y)}{f_Y(y)}, & f_Y(y) > 0, \\ f_X(x), & f_Y(y) = 0, \end{cases}$$

aufgefasst als Funktion von x, **bedingte Dichtefunktion von X gegeben** $Y = y$. Wir verwenden die Notation: $X|Y = y \sim f_{X|Y}(x|y)$.

Wiederum verwendet man oft die kürzere Schreibweise $f(x|y) = f_{X|Y}(x|y)$. Die Verteilungsfunktion der bedingten Dichte von $X|Y = y$ ist gerade

$$F(x|y) = F_{X|Y}(x|y) = \int_{-\infty}^{x} f(t|y)\,dt, \qquad x \in \mathbb{R}.$$

Faktorisierung Gilt $X|Y = y \sim f(x|y)$, dann ist die gemeinsame Dichtefunktion gegeben durch: $f(x,y) = f(x|y)f(y) = f(y|x)f(x)$.

In Anwendungen konstruiert man oft die gemeinsame Dichte durch den Faktorisierungssatz:

Beispiel 2.10.3. Ein Spielautomat wählt zufällig die Wartezeit Y auf das nächste Gewinnereignis gemäß der Dichte $f(y) = e^{-y}$, $y > 0$. Für gegebenes $Y = y$ wird dann die Gewinnsumme gemäß einer Gleichverteilung auf $[0,y]$ gewählt: $X \sim f(x|y) = \frac{1}{y}$, $x \in [0,y]$. Dann ist das Paar (X,Y) stetig verteilt mit gemeinsamer Dichte

$$f(x,y) = f(x|y)f(y) = \frac{e^{-x}}{y}, \qquad x \in [0,y], \ y > 0, \quad f(x,y) = 0 \text{ sonst.}$$

Zur Überprüfung der stochastische Unabhängigkeit von Zufallsvariablen sind die folgenden Kriterien nützlich:

Kriterium Sind X und Y diskret verteilt mit der gemeinsamen Zähldichte $p_{(X,Y)}(x,y)$, dann gilt: X und Y sind genau dann stochastisch unabhängig, wenn für alle x und y gilt:

$$p_{X|Y}(x|y) = p_X(x) \qquad \text{bzw.} \qquad p_{Y|X}(y|x) = p_Y(y).$$

Sind X und Y nach der gemeinsamen Dichte $f(x,y)$ verteilt, dann sind X und Y genau dann stochastisch unabhängig, wenn für alle x und y gilt:

$$f_{X|Y}(x) = f_X(x) \qquad \text{bzw.} \qquad f_{Y|X}(y) = f_Y(y).$$

Zwei Zufallsvariablen sind genau dann unabhängig, wenn die (Zähl-) Dichte Produktgestalt hat. Für die Verteilungsfunktion lautet das Kriterium entsprechend:

> **Produktkriterium** Der Zufallsvektor (X,Y) ist genau dann stochastisch unabhängig, wenn die gemeinsame Verteilungsfunktion $F_{(X,Y)}(x,y)$ das Produkt der Verteilungsfunktionen $F_X(x)$ von X und $F_Y(y)$ von Y ist, also wenn für alle $x,y \in \mathbb{R}$ gilt: $F_{(X,Y)}(x,y) = F_X(x) \cdot F_Y(y)$.

In theoretischen Texten findet man oft folgende Definition:

Zufallsvariablen $X_1, \ldots, X_n$ mit Verteilungsfunktionen $F_1, \ldots, F_n$ heißen (total) stochastisch unabhängig, wenn für die gemeinsame Verteilungsfunktion $F(x_1, \ldots, x_n)$ gilt: $F(x_1, \ldots, x_n) = F_1(x_1) \cdot \ldots \cdot F_n(x_n)$ für alle $x_1, \ldots, x_n \in \mathbb{R}$.

Diese Definition setzt nicht voraus, dass alle X_i entweder diskret oder stetig verteilt sind. Die obigen Eigenschaften und Formeln folgen dann hieraus.

2.10.5 Bedingte Erwartung

Der Erwartungswert $E(X)$ kann berechnet werden, sobald die Dichte bzw. Zähldichte von X bekannt ist. Ersetzt man die Dichte bzw. Zähldichte durch eine bedingte Dichte bzw. Zähldichte, dann erhält man den Begriff des bedingten Erwartungswertes. Die wichtigsten Rechenregeln übertragen sich dann.

> *Bedingter Erwartungswert* Ist der Zufallsvektor (X,Y) nach der Zähldichte $p(x,y)$ verteilt, dann ist der **bedingte Erwartungswert** von X gegeben $Y = y$ gegeben durch
>
> $$E(X|Y = y) = \sum_{x \in \mathcal{X}} x\, p_{X|Y}(x|y).$$
>
> Im stetigen Fall $(X,Y) \sim f_{(X,Y)}(x,y)$ ist: $E(X|Y = y) = \int x f_{X|Y}(x|y)\, dx$. Beachte, dass $g(y) = E(X|Y = y)$ eine Funktion von y ist. Einsetzen der Zufallsvariable Y liefert **bedingte Erwartung von X gegeben Y**. Notation: $E(X|Y) := g(Y)$.

Es gilt: $E(X) = E(E(X|Y)) = \int E(X|Y = y) f_Y(y)\, dy$. In der Tat erhalten im stetigen Fall wegen $f_{(X,Y)}(x,y) = f_{X|Y}(x|y) f_Y(y)$: $E(X) = \int \int x f_{(X,Y)}(x,y)\, dx = \int \left[\int x f(x|y)\, dx \right] f_Y(y)\, dy$. Das innere Integral ist $E(X|Y = y)$.

2.10.6 Erwartungswertvektor und Kovarianzmatrix

> *Erwartungswertvektor* Sei $\mathbf{X} = (X_1, \ldots, X_n)'$ ein Zufallsvektor. Existieren die n Erwartungswerte $\mu_i = E(X_i)$, $i = 1, \ldots, n$, dann heißt der (Spalten-) Vektor $\mu = (E(X_1), \ldots, E(X_n))'$ **Erwartungswertvektor von X**.

Die für den Erwartungswert bekannten Rechenregeln übertragen sich auf Erwartungswertvektoren. Insbesondere gilt für zwei Zufallsvektoren $\mathbf{X}$ und $\mathbf{Y}$ sowie Skalare $a,b \in \mathbb{R}$:

$$E(a \cdot \mathbf{X} + b \cdot \mathbf{Y}) = a \cdot E(\mathbf{X}) + b \cdot E(\mathbf{Y}).$$

Als nächstes stellt sich die Frage, wie der Erwartungswert einer Funktion $Y = g(\mathbf{X})$ eines Zufallsvektors $\mathbf{X} = (X_1, \ldots, X_n)'$ berechnet werden kann. Sei dazu $g : \mathbb{R}^n \to \mathbb{R}$ eine Funktion mit der Eigenschaft, dass $Y(\omega) = g(\mathbf{X}(\omega))$, $\omega \in \Omega$ eine Zufallsvariable auf dem zugrunde liegenden Wahrscheinlichkeitsraum $(\Omega, \mathcal{A}, P)$ ist. Man kann nun die Verteilung von Y bestimmen und wie gehabt rechnen. Dies ist jedoch oftmals nicht möglich oder sehr schwer. Daher nutzt man meist aus, dass sich die Transformationsformel (vgl. S. 110) überträgt. Ist $\mathbf{X}$ diskret nach der Zähldichte $p_{\mathbf{X}}(\mathbf{x})$, $\mathbf{x} \in \mathcal{X}$, verteilt, dann ist

$$E(Y) = E(g(\mathbf{X})) = \sum_{\mathbf{x} \in \mathcal{X}} g(\mathbf{x}) P_{\mathbf{X}}(\mathbf{x}).$$

Ist $\mathbf{X}$ stetig nach der Dichte $f_{\mathbf{X}}(\mathbf{x})$ verteilt, dann ist

$$E(Y) = E(g(\mathbf{X})) = \int g(\mathbf{x}) f_{\mathbf{X}}(\mathbf{x}) d(\mathbf{x})$$

Beispiel 2.10.4. Es gelte $\mathbf{X} = (X_1, X_2)' \sim f_{\mathbf{X}}$ mit

$$f_{(X_1,X_2)}(x_1, x_2) = \begin{cases} x_2^3 & \text{falls } x_1 \in [0,4] \text{ und } x_2 \in [0,1], \\ 0, & \text{sonst.} \end{cases}$$

Zu bestimmen sei $Eg(X_1, X_1)$ für die Funktion $g(x_1, x_2) = x_1 \cdot x_2$, $x_1, x_2 \in \mathbb{R}$. Wir erhalten

$$E(X_1 \cdot X_2) = \int_{-\infty}^{+\infty} \int_{-\infty}^{+\infty} x_1 x_2 f_{(X_1,X_2)}(x_1, x_2) dx_1 dx_2$$

$$= \int_0^1 \int_0^4 x_1 x_2 x_2^3 dx_1 dx_2$$

$$= \int_0^1 x_2^4 \left(\frac{x_1^2}{2} \Big|_{x_1=0}^{x_1=4} \right) dx_2 = \ldots = \frac{8}{5}.$$

X und Y seien zwei Zufallsvariablen mit existierenden Varianzen. sei $\mu_X = E(X)$ und $\mu_Y = E(Y)$. Es gilt: $\text{Var}(X + Y) = E((X - \mu_X) + (Y - \mu_Y))^2$. Ausquadrieren und Ausnutzen der Linearität des Erwartungswertes liefert:

$$\text{Var}(X + Y) = \text{Var}(X) + 2E(X - \mu_X)(Y - \mu_Y) + \text{Var}(Y).$$

Sind X und Y stochastisch unabhängig, dann gilt für den mittleren Term

$$E(X - \mu_X)(Y - \mu_Y) = E(X - \mu_X)E(Y - \mu_Y) = 0.$$

Kovarianz, Kovarianzmatrix Sind X und Y Zufallsvariablen mit existierenden Varianzen, dann heißt

$$\text{Cov}(X, Y) = E(X - \mu_X)(Y - \mu_Y)$$

Kovarianz von X und Y. Ist $\mathbf{X} = (X_1, \ldots, X_n)$ ein Zufallsvektor, dann heißt die symmetrische $(n \times n)$-Matrix $\text{Var}(\mathbf{X}) = (\text{Cov}(X_i, X_j))_{i,j}$ der n^2 Kovarianzen **Kovarianzmatrix von X**.

Rechenregeln Sind X, Y und Z Zufallsvariablen mit endlichen Varianzen, dann gelten für alle $a, b \in \mathbb{R}$ die folgenden Rechenregeln:

1) $\text{Cov}(aX, bY) = ab\,\text{Cov}(X, Y)$.
2) $\text{Cov}(X, Y) = \text{Cov}(Y, X)$.
3) $\text{Cov}(X, Y) = 0$, wenn X und Y unabhängig sind.
4) $\text{Cov}(X + Y, Z) = \text{Cov}(X, Z) + \text{Cov}(Y, Z)$

Beispiel 2.10.5. Sei $Z \sim N(0,1)$ und $\mathbf{X} = (X_1, X_2)'$ gegeben durch

$$X_1 = 1 + 2Z,$$
$$X_2 = 3Z.$$

Dann gilt

$$\text{Var}(X_1) = 4, \qquad \text{Var}(X_2) = 9$$

und die Kovarianz zwischen X_1 und X_2 berechnet sich zu

$$\begin{aligned}
\text{Cov}(X_1, X_2) &= \text{Cov}(1 + 2Z, 3Z) \\
&= \text{Cov}(2Z, 3Z) \\
&= 2 \cdot 3 \cdot \text{Cov}(Z, Z) \\
&= 6\,\text{Var}(Z) = 6.
\end{aligned}$$

Somit erhalten wir für die Kovarianzmatrix

$$\text{Cov}(\mathbf{X}) = \begin{pmatrix} \text{Var}(X_1) & \text{Cov}(X_1, X_2) \\ \text{Cov}(X_1, X_2) & \text{Var}(X_2) \end{pmatrix} = \begin{pmatrix} 4 & 6 \\ 6 & 9 \end{pmatrix}.$$

Unkorreliertheit Zwei Zufallsvariablen X und Y heißen **unkorreliert**, wenn $\text{Cov}(X,Y) = 0$. Nach obiger Regel (iii) sind unabhängige Zufallsvariablen unkorreliert. Die Umkehrung gilt i.A. nicht, jedoch dann, wenn X und Y (gemeinsam) normalverteilt sind (vgl. Abschnitt 2.12.3)

Die Kovarianz ist ein Maß für die Abhängigkeit von X und Y. Es stellt sich die Frage, welchen Wert die Kovarianz maximal annehmen kann.

Cauchy-Schwarz-Ungleichung Sind X und Y Zufallsvariablen mit Varianzen $\sigma_X^2 \in (0,\infty)$ und $\sigma_Y^2 \in (0,\infty)$, dann gilt:

$$|\text{Cov}(X,Y)| \leq \sqrt{\text{Var}(X)}\sqrt{\text{Var}(Y)} = \sigma_X \sigma_Y.$$

Dividieren wir durch den Maximalwert, so erhalten wir eine Größe, die Werte zwischen -1 und 1 annimmt.

Korrelation Sind X und Y Zufallsvariablen mit existierenden Varianzen $\sigma_X^2 \in (0,\infty)$ und $\sigma_Y^2 \in (0,\infty)$, dann heißt

$$\rho = \rho(X,Y) = \text{Cor}(X,Y) = \frac{\text{Cov}(X,Y)}{\sigma_X \sigma_Y}$$

Korrelation oder Korrelationskoeffizient von X und Y.

Eigenschaften der Korrelation Sind X und Y Zufallsvariablen, dann gelten die folgenden Aussagen:

1) $\text{Cor}(X,Y) = \text{Cor}(Y,X)$.
2) $-1 \leq \text{Cor}(X,Y) \leq 1$.
3) $|\text{Cor}(X,Y)| = 1$ gilt genau dann, wenn X und Y linear abhängig sind.
   Speziell:
   a) $\text{Cov}(X,Y) = 1$ genau dann, wenn $Y = a + bX$ mit $b > 0$, $a \in \mathbb{R}$.
   b) $\text{Cov}(X,Y) = -1$ genau dann, wenn $Y = a + bX$ mit $b < 0$, $a \in \mathbb{R}$.

$\text{Cor}(X,Y)$ ist das wahrscheinlichkeitstheoretische Analogon zum empirischen Korrelationskoeffizienten nach Bravais-Pearson.

Beispiel 2.10.6. Wir berechnen die Korrelation der Zufallsvariablen X_1 und X_2 wie in Beispiel 2.10.5 eingeführt:

$$\text{Cor}(X_1, X_2) = \frac{\text{Cov}(X_1, X_2)}{\sqrt{\text{Var}(X_1)\,\text{Var}(X_2)}} = \frac{6}{\sqrt{4 \cdot 9}} = 1.$$

In der Tat liegen X_1 und X_2 auf einer Geraden: Aus $X_1 = 1 + 2Z$ erhalten wir $Z = (X_1 - 1)/2$ und hieraus $X_2 = 3(X_1 - 1)/2 = (3/2)X_1 - 3/2$.

2.11 Grenzwertsätze und Konvergenzbegriffe

Wir kommen nun zu den drei zentralen Ergebnissen der Wahrscheinlichkeitsrechnung, die insbesondere begründen, warum und in welchem Sinne die statistische Analyse von Datenmaterial funktioniert.

2.11.1 Das Gesetz der großen Zahlen

Das Gesetz der großen Zahlen ist das erste fundamentale Theorem der Wahrscheinlichkeitsrechnung. Es rechtfertigt die Mittelung in Form des arithmetischen Mittelwerts zur Approximation des Erwartungswerts.

$X_1, \ldots, X_n$ seinen unabhängig und identisch verteilte Zufallsvariablen mit Erwartungswert $\mu = E(X_1)$ und Varianz $\sigma^2 = \mathrm{Var}(X_1)$. Das arithmetische Mittel ist definiert als:

$$\overline{X}_n = \frac{1}{n} \sum_{i=1}^{n} X_i.$$

Da uns im Folgenden das Verhalten in Abhängigkeit vom Stichprobenumfang n interessiert, schreiben wir $\overline{X}_n$ anstatt nur $\overline{X}$.

Es stellt sich die Frage, wie groß der Fehler ist, den man begeht, wenn man statt des (unbekannten) Erwartungswertes μ das arithmetische Mittel $\overline{X}_n$ verwendet. Der absolute Fehler F_n ist:

$$F_n = |\overline{X}_n - \mu|.$$

Dieser absolute Fehler ist als Funktion von $\overline{X}_n$ ebenfalls eine Zufallsvariable.

Wir geben nun eine Toleranz $\varepsilon > 0$ vor, mit der Interpretation, dass Abweichungen, die größer als F_n sind, nur sehr selten vorkommen sollen. Das Ereignis $\{F_n > \varepsilon\}$ soll also nur eine kleine Wahrscheinlichkeit besitzen. Die Fehlerwahrscheinlichkeit,

$$P(F_n > \varepsilon) = P(|\overline{X}_n - \mu| > \varepsilon),$$

kann in der Regel nicht exakt berechnet werden. Sie kann jedoch abgeschätzt werden.

Tschebyschow (Tschebyschev, Chebychev)-Ungleichung Sind $X_1, \ldots, X_n$ unabhängig und identisch verteilte Zufallsvariablen mit Varianz $\sigma^2 \in (0,\infty)$ und Erwartungswert μ, dann gilt für das arithmetische Mittel $\overline{X}_n = \frac{1}{n}\sum_{i=1}^{n} X_i$ die Ungleichung:

$$P(|\overline{X}_n - \mu| > \varepsilon) \leq \frac{\sigma^2}{n\varepsilon^2}$$

Diese Ungleichung liefert also: $P(F_n > \varepsilon) \leq \frac{\sigma^2}{n\varepsilon^2}$. Durch Wahl eines hinreichend großen Stichprobenumfangs n kann gewährleistet werden, dass die Fehlerwahrscheinlichkeit beliebig klein wird. Dies gelingt immer, unabhängig davon, wie klein ε gewählt wurde. In großen Stichproben nähert sich das arithmetische Mittel beliebig genau dem – in der Regel unbekannten – Erwartungswert μ an.

Schwaches Gesetz der großen Zahlen Sind $X_1, \ldots, X_n$ unabhängig und identisch verteilte Zufallsvariablen mit Erwartungswert μ und Varianz σ^2, $\sigma^2 \in (0,\infty)$, dann konvergiert das arithmetische Mittel $\overline{X}_n = \frac{1}{n}\sum_{i=1}^{n} X_i$ im stochastischen Sinne gegen den Erwartungswert μ, d.h. für jede Toleranzabweichung $\varepsilon > 0$ gilt:

$$P(|\overline{X}_n - \mu| > \varepsilon) \to 0,$$

wenn n gegen ∞ strebt.

Für einen festen Ausgang $\omega \in \Omega$ der zu Grunde liegenden Ergebnismenge bilden die Realisationen

$$\overline{x}_1 = \overline{X}_1(\omega), \ \overline{x}_2 = \overline{X}_2(\omega), \ldots$$

eine reelle Zahlenfolge. In Abhängigkeit von ω konvergiert diese Zahlenfolge gegen den Erwartungswert μ oder nicht. Das starke Gesetz der großen Zahlen besagt, dass die Menge aller ω, für welche Konvergenz gegen μ eintritt, ein sicheres Ereignis ist.

Starkes Gesetz der großen Zahlen Sind $X_1, \ldots, X_n$ unabhängig und identisch verteilt mit $E|X_1| < \infty$ und Erwartungswert μ, dann konvergiert das arithmetische Mittel mit Wahrscheinlichkeit 1 gegen μ, d.h.

$$P(\overline{X}_n \to \mu) = P(\{\omega | \overline{X}_n(\omega) \text{ konvergiert gegen } \mu\}) = 1.$$

2.11.2 Der Hauptsatz der Statistik

Die Verteilung einer Stichprobe $X_1, \ldots, X_n \sim F(x)$ mit gemeinsamer Verteilungsfunktion $F(x)$ ist durch die empirische Verteilungsfunktion

$$F_n(x) = \frac{1}{n} \sum_{i=1}^{n} \mathbf{1}_{(-\infty,x]}(X_i), \qquad x \in \mathbb{R},$$

also den Anteil der X_i in der Stichprobe, die kleiner oder gleich x sind, eindeutig beschrieben: Die Sprungstellen liefern die beobachteten Werte x_j, die Sprunghöhen die zugehörigen relativen Häufigkeiten f_j. Die Statistik verwendet $F_n(x)$ und hiervon abgeleitete Größen (empirische Quantile, arithmetisches Mittel, etc.) anstatt der unbekannten Verteilungsfunktion $F(x)$.

Hauptsatz der Statistik Sind $X_1, \ldots, X_n \sim F(x)$ unabhängig und identisch verteilt, dann konvergiert der (maximale) Abstand zwischen der empirischen Verteilungsfunktion $F_n(x)$ und der wahren Verteilungsfunktion $F(x)$ mit Wahrscheinlichkeit 1 gegen 0:

$$P\left(\lim_{n \to \infty} \max_{x \in \mathbb{R}} |F_n(x) - F(x)| = 0 \right) = 1.$$

Herleitung: Da die Zufallsvariablen $Z_1 = \mathbf{1}_{(-\infty,x]}(X_1), \ldots, Z_n = \mathbf{1}_{(-\infty,x]}(X_n)$ unabhängig und identisch verteilt sind mit $E(Z_1) = P(X_1 \leq x) = F(x)$, liefert das Gesetz der großen Zahlen die (stochastische bzw. fast sichere) Konvergenz von $F_n(x)$ gegen $F(x)$. Für monotone Funktionen folgt dann bereits, dass die Konvergenz gleichmäßig in x erfolgt. $\qquad\square$

2.11.3 Der zentrale Grenzwertsatz

Der zentrale Grenzwertsatz (ZGWS) der Stochastik liefert eine Approximation für die *Verteilung* von Mittelwerten. Hierdurch werden approximative Wahrscheinlichkeitsberechnungen auch dann möglich, wenn nur minimale Kenntnisse über das stochastische Phänomen vorliegen. Der ZGWS ist daher von fundamentaler Bedeutung für Anwendungen.

Beispiel 2.11.1. Für die $n = 30$ Leistungsmessungen der Fotovoltaik-Module aus Beispiel 1.1.1, erhält man $\overline{x} = 217.3$ und $s^2 = 11.69$. Wie wahrscheinlich ist es, dass das arithmetische Mittel der Messungen 218.5 bzw. 219 unterschreitet, wenn die Herstellerangaben $\mu = 220$ und $\sigma^2 = 9$ sind? Wir können die gesuchte Wahrscheinlichkeit nicht berechnen, da wir die Verteilung von $\overline{X}_{30} = \frac{1}{30} \sum_{i=1}^{30} X_i$ nicht kennen.

Sind $X_1, \ldots, X_n$ unabhängig und identisch normalverteilt mit Erwartungswert μ und Varianz $\sigma^2 \in (0,\infty)$, dann ist auch das arithmetische Mittel $\overline{X}_n$ normalverteilt:

$$\overline{X}_n \sim N(\mu, \sigma^2/n).$$

Die standardisierte Größe ist also standardnormalverteilt:

$$\overline{X}_n^* = \frac{\overline{X}_n - \mu}{\sigma/\sqrt{n}} = \sqrt{n}\,\frac{\overline{X}_n - \mu}{\sigma} \sim N(0,1).$$

Somit berechnen sich die für Anwendungen wichtigen Intervallwahrscheinlichkeiten durch:

$$P(a < \overline{X}_n \leq b) = \Phi\left(\sqrt{n}\,\frac{b - \mu}{\sigma}\right) - \Phi\left(\sqrt{n}\,\frac{a - \mu}{\sigma}\right).$$

In Anwendungen kann man jedoch häufig nicht annehmen, dass die X_i normalverteilt sind - oft genug sind sie es nicht einmal näherungsweise. Der zentrale Grenzwertsatz besagt nun, dass die standardisierte Version $\overline{X}_n^*$ jedoch für großes n *näherungsweise* $N(0,1)$-verteilt ist, *unabhängig* davon, wie die X_i verteilt sind. Die obige einfache Formel gilt dann nicht exakt, sondern approximativ:

$$P(a < \overline{X}_n \leq b) \approx \Phi\left(\sqrt{n}\,\frac{b - \mu}{\sigma}\right) - \Phi\left(\sqrt{n}\,\frac{a - \mu}{\sigma}\right),$$

und es reicht völlig, wenn dieses $\approx$ in dem Sinne zu verstehen ist, dass die Differenz zwischen linker und rechter Seite betragsmäßig gegen 0 konvergiert.

ZGWS Seien $X_1, \ldots, X_n$ unabhängig und identisch verteilte Zufallsvariablen mit Erwartungswert $\mu = E(X_1)$ und Varianz $\sigma^2 = \mathrm{Var}(X_1) \in (0,\infty)$. Dann ist $\overline{X}_n$ asymptotisch $N(\mu, \sigma^2/n)$-verteilt,

$$\overline{X}_n \sim_{approx} N(\mu, \sigma^2/n),$$

in dem Sinne, dass die Verteilungsfunktion der standardisierten Version gegen die Verteilungsfunktion der $N(0,1)$-Verteilung konvergiert:

$$P\left(\sqrt{n}\,\frac{\overline{X}_n - \mu}{\sigma} \leq x\right) \to \Phi(x), \qquad n \to \infty.$$

Diese Aussage bleibt richtig, wenn man σ durch eine Zufallsvariable s_n ersetzt, für die gilt: $\lim_{n\to\infty} P(|s_n/\sigma - 1| > \varepsilon) = 0$ für alle $\varepsilon > 0$.

Wie gut diese Approximation ist und wie groß n sein muss, hängt von der zugrunde liegenden Verteilungsfunktion $F(x)$ der $X_1, \ldots, X_n$ ab. Eine Faustregel besagt, dass der ZWGS für $n \geq 30$ für die meisten praktischen Belange genau genug ist.

Beispiel 2.11.2. Wir wenden den zentralen Grenzwertsatz an, um die gesuchte Wahrscheinlichkeit aus Beispiel 2.11.1 näherungsweise zu berechnen. Da $X_1, \ldots, X_n$ unabhängig und identisch verteilt sind mit Erwartungswert $\mu = 220$ und Varianz $\sigma^2 = 9$, gilt nach dem ZGWS $\overline{X}_{30} \sim_{approx} N(220, 9/30)$. Also ist wegen $\sqrt{30} \approx 5.478$ für $x = 219$:

$$P(\overline{X} < 219) = P\left(\sqrt{30}\frac{\overline{X}_{30} - 220}{3} < \sqrt{30}\frac{219 - 220}{3}\right)$$

$$\approx \Phi\left(5.48\frac{-1}{3}\right) = \Phi(-1.83) = 0.034.$$

Für $x = 218.5$ ist $\sqrt{30}\frac{218.5-220}{3} \approx -2.74$. Damit erhalten wir die Näherung $P(\overline{X} < 218.5) \approx \Phi(-2.74) \approx 0.003$.

Für praktische Berechnungen kann man also so tun, als ob $\overline{X}_n$ $N(\mu, \sigma^2/n)$-verteilt bzw. $\overline{X}_n^*$ $N(0,1)$-verteilt ist.

Für binomialverteilte Zufallsvariablen lautet der ZGWS wie folgt:

> **ZGWS für Binomialverteilungen** Seien $X_1, \ldots, X_n \overset{i.i.d.}{\sim}$ Ber(p) mit $p \in (0,1)$. Dann ist die Anzahl $Y_n = \sum_{i=1}^n X_i$ der Erfolge Bin(n,p)-verteilt mit $E(Y_n) = np$ und $\mathrm{Var}(Y_n) = np(1-p)$. Es gilt für alle $x \in \mathbb{R}$:
>
> $$P\left(\frac{Y_n - np}{\sqrt{np(1-p)}} \leq x\right) \to \Phi(x), \qquad \text{für } n \to \infty.$$

Also: $P(Y_n \leq x) \approx P(Z_n \leq x)$ mit $Z_n \sim N(np, np(1-p))$. Ein grafischer Vergleich der Bin(n,p)-Zähldichte mit der approximierenden $N(np, np(1-p))$-Dichte zeigt, dass $P(Z_n \leq x + 0.5)$ die Approximation verbessert. Genauso wird $P(Y_n \geq x)$ genauer durch $P(Z_n \geq x - 1/2)$ angenähert als durch $P(Z_n \geq x)$.

Beispiel 2.11.3. Für $Y \sim$ Bin$(25, 0.6)$ ist $P(Y \leq 13) \approx P(Z \leq 13) = \Phi(-0.82) = 0.206$, wenn $Z \sim N(15, 6)$. Eine exakte Rechnung ergibt $P(Y \leq 13) = 0.267$. Mit der Stetigkeitskorrektur erhalten wir die Approximation $P(Y \leq 13.5) \approx P(Z \leq 13.5) = \Phi(-0.61) = 0.271$.

2.11.4 Konvergenzbegriffe*

Im Sinne des schwachen Gesetzes der großen Zahlen konvergiert $\overline{X}_n$ gegen den Erwartungswert μ. Man spricht von stochastischer Konvergenz:

Stochastische Konvergenz Sei $X_1, X_2, \ldots$ eine Folge von Zufallsvariablen und $a \in \mathbb{R}$ eine Konstante. $(X_n)_{n \in \mathbb{N}}$ **konvergiert stochastisch gegen** a, wenn für alle $\varepsilon > 0$ gilt:

$$\lim_{n \to \infty} P(|X_n - a| > \varepsilon) = 0.$$

Notation: $X_n \overset{P}{\to} a$, für $n \to \infty$. Ersetzt man a durch eine Zufallsvariable X, so spricht man von stochastischer Konvergenz der Folge X_n gegen X.

Dem starken Gesetz der großen Zahlen liegt der folgende Konvergenzbegriff zu Grunde:

Fast sichere Konvergenz Sei $X_1, X_2, \ldots$ eine Folge von Zufallsvariablen und $a \in \mathbb{R}$ eine Konstante. $(X_n)_{n \in \mathbb{N}}$ konvergiert **fast sicher** gegen a, wenn

$$P(X_n \to a) = P(\lim_{n \to \infty} X_n = a) = 1.$$

Notation: $X_n \overset{f.s.}{\to} a$, $n \to \infty$. Wieder kann man a durch eine Zufallsvariable X ersetzen.

Der zentrale Grenzwertsatz macht eine Aussage über die Konvergenz der Verteilungsfunktion von $\overline{X}_n^*$ gegen die Verteilungsfunktion der $N(0,1)$-Verteilung. Man spricht von Verteilungskonvergenz:

Konvergenz in Verteilung Sei $X_1, X_2, \ldots$ eine Folge von Zufallsvariablen mit $X_i \sim F_i(x)$, $i = 1, 2, \ldots$ X_n **konvergiert in Verteilung** gegen $X \sim F(x)$, wenn

$$F_n(x) \to F(x), \qquad n \to \infty,$$

in allen Stetigkeitsstellen x von $F(x)$ gilt. Notation: $X_n \overset{d}{\to} X$, $X_n \overset{d}{\to} F$ oder auch $F_n \overset{d}{\to} F$.

Es gelten die Implikationen:

$$X_n \overset{f.s.}{\to} X \quad \Rightarrow \quad X_n \overset{P}{\to} X \quad \Rightarrow \quad X_n \overset{d}{\to} X$$

Ferner gilt: Aus $E(X_n - X)^2 \to 0$ für $n \to \infty$ folgt $X_n \overset{P}{\to} X$ für $n \to \infty$. Die Umkehrungen gelten nicht.

2.12 Verteilungsmodelle für Zufallsvektoren

2.12.1 Multinomialverteilung

Die Multinomialverteilung ist ein geeignetes stochastisches Modell für *Häufigkeitstabellen* (allgemeiner *Kontingenztafeln*).

Sie verallgemeinert die Situation der Binomialverteilung, bei der zwei Ausprägungen beobachtet werden können (Erfolg und Misserfolg), auf den Fall, dass zwei oder mehr Ausprägungen auftreten können. Genau dies ist der Fall bei Häufigkeitstabellen eines nominal skalierten Merkmals und, wenn man die Zellen zeilen- oder spaltenweise durchnummeriert, auch anwendbar auf höherdimensionale Kontingenztafeln.

Wir nehmen also an, dass die Häufigkeitstabelle für k Kategorien $a_1, \ldots, a_k$ durch Auszählen einer Zufallsstichprobe $X_1, \ldots, X_n$ vom Umfang n entsteht. Die X_i sind somit stochastisch unabhängig und diskret verteilt mit möglichen Realisationen $a_1, \ldots, a_k$; X_i beschreibt (gedanklich) die Merkmalsausprägung der i-ten zufällig aus der Grundgesamtheit ausgewählten statistischen Einheit.

Die in der deskriptiven Statistik eingeführten absoluten Häufigkeiten

$$H_j = \sum_{i=1}^{n} \mathbf{1}(X_i = a_j), \qquad j = 1, \ldots, k,$$

sind nun Zufallsvariablen, die binomialverteilt sind mit Parametern n und $p_j = P(X_1 = a_j)$.

Fasst man die absoluten Häufigkeiten $H_1, \ldots, H_k$ zu einem Zufallsvektor $\mathbf{H} = (H_1, \ldots, H_k)$ zusammen, dann gilt:

$$p_{\mathbf{H}}(x_1, \ldots, x_k) = P((H_1, \ldots, H_k) = (x_1, \ldots, x_k))$$

$$= \binom{n}{x_1 \cdots x_k} p_1^{x_1} \ldots p_k^{x_k},$$

sofern die $x_1, \ldots, x_k$ nichtnegativ sind mit $x_1 + \cdots + x_k = n$. Andernfalls ist $P((H_1, \ldots, H_k) = (x_1, \ldots, x_k)) = 0$. Die hierduch definierte Wahrscheinlichkeitsverteilung auf der Menge

$$\mathcal{X} = \{0, \ldots, n\} \times \cdots \times \{0, \ldots, n\}$$

heißt **Multinomialverteilung** mit Parametern n und $\mathbf{p} = (p_1, \ldots, p_k)$. Notation:

$$(H_1, \ldots, H_k) \sim M(n; p_1, \ldots, p_k).$$

Herleitung: Wir wollen die Formel für die Zähldichte begründen. Zunächst ist $p_{\mathbf{H}}(x_1, \ldots, x_k) = 0$, wenn nicht alle x_i nichtnegativ sind und in der Summe n ergeben, da solch ein Auszählergebnis nicht möglich ist. Die Wahrscheinlichkeit, dass genau x_j der Zufallsvariablen die Ausprägung a_j annehmen, $j = 1, \ldots, k$, ist

$$p_1^{x_1} \cdot p_2^{x_2} \cdots p_k^{x_k},$$

da die X_i unabhängig sind. Wir müssen auszählen, wieviele Stichproben es gibt, die zu diesem Ergebnis führen. Zunächst gibt es $\binom{n}{x_1}$ Möglichkeiten, x_1–mal die Ausprägung a_1 zu beobachten. Es verbleiben $n - x_1$ Experimente mit $\binom{n-x_1}{x_2}$ Möglichkeiten, x_2–mal die Ausprägung a_2 zu beobachten. Dies setzt sich so fort. Schließlich verbleiben $n - x_1 - x_2 - \cdots - x_{k-1}$ Beobachtungen mit

$$\binom{n - x_1 - x_2 - \cdots - x_{k-1}}{x_k}$$

Möglichkeiten, bei x_k Experimenten die Ausprägung a_k zu beobachten. Insgesamt gibt es daher

$$\binom{n}{x_1} \cdot \binom{n - x_1}{x_2} \cdots \binom{n - x_1 - x_2 - \cdots - x_{k-1}}{x_k}$$

Stichproben, die zur Auszählung $(x_1, \ldots, x_k)$ führen. Dieses Produkt von Binomialkoeffizienten vereinfacht sich erheblich, da man bei aufeinanderfolgenden Faktoren Kürzen kann. So ist etwa

$$\binom{n}{x_1} \cdot \binom{n - x_1}{x_2} = \frac{n!}{x_1!(n - x_1)!} \frac{(n - x_1)!}{x_2!(n - x_1 - x_2)!} = \frac{n!}{x_1! x_2!(n - x_1 - x_2)!}$$

Der Faktor $(n - x_1 - x_2)!$ im Nenner tritt im Zähler des nächsten Binomialkoeffizienten auf, und dies setzt sich so fort. Man erhält schließlich:

$$\frac{n!}{x_1! \cdot x_2! \cdot \cdots \cdot x_k!}.$$

$\square$

Multinomialkoeffizient **Der Ausdruck**

$$\binom{n}{x_1 \cdots x_k} = \frac{n!}{x_1! \cdot x_2! \cdot \cdots \cdot x_k!}.$$

heißt **Multinomialkoeffizient** und gibt die Anzahl der Möglichkeiten an, eine n-elementige Obermenge in k Teilmengen der Mächtigkeiten $x_1, \ldots, x_k$ zu zerlegen.

Erwartungswert und Varianz der einzelnen Anzahlen H_J ergeben sich aus deren Binomialverteilung. Sie sind somit gegeben durch

$$E(H_j) = n \cdot p_j \qquad \text{und} \qquad \text{Var}(H_j) = n \cdot p_j \cdot (1 - p_j).$$

Die Kovarianz zwischen H_i und H_j ergibt sich zu

$$\text{Cov}(H_i, H_j) = -n \cdot H_i \cdot H_j.$$

Diese negative Kovarianz ist intuitiv nachvollziehbar: Ist die Anzahl H_i in Zelle i größer als erwartet, so muss die Anzahl H_j in Zelle j tendenziell kleiner als erwartet sein, da die Summe aller Anzahlen n ergibt.

2.12.2 Die zweidimensionale Normalverteilung

Es sei (X, Y) ein Paar von Zufallsvariablen, die beide normalverteilt sind. Mit den Standardnotationen

$$\mu_X = E(X), \ \mu_Y = E(Y), \ \sigma_X^2 = \text{Var}(X), \ \sigma_Y^2(Y),$$

gilt dann also:

$$X \sim N(\mu_X, \sigma_X^2) \quad \text{und} \quad N(\mu_Y, \sigma_Y^2).$$

Die Festlegung der beiden Randverteilungen bedeutet aber noch nicht, dass wir etwas über die *gemeinsame* Verteilung wissen. Es kann sogar der Fall eintreten, dass das Paar (X, Y) keine gemeinsame Dichtefunktion besitzt: Ist $U \sim N(0,1)$ standardnormalverteilt, dann ist auch $V = -U$ standardnormalverteilt. Hier können wir den Wert V exakt berechnen, wenn wir den Wert von W kennen, da $V(\omega) = -U(\omega)$ für alle $\omega \in \Omega$ gilt: Alle Realisationen von (U, V) liegen auf der Geraden $G = \{(u, v) \in \mathbb{R}^2 : v = -u\}$. Die Integrationstheorie im $\mathbb{R}^2$ lehrt, dass es dann keine Dichtefunktion für (U, V) geben kann; das Integral einer Dichtefunktion $h(x, y)$ müsste auch dann 1 ergeben, wenn man nur über G integriert. Da das Volumen von G jedoch 0 ist, ist auch das Integral 0. Ferner ist der Korrelationskoeffizient zwischen U und V dann -1.

Das nun einzuführende Modell einer zweidimensionalen Normalverteilung spart bewusst solche Fälle aus. Hierzu legt man die Verteilung eines bivariaten Zufallsvektors (X, Y) durch die Dichtefunktion

$$f(x, y) = \frac{1}{2\pi \sigma_X \sigma_Y \sqrt{1 - \rho^2}} \cdot$$

$$\cdot \exp\left\{ -\frac{1}{2(1 - \rho^2)} \left[\left(\frac{x - \mu_X}{\sigma_X} \right)^2 - 2\rho \frac{x - \mu_X}{\sigma_X} \frac{y - \mu_Y}{\sigma_Y} + \left(\frac{y - \mu_Y}{\sigma_Y} \right)^2 \right] \right\},$$

für $(x, y) \in \mathbb{R}^2$ fest, wobei fünf Parameter auftreten: $\mu_X \in \mathbb{R}, \mu_Y \in \mathbb{R}, \sigma_X \in (0, \infty), \sigma_Y \in (0, \infty)$ und $\rho \in (-1, 1)$. Dies heißt:

$$P((X, Y) \in (a, b] \times (c, d]) = \int_a^b \int_c^d f(x, y) \, dy dx, \qquad a < b, \ c < d.$$

Durch Berechnen der entsprechenden Integrale weist man die folgenden Eigenschaften nach:

- $f(x, y)$ ist eine Dichtefunktion, d.h. es gilt $f(x, y) \geq 0$ für $x, y \in \mathbb{R}$ und

$$\int_{-\infty}^{\infty} \int_{-\infty}^{\infty} f(x, y) \, dx dy = 1.$$

- μ_X ist der Erwartungswert von X: $\mu_X = E(X)$.
- μ_Y ist der Erwartungswert von Y: $\mu_Y = E(Y)$.

- ρ ist der Korrelationskoeffizient zwischen X und Y: $\rho = \mathrm{Cor}(X,Y)$.

Entsprechend ihrer Bedeutung können wir die Parameter zusammenfassen:

$$\mu = \begin{pmatrix} \mu_X \\ \mu_Y \end{pmatrix}, \qquad \boldsymbol{\Sigma} = \begin{pmatrix} \sigma_X^2 & \rho \\ \rho & \sigma_Y^2 \end{pmatrix}.$$

Ein zweidimensionaler (man sagt auch: bivariater) Zufallsvektor (X,Y) folgt einer zweidimensionalen Normalverteilung mit Parametern $(\mu, \boldsymbol{\Sigma})$, wenn er die oben angegeben zweidimensional Dichtefunktion $f(x,y)$ besitzt. Man schreibt dann

$$\begin{pmatrix} X \\ Y \end{pmatrix} \sim N(\mu, \boldsymbol{\Sigma})$$

oder auch

$$\begin{pmatrix} X \\ Y \end{pmatrix} \sim N(\mu_X, \mu_Y, \sigma_X, \sigma_Y, \rho).$$

Im Fall $\rho = 0$ kann man die Dichte in die Produktform

$$f(x,y) = \frac{1}{\sqrt{2\pi}} \exp\left(-\frac{(x - \mu_X)^2}{2\sigma_X^2} \right) \cdot \frac{1}{\sqrt{2\pi}} \exp\left(-\frac{(y - \mu_Y)^2}{2\sigma_Y^2} \right),$$

$(x,y) \in \mathbb{R}^2$, bringen. Hieraus folgt, dass die zufälligen Koordinaten X und Y stochastisch unabhängig sind. Dies ist eine wichtige Eigenschaft der zweidimensionalen Normalverteilung: Hier ist die Unabhängigkeit äquivalent zur Unkorreliertheit.

Durch eine direkte Rechnung kann man nachvollziehen, dass jede Linearkombination $aX + bY$ mit Koeffizienten $a, b \in \mathbb{R}$ wieder normalverteilt ist.

Ferner können die bedingten Dichtefunktionen von $X|Y = y$ bzw. $Y|X = x$ explizit berechnet werden.

Die Parameter werden aus einer bivariaten Stichprobe

$$(X_1, Y_1), \ldots, (X_n, Y_n)$$

vom Umfang n in der Regel durch die uns schon bekannten Schätzer geschätzt:

$$\widehat{\mu}_X = \frac{1}{n} \sum_{i=1}^{n} X_i, \qquad \widehat{\mu}_Y = \frac{1}{n} \sum_{i=1}^{n} Y_i,$$

$$\widehat{\sigma}_X^2 = \frac{1}{n} \sum_{i=1}^{n} (X_i - \overline{X})^2, \qquad \widehat{\sigma}_Y^2 = \frac{1}{n} \sum_{i=1}^{n} (Y_i - \overline{Y})^2,$$

$$\widehat{\rho}_{XY}^2 = \frac{\sum_{i=1}^{n} X_i Y_i - n \overline{X}_n \overline{Y}_n}{\sqrt{\widehat{\sigma}_X^2 \widehat{\sigma}_Y^2}}.$$

Man kann zeigen, dass diese Schätzer die Maximum-Likelihood-Schätzer sind. Insbesondere gilt:

- $\widehat{\mu}_X$ ist erwartungstreu und stark konsistent für μ_X.

- $\widehat{\mu}_Y$ ist erwartungstreu und stark konsistent für μ_Y.

- $\widehat{\sigma}_X^2$ ist asymptotisch erwartungstreu und stark konsistent für σ_X^2.

- $\widehat{\sigma}_Y^2$ ist asymptotisch erwartungstreu und stark konsistent für σ_Y^2.

- $\widehat{\rho}_{XY}^2$ ist asymptotisch erwartungstreu und stark konsistent für ρ_{XY}^2.

Eigenschaften   Sei (X,Y) bivariat normalverteilt mit Parametern $\mu_X, \mu_Y, \sigma_X, \sigma_Y, \rho$.

1) X folgt einer $N(\mu_X, \sigma_X^2)$-Verteilung.
2) Y folgt einer $N(\mu_Y, \sigma_Y^2)$-Verteilung.
3) X und Y sind genau dann unbhängig, wenn $\rho = 0$.
4) Die bedingte Verteilung von Y gegeben $X = x$ ist eine Normalverteilung mit bedingtem Erwartungswert

$$\mu_Y(x) = E(Y|X = x) = \mu_Y + \rho\sigma_Y \frac{x - \mu_X}{\sigma_X}$$

und bedingter Varianz

$$\sigma_Y^2(x) = \text{Var}(Y|X = x) = \sigma_Y^2(1 - \rho^2).$$

Dies notiert man auch in der Form

$$Y|X = x \sim N(\mu_Y(x), \sigma_Y^2(x)).$$

5) Die bedingte Verteilung von X gegeben $Y = y$ ist eine Normalverteilung mit bedingtem Erwartungswert

$$\mu_X(y) = E(X|Y = y) = \mu_X + \rho\sigma_X \frac{y - \mu_Y}{\sigma_Y}$$

und bedingter Varianz

$$\sigma_X^2(y) = \text{Var}(X|Y = y) = \sigma_X^2(1 - \rho^2).$$

Ebenso schreibt man: $X|Y = y \sim N(\mu_X(y), \sigma_X^2(y))$.

Es ist festzuhalten, dass die bedingten Erwartungswerte *lineare* Funktionen sind.

2.12.3 Multivariate Normalverteilung

Die Dichte der $N(\mu, \sigma^2)$-Verteilung ist gegeben durch

$$\varphi_{(\mu,\sigma^2)}(x) = \frac{1}{\sqrt{2\pi\sigma^2}} \exp\left(-\frac{(x-\mu)^2}{2\sigma^2}\right), \qquad x \in \mathbb{R}.$$

Wir notieren im Folgenden Zufallsvektoren als Spaltenvektoren.

Multivariate Standardnormalverteilung Sind $X_1, \ldots, X_n$ unabhängig und identisch $N(0,1)$-verteilte Zufallsvariablen, dann ist die gemeinsame Dichtefunktion des Zufallsvektors $\mathbf{X} = (X_1, \ldots, X_n)'$ gegeben durch

$$\varphi(x_1, \ldots, x_n) = \left(\frac{1}{\sqrt{2\pi}}\right)^n \exp\left(-\frac{1}{2}\sum_{i=1}^n x_i^2\right), \qquad x_1, \ldots, x_n \in \mathbb{R}.$$

$\mathbf{X}$ heißt **multivariat** oder n-dimensional **standardnormalverteilt**. Notation: $\mathbf{X} \sim N_n(\mathbf{0}, \mathbf{I})$.

Die Notation $\mathbf{X} \sim N_n(\mathbf{0}, \mathbf{I})$ erklärt sich so: Ist $\mathbf{X} = (X_1, \ldots, X_n)'$ multivariat standardnormalverteilt, dann sind die X_i stochastisch unabhängig mit Erwartungswerten $E(X_i) = 0$, Varianzen $\mathrm{Var}(X_i) = 1$ und Kovarianzen $\mathrm{Cov}(X_i, X_j) = 0$, wenn $i \neq j$. Somit sind Erwartungswertvektor und Kovarianzmatrix von $\mathbf{X}$ gegeben durch

$$\mu = E(\mathbf{X}) = \mathbf{0} = (0, \ldots, 0)' \in \mathbb{R}^n, \qquad \mathbf{\Sigma} = \begin{pmatrix} 1 & 0 & \cdots & 0 \\ 0 & \ddots & & 0 \\ \vdots & & \ddots & \vdots \\ 0 & \cdots & 0 & 1 \end{pmatrix}.$$

Ist $\mathbf{X} \sim N_n(\mathbf{0}, \mathbf{I})$ und $\mu \in \mathbb{R}^n$ ein Vektor, dann gilt:

$$\mathbf{Y} = \mathbf{X} + \mu \sim N_n(\mu, \mathbf{I}).$$

Notation: $\mathbf{Y} \sim N_n(\mu, \mathbf{I})$.

Ist $\mathbf{a} = (a_1, \ldots, a_n)' \in \mathbb{R}^n$ ein Spaltenvektor und gilt $\mathbf{X} = (X_1, \ldots, X_n)' \sim N_n(\mu, \mathbf{I})$ mit $\mu = (\mu_1, \ldots, \mu_n)'$, dann ist die Linearkombination $\mathbf{a}'\mathbf{X} = a_1 X_1 + \cdots + a_n X_n$ ebenfalls normalverteilt mit Erwartungswert

$$E(a_1 X_1 + \cdots + a_n X_n) = a_1 \mu_1 + \cdots a_n \mu_n = \mathbf{a}'\mu$$

und Varianz

$$\mathrm{Var}(a_1 X_1 + \cdots + a_n X_n) = \mathrm{Var}(a_1 X_1) + \cdots + \mathrm{Var}(a_n X_n) = a_1^2 + \cdots + a_n^2 = \mathbf{a}'\mathbf{a}.$$

Ist $\mathbf{X} = (X_1, \ldots, X_n)' \sim N_n(\mu, \mathbf{I})$ und $\mathbf{a} = (a_1, \ldots, a_n)' \in \mathbb{R}^n$ ein Spaltenvektor, dann gilt

$$\mathbf{a}'\mathbf{X} \sim N_n(\mathbf{a}'\mu, \mathbf{a}'\mathbf{a}).$$

Seien nun $\mathbf{a} = (a_1, \ldots, a_n)'$ und $\mathbf{b} = (b_1, \ldots, b_n)'$ Spaltenvektoren sowie

$$U = \mathbf{a}'\mathbf{X} = a_1 X_1 + \cdots + a_n X_n,$$
$$V = \mathbf{b}'\mathbf{X} = b_1 X_1 + \cdots + b_n X_n,$$

zwei Linearkombinationen der Zufallsvariablen $X_1, \ldots, X_n$. Ist der Zufallsvektor $\mathbf{X} = (X_1, \ldots, X_n)'$ nun $N_n(\mathbf{0}, \mathbf{I})$-verteilt, dann ist aufgrund der Unabhängigkeit der X_i

$$\begin{aligned}
\mathrm{Cov}(U, V) &= \mathrm{Cov}(a_1 X_1 + \cdots + a_n X_n, b_1 X_1 + \cdots b_n X_n) \\
&= \mathrm{Cov}(a_1 X_1, b_1 X_1) + \cdots + \mathrm{Cov}(a_n X_n, b_n X_n) \\
&= a_1 b_1 + \cdots + a_n b_n = \mathbf{a}'\mathbf{b}.
\end{aligned}$$

Somit sind die Zufallsvariablen U und V genau dann unkorreliert (also unabhängig), wenn $\mathbf{a}'\mathbf{b} = 0$.

Multivariate Normalverteilung Der Zufallsvektor $\mathbf{X} = (X_1, \ldots, X_n)'$ sei multivariat standardnormalverteilt. $\mathbf{a}_1, \ldots, \mathbf{a}_m$ seien m linear unabhängige Spaltenvektoren und

$$Y_i = \mathbf{a}_i'\mathbf{X}, \qquad i = 1, \ldots, m,$$

die zugehörigen Linearkombinationen. Dann ist der Spaltenvektor

$$\mathbf{Y} = (Y_1, \ldots, Y_m)' = (\mathbf{a}_1'\mathbf{X}, \ldots, \mathbf{a}_m'\mathbf{X})' = \mathbf{A}\mathbf{X},$$

wobei $\mathbf{A}$ die $(m \times n)$-Matrix mit Zeilenvektoren $\mathbf{a}_1', \ldots, \mathbf{a}_m'$ ist, multivariat normalverteilt mit Erwartungswertvektor $\mathbf{0} \in \mathbb{R}^m$ und $(m \times m)$-Kovarianzmatrix

$$\boldsymbol{\Sigma} = (\mathrm{Cov}(Y_i, Y_j))_{i,j} = (\mathbf{a}_i'\mathbf{a}_j)_{i,j} = \mathbf{A}\mathbf{A}'.$$

Die Matrix $\boldsymbol{\Sigma}$ hat maximalen Rang m.
Notation: $\mathbf{Y} \sim N_m(\mathbf{0}, \boldsymbol{\Sigma})$.
Der Zufallsvektor $\mathbf{Y} = \mathbf{A}\mathbf{X} + \mathbf{b}$, $\mathbf{b} \in \mathbb{R}^m$, ist dann multivariat normalverteilt mit Erwartungswertvektor $\mathbf{b}$ und Kovarianzmatrix $\boldsymbol{\Sigma} = \mathbf{A}\mathbf{A}'$. Notation: $\mathbf{Y} \sim N_m(\mathbf{b}, \boldsymbol{\Sigma})$.

2.13 Erzeugende Funktionen, Laplace-Transformierte*

Die erzeugende Funktion kodiert die Verteilung einer diskreten Zufallsvariable sowie alle Momente. Sie ist ein wichtiges Instrument für das Studium von Verzweigungsprozessen.

Erzeugende Funktion X sei eine diskrete Zufallsvariable mit Werten in $\mathbb{N}_0$ und Wahrscheinlichkeitsfunktion $p(k) = P(X = k)$, $k \in \mathbb{N}_0$. Dann heißt die Funktion (Potenzreihe)

$$g_X(t) = Et^X = \sum_{k=0}^{\infty} p_X(k)t^k$$

erzeugende Funktion von X. $g_X(t)$ konvergiert sicher für $|t| \leq 1$.

Die erzeugende Funktion charakterisiert eindeutig die Verteilung einer Zufallsvariablen mit Werten in $\mathbb{N}_0$, da zwei Potenzreihen, die auf $(-1,1)$ übereinstimmen, auf ihrem gesamten Konvergenzgebiet übereinstimmen. Hieraus folgt Gleichheit der Koeffizienten. Aus $g_X(t) = \sum_k p_X(k)t^k = \sum_k p_Y(k)t^k = g_Y(t)$ folgt somit $p_X(k) = p_Y(k)$ für alle k. Also besitzen X und Y die gleiche Verteilung.

Es gilt $g_X(0) = P(X = 0)$ und $g_X(1) = 1$.

Potenzreihen dürfen im Inneren ihres Konvergenzgebiets beliebig oft differenziert werden. Beispielsweise ist

$$g_X'(t) = p_X(1) + \sum_{k=2}^{\infty} kp_X(k)t^{k-1}, \; g_X''(t) = 2p_X(2) + \sum_{k=3}^{\infty} k(k-1)p_X(k)t^{k-2}.$$

Also: $g_X'(0) = p_X(1)$ und $g_X''(0) = 2p_X(2)$. Allgemein ist:

$$g_X^{(k)}(0) = k!p_X(k) \Rightarrow p_X(k) = \frac{g_X^{(k)}(0)}{k!}.$$

Faltungseigenschaft Sind X und Y unabhängige Zufallsvariablen mit erzeugenden Funktionen $g_X(t)$ bzw. $g_Y(t)$, dann hat $X + Y$ die erzeugende Funktion $g_{X+Y}(t) = g_X(t)g_Y(t)$.

Herleitung: $g_{X+Y}(t) = E(t^{X+Y}) = E(t^X t^Y) = E(t^X)E(t^Y) = g_X(t)g_Y(t)$. $\square$

Beispiel 2.13.1. 1) Sei $X \sim \text{Ber}(p)$. Dann ist $g_X(t) = 1 - p + pt$.

2) Sei $Y \sim \text{Bin}(p)$. Dann folgt $g_Y(t) = (1 - p + pt)^n$

3) Sei $X \sim \text{Poi}(\lambda)$. Dann ergibt sich $g_X(t) = e^{\lambda(t-1)}$.

Es gilt: $g_X^{(k)}(1) = E(X(X-1) \cdot \ldots \cdot (X-k+1))$.

Neben $g_X'(1) = E(X)$ erhält man wegen $g_X''(1) = E(X^2 - X) = EX^2 - EX$ auch eine nützliche Formel für die Varianz: $\text{Var}(X) = g_X''(1) + g_X'(1) - (g_X'(1))^2$.

Für Summen $S_N = X_1 + \cdots + X_N$ mit einer zufälligen Anzahl N von Summanden gilt:

Seien $X_1, X_2, \ldots$ unabhängig und identisch verteilt mit erzeugender Funktion $g_X(t)$ und N eine von $X_1, X_2, \ldots$ unabhängige Zufallsvariable mit erzeugender Funktion $g_N(t)$. Dann hat $S_N = X_1 + \cdots + X_N$ die erzeugende Funktion $g_{S_N}(t) = g_N(g_X(t))$.

Beispiel 2.13.2. Eine Henne legt $N \sim \text{Poi}(\lambda)$ Eier. Jedes Ei brütet sie unabhängig voneinander mit Wahrscheinlichkeit p aus. Modell: $X_i \overset{i.i.d.}{\sim} \text{Ber}(p)$. Die Anzahl der Küken ist $Y = X_1 + \cdots + X_N$. Es ist $g_N(t) = e^{\lambda(t-1)}$ und $g_X(t) = 1 - p + pt$. Daher folgt $g_Y(t) = g_N(g_X(t)) = e^{\lambda p(t-1)}$. Somit ist Y poissonverteilt mit Parameter λp.

Momenterzeugende Funktion, Laplace-Transformierte Sei X eine Zufallsvariable. Für alle $t \geq 0$, so dass

$$m_X(t) = E(e^{tX})$$

(in $\mathbb{R}$) existiert, heißt $m_X(t)$ **momenterzeugende Funktion von** X. Ist X stetig verteilt mit Dichte $f(x)$, dann spricht man von der **Laplace-Transformierten** $L_f(t)$ und es gilt:

$$L_f(t) = \int_{-\infty}^{\infty} e^{tx} f(x) \, dx.$$

In dieser Form ist L_f nicht nur für Dichtefunktionen definierbar.

$m_X(t)$ ist auf jeden Fall für $t = 0$ definiert. Existiert $m_X(t)$ für ein $t > 0$, dann auf dem ganzen Intervall $(-t, t)$.

Beispiel 2.13.3. 1) Ist $U \sim \text{U}[a,b]$, dann ist:

$$m_U(t) = \int_0^1 e^{tx} \, dx = \frac{e^{tx}}{t} \Big|_{x=0}^{x=1} = e^t.$$

2) Für $X \sim N(0,1)$ ist $m_X(t) = (2\pi)^{-1} \int_{-\infty}^{\infty} \exp(tx - x^2/2)\, dx$ zu berechnen. Wegen $(x-t)^2 = x^2 - 2tx + t^2$ ist $tx - x^2/2 = t^2/2 - (x-t)^2$. Also folgt:

$$m_X(t) = e^{t^2/2}(2\pi)^{-1} \int_{-\infty}^{\infty} e^{-(x-t)^2/2}\, dx = e^{t^2/2}.$$

Ist X eine Zufallsvariable und sind $a, b \in \mathbb{R}$, dann folgt aus den Rechenregeln des Erwartungswertes und der Exponentialfunktion, dass die momenterzeugende Funktion von $a + bY$ gegeben ist durch

$$m_{a+bX}(t) = e^{at}m_X(bt),$$

sofern bt im Definitionsbereich von m_X liegt. Sind X und Y unabhängige Zufallsvariablen, dann gilt:

$$m_{X+Y}(t) = E e^{t(X+Y)} = E e^{tX} e^{tY} = m_X(t)m_Y(t),$$

sofern das Produkt auf der rechten Seite existiert. Für eine Summe $Y = \sum_{i=1}^{n} X_i$ von unabhängig und identisch verteilten Zufallsvariablen folgt:

$$m_Y(t) = m_{\sum_{i=1}^{n} X_i}(t) = (m_{X_1}(t))^n.$$

Existiert $m_X(t)$ für ein $t > 0$, dann legt die Funktion $m_X(t)$ eindeutig die Verteilung von X fest. Ferner ist $m_X(t)$ in $(-t,t)$ beliebig oft differenzierbar mit:

$$m_X^{(k)}(t) = E(X^k e^{tX}) \Rightarrow m_X^{(k)}(0) = EX^k, \quad k = 1,2,\ldots$$

2.14 Markov-Ketten*

Markov-Ketten spielen eine wichtige Rolle in der Modellierung stochastischer Phänomene, insbesondere in der Informatik und der Logistik. Beispielhaft seien hier als Anwendungsfelder Warteschlangen, künstliche Intelligenz und automatische Spracherkennung genannt.

2.14.1 Modell und Chapman-Kolmogorov-Gleichung

Ausgangspunkt ist ein System, welches sich zu jedem Zeitpunkt in einem von m Zuständen befinden kann, die wir mit $1, \ldots, m$ bezeichnen. $S = \{1, \ldots, m\}$ heißt **Zustandsraum**. $X_0, \ldots, X_T$ seien Zufallsvariablen $X_i : \Omega \to S$, $i = 0, \ldots, T$, welche den stochastischen Zustand des Systems beschreiben. Die Wahrscheinlichkeit $P(X_0 = x_0, \ldots, X_T = x_T)$, dass das System die Zustandsfolge $(x_0, \ldots, x_T)$ annimmt, kann nach dem Multiplikationssatz für bedingte Wahrscheinlichkeiten durch:

$$P(X_0 = x_0)P(X_1 = x_1 | X_0 = x_0) \cdot \ldots \cdot P(X_T = x_t | X_0 = x_0, \ldots, X_{T-1} = x_{T-1})$$

berechnet werden. Bei einer Markov-Kette hängen hierbei die Wahrscheinlichkeiten nur vom vorherigen (letzten) Zustand ab.

Markov-Kette, Übergangsmatrix, Startverteilung Eine endliche Folge von Zufallsvariablen $X_0, \ldots, X_T$ heißt **Markov-Kette** mit Zustandsraum S und *Übergangsmatrix* $\mathbf{P} = (p(x_i, x_j))_{i,j \in S}$, falls gilt:

$$P(X_n = x_n | X_0 = x_0, \ldots, X_{n-1} = x_{n-1}) = P(X_n = x_n | X_{n-1} = x_{n-1})$$
$$= p(x_{n-1}, x_n)$$

für alle $x_0, \ldots, x_n \in S$ und $n = 1, \ldots, T$ mit

$$P(X_0 = x_0, \ldots, X_{n-1} = x_{n-1}) > 0.$$

Der Zeilenvektor $\mathbf{p}_0 = (p_0, \ldots, p_m)$, $p_i = P(X_0 = x_i)$, heißt **Startverteilung**.

In der i-ten Zeile $(p_{i1}, \ldots, p_{im})$ der Übergangsmatrix $\mathbf{P} = (p_{ij})_{i,j}$ stehen die Wahrscheinlichkeiten, mit denen das System die Zustände $1, \ldots, m$ annimmt, wenn es sich zuvor im Zustand i befand. Die Übergangsmatrix $\mathbf{P}$ einer Markov-Kette besitzt Einträge zwischen 0 und 1, die sich zeilenweise zu 1 addieren. Allgemein nennt man eine $m \times m$-Matrix mit diesen Eigenschaften eine **stochastische Matrix**.

Beispiel 2.14.1. Ein getakteter Router mit Warteschlange hat $m - 1$ Speicherplätze. In jedem Takt kommt mit Wahrscheinlichkeit p ein Paket an und gelangt in die Warteschlange. Kommt kein Paket an, dann wird ein Paket aus der Warteschlange gesendet. Mit Wahrscheinlichkeit q misslingt dies. Modellierung durch eine Markov-Kette mit m Zuständen ($m - 1$ Plätze, Zustand m: „buffer overflow") und Start im Zustand 1. Für $i = 1, \ldots, m - 1$: Bei Ankunft eines Paktes Übergang in Zustand $i + 1$: $p_{i,i+1} = p$. Rücksprung nach $i - 1$, falls Paket erfolgreich versendet: $p_{i,i-1} = (1 - p)q =: r$. Sonst Verharren im Zustand i: $p_{ii} = (1 - p)(1 - q) =: s$. Für $m = 3$ lautet die Übergangsmatrix:

$$\mathbf{P} = \begin{pmatrix} 1\text{-}p & p & 0 & 0 \\ r & s & p & 0 \\ 0 & r & s & p \\ 0 & 0 & 1\text{-}q & q \end{pmatrix}.$$

Bei der Behandlung von Markov-Ketten ist es üblich, Verteilungen auf dem Zustandsraum S mit Zeilenvektoren zu identifizieren. Hierdurch vereinfachen sich etliche der folgenden Formeln.

Die Wahrscheinlichkeitsverteilung des Zufallsvektors $(X_0, \ldots, X_T)$ ist durch die Startverteilung $\mathbf{p}_0$ und die Übergangsmatrix $\mathbf{P}$ festgelegt.

Wir berechnen die Zustandsverteilung nach einem Schritt: Es ist für $j = 1, \ldots, m$

$$p_j^{(1)} = P(X_1 = j) = \sum_{i=1}^{m} P(X_1 = j | X_0 = i) P(X_0 = i) = \sum_{i=1}^{m} p(i,j) p_i.$$

In Matrixschreibweise gilt somit für den Zeilenvektor $\mathbf{p}^{(1)} = (p_1^{(1)}, \ldots, p_m^{(1)})$:

$$\mathbf{p}^{(1)} = \mathbf{p}_0 \mathbf{P}.$$

Genauso: $p_j^{(2)} = P(X_2 = j) = \sum_{i=1}^{m} p(i,j) p_i^{(1)}$, also mit $\mathbf{p}^{(2)} = (p_1^{(2)}, \ldots, p_m^{(2)})$:

$$\mathbf{p}^{(2)} = \mathbf{p}^{(1)} \mathbf{P} = \mathbf{p}_0 \mathbf{P} \mathbf{P} = \mathbf{p}_0 \mathbf{P}^2.$$

Hierbei ist $\mathbf{P}^2 = \mathbf{P} \cdot \mathbf{P}$. Die Matrix $\mathbf{P}^2$ beschreibt also die 2-Schritt-Übergangswahrscheinlichkeiten. Allgemein definiert man die n-te **Potenz einer Matrix** $\mathbf{A}$ durch $\mathbf{A}^0 := \mathbf{I}$ und $\mathbf{A}^n := \mathbf{A} \cdot \mathbf{A}^{n-1}$. Es gilt dann: $\mathbf{A}^{n+m} = \mathbf{A}^n \mathbf{A}^m$ für alle $n,m \in \mathbb{N}_0$.

Durch Iteration der obigen Rechnung sieht man: Der Zeilenvektor $\mathbf{p}^{(n)} = (p_1^{(n)}, \ldots, p_m^{(n)})$ der Wahrscheinlichkeiten $p_i^{(n)} = P(X_n = i)$, dass sich das System nach n Schritten im Zustand i befindet, berechnet sich durch:

$$\mathbf{p}^{(n)} = \mathbf{p}_0 \mathbf{P}^n.$$

$\mathbf{P}^n$ heißt n-**Schritt-Übergangsmatrix**. Es gilt also:

$$P(X_n = y | X_0 = x) = p^{(n)}(x,y),$$

für alle $x,y \in S$, wobei $p^{(n)}(x,y)$ die Einträge der n-Schritt-Übergangsmatrix $\mathbf{P}^n$ bezeichnen. Anwenden der Formel $\mathbf{P}^{(m+n)} = \mathbf{P}^m \mathbf{P}^n$ liefert:

Chapman-Kolmogorov-Gleichung Es gilt für alle $x,y \in S$ und $n,m \in \mathbb{N}_0$:

$$p^{(m+n)}(x,y) = \sum_{z \in S} p^{(m)}(x,z) p^{(n)}(z,y).$$

$H_i = \min\{j | X_{i+j} \neq X_i\}$ heißt **Verweilzeit im i-ten Zustand**. Bedingt auf X_0 stellt sich H_i als geometrisch verteilt heraus. Es gilt: $H_i | X_0 = i \sim \text{Geo}(p_{ii})$.

Herleitung: Es ist $P(H_i = 1 | X_0 = i) = P(X_0 = i, X_1 \neq i | X_0 = i) = 1 - p_{ii}$ und für $k \geq 2$:

$$\begin{aligned}
P(H_i = k | X_0 = i) &= P(X_1 = i, \ldots, X_{k-1} = i, X_k \neq i | X_0 = i) \\
&= P(X_1 = i | X_0 = i) \cdot \ldots \cdot P(X_{k-1} = i | X_{k-2} = i) P(X_k \neq i | X_{k-1=i}) \\
&= p_{ii}^{k-1}(1 - p_{ii}).
\end{aligned}$$

$\square$

2.14.2 Stationäre Verteilung und Ergodensatz

Kann ein System durch eine Markov-Kette beschrieben werden, dann sind die Wahrscheinlichkeiten, mit denen die Zustände $1, \ldots, m$ angenommen werden, leicht berechenbar: $\mathbf{p}^{(n)} = \mathbf{p}_0 \mathbf{P}^{(n)}$. Es stellt sich die Frage, ob Konvergenz vorliegt. Man hat

$$\mathbf{p}^{(n+1)} = \mathbf{p}^{(n)} \mathbf{P}.$$

Gilt $\pi = \lim_{n \to \infty} \mathbf{p}^{(n)}$, dann muss gelten: $\pi = \pi \mathbf{P}$. Eine Verteilung π auf S mit dieser Eigenschaft heißt **stationäre Verteilung**. Ist π stationäre Verteilung, dann ist π' (normierter!) Eigenvektor zum Eigenwert 1 der transponierten Matrix $\mathbf{P}'$.

Ist beispielsweise $\mathbf{P} = \begin{pmatrix} 1-r & r \\ s & 1-s \end{pmatrix}$, dann führt die Bedingung $\pi = \pi \mathbf{P}$ zusammen mit $\pi' \mathbf{1} = \pi_1 + \pi_2 = 1$ auf die eindeutige Lösung $\pi_1 = s/(r+s)$ und $\pi_2 = r/(r+s)$, sofern $r + s > 0$.

Die stochastische Matrix $\mathbf{P}$ heißt **irreduzibel**, wenn es für beliebige Zustände $x, y \in S$ ein $n \in \mathbb{N}_0$ gibt, so dass man ausgehend vom Zustand x den Zustand y nach n Schritten erreichen kann, d.h. wenn $p^{(n)}(x,y) > 0$ gilt. Damit ist insbesondere ausgeschlossen, dass die Zustandsmenge in Teilmengen von Zuständen zerfällt, die sich nur untereinander „besuchen".

Es liegt Periodizität vor, wenn das System alle $k \geq 2$ Zustände wieder in einen Zustand x zurückkehren kann, dass heißt wenn $p^{(n)}(x,x) > 0$ für $n = kr$ mit $r \in \mathbb{N}$ gilt. Dann ist der größte gemeinsame Teiler (ggT) der Menge

$$\mathcal{N}(x) = \{ n \in \mathbb{N} : p^{(n)}(x,x) > 0 \}$$

größer als 1. $\mathbf{P}$ heißt **aperiodisch**, wenn für jeden Zustand $x \in S$ der ggT der Menge $\mathcal{N}(x)$ 1 ist.

Beispielsweise ist ergeben für die Matrix $\mathbf{P} = \begin{pmatrix} 0 & 1 \\ 1 & 0 \end{pmatrix}$ die Potenzen $\mathbf{P}^n$ abwechselnd $\mathbf{I}$ und $\mathbf{P}$. Somit ist $\mathbf{P}$ irreduzibel, aber nicht aperiodisch.

Schließlich heißt $\mathbf{P}$ **ergodisch**, wenn es ein $k \in \mathbb{N}$ gibt, so dass alle Einträge $\mathbf{P}^k = \mathbf{0}$ positiv sind. Offensichtlich ist $\mathbf{P} = \begin{pmatrix} 0.4 & 0.6 \\ 0.6 & 0.4 \end{pmatrix}$ ergodisch. Eine stochastische Matrix $\mathbf{P}$ ist genau dann ergodisch, wenn sie irreduzibel und aperiodisch ist.

Ergodensatz Eine ergodische stochastische Matrix $\mathbf{P}$ besitzt genau eine
stationäre Verteilung $\pi = (\pi_1, \ldots, \pi_m)$. Die Einträge π_j sind positiv und die
n-Schritt-Übergangswahrscheinlichkeiten konvergieren gegen die stationäre
Verteilung, unabhängig vom Startzustand, d.h. für alle $j = 1, \ldots, m$ gilt:

$$\lim_{n \to \infty} p_{ij}^{(n)} = \pi_j, \qquad \text{für alle } i = 1, \ldots, m.$$

2.15 Meilensteine

2.15.1 Lern- und Testfragen Block A

1) Geben Sie drei Beispiele von Phänomenen an, bei denen der Zufall im
   Spiel ist. An welcher Stelle genau kommt der Zufall ins Spiel? Geben Sie
   die *formale* Beschreibung an.

2) Was versteht man formal unter einem Zufallsexperiment?

3) Geben Sie ein Beispiel an für ein Zufallsexperiment, bei dem unendlich
   viele Ausgänge vorkommen. (Geben Sie Ω und P explizit an!)

4) Erläutern Sie den Zusammenhang zwischen Laplace-Experimenten und
   der diskreten Gleichverteilung.

5) Geben Sie ein Beispiel für ein Zufallsexperiment an, das kein Laplace-
   Experiment ist.

6) Welche Möglichkeiten kennen Sie, die Wahrscheinlichkeit $P(A|B)$ aus an-
   deren Wahrscheinlichkeiten zu berechnen?

7) X sei eine Zufallsvariable mit den möglichen Werten 1,2,3 und Y eine Zufallsvariable mit Werten in $\{A, B, C\}$ für drei verschiedene Zahlen A, B, C.
   X sei diskret gleichverteilt und für Y gelte:

   $$P(Y = A) = 0.1, \; P(Y = B) = 0.5, \; P(Y = C) = 0.4$$

   Stellen Sie die zugehörige Tafel der gemeinsamen Verteilung auf, wenn X
   und Y unabhängig sind. Geben Sie für alle $x \in \{1,2,3\}$ und $y \in \{A, B, C\}$
   die bedingten Wahrscheinlichkeiten $P(X = x|Y = y)$ an.

8) Wie viele Pumpen muss man in Beispiel 2.4.2 nehmen, damit $P(B) <
   10^{-5}$ gilt, wenn $p = 0.1$ ist. Für ein Rohr aus $n = 10$ Rohrstcken und
   $q = 0.01$ ist das Rohr mit einer Wahrscheinlichkeit von 0.0956 undicht.
   In diesem Fall gehe alles Kühlwasser verloren. Wieviele solcher Rohre
   muss man parallel verlegen, so dass die Wahrscheinlichkeit, dass alle Rohre
   undicht sind und also die Khlung ausfällt, kleiner als 0.0001 ist?

9) Welche Formel bzw. Rechenregel steckt hinter der *Pfadregel* für mehrstu-
   fige Zufallsexperimente?

2.15.2 Lern- und Testfragen Block B

1) Was versteht man unter einer Zufallsvariablen bzw. einem Zufallsvektor? Diskutieren Sie zwei Beispiele.

2) Was ist in diesem Zusammenhang der Unterschied zwischen x und X? Erläutern Sie dies auch an einem konkreten Beispiel.

3) Wie ist die Verteilung einer Zufallsvariablen definiert? Welche Möglichkeiten kennen Sie, die Verteilung einer Zufallsvariablen anzugeben? Geben Sie die entsprechenden allgemeinen Formeln an!

4) Betrachte die folgende Tabelle:

		X		$\sum$
	1	2	3	
10	10 0.1	0.2		0.7
Y 20	0.4	0.1		
30	0.5			
$\sum$				

Sind X und Y stochastisch unabhängig? Gehen Sie von den von Ihnen berechneten Randverteilungen aus und geben Sie die Tafel an unter der Annahme, dass X und Y unabhängig sind. Berechnen Sie die folgenden (bedingten) Wahrscheinlichkeiten:

a) $P(X = 2), P(Y = 20), P(X = 2, Y = 30)$

b) $P(X \in \{1,2\}, Y = 1), P(X \in \{1,2\}, Y \notin \{3\})$

c) $P(X = 2|Y = 20), P(X \in \{1,2\}|Y = 20), P(X = 1|Y \in \{20,30\})$

5) Erläutern Sie an einer Skizze das Konzept der Dichtefunktion. Was versteht man unter einer Dichtefunktion $f(x)$ und wie berechnet man mithilfe von $f(x)$ Wahrscheinlichkeiten, Erwartungswerte und Varianzen für die Situation $X \sim f(x)$?

6) Vervollständigen Sie: Eine o Dichtefunktion o Verteilungsfunktion ist stets durch _____ nach oben beschränkt und nichtnegativ.

7) Vervollständigen Sie: Ist X eine diskrete Zufallsvariable mit Werten in $x_1, x_2, \ldots$, dann heißt die Funktion

$$? \ = \ ? \quad , \quad x \in \{x_1, x_2, \ldots\}$$

Zähldichte. Die Zähldichte einer Zufallsvariablen ist durch Punktepaare $(x_1, p_1), (x_2, p_2), \ldots$ gegeben, wobei die x_i die

_____

sind und die p_i die

Sie wird durch o senkrechte Stäbe der Höhen $x_1, x_2, \ldots$ o senkrechte Stäbe der Höhen $p_1, p_2, \ldots$ o einen Streckenzug durch die Punkte $(x_1, p_1), (x_2, p_2), \ldots$ graphisch dargestellt.

8) Erläutern Sie die folgenden Notationen

$$P(a < X \leq b, c < Y \leq d),\ P(X \leq a),\ P_X((-\infty, a]),\ P_X((-\infty, a)),\ F_X(a)$$

Welche Ausdrücke bezeichnen dieselbe Wahrscheinlichkeit?

9) Erläutern Sie an einer Skizze den Begriff der Quantilfunktion. Vervollständigen Sie: Das 90%-Quantil einer Einkommensverteilung gibt an, wieviel die _____ Reichsten o mindestens o höchstens verdienen.

10) Wie kann die Quantilfunktion aus der a) Verteilungsfunktion bzw. b) Dichtefunktion berechnet werden?

11) Berechnen Sie die Quantilfunktion zur Verteilungsfunktion

$$F(x) = (1 - e^{-4x})1_{[0, \infty)}(x), x \in \mathbb{R}.$$

12) Berechnen Sie die Verteilungsfunktion zu der in Beispiel 2.5.4 angegebenen Zufallsvariablen.

13) Was versteht man unter einer stetigen Zufallsvariablen?

14) Das Paar (X, Y) folge der Verteilung

$$P(Y = n, X = k) = \frac{1}{8}\left(\frac{3}{4}\right)^{n-1}\left(\frac{1}{2}\right)^{k-1}$$

für $n, k \in \mathbb{N}$. Berechnen Sie die Randverteilungen. Sind X und Y unabhängig?

15) X_1, X_2, X_3 seien unabhängige Zufallsvariablen, die Ber(p)-verteilt sind. Berechnen bzw. vereinfachen Sie die folgenden Ausdrücke:

a) $E(X_1)$, $E(X_1^2)$, $E(X_1^3)$

b) $E(1 + 4X_1)$, $E(10 + 3X_2 + 4X_2^2)$

c) $E(X_1 X_2)$, $E(X_1 X_1^3)$, $E(X_1^2 X_2^3)$

d) $E((1 + 4X_1)X_2)$, $\mathrm{Var}(X_1)$, $\mathrm{Var}(2X_1 + 4X_2)$, $\mathrm{Var}(X_1 X_2)$

16) Die Zufallsvariable X sei nach der Dichtefunktion

$$f(x) = 10e^{-10x}1_{[0, \infty)}(x), \qquad x \in \mathbb{R},$$

verteilt. Berechnen Sie $E(X)$ und $E(X^2)$ sowie $Var(X)$.

17) Die Zufallsvariable X sei auf dem Intervall [4,6] gleichverteilt. Berechnen Sie $E(X), Var(X)$ und geben Sie Verteilungsfunktion und DIchte an.

2.15.3 Lern- und Testfragen Block C

1) Ein Unternehmen hat 100 Verträge mit Kunden geschlossen, die unabhängig voneinander mit einer Wahrscheinlichkeit von $p = 0.02$ vorzeitig gekündigt werden. Wie ist die Anzahl der gekündigten Verträge verteilt? Wieviele gekündigte Verträge hat das Unternehmen zu erwarten? Welche Formel muss das Unternehmen verwenden, um die Wahrscheinlichkeiten $P(Y > 10)$ (exakt) zu berechnen?

2) Erläutern Sie den Zusammenhang zwischen der Binomialverteilung und Bernoulli-Experimenten.

3) Wieviele Möglichkeiten gibt es, 5 Aufgaben auf 8 Mitarbeiter/innen so zu verteilen, dass jede/r höchstens eine Aufgabe zu bearbeiten hat?

4) Die Türen bei der Fließbandfertigung eines PKW werden unabhängig voneinander mit Wahrscheinlichkeit 0.96 richtig eingesetzt. Eine falsch eingesetzte Tür wird bei der Endkontrolle mit einer Wahrscheinlichkeit von 0.75 erkannt. T sei die (laufende) Nummer des ersten PKWs, den die Endkontrolle aussondert. Wie ist T verteilt? Geben Sie $E(T)$ und $Var(T)$ an.

5) Wie ist die Wartezeit auf das erste Ereignis verteilt, wenn die Anzahl der Ereignisse poissonverteilt zum Parameter 4 ist?

6) Ein Anleger zählt, wie oft der Kurs einer Aktie das Niveau 100 erreicht (von unten kreuzt oder berührt). Es sei angenommen, dass diese Anzahl für den Zeitraum eines Jahres poissonverteilt zum Parameter 4 sei. Wie wahrscheinlich ist es, dass der Kurs nie das Niveau 100 erreicht? Wie ist die entsprechende Anzahl für das erste halbe Jahr verteilt?

7) Eine Skatrunde langjähriger Spieler spielt eine Partie nach der anderen. Der Spieler A geht davon aus, dass seine Gewinnwahrscheinlichkeit jedesmal bei 0.4 liegt. Wie wahrscheinlich ist es, dass er 10-mal spielen muss, um 3-mal zu gewinnen?

8) Es gelte: $X \sim N(10,4)$. Berechnen Sie $P(X < 12), P(X \geq 11.96), E(X)$ und $Var(X)$.

9) Die Zufallsvariablen X, Y, Z seien normalverteilt mit Erwartungswerten $0, 1, 2$ und Varianzen $2, 4, 6$. Wie ist dann $X + Y + 2Z$ verteilt, wenn die Zufallsvariablen unabhängig sind?

10) Vervollständigen Sie: Für eine normalverteilte Zufallsvariable X gilt:

$$P(a < X \leq b) = \int_{?}^{?} \underline{\hspace{6cm}} dx$$

für ein $\mu \in \mathbb{R}$ und ein $\sigma > 0$. Ist $\Phi(x)$ die Verteilungsfunktion der Standardnormalverteilung, dann besitzt X die Verteilungsfunktion

$$F_X(x) = \underline{\hspace{4cm}}.$$

3

Schließende Statistik

Die Grundaufgabe der schließenden Statistik ist es, basierend auf Stichprobendaten Aussagen über das zugrunde liegende Verteilungsmodell zu treffen. Häufig ist das Verteilungsmodell durch einen Parameter ϑ eindeutig parametrisiert. Dann interessieren vor allem Schätzungen für ϑ, Aussagen über die Schätzgenauigkeit und das Testen (Überprüfen) von Hypothesen über ϑ.

Machen wir uns diese abstrakten Aussagen an einem Beispiel klar: Bei einer Umfrage unter $n = 500$ zufällig ausgewählten Käufern eines PKW stellt sich heraus, dass $k = 400$ mit dem Service zufrieden sind. Um zu klären, ob diese Zahlen „belastbar" sind, müssen Antworten für die folgenden Fragen gefunden werden: 1. Ist der Anteil von $k/n = 80\%$ zufriedener Käufer in der Stichprobe eine gute Schätzung für den unbekannten wahren Anteil in der Grungesamtheit aller Käufer? 2. Wie stark streut das Stichprobenergebnis überhaupt? 3. Wie kann objektiv nachgewiesen werden, dass der wahre Anteil zufriedener Käufer zumindest höher als (z. B.) 75% ist?

Zur Beantwortung dieser Fragen muss zunächst ein geeignetes Verteilungsmodell für die Daten gefunden werden. Im eben diskutierten Beispiel ist dies die Binomialverteilung. Dann ist zu klären, wie im Rahmen des gewählten Verteilungsmodells geeignete Schätzungen für die interessierenden Größen - in unserem Beispiel ist dies der wahre Anteil p - gewonnen und hinsichtlich ihrer Güte (Qualität) bewertet werden können. Ferner wird ein geeignetes Konzept zur Überprüfung von relevanten Hypothesen durch empirisches Datenmaterial benötigt.

3.1 Grundbegriffe

Daten werden durch Stichproben repräsentiert. Wir vereinbaren die folgenden Bezeichnungen.

Stichprobe, Stichprobenumfang, Stichprobenraum, Realisierung
$X_1, \ldots, X_n$ heißt **Stichprobe** vom **Stichprobenumfang** n, wenn $X_1, \ldots, X_n$ reellwertige Zufallsvariablen auf einem Wahrscheinlichkeitsraum $(\Omega, \mathcal{A}, P)$ sind. Der Zufallsvektor $\mathbf{X} = (X_1, \ldots, X_n)$ nimmt dann Werte im **Stichprobenraum** $\mathcal{X} = \{\mathbf{X}(\omega) : \omega \in \Omega\} \subset \mathbb{R}^n$ an, dessen Elemente $(x_1, \ldots, x_n)$ **Realisierungen** heißen.

Verteilungsmodell, parametrisch, nichtparametrisch, Parameterraum Eine Menge $\mathcal{P}$ von (möglichen) Verteilungen auf $\mathbb{R}^n$ (für die Stichprobe $(X_1, \ldots, X_n)$) heißt **Verteilungsmodell**. Ist jede Verteilung $P \in \mathcal{P}$ durch Angabe eines Parametervektors ϑ aus einer Menge $\Theta \subset \mathbb{R}^k$ möglicher Vektoren spezifiziert, spricht man von einem **parametrischen Verteilungsmodell**. Θ heißt dann **Parameterraum**. Man spricht von einem **nichtparametrischen Verteilungsmodell**, wenn $\mathcal{P}$ nicht durch einen endlichdimensionalen Parameter parametrisiert werden kann.

Sind $X_1, \ldots, X_n$ unabhängig und identisch verteilt nach einer Verteilungsfunktion $F(x)$, dann schreibt man

$$X_1, \ldots, X_n \overset{i.i.d.}{\sim} F(x) \quad \text{oder auch} \quad X_i \overset{i.i.d.}{\sim} F(x).$$

i.i.d. steht für unabhängig und identisch verteilt (*engl.:* independent and identically distributed). Ist die Verteilung durch eine (Zähl-) Dichte $f(x)$ gegeben, dann schreibt man $X_i \overset{i.i.d.}{\sim} f(x)$.

Beispiel 3.1.1. Parametrische Verteilungsmodelle:

1). $\mathcal{P} = \{\text{bin}(n,p) : p \in (0,1)\}$ für ein festes n: $\vartheta = p \in \Theta = (0,1)$.

2). $\mathcal{P} = \{N(\mu, \sigma^2) : \mu \in \mathbb{R}, 0 < \sigma^2 < \infty\}$. $\vartheta = (\mu, \sigma^2) \in \Theta = \mathbb{R} \times (0, \infty)$.

Nichtparametrische Verteilungsmodelle:

3). $\mathcal{P} = \{F : \mathbb{R} \to [0,1] : F \text{ ist Verteilungsfunktion}\}$

4). $\mathcal{P} = \{f : \mathbb{R} \to \mathbb{R}^+ : f \text{ ist Dichtefunktion}\}$

Statistik, Schätzfunktion, Schätzer Ist $X_1, \ldots, X_n$ eine Stichprobe und $T : \mathbb{R}^n \to \mathbb{R}^d$ mit $d \in \mathbb{N}$ (oft: $d = 1$) eine Abbildung, so heißt $T(X_1, \ldots, X_n)$ **Statistik**. Bildet die Statistik in den Parameterraum ab, d.h. $T : \mathbb{R}^n \to \Theta$, und möchte man mit der Statistik $T(X_1, \ldots, X_n)$ den Parameter ϑ schätzen, so spricht man von einer **Schätzfunktion** oder einem **Schätzer** für ϑ. Zur Schätzung von Funktionen $g(\vartheta)$ eines Parameters verwendet man Statistiken $T : \mathbb{R}^n \to \Gamma$ mit $\Gamma = g(\Theta) = \{g(\vartheta) | \vartheta \in \Theta\}$. $T(X_1, \ldots, X_n)$ heißt dann Schätzer für $g(\vartheta)$.

Beispiel 3.1.2. Aus den ersten beiden Kapiteln sind bereits folgenden Statistiken bekannt:

$$T_1(X_1, \ldots, X_n) = \overline{X}, \qquad T_2(X_1, \ldots, X_n) = S^2 = \frac{1}{n-1} \sum_{i=1}^{n} (X_i - \overline{X})^2.$$

Ist $T : \mathbb{R}^n \to \Theta$ ein Schätzer für ϑ, dann ist es üblich

$$\widehat{\vartheta} = T(X_1, \ldots, X_n)$$

zu schreiben. Ebenso verfährt man bei anderen unbekannten Größen. So bezeichnet beispielsweise $\widehat{F}_n(x)$ einen Schätzer für die Verteilungsfunktion $F(x)$.

3.2 Schätzprinzipien und Gütekriterien

3.2.1 Nichtparametrische Schätzung

Im nichtparametrischen Verteilungsmodell (c) des Beispiels 3.1.1 wird keine Restriktion an die Verteilung der Beobachtungen gestellt. Sei $X_1, \ldots, X_n$ eine Stichprobe von unabhängigen und identisch verteilten Zufallsvariablen mit gemeinsamer Verteilungsfunktion F, d.h.,

$$F(x) = P(X_i \leq x), \qquad x \in \mathbb{R}.$$

Es stellt sich die Frage, wie $F(x)$ geschätzt werden kann. Man verwendet die **empirische Verteilungsfunktion**, die bereits aus der deskriptiven Statistik bekannt ist:

Empirische Verteilungsfunktion Ein nichtparametrischer Schätzer für die Verteilungsfunktion $F(x) = P(X_i \leq x)$, $x \in \mathbb{R}$, ist die empirische Verteilungsfunktion

$$\widehat{F}_n(x) = \frac{1}{n} \sum_{i=1}^{n} \mathbf{1}_{(-\infty, x]}(X_i), \qquad x \in \mathbb{R}.$$

Hierbei zeigt $\mathbf{1}_{(-\infty, x]}(X_i) = \mathbf{1}(X_i \leq x)$ an, ob $X_i \leq x$ gilt. $\widehat{F}_n(x)$ ist der Anteil der Beobachtungen, die kleiner oder gleich x sind. Die Anzahl $n\widehat{F}_n(x)$ der Beobachtungen, die kleiner oder gleich x sind, ist binomialverteilt mit Parametern n und $p(x)$, so dass insbesondere gilt:

$$E(\widehat{F}_n(x)) = P(X_i \leq x) = F(x), \quad \mathrm{Var}(\widehat{F}_n(x)) = \frac{F(x)(1 - F(x))}{n}.$$

Nach dem Hauptsatz der Statistik (Abschnitt 2.11.2) konvergiert $\widehat{F}_n(x)$ mit Wahrscheinlichkeit 1 gegen $F(x)$ (gleichmäßig in x).

Herleitung: Die Zufallsvariablen $\mathbf{1}_{(-\infty,x]}(X_i)$ sind unabhängige Bernoulli-Variable mit Erfolgswahrscheinlichkeit $p = p(x) = 1 \cdot P(X_i \leq x) + 0 \cdot P(X_i > c) = F(x)$. Ihre Summe, $n\widehat{F}_n(x) = \sum_{i=1}^{n} \mathbf{1}_{(-\infty,x]}(X_i)$ ist daher binomialverteilt mit Parametern n und $p = F(x)$. Da Erwartungswert und Varianz einer Bin(n,p)-Verteilung durch np bzw. $np(1-p)$ gegeben sind, ergeben sich die angegebenen Formeln für $E(\widehat{F}_n)$ und $\mathrm{Var}(\widehat{F}_n(x))$. $\square$

Die Verteilung von X ist durch die Verteilungsfunktion $F(x)$ eindeutig spezifiziert. Hiervon leiten sich Erwartungswert $\mu = E(X_i)$ und Varianz $\sigma^2 = \mathrm{Var}(X_i)$ der Verteilung von X ab. Diese Größen sind unbekannt. Schätzer erhält man, indem man statt $F(x)$ die empirische Verteilungsfunktion $\widehat{F}_n(x)$ betrachtet: $\widehat{F}_n$ ist die Verteilungsfunktion der *empirischen Verteilung*, die den Punkten $X_1, \ldots, X_n$ jeweils die Wahrscheinlichkeit $1/n$ zuordnet. Der Erwartungswert der empirischen Verteilung ist $\overline{X} = \frac{1}{n}\sum_{i=1}^{n} X_i$, ihre Varianz $\frac{1}{n}\sum_{i=1}^{n}(X_i - \overline{X})^2$.

Es liegt also nahe, den unbekannten Erwartungswert μ durch den Erwartungswert der empirischen Verteilung,

$$\widehat{\mu} = \frac{1}{n}\sum_{i=1}^{n} X_i,$$

und die unbekannte Varianz σ^2 durch die Varianz der empirischen Verteilung

$$\widehat{\sigma}^2 = \frac{1}{n}\sum_{i=1}^{n}(X_i - \overline{X})^2.$$

zu schätzen. Genauso können die p-Quantile der Verteilung von X durch die empirischen p-Quantile geschätzt, die in der deskriptiven Statistik bereits besprochen wurden.

> Arithmetisches Mittel, Stichprobenvarianz und empirische p-Quantile sind diejenigen Schätzer für Erwartungswert, Varianz und theoretische Quantile, die man durch Substitution der Verteilungsfunktion $F(x)$ durch die empirische Verteilungsfunktion $\widehat{F}_n(x)$ erhält.

3.2.2 Dichteschätzung

Das nichtparametrische Verteilungsmodell

$$\mathcal{P} = \{f : \mathbb{R} \to \mathbb{R}^+ \mid f \text{ ist eine Dichtefunktion}\}$$

aus Beispiel 2.2.1 für eine Beobachtung X schließt diskrete Verteilungen aus der Betrachtung aus. Relevant sind nur noch stetige Verteilungen, die durch eine Dichtefunktion $f(x)$ charakterisiert sind:

$$P(a < X \leq b) = \int_a^b f(x)\,dx, \qquad a < b.$$

In der deskriptiven Statistik wurden bereits das *Histogramm* und der *Kerndichteschätzer* eingeführt. Wir erinnern an die Definition des Histogramms: Der Histogramm-Schätzer zu Klassenhäufigkeiten $f_1, \ldots, f_k$ von k Klassen $K_1 = [g_1, g_2], K_2 = (g_2, g_3], \ldots, K_k = (g_k, g_{k+1}]$ mit Klassenbreiten $b_1, \ldots, b_k$, ist gegeben durch

$$\widehat{f}(x) = \begin{cases} f_j, & \text{wenn } x \in K_j \text{ für ein } j = 1, \ldots, M, \\ 0, & \text{sonst.} \end{cases}$$

Histogramm   Der Histogramm-Schätzer schätzt eine *Vergröberung* der Dichtefunktion $f(x)$, nämlich die Funktion $g(x)$, für die gilt:

$$g(x) = \int_{g_j}^{g_{j+1}} f(x)\,dx = P(X_1 \in (g_j, g_{j+1}]),$$

wenn $x \in (g_j, g_{j+1}]$. Für festes $x \in (g_j, g_{j+1}]$ ist $n\widehat{f}(x)$ binomialverteilt mit Parametern n und $p = p(x) = P(X_1 \in (g_j, g_{j+1}])$.

Der Kerndichteschätzer nach Parzen-Rosenblatt ist ebenfalls ein Schätzer für die Dichtefunktion. Eine Diskussion seiner Verteilungseigenschaften ist jedoch im Rahmen dieses Buches nicht möglich. Es sei auf die weiterführende Literatur verwiesen.

3.2.3 Das Likelihood-Prinzip

▷ Motivation und Definition

Ein Restaurant hat zwei Köche A und B. Koch A versalzt die Suppe mit einer Wahrscheinlichkeit von 0.1, Koch B mit einer Wahrscheinlichkeit von 0.3. Sie gehen ins Restaurant und bestellen eine Suppe. Die Suppe ist versalzen. Wer schätzen Sie, war der Koch? Die meisten Menschen antworten mit "Koch B". Kann die dahinter stehende Überlegung (Koch B versalzt häufiger, also wird er es schon sein) formalisiert und einem allgemeinen Schätzprinzip untergeordnet werden? Formalisierung: Wir beobachten $x \in \{0,1\}$ ('0': Suppe ok, '1': Suppe versalzen). Der Parameter ist $\vartheta \in \Theta = \{A,B\}$. (Koch A bzw. B). Das statistische Problem besteht in der Schätzung von ϑ bei gegebener Beobachtung x. Jeder Koch ϑ erzeugt eine Verteilung p_ϑ:

$p_\vartheta(x)$ ϑ	Beobachtung 0	1	Summe
A	0.9	0.1	1.0
B	0.7	0.3	1.0

In den Zeilen stehen Wahrscheinlichkeitsverteilungen. In den Spalten stehen für jede mögliche Beobachtung (hier: 0 bzw. 1) die Wahrscheinlichkeiten $p_\vartheta(x)$, mit denen die jeweiligen Parameterwerte - die ja jeweils einem Verteilungsmodell entsprechen - die Beobachtung erzeugen. Es ist naheliegend, einen Parameterwert ϑ als umso *plausibler* anzusehen, je größer diese Wahrscheinlichkeit ist.

Likelihood-Funktion Sei $p_\vartheta(x)$ eine Zähldichte (in $x \in \mathcal{X}$) und $\vartheta \in \Theta$ ein Parameter. Für eine gegebene (feste) Beobachtung $x \in \mathcal{X}$ heißt die Funktion

$$L(\vartheta|x) = p_\vartheta(x), \qquad \vartheta \in \Theta,$$

Likelihood-Funktion.

$L(\vartheta|x)$, $\vartheta \in \Theta$, entspricht gerade den Werten in der zu x gehörigen Spalte. Es ist rational, bei gegebener Beobachtung x die zugehörige Spalte zu betrachten und denjenigen Parameterwert als plausibel anzusehen, der zum höchsten Tabelleneintrag führt, also zur maximalen Wahrscheinlichkeit, x zu beobachten.

Likelihood-Prinzip Ein Verteilungsmodell ist bei gegebenen Daten plausibel, wenn es die Daten mit hoher Wahrscheinlichkeit erzeugt. Entscheide Dich für das plausibelste Verteilungsmodell!

Wir verallgemeinern nun das eingangs betrachtete Beispiel schrittweise auf komplexere Fälle:

Situation 1: Statt zwei möglichen Parameterwerten und zwei Merkmalsausprägungen betrachten wir jeweils endlich viele:

Es liege ein diskreter Parameterraum $\Theta = \{\vartheta_1, \ldots, \vartheta_L\}$ und ein diskreter Stichprobenraum $\mathcal{X} = \{x_1, \ldots, x_K\}$ vor.

	x_1	$\ldots$	x_K	Summe
ϑ_1	$p_{\vartheta_1}(x_1)$	$\ldots$	$p_{\vartheta_1}(x_K)$	1
ϑ_2	$p_{\vartheta_2}(x_1)$	$\ldots$	$p_{\vartheta_2}(x_K)$	1
$\vdots$	$\vdots$		$\vdots$	
ϑ_L	$p_{\vartheta_L}(x_1)$	$\ldots$	$p_{\vartheta_L}(x_K)$	1

In den Zeilen stehen wiederum für jeden Parameterwert die zugehörigen Wahrscheinlichkeitsverteilungen, in den Spalten die zu jeder Beobachtung zugehörigen Likelihoods. Bei gegebener Beobachtung wählen wir nach dem Likelihood-Prinzip denjenigen Parameterwert als Schätzwert $\widehat{\vartheta}$ aus, der zu dem maximalen Spalteneintrag korrespondiert.

Beispiel 3.2.1. Y sei binominalverteilt mit Parametern $n = 3$ (Stichproben-umfang) und Erfolgswahrscheinlichkeit $p(\vartheta), \vartheta \in \{\frac{1}{4}, \frac{1}{2}\}$.

$$P_{1/4}(Y = k) = \binom{3}{k}\left(\frac{1}{4}\right)^k \left(\frac{3}{4}\right)^{3-k}, \qquad P_{1/2}(Y = k) = \binom{3}{k}\left(\frac{1}{2}\right)^k \left(\frac{1}{2}\right)^{3-k}.$$

Der Stichprobenraum ist nun die Menge $\{0,1,2,3\}$, der Parameterraum $\Theta = \{1/4, 1/2\}$.

y	0	1	2	3
$\vartheta = 1/4$	0.422	0.422	0.078	0.078
$\vartheta = 1/2$	0.125	0.375	0.375	0.125

Für $y \in \{0,1\}$ lautet der ML-Schätzer $\widehat{\vartheta} = 1/4$, bei Beobachtung von $y \in \{2,3\}$ hingegen $\widehat{\vartheta} = 1/2$.

Situation 2: Der Parameterraum $\Theta \subset \mathbb{R}$ ist ein Intervall oder ganz $\mathbb{R}$, der Stichprobenraum ist diskret: $\mathcal{X} = \{x_1, x_2, \dots\}$.

Dies ist der Standardfall für Modelle mit diskreten Beobachtungen. Man kann hier nicht mehr mit Tabellen arbeiten. Es ist an der Zeit, formal den Maximum-Likelihood-Schätzer für diskret verteilte Daten zu definieren:

> *Maximum-Likelihood-Schätzer* Ist $p_\vartheta(x)$ eine Zähldichte (in $x \in \mathcal{X}$) und $\vartheta \in \Theta \subset \mathbb{R}^k$, $k \in \mathbb{N}$, dann heißt $\widehat{\vartheta} = \widehat{\vartheta}(x) \in \Theta$ **Maximum-Likelihood-Schätzer (ML-Schätzer)**, wenn für festes x gilt:
>
> $$p_{\widehat{\vartheta}}(x) \geq p_\vartheta(x) \qquad \text{für alle } \vartheta \in \Theta.$$
>
> Hierdurch ist eine Funktion $\widehat{\vartheta} : \mathcal{X} \to \Theta$ definiert.

Mathematisch betrachtet ist die Funktion $p_\vartheta(x)$ für festes x in der Variablen $\vartheta \in \Theta$ zu maximieren. Typischerweise ist $p_\vartheta(x)$ eine differenzierbare Funktion von ϑ. Dann können die bekannten und im mathematischen Anhang dargestellten Methoden zur Maximierung von Funktionen einer oder mehrerer Veränderlicher verwendet werden.

Situation 3: Ist die Variable X stetig verteilt, so ist der Merkmalsraum $\mathcal{X} = \mathbb{R}$ oder ein Intervall. Der Parameterraum sei diskret: $\Theta = \{\vartheta_1, \dots, \vartheta_L\}$. Zu jedem $\vartheta \in \Theta$ gehört eine Dichtefunktion $f_\vartheta(x)$. Für jedes gegebene x ist jeweils eine der L Dichtefunktionen auszuwählen.

Da im stetigen Fall einer Realisation x keine Wahrscheinlichkeit wie bei diskreten Verteilungsmodellen zugeordnet werden kann, stellt sich die Frage, wie der Begriff „plausibel" nun präzisiert werden kann

Hierzu vergröbern wir die Information x für kleines $dx > 0$ zu $[x - dx, x + dx]$. Dem Intervall $[x - dx, x + dx]$ können wir eine Wahrscheinlichkeit zuordnen, also eine Likelihood definieren und das Likelihood-Prinzip anwenden.

$$L(\vartheta | [x - dx, x + dx]) = \int_{x-dx}^{x+dx} f_\vartheta(s)\, ds \approx f_\vartheta(x) \cdot (2dx).$$

Die rechte Seite wird maximal, wenn ϑ die Dichte $f_\vartheta(x)$ maximiert.

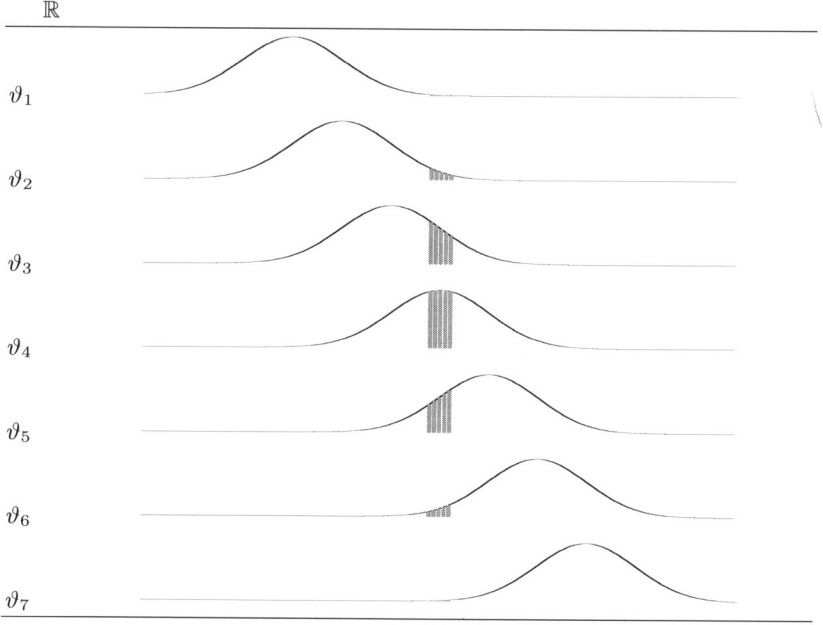

Abb. 3.1. Dichten $f_\vartheta(x)$ für $\vartheta \in \{\vartheta_1, \ldots, \vartheta_7\}$. Der Parameter bestimmt die Lage der Verteilung. Hervorgehoben sind die Flächen $\int_{x-dx}^{x+dx} f_\vartheta(s)ds$ für ein $dx > 0$.

Für stetige Zufallsgrößen definiert man daher die Likelihood-Funktion wie folgt:

Likelihood-Funktion. Sei $f_\vartheta(x)$ eine Dichtefunktion (in x) und $\vartheta \in \Theta \subset \mathbb{R}^k$, $k \in \mathbb{N}$. Für festes x heißt die Funktion

$$L(\vartheta | x) = f_\vartheta(x), \qquad \vartheta \in \Theta,$$

Likelihood-Funktion. $\widehat{\vartheta} \in \Theta$ heißt **Maximum-Likelihood-Schätzer**, wenn bei festem x gilt: $f_{\widehat{\vartheta}}(x) \geq f_\vartheta(x)$ für alle $\vartheta \in \Theta$.

Situation 4:

Seien nun schließlich $\Theta \subset \mathbb{R}$ und $\mathcal{X} \subset \mathbb{R}$ Intervalle.

In diesem Fall erhält man als Bild den Graphen der Funktion $f_\vartheta(x)$ über $(\vartheta, x) \in \Theta \times \mathcal{X}$. Abbildung 3.2 illustriert dies anhand der Normalverteilungsdichten $N(\mu, 1)$ für $\mu \in [0,3]$.

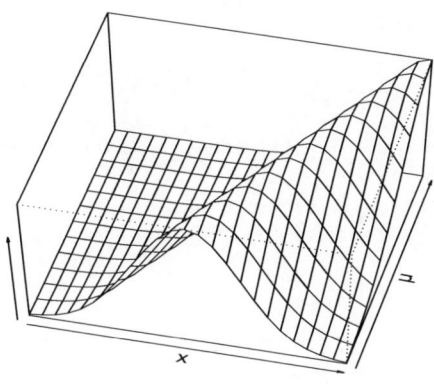

Abb. 3.2. Normalverteilungsdichten für $\vartheta = \mu \in [0,3]$.

Beispiel 3.2.2. Beobachtet worden sei die Realisation x einer Zufallsvariablen $X \sim N(\mu, \sigma^2)$. Wir wollen $\vartheta = \mu \in \mathbb{R}$ anhand dieser einen Beobachtung schätzen. Dann ist

$$f_\mu(x) = \frac{1}{\sqrt{2\pi\sigma^2}} \exp\left(-\frac{(x-\mu)^2}{2\sigma^2}\right)$$

in μ zu maximieren. Da die Funktion $e^{-z^2/2}$ in $z = 0$ ihr eindeutiges Maximum annimmt, ergibt sich wegen $z = (x-\mu)/\sigma = 0 \Leftrightarrow \mu = x$ als ML-Schätzer $\widehat{\mu} = x$. Sind $X_1, \ldots, X_n \overset{i.i.d.}{\sim} N(\mu, \sigma^2)$, dann gilt $\overline{X}_n = \frac{1}{n} \sum_{i=1}^n X_i \sim N(\mu, \sigma^2/n)$. Somit ist $\widehat{\mu} = \overline{X}_n$ der ML-Schätzer für μ. Als ML-Schätzer $\widehat{\sigma}_n^2$ für σ^2 ergibt sich die Stichprobenvarianz $\widehat{\sigma}_n^2 = \frac{1}{n} \sum_{i=1}^n (x_i - \overline{x}_n)^2$.

▷ **Die Likelihood einer Zufallsstichprobe**

Das Ergebnis der bisherigen Überlegungen können wir wie folgt zusammenfassen: Folgt eine zufällige Beobachtung X einem parametrischen Verteilungsmodell

$$X \sim f_\vartheta(x), \qquad \vartheta \in \Theta,$$

wobei $f_\vartheta(x)$ eine (Zähl-) Dichte ist, so können wir bei gegebener Realisation x jedem Parameterwert ϑ eine Likelihood $L(\vartheta|x) = f_\vartheta(x)$ zuordnen. In den betrachteten Beispielen war zwar stets x reell, aber diese Festsetzung macht auch Sinn, wenn x ein Vektor ist.

Steht nun X nicht für eine einzelne Beobachtung, sondern eine ganze Zufallsstichprobe $X = (X_1, \ldots, X_n)$ von n unabhängigen und identisch verteilten Zufallsvariablen (Beobachtungen) mit zugehöriger Realisation $x = (x_1, \ldots, x_n)$, so gilt im diskreten Fall aufgrund der Unabhängigkeit der X_i mit $\mathbf{x} = (x_1, \ldots, x_n) \in \mathbb{R}^n$:

$$p_\vartheta(\mathbf{x}) = P(X_1 = x_1, \ldots, X_n = x_n) = P(X_1 = x_1) \cdot \ldots \cdot P(X_n = x_n).$$

Bei stetig verteiltem X ist die (gemeinsame) Dichtefunktion $f_\vartheta(\mathbf{x})$ durch das Produkt der Randdichten gegeben:

$$f_\vartheta(x_1, \ldots, x_n) = f_\vartheta(x_1) \cdot \ldots \cdot f_\vartheta(x_n).$$

Likelihood einer Stichprobe Ist $X_1, \ldots, X_n$ eine Stichprobe von unabhängig und identisch verteilten Zufallsvariablen und wurde $\mathbf{x} = (x_1, \ldots, x_n) \in \mathbb{R}^n$ beobachtet, dann ist die Likelihood gegeben durch

$$L(\vartheta|\mathbf{x}) = L(\vartheta|x_1) \cdot \ldots \cdot L(\vartheta|x_n).$$

Mathematisch ist es oft einfacher die logarithmierte Likelihood zu maximieren, die aus dem Produkt eine Summe macht.

Log-Likelihood Die *Log-Likelihood* ist gegeben durch

$$l(\vartheta|\mathbf{x}) = \ln L(\vartheta|x) = \sum_{i=1}^{n} l(\vartheta|x_i).$$

Hierbei ist $l(\vartheta|x_i) = \ln f_\vartheta(x_i)$ der **Likelihood-Beitrag der i-ten Beobachtung**.

Wir betrachten drei Beispiele.

Beispiel 3.2.3. Es sei $x_1, \ldots, x_n$ eine Realisation einer Stichprobe $X_1, \ldots, X_n$ von unabhängig und identisch $\mathrm{Exp}(\lambda)$-verteilten Zufallsvariablen. Dann ist $f_\lambda(x) = \lambda e^{-\lambda x}$, $x \geq 0$, und somit

$$L(\lambda|x_1,\ldots,x_n) = \lambda e^{-\lambda x_1} \cdots \lambda e^{-\lambda x_n}$$

$$= \lambda^n e^{-\lambda \cdot \sum\limits_{i=1}^{n} x_i}.$$

Um den ML-Schätzer $\widehat{\lambda}$ für λ zu bestimmen, untersucht man die log-Likelihood

$$l(\lambda|x_1,\ldots,x_n) = n \cdot \ln(\lambda) - \lambda \cdot \sum_{i=1}^{n} x_i$$

auf Maxima. Es ergibt sich $\widehat{\lambda} = \frac{1}{\overline{x}}$ mit $\overline{x} = \frac{1}{n}\sum_{i=1}^{n} x_i$.

Beispiel 3.2.4. $x_1,\ldots,x_n$ sei eine Realisation von unabhängig und identisch Ber(p)-verteilten Zufallsvariablen $X_1,\ldots,X_n$.

$$P(X_1 = x) = p^x(1-p)^{1-x}, \qquad x = 0,1.$$

Somit ist mit $y = \sum_{i=1}^{n} x_i$ (Anzahl der Erfolge)

$$L(p|x_1,\ldots,x_n) = p^{x_1}(1-p)^{1-x_1} \cdot \ldots \cdot p^{x_n}(1-p)^{1-x_n}$$

$$= p^y(1-p)^{n-y}$$

und $l(p|x_1,\ldots,x_n) = y \cdot \ln(p) + (n-y)\ln(1-p)$. Als Maximalstelle erhält man $\widehat{p} = \frac{y}{n}$. Der Anteil der Erfolge in der Stichprobe erweist sich als ML-Schätzer.

Beispiel 3.2.5. Sie sind zu Besuch in einer fremden Stadt und fahren dort jeden Morgen mit dem Bus. Die Wartezeit auf den nächsten Bus sei gleichverteilt im Intervall $[0,\vartheta]$, wobei $\vartheta \in (0,\infty)$ der unbekannte Takt ist. Sind n Wartezeiten $x_1,\ldots,x_n$ beobachtet worden, so können wir ϑ durch die Likelihood-Methode schätzen. Die Dichte der x_i ist gerade

$$f_\vartheta(x) = \begin{cases} \frac{1}{\vartheta}, & 0 \le x \le \vartheta, \\ 0, & x > \vartheta. \end{cases}$$

Die Likelihood $L(\vartheta|x_1,\ldots,x_n) = \prod_{i=1}^{n} f_\vartheta(x_i)$ ist als Funktion von ϑ zu maximieren. Dieses Produkt ist 0, wenn mindestens ein x_i größer ist als ϑ. Gilt hingegen für alle x_i die Ungleichung $x_i \le \vartheta$, was gleichbedeutend mit $\max_i x_i \le \vartheta$ ist, hat das Produkt den Wert $\left(\frac{1}{\vartheta}\right)^n$. Diese Funktion ist streng monoton fallend in ϑ. Sie ist also maximal, wenn wir ϑ so klein wie möglich wählen (aber noch größer oder gleich $\max_i x_i$. Also ist der ML-Schätzer

$$\widehat{\vartheta} = \max_i x_i$$

im Einklang mit der Intuition.

Die ML-Schätzer werden für gegebene (aber beliebige) Realisation $x_1, \ldots, x_n$ konstruiert. Dann kann man jedoch auch die Stichprobenvariablen $X_1, \ldots, X_n$ einsetzen. Die resultierenden Statistiken heißen ebenfalls ML-Schätzer.

Das Likelihood-Prinzip stellt einen operationalen Ansatz zur Gewinnung von Schätzfunktionen dar, die sich bei Gültigkeit des verwendeten Verteilungsmodells auch als optimal (im Sinne minimaler Streuung der Schätzung in sehr großen Stichproben) erweisen. Die Methode ist jedoch nicht anwendbar, wenn kein parametrisches Verteilungsmodell angegeben werden kann.

3.2.4 Gütekriterien für statistische Schätzer

Möchte man einen Parameter ϑ anhand einer Stichprobe schätzen, so hat man mitunter mehrere Kandidaten zur Auswahl. Es stellt sich die Frage, wie sich die Güte von statistischen Schätzern messen läßt. Dann kann auch untersucht werden, welche Schätzer optimal sind.

Da jeder Schätzer aus streuenden Daten ausgerechnet wird, streut auch der Schätzer. Es ist daher nahe liegend, die zwei grundlegenden Konzepte zur Verdichtung dieses Sachverhalts auf Kennzahlen zu nutzen: Erwartungswert (Kennzeichnung der Lage) und Varianz (Quantifizierung der Streuung).

▷ **Erwartungstreue**

Sei $\widehat{\vartheta}_n = T_n(X_1, \ldots, X_n)$ ein Schätzer für ϑ. Als Funktion der Zufallsvariablen $X_1, \ldots, X_n$ ist $\widehat{\vartheta}_n$ zufällig. Es stellt sich die Frage, um welchen Wert $\widehat{\vartheta}_n$ streut. Ein geeignetes Lagemaß ist der Erwartungswert. Wenden wir den Erwartungswertoperator $E(\cdot)$ auf $\widehat{\vartheta}_n(X_1, \ldots, X_n)$ an, so hängt das Ergebnis der Berechnung von der (gedanklich fixierten) Verteilung F_ϑ der X_i und somit vom Parameter ϑ ab. Im Allgemeinen ist daher $E(\widehat{\vartheta}_n)$ eine Funktion von ϑ. Berechnet man $E(\widehat{\vartheta}_n)$ unter der Annahme $X_i \sim F_\vartheta$, so schreibt man mitunter $E_\vartheta(\widehat{\vartheta}_n)$.

(Asymptotische) Erwartungstreue, Unverfälschtheit Ein Schätzer $\widehat{\vartheta}_n$ für einen Parameter ϑ heißt **erwartungstreu**, **unverfälscht** oder **unverzerrt** (engl.: *unbiased*), wenn er um den unbekannten wahren Parameter ϑ streut:

$$E_\vartheta(\widehat{\vartheta}_n) = \vartheta, \qquad \text{für alle } \vartheta \in \Theta.$$

Gilt lediglich für alle ϑ

$$E_\vartheta(\widehat{\vartheta}_n) \to \vartheta, \qquad \text{für alle } \vartheta \in \Theta,$$

wenn $n \to \infty$, dann heißt $\widehat{\vartheta}$ **asymptotisch erwartungstreu für** ϑ.

Oft möchte man nicht ϑ, sondern eine Funktion $g(\vartheta)$ schätzen, wobei $g : \theta \to \Gamma$ gegeben ist. Eine Statistik $\widehat{g}_n$ mit Werten in Γ heißt dann Schätzer für $g(\vartheta)$. $\widehat{g}_n$ heißt erwartungstreu für $g(\vartheta)$, wenn $E(\widehat{g}_n) = g(\vartheta)$ für alle $\vartheta \in \Theta$ gilt.

Der Begriff kann auch auf nichtparametrische Verteilungsmodelle verallgemeinert werden. Ein Schätzer T_n für eine Kenngröße $g(F)$ einer Verteilungsfunktion $F \in \mathcal{F}$ heißt erwartungstreu für $g(F)$, wenn $E_F(T_n) = g(F)$ für alle $F \in \mathcal{F}$ gilt. Hierbei deutet $E_F(T_n)$ an, dass der Erwartungswert unter der Annahme $X_i \sim F$ berechnet wird.

Anschaulich bedeutet Erwartungstreue: Wendet man einen für ϑ erwartungstreuen Schätzer N-mal (z.B. täglich) auf Stichproben vom Umfang n an, so konvergiert nach dem Gesetz der großen Zahl das arithmetische Mittel der N Schätzungen gegen ϑ (in Wahrscheinlichkeit), egal wie groß oder klein n gewählt wurde, wenn $N \to \infty$.

Ist ein Schätzer nicht erwartungstreu, so liefert er verzerrte Ergebnisse, und zwar nicht aufgrund zufallsbedingter Schwankungen, sondern systematisch. Bei asymptotisch erwartungstreuen Schätzern konvergiert dieser systematische Fehler gegen 0, wenn der Stichprobenumfang n gegen ∞ strebt.

Verzerrung, Bias Die **Verzerrung** (engl.: *bias*) wird gemessen durch

$$\text{Bias}(\widehat{\vartheta}_n; \vartheta) = E_\vartheta(\widehat{\vartheta}) - \vartheta, \qquad \vartheta \in \Theta.$$

Im Allgemeinen ist $\text{Bias}(\widehat{\vartheta}_n; \vartheta)$ eine Funktion von ϑ.

Wir betrachten drei Beispiele, die drei grundlegene Phänomene deutlich machen. Das erste Beispiel verifiziert, dass arithmetische Mittel immer erwartungstreue Schätzungen liefern. Dies hatten wir schon mehrfach gesehen, aber nicht so genannt.

Beispiel 3.2.6. Sind $X_1, \ldots, X_n$ identisch verteilt mit Erwartungswert $\mu = E(X_1)$, so gilt: $E(\overline{X}) = \frac{E(X_1) + \cdots + E(X_n)}{n} = \mu$. Also ist $\overline{X}$ erwartungstreu für μ.

Das folgende Beispiel zeigt, dass die Erwartungstreue verloren geht, sobald man nichtlineare Transformationen anwendet.

Beispiel 3.2.7. Ist $(\overline{X})^2$ erwartungstreu für $\vartheta = \mu^2$? Dazu seien $X_1, \ldots, X_n$ zusätzlich unabhängig verteilt. Nach dem Verschiebungssatz gilt

$$\text{Var}(\overline{X}) = E((\overline{X})^2) - (E(\overline{X}))^2$$

Zudem gilt: $\text{Var}(\overline{X}) = \frac{\sigma^2}{n}$. Einsetzen und Auflösen nach $E((\overline{X})^2)$ liefert

$$E((\overline{X})^2) - \frac{\sigma^2}{n} + \mu^2.$$

Also ist $\widehat{\vartheta} = \overline{X}^2$ nicht erwartungstreu für $\vartheta = \mu^2$, sondern lediglich asymptotisch erwartungstreu, da zumindest $E(\overline{X}^2) \to \mu^2$ für $n \to \infty$ erfüllt ist. Der Bias ergibt sich zu

$$\text{Bias}(\overline{X}^2; \mu^2) = \frac{\sigma^2}{n}.$$

Er hängt nicht von μ, aber von σ^2 und n ab. Mit wachsendem Stichprobenumfang konvergiert der Bias zwar gegen 0, jedoch ist er immer positiv. Folglich wird μ^2 durch den Schätzer $\overline{X}^2$ systematisch überschätzt.

Das folgende Beispiel betrachtet die Gleichverteilung auf einem Intervall $[0, \vartheta]$, wobei ϑ unbekannt ist. Wir hatten gesehen, dass der ML-Schätzer gerade das Maximum, $\widehat{\vartheta}_n = \max(X_1, \ldots, X_n)$, ist. Ist $\widehat{\vartheta}_n$ auch erwartungstreu?

Beispiel 3.2.8. Es seien $X_1, \ldots, X_n$ unabhängig und identisch gleichverteilt auf dem Intervall $[0, \vartheta]$. Dann gilt $P(X_1 \leq x) = \frac{x}{\vartheta}$, wenn $0 \leq x \leq \vartheta$. Da

$$P(\max(X_1, \ldots, X_n) \leq x) = P(X_1 \leq x, \ldots, X_n \leq x) = P(X_1 \leq x)^n$$

gilt für die Verteilungsfunktion von $\widehat{\vartheta}_n$: $P(\widehat{\vartheta} \leq x) = (\frac{x}{\vartheta})^n$, $0 \leq x \leq \vartheta$. Ableiten liefert die Dichte, $f(x) = \frac{n}{\vartheta^n} x^{n-1}$, wenn $0 \leq x \leq \vartheta$, und $f(x) = 0$ für $x \notin [0,\vartheta]$. Den Erwartungswert $E(\widehat{\vartheta}_n)$ können wir nun berechnen:

$$E(\widehat{\vartheta}_n) = \int_0^\vartheta x f(x)\, dx = \frac{n}{\vartheta^n} \int_0^\vartheta x^n dx = \frac{n}{n+1} \vartheta.$$

Somit ist der ML-Schätzer verfälscht. Eine erwartungstreue Schätzfunktion erhält man durch Umnormieren:

$$\widehat{\vartheta}_n^* = \frac{n+1}{n} \widehat{\vartheta}_n.$$

Beispiel 3.2.9. Seien $X_1, \ldots, X_n$ unabhängig und identisch verteilt mit Erwartungswert $\mu = E(X_1)$ und positiver Varianz $\sigma^2 = \text{Var}(X)$. Wir wollen die Stichprobenvarianz auf Erwartungstreue untersuchen. Nach dem Verschiebungssatz ist

$$\sum_{i=1}^n (X_i - \overline{X})^2 = \sum_{i=1}^n X_i^2 - n(\overline{X})^2.$$

Wir wollen hiervon den Erwartungswert berechnen. Wegen $\sigma^2 = \text{Var}(X_i) = E(X_i^2) - \mu^2$ ist der Erwartungswert des ersten Terms auf der rechen Seite

$$E\left(\sum_{i=1}^n X_i^2\right) = n \cdot E(X_i^2) = n(\sigma^2 + \mu^2).$$

In Beispiel 3.2.7 hatten wir gesehen, dass $E((\overline{X})^2) = \frac{\sigma^2}{n} + \mu^2$. Damit erhalten wir:

$$E\left(\sum_{i=1}^{n}(X_i - \overline{X})^2\right) = n(\sigma^2 + \mu^2) - n\left(\frac{\sigma^2}{n} + \mu^2\right) = (n-1)\sigma^2$$

Wir müssen also die Summe der Abstandsquadrate $\sum_{i=1}^{n}(X_i - \overline{X})^2$ mit $n-1$ normieren, um eine erwartungstreue Schätung für σ^2 zu erhalten, nicht etwa mit n. Aus diesem Grund verwendet man üblicherweise den Varianzschätzer

$$S_n^2 = \frac{1}{n-1}\sum_{i=1}^{n}(X_i - \overline{X})^2.$$

Für die Stichprobenvarianz $\widehat{\sigma}_n^2 = \frac{1}{n}\sum_{i=1}^{n}(X_i - \overline{X})^2$ gilt $E(\widehat{\sigma}_n^2) = \frac{n-1}{n}\sigma^2$, woraus die negative Verzerrung $\text{Bias}(\widehat{\sigma}_n^2; \sigma^2) = \frac{n-1}{n}\sigma^2 - \sigma^2 = -\frac{\sigma^2}{n}$ resultiert. Die Varianz wird systematisch unterschätzt.

▷ **Konsistenz**

Sind $X_1, \ldots, X_n$ unabhängig und identisch $N(\mu, \sigma^2)$-verteilt mit Erwartungswert μ, dann ist $\widehat{\mu}_n = \overline{X}_n = \frac{1}{n}\sum_{i=1}^{n}X_i$ ein geeigneter Schätzer. Nach dem Gesetz der großen Zahlen konvergiert $\widehat{\mu}_n$ im stochastischen Sinn gegen $\mu = E(X_1)$ – auch ohne die Normalverteilungsannahme. Schätzer, die solch ein Verhalten aufweisen, nennt man konsistent:

Konsistenz Ein Schätzer $\widehat{\vartheta}_n = T(X_1, \ldots, X_n)$ basierend auf einer Stichprobe vom Umfang n heißt **(schwach) konsistent für** ϑ, falls

$$\widehat{\vartheta}_n \xrightarrow{P} \vartheta, \qquad n \to \infty,$$

also wenn er ein schwaches Gesetz großer Zahlen erfüllt. Gilt sogar fast sichere Konvergenz, dann heißt $\widehat{\vartheta}_n$ **stark konsistent für** ϑ.

Ist $\widehat{\vartheta}_n$ konsistent für ϑ und $g : \theta \to \Gamma$, $d \in \mathbb{N}$, eine stetige Funktion, dann ist $g(\widehat{\vartheta}_n)$ konsistent für $g(\vartheta)$.

Beispiel 3.2.10. Unter den oben genannten Annahmen ist $\widehat{\mu}_n = \overline{X}_n$ konsistent für μ. Hieraus folgt, dass $g(\overline{X}_n) = (\overline{X}_n)^2$ konsistent ist für den abgeleiteten Parameter $g(\mu) = \mu^2$. Gilt $EX_1^2 < \infty$, dann ist nach dem (starken) Gesetz der großen Zahlen $\widehat{m}_{2,n} = \frac{1}{n}\sum_{i=1}^{n}X_i^2$ (stark) konsistent für das zweite Moment $m_2 = E(X_1^2)$. Damit folgt, dass die Stichprobenvarianz $\widehat{\sigma}_n^2 = \widehat{m}_{2,n} - \widehat{\mu}_n^2 = \frac{1}{n}\sum_{i=1}^{n}X_i^2 - (\overline{X}_n)^2$ konsistent für $\sigma^2 = E(X_1^2) - (E(X_1))^2 = \text{Var}(X_1)$ ist.

▷ **Effizienz**

Neben der Erwartungstreue eines Schätzers spielt auch seine Varianz

$$\text{Var}(\widehat{\vartheta}_n) = E_\vartheta(\widehat{\vartheta} \quad E_\vartheta(\widehat{\vartheta}))^2$$

eine wichtige Rolle. Hat man mehrere erwartungstreue Schätzer zur Auswahl, so ist es nahe liegend, diejenige zu verwenden, welche die kleinste Varianz hat.

Effizienz Sind T_1 und T_2 zwei erwartungstreue Schätzer für ϑ und gilt $\mathrm{Var}(T_1) < \mathrm{Var}(T_2)$, so heißt T_1 **effizienter** als T_2. T_1 ist **effizient**, wenn T_1 effizienter als jede andere erwartungstreue Schätzfunktion ist.

Beispiel 3.2.11. $X_1, \ldots, X_n$ seien unabhängig und identisch gleichverteilt im Intervall $[0, \vartheta]$. Es gilt: $\mu = E(X_1) = \frac{\vartheta}{2}$ und $\sigma^2 = \mathrm{Var}(X_1) = \frac{\vartheta^2}{12}$. Betrachte die Schätzer

$$T_1 = 2\overline{X} \quad \text{und} \quad T_2 = \frac{n+1}{n} \max(X_1, \ldots, X_n).$$

Dann ist

$$E(T_1) = \vartheta \quad \text{und} \quad \mathrm{Var}(T_1) = 4\frac{\sigma^2}{n} = \frac{\vartheta^2}{3n}.$$

Sei $Z = \max(X_1, \ldots, X_n)$. Es gilt

$$E(Z^2) = \frac{n}{\vartheta^n} \int_0^\vartheta x^{n+1} dx = \frac{n}{\vartheta^n} \frac{\vartheta^{n+2}}{n+2} = \vartheta^2 \frac{n}{n+2},$$

und somit nach dem Verschiebungssatz $(\mathrm{Var}(Z) = E(Z^2) - (E(Z))^2)$

$$\mathrm{Var}(Z) = \vartheta^2 \frac{n}{n+2} - \vartheta^2 \frac{n^2}{(n+1)^2} = \vartheta^2 \frac{n}{(n+1)^2(n+2)}.$$

Es folgt $\mathrm{Var}(T_2) = \frac{(n+1)^2}{n^2} \cdot \mathrm{Var}(Z) = \frac{\vartheta}{n(n+2)}$. Daher ist für $n > 1$

$$\mathrm{Var}(T_2) = \frac{\vartheta^2}{n(n+2)} < \frac{\vartheta^2}{3n} = \mathrm{Var}(T_1).$$

T_2 ist effizienter als T_1!

▷ Mittlerer quadratischer Fehler

Warum einen erwartungstreuen Schätzer mit hoher Varianz nehmen, wenn es auch einen leicht verzerrten gibt, der deutlich weniger streut? Es scheint also einen trade-off zwischen Verzerrung und Varianz zu geben.

Ein Konzept, dass sowohl Verzerrung als auch Varianz einer Schätzung berücksichtigt, ist der *mittlere quadratische Fehler*.

MSE, *mittlerer quadratischer Fehler* Der **mittlere quadratische Fehler** (engl.: **mean square error, MSE**) misst nicht die erwartete quadratische Abweichung vom Erwartungswert, sondern vom wahren Parameter ϑ:

$$\mathrm{MSE}(\widehat{\vartheta_n}; \vartheta) = E_\vartheta(\widehat{\vartheta_n} - \vartheta)^2$$

Durch Ausquadrieren sieht man, dass sich der MSE additiv aus der Varianz und der quadrierten Verzerrung zusammen setzt.

Ist $\widehat{\vartheta}$ eine Schätzfunktion mit $\mathrm{Var}_\vartheta(\widehat{\vartheta}) < \infty$, dann gilt die additive Zerlegung

$$\mathrm{MSE}(\widehat{\vartheta_n}; \vartheta) = \mathrm{Var}_\vartheta(\widehat{\vartheta}) + [\mathrm{Bias}(\widehat{\vartheta_n}; \vartheta)]^2.$$

Beispiel 3.2.12. Seien $X_1, \ldots, X_n \overset{i.i.d.}{\sim} N(\mu, \sigma^2)$, $n > 1$. S_n^2 ist erwartungstreu für σ^2. Im nächsten Abschnitt betrachten wir die Verteilung der Statistik $Q = \frac{(n-1)S_n^2}{\sigma^2}$. Ihre Varianz hängt nur von n ab: $\mathrm{Var}(Q) = 2(n-1)$. Hieraus folgt: $\mathrm{Var}(S_n^2) = \frac{2\sigma^4}{n-1} = MSE(S_n^2; \sigma^2)$. Die Stichprobenvarianz $\widehat{\sigma}_n^2 = \frac{n-1}{n} S_n^2$ besitzt die Verzerrung $\mathrm{Bias}(\widehat{\sigma}^2; \sigma^2) = -\frac{\sigma^2}{n}$ und die Varianz $\mathrm{Var}(\widehat{\sigma}_n^2) = (\frac{n-1}{n})^2 \mathrm{Var}(S_n^2) = \frac{2(n-1)\sigma^4}{n^2}$. Hieraus erhält man $\mathrm{MSE}(\widehat{\sigma}_n^2; \sigma^2) = \frac{2n-1}{n^2}\sigma^4 < \frac{2\sigma^4}{n-1} = \mathrm{MSE}(S_n^2; \sigma^2)$. Im Sinne des MSE ist also die Stichprobenvarianz besser.

3.3 Testverteilungen

Bei der Konstruktion von statistischen Konfidenzintervallen und Tests treten einige Verteilungen auf, die im Kapitel über Wahrscheinlichkeitsrechnung ausgespart wurden: t-, χ^2- und F-Verteilung. Diese Verteilungen werden im Rahmen der Statistik üblicherweise Testverteilungen genannt. Für alle drei Verteilungen gibt es keine expliziten Formeln zur Berechnung von Intervallwahrscheinlichkeiten. Sie werden in Büchern tabelliert und sind in Statistik-Software verfügbar.

3.3.1 t-Verteilung

Sind $X_1, \ldots, X_n$ unabhängig und identisch $N(\mu, \sigma^2)$-verteilt, dann ist die standardisierte Version des arithmetische Mittels $\overline{X} = \frac{1}{n}\sum_{i=1}^n X_i$,

$$\overline{X}^* = \frac{\overline{X} - \mu}{\sigma/\sqrt{n}} = \sqrt{n}\frac{\overline{X} - \mu}{\sigma}$$

standardnormalverteilt. Ist die Varianz σ^2 der Beobachtungen unbekannt, so ist es nahe liegend, den erwartungstreuen Schätzer $S^2 = \frac{1}{n-1}\sum_{i=1}^{n}(X_i - \overline{X})^2$ einzusetzen. Die Verteilung der resultierende Größe,

$$T = \sqrt{n}\frac{\overline{X} - \mu}{S}$$

heißt t-**Verteilung mit** $n - 1$ **Freiheitsgraden** und wird mit $t(n - 1)$ bezeichnet. Das p-Quantil notieren wir mit $t(n - 1)_p$.

Gilt $T \sim t(k)$, dann ist $E(T) = 0$. Für $k \geq 3$ ist $\mathrm{Var}(T) = \frac{k}{k-2}$.

3.3.2 χ^2-Verteilung

Sind $U_1, \ldots, U_k$ unabhängig und identisch $N(0,1)$-verteilt, dann heißt die Verteilung der Statistik

$$Q = \sum_{i=1}^{k} U_i^2$$

χ^2-**Verteilung mit** k **Freiheitsgraden.** Ist T eine Zufallsvariable und $c \in \mathbb{R}$, so dass $T/c \sim \chi^2(k)$ gilt, dann heißt T **gestreckt** χ^2-**verteilt mit** k **Freiheitsgraden**.

Es gilt: $E(Q) = k$ und $\mathrm{Var}(Q) = 2k$.

Sind $X_1, \ldots, X_n$ unabhängig und identisch $N(\mu,\sigma^2)$-verteilt, dann ist ein erwartungstreuer Varianzschätzer für σ^2 durch $\widehat{\sigma}^2 = \frac{1}{n}\sum_{i=1}^{n}(X_i - \mu)^2$ gegeben. Da die Zufallsvariablen $(X_i - \mu)/\sigma$ unabhängig und identisch $N(0,1)$-verteilt sind, folgt: $n\widehat{\sigma}^2/\sigma^2 \sim \chi^2(n)$. Ist μ unbekannt, so verwendet man den erwartungstreuen Schätzer

$$S^2 = \frac{1}{n-1}\sum_{i=1}^{n}(X_i - \overline{X})^2.$$

S^2 erweist sich ebenfalls als χ^2-verteilt, jedoch reduziert sich die Anzahl der Freiheitsgrade um 1:

$$\frac{(n-1)S^2}{\sigma^2} \sim \chi^2(n-1).$$

Dieses Ergebnis erlaubt es, für normalverteilte Daten Wahrscheinlichkeitsberechnungen für den Varianzschätzer S^2 vorzunehmen.

3.3.3 F-Verteilung

Sind $Q_1 \sim \chi^2(n_1)$ und $Q_2 \sim \chi^2(n_2)$ unabhängig χ^2-verteilt, dann heißt die Verteilung des Quotienten

$$F = \frac{Q_1/n_1}{Q_2/n_2}$$

F-**Verteilung mit** n_1 **und** n_2 **Freiheitsgraden** und wird mit $F(n_1,n_2)$ bezeichnet. Das p-Quantil wird mit $F(n_1,n_2)_p$ bezeichnet.

Erwartungswert: $E(F) = \frac{n_2}{n_2-2}$, $\operatorname{Var}(F) = \frac{2n_2^2(n_1+n_2-2)}{n_1(n_2-1)^2(n_2-4)}$.

Es seien $X_{11},\dots,X_{1n_1} \overset{i.i.d}{\sim} N(\mu_1,\sigma_1^2)$ und $X_{21},\dots,X_{2n_2} \overset{i.i.d.}{\sim} N(\mu_2,\sigma_2^2)$ unabhängige Stichproben. Dann sind die stichprobenweise berechneten erwartungstreuen Varianzschätzer $S_i^2 = \frac{1}{n_i-1}\sum_{j=1}^{n_i}(X_{ij} - \overline{X}_i)^2$ mit $\overline{X}_i = \frac{1}{n_i}\sum_{j=1}^{n_i} X_{ij}$ unabhängig. Es gilt für $i = 1,2$:

$$Q_i = \frac{(n_i-1)S_i^2}{\sigma_i^2} \sim \chi^2(n_i-1)$$

Q_1 und Q_2 sind unabhängig. Somit ist der Quotient F-verteilt:

$$\frac{Q_1/(n_1-1)}{Q_2/(n_2-1)} = \frac{S_1^2}{S_2^2} \cdot \frac{\sigma_2^2}{\sigma_1^2} \sim F(n_1-1,n_2-1).$$

Haben beide Stichproben die selbe Varianz ($\sigma_1^2 = \sigma_2^2$), dann hängt der Quotient nur von den Beobachtungen ab.

3.4 Konfidenzintervalle

Bei einem großen Standardfehler (z.B. $S/\sqrt{n} = 5.45$) täuscht die Angabe eines Punktschätzers mit vielen Nachkommastellen (z.B. $\bar{x} = 11.34534$) leicht eine Genauigkeit vor, die statistisch nicht gerechtfertigt ist. Wäre es nicht sinnvoller, ein Intervall $[L,U]$ für den unbekannten Parameter ϑ anzugeben, das aus den Daten berechnet wird?

Beim **statistischen Konfidenzintervall** (Vertrauensintervall) konstruiert man das Intervall so, dass es mit einer vorgegebenen Mindestwahrscheinlichkeit $1-\alpha$ den wahren Parameter überdeckt und nur mit einer Restwahrscheinlichkeit α der Parameter nicht überdeckt wird.

Konfidenzintervall, Konfidenzniveau Ein Intervall $[L,U]$ mit datenabhängigen Intervallgrenzen $L = L(X_1,\dots,X_n)$ und $U = U(X_1,\dots,X_n)$ heißt **Konfidenzintervall (Vertrauensbereich) zum Konfidenzniveau** $1 - \alpha$, wenn

$$P([L,U] \ni \vartheta) \geq 1 - \alpha.$$

In dieser Definition bezeichnet $\{[L,U] \ni \vartheta\}$ das Ereignis, dass das *zufällige* Intervall $[L,U]$ den Parameter ϑ überdeckt. Man kann auch $\{\vartheta \in [L,U]\}$ für dieses Ereignis und $P(\vartheta \in [L,U])$ für die zugehörige Wahrscheinlichkeit schreiben. Man darf dann aber nicht - in Analogie zu dem inzwischen geläufigen Ausdruck $P(X \in [a,b])$ - den Fehler begehen, ϑ als Zufallsvariable aufzufassen.

Bei einem Konfidenzintervall ist die Aussage „$L \leq \vartheta \leq U$" ist mit Wahrscheinlichkeit $1 - \alpha$ richtig und mit Wahrscheinlichkeit α falsch. Übliche Konfidenzniveaus sind $1 - \alpha = 0.9, 0.95$ und 0.99.

Begrifflich abzugrenzen sind Konfidenzintervalle (für einen Parameter ϑ) von Prognoseintervallen (für eine Zufallsvariable X). Ein **Prognoseintervall** für X ist ein Intervall $[a,b]$ mit festen (deterministischen, also nicht von den Daten abhängigen) Grenzen $a, b \in \mathbb{R}$. Soll die Prognose „$a \leq X \leq b$" mit einer Wahrscheinlichkeit von $1 - \alpha$ gelten, so kann man a und b als $\alpha/2$- bzw. $(1 - \alpha/2)$-Quantil der Verteilung von X wählen. Viele Konfidenzintervalle können aus Prognoseintervallen geeigneter Zufallsgrößen abgeleitet werden.

3.4.1 Konfidenzintervall für μ

Gegeben seien $X_1, \ldots, X_n \overset{i.i.d.}{\sim} N(\mu, \sigma^2)$, wobei wir ein Konfidenzintervall für den Parameter μ angeben wollen. Ausgangspunkt ist ein Prognoseintervall für die Statistik $T = \sqrt{n}(\overline{X} - \mu)/S$, die einer $t(n-1)$-Verteilung folgt. Die Aussage

$$-t(n-1)_{1-\alpha/2} \leq \sqrt{n}\frac{\overline{X} - \mu}{S} \leq t(n-1)_{1-\alpha/2}$$

ist mit einer Wahrscheinlichkeit von $1 - \alpha$ wahr. Diese Ungleichungskette kann nun äquivalent so umgeformt werden, dass nur μ in der Mitte stehen bleibt. Dies ergibt

$$\overline{X} - t(n-1)_{1-\alpha/2}\frac{S}{\sqrt{n}} \leq \mu \leq \overline{X} + t(n-1)_{1-\alpha/2}\frac{S}{\sqrt{n}}.$$

Da beide Ungleichungsketten durch Äquivalenzumformungen auseinander hervor gehen, haben beide Aussagen dieselbe Wahrscheinlichkeit. Somit ist

$$\left[\overline{X} - t(n-1)_{1-\alpha/2}\frac{S}{\sqrt{n}}, \overline{X} + t(n-1)_{1-\alpha/2}\frac{S}{\sqrt{n}}\right]$$

ein Konfidenzintervall zum Konfidenzniveau $1 - \alpha$. Ist σ bekannt, so ersetzt man in diesen Formeln S durch σ und das $t(n-1)_{1-\alpha/2}$-Quantil durch das Normalverteilungsquantil $z_{1-\alpha/2}$, damit die Wahrscheinlichkeitsaussage stimmt.

Mitunter sind einseitige Vertauensbereiche relevant.

1) Einseitiges unteres Konfidenzintervall: $\left(-\infty, \overline{X} + t(n-1)_{1-\alpha} \cdot S/\sqrt{n}\,\right]$ Mit einer Wahrscheinlichkeit von $1 - \alpha$ ist die Aussage „$\mu \leq \overline{X} + t(n-1)_{1-\alpha} \cdot S/\sqrt{n}$" richtig.

2) Einseitiges oberes Konfidenzintervall: $\left[\,\overline{X} - t(n-1)_{1-\alpha} \cdot S/\sqrt{n}, \infty\right)$ liefert analog eine untere Schranke.

Für bekanntes σ ersetzt man wieder S durch σ und verwendet $z_{1-\alpha}$ anstatt $t(n-1)_{1-\alpha}$.

3.4.2 Konfidenzintervalle für σ^2

Gegeben seien $X_1, \ldots, X_n \overset{i.i.d.}{\sim} N(\mu, \sigma^2)$. Wir suchen nun Konfidenzintervalle für Varianz σ^2 der Daten. Ausgangspunkt ist der Schätzer $\widehat{\sigma}^2 = \frac{1}{n-1}\sum_{i=1}^{n}(X_i - \overline{X})^2$. Ist σ bekannt, so tritt das Ereignis

$$\chi^2(n-1)_{\alpha/2} \leq \frac{(n-1)\widehat{\sigma}^2}{\sigma^2} \leq \chi^2(n-1)_{1-\alpha/2}$$

mit Wahrscheinlichkeit $1 - \alpha$ ein. Umformen liefert ein zweiseitiges Konfidenzintervall für σ^2:

$$\left[\frac{n-1}{\chi^2(n-1)_{1-\alpha/2}}\,\widehat{\sigma}^2, \frac{n-1}{\chi^2(n-1)_{\alpha/2}}\,\widehat{\sigma}^2\right]$$

Analog erhält man als einseitiges unteres Konfidenzintervall $[0, (n-1)\widehat{\sigma}^2/\chi^2(n-1)_{\alpha}]$ sowie als einseitiges oberes Konfidenzintervall $[(n-1)\widehat{\sigma}^2/\chi^2(n-1)_{1-\alpha}, \infty)$.

3.4.3 Konfidenzintervall für p

Gegeben sei eine binomialverteilte Zufallsvariable $Y \sim \mathrm{Bin}(n,p)$. Ein (approximatives) $(1 - \alpha)$-Konfidenzintervall für die Erfolgswahrscheinlichkeit p ist gegeben durch $[L, U]$ mit

$$L = \widehat{p} - z_{1-\alpha/2}\sqrt{\frac{\widehat{p}(1 - \widehat{p})}{n}}$$

$$U = \widehat{p} + z_{1-\alpha/2}\sqrt{\frac{\widehat{p}(1 - \widehat{p})}{n}}$$

Die Herleitung ist ganz ähnlich wie bei dem Konfidenzintervall für μ. Die Überdeckungswahrscheinlichkeit wird jedoch nur näherungsweise (in großen Stichproben) eingehalten, da man den Zentralen Grenzwertsatz anwendet:

$\sqrt{n}(\hat{p} - p)/\sqrt{\hat{p}(1 - \hat{p})}$ ist in großen Stichproben näherungsweise standardnormalverteilt. Insbesondere bei kleinen Stichprobenumfängen sind die Konfidenzintervalle $[p_L, p_U]$ nach Pearson-Clopper besser:

$$p_L = \frac{y \cdot f_{\alpha/2}}{n - y + 1 + y \cdot f_{\alpha/2}}, \quad p_U = \frac{(y + 1)f_{1-\alpha/2}}{n - y + (y + 1)f_{1-\alpha/2}}$$

mit den folgenden Quantilen der F-Verteilung:

$$f_{\alpha/2} = F(2y, 2(n - y + 1))_{\alpha/2},$$
$$f_{1-\alpha/2} = F(2(y + 1), 2(n - y))_{1-\alpha/2}.$$

Beispiel 3.4.1. (Wahlumfrage)
Verschiedene Institute führen regelmäßig Wahlumfragen durch, insbesondere die Sonntagsfrage: *Welche Partei würden Sie wählen, wenn am nächsten Sonntag Bundestagswahl wäre?*. Hierbei werden verschiedene Erhebungsmethoden angewendet. Die Forschungsgruppe Wahlen beispielsweise befragt für das Politbarometer täglich 500 Bundesbürger telefonisch, so dass im Laufe der Woche ein Stichprobenumfang von $n_F = 2500$ zusammen kommt. Allensbach befragt pro Woche $n_A = 1000$ Bürger. Für die Umfragen vom 23.1.2013 bzw. 25.1.2013 ergab sich folgendes Bild (zum Vergleich ist das Ergebnis der Bundestagswahl von 27.9.2009 angegeben):

Partei	Allensbach	Forschungsgruppe Wahlen	Bundestagswahl 2009
CDU/CSU	39.0	41.0	33.8
SPD	28.0	29.0	23.0
GRÜNE	14.0	13	10.7
FDP	5	4	14.6
DIE LINKE	7	6	11.9
PIRATEN	3	3	2.0
Sonstige	4	4	4.0

Wie genau sind diese Umfagen? Hierzu berechnen wir Konfidenzintervalle zum Konfidenzniveau 0.95 für die wahren Stimmenanteile unter der Annahme, dass einfache Zufallsstichproben vorliegen. Dann stellen die Stimmenanzahlen einer Umfrage Realisationen von binomialverteilten Zufallsgrößen dar und wir können die obigen Formeln verwenden. Greifen wir exemplarisch die CDU/CSU heraus: Als realisiertes Konfidenzintervall ergibt sich hier für die Allensbach-Umfrage ($z_{0.975} \approx 1.96$, $n = n_A = 1000$) das Intervall

$$\left[0.39 - 1.96\sqrt{\frac{0.39(1 - 0.39)}{1000}}, 0.39 + 1.96\sqrt{\frac{0.39(1 - 0.39)}{1000}} \right] = [0.3598; 0.4202].$$

Die Umfrage der Forschungsgruppe Wahlen basiert auf $n = n_G = 2500$ Personen. Hier erhalten wir:

$$\left[0.41 - 1.96\sqrt{\frac{0.41(1 - 0.41)}{2500}}, 0.41 + 1.96\sqrt{\frac{0.41(1 - 0.41)}{2500}} \right] = [0.3907; 0.4293].$$

Selbst wenn man relativ großzügig lediglich in 95 von 100 Fällen mit einer so gewonnenen Wahlprognose richtig liegen möchte, kann man kaum eine schärfere Prognose abgeben als zu sagen, dass die CDU/CSU aktuell wohl zwischen 36% und 42% (nach Allensbach) bzw. 39% und 43% (nach der Forschungsgruppe Wahlen) liegt.

Betrachten wir noch die Situation bei kleinen Parteien. Für die Piraten ergibt sich für die Umfrage der Forschungsgruppe Wahlen:

$$\left[0.03 - 1.96\sqrt{\frac{0.03(1 - 0.03)}{2500}}, 0.03 + 1.96\sqrt{\frac{0.03(1 - 0.03)}{2500}} \right] = [0.0233; 0.0367]$$

Somit liegt der Schluss nahe, dass die Piratenpartei nicht mit einem Einzug ins Parlament rechnen könnte, sondern unter der 5%-Grenze liegt. Für die FDP ist schließlich:

$$\left[0.04 - 1.96\sqrt{\frac{0.04(1 - 0.04)}{2500}}, 0.04 + 1.96\sqrt{\frac{0.04(1 - 0.04)}{2500}} \right] = [0.0323; 0.0477]$$

3.4.4 Konfidenzintervall für λ (Poisson-Verteilung)

Seien $X_1, \ldots, X_n \overset{i.i.d.}{\sim} \text{Poi}(\lambda)$. Ein approximatives $(1 - \alpha)$-Konfidenzintervall kann wiederum leicht aus dem Zentralen Grenzwertsatz gewonnen werden. Der Parameter λ ist gerade der Erwartungswert der X_i. Der Zentrale Grenzwertsart besagt somit, dass

$$\frac{\overline{X} - \lambda}{\frac{\sigma}{\sqrt{n}}} \xrightarrow[n \to \infty]{d} N(0,1),$$

wobei $\sigma^2 = \text{Var}(X_1) = \lambda$. Da $\sigma^2 = E(\overline{X})$ gilt, ist $\overline{X}$ ein konsistenter und erwartungstreuer Schätzer für σ^2, so dass

$$\frac{\overline{X} - \lambda}{\frac{\overline{X}}{\sqrt{n}}} \xrightarrow[n \to \infty]{d} N(0,1).$$

Die Wahrscheinlichkeit des durch die Ungleichungskette

$$-z_{1-\frac{\alpha}{2}} \le \frac{\overline{X} - \lambda}{\frac{\overline{X}}{\sqrt{n}}} \le z_{1-\frac{\alpha}{2}}$$

beschriebenen Ereignisses konvergiert also gegen $1 - \alpha$. Die gleichen weiteren Überlegungen wie beim Konfidenzintervall für μ führen nun auf das Intervall

$$\left[\overline{X} - \sqrt{\frac{\overline{X}}{n}}\, z_{1-\frac{\alpha}{2}}, \ \overline{X} + \sqrt{\frac{\overline{X}}{n}}\, z_{1-\frac{\alpha}{2}} \right].$$

3.5 Einführung in die statistische Testtheorie

Experimente bzw. Beobachtungsstudien werden oft durchgeführt, um bestimmte Hypothesen über die Grundgesamtheit empirisch an einer Stichprobe zu überprüfen. Wir betrachten in dieser Einführung den Fall, dass zwei Hypothesen um die Erklärung des zugrunde liegenden Verteilungsmodells für die Daten konkurrieren.

Testproblem, Nullhypothese, Alternative Sind f_0 und f_1 zwei mögliche Verteilungen für eine Zufallsvariable X, dann wird das **Testproblem**, zwischen $X \sim f_0$ und $X \sim f_1$ zu entscheiden, in der Form

$$H_0 : f = f_0 \qquad \text{gegen} \qquad H_1 : f = f_1$$

notiert, wobei f die wahre Verteilung von X bezeichnet. H_0 heißt **Nullhypothese** und H_1 **Alternative**.

Meist kann das Datenmaterial $X_1, \ldots, X_n$ durch eine aussagekräftige Zahl $T = T(X_1, \ldots, X_n)$ (Statistik) verdichtet werden. Sofern T überhaupt zur Entscheidung zwischen H_0 und H_1 geeignet ist, können wir in der Regel T so (um-) definieren, dass T tendenziell kleine Werte annimmt, wenn H_0 gilt, und tendenziell große Werte, wenn H_1 zutrifft. Das heißt, H_0 und H_1 implizieren unterschiedliche Verteilungsmodelle für T. Wir wollen an dieser Stelle annehmen, dass T eine Dichte besitzt. Gilt H_0, so bezeichnen wir die Dichte von T mit $f_{T,0}(x)$, gilt hingegen H_1, dann sei $f_{T,1}(x)$ die Dichte von T.

Statistischer Test Ein **(statistischer) Test** ist eine Entscheidungsregel, die basierend auf T entweder zugunsten von H_0 (Notation: „H_0") oder zugunsten von H_1 („H_1") entscheidet.

In der betrachteten Beispielsituation ist das einzig sinnvolle Vorgehen, H_0 zu akzeptieren, wenn T einen Schwellenwert c_{krit} - genannt: **kritischer Wert** - nicht überschreitet und ansonsten H_0 abzulehnen (zu verwerfen). Also: „H_1" $\Leftrightarrow T > c_{\text{krit}}$. c_{krit} zerlegt die Menge $\mathbb{R}$ der möglichen Realisierungen von T in zwei Teilmengen $A = (-\infty, c_{\text{krit}}]$ und $A^c = (c_{\text{krit}}, \infty)$. A heißt **Annahmebereich** und A^c **Ablehnbereich (Verwerfungsbereich)**.

Wesentlich sind nun die folgenden Beobachtungen:

- Auch wenn H_0 gilt, werden große Werte von T beobachtet (allerdings selten).

- Auch wenn H_1 gilt, werden kleine Werte von T beobachtet (allerdings selten).

Folglich besteht das Risiko, Fehlentscheidungen zu begehen. Man hat zwei Fehlerarten zu unterscheiden.

> *Fehler 1. und 2. Art* Eine Entscheidung für H_1, obwohl H_0 richtig ist, heißt **Fehler 1. Art**. H_0 wird dann fälschlicherweise verworfen. Eine Entscheidung für H_0, obwohl H_1 richtig ist, heißt **Fehler 2. Art**. H_0 wird fälschlicherweise akzeptiert.

Insgesamt sind vier Konstellationen möglich, die in der folgenden Tabelle zusammengefasst sind.

	H_0	H_1
„H_0"	$\checkmark$	Fehler 2. Art
„H_1"	Fehler 1. Art	$\checkmark$

Da H_0 und H_1 explizite Aussagen über die Verteilung von T machen, ist es möglich, den Fehler 1. bzw. 2. Art zu quantifizieren. Die **Fehlerwahrscheinlichkeit 1. Art** ist die unter H_0 berechnete Wahrscheinlichkeit, fälschlicherweise H_0 abzulehnen,

$$P_{H_0}(T > c_{\mathrm{krit}}) = \quad\text{}\quad = \int_{ckrit}^{\infty} f_{T,0}(x)\,dx,$$

und heißt auch **Signifikanzniveau** der Entscheidungsregel "Verwerfe H_0, wenn $T > c_{\mathrm{krit}}$". Die **Fehlerwahrscheinlichkeit 2. Art** ist die unter H_1 berechnete Wahrscheinlichkeit, fälschlicherweise H_0 zu akzeptieren:

$$P_{H_1}(T \leq c_{\mathrm{krit}}) = \quad\text{}\quad = \int_{-\infty}^{c_{\mathrm{krit}}} f_{T,1}(x)\,dx$$

Aus statistischer Sicht sind dies die beiden relevanten Maßzahlen zur rationalen Beurteilung eines Entscheidungsverfahrens.

Aus obigen Abbildungen wird ersichtlich, dass man in einem Dilemma steckt: Durch Verändern des kritischen Wertes c_{krit} ändern sich sowohl die Wahrscheinlichkeit für einen Fehler 1. als auch 2. Art, jedoch jeweils in gegensätzlicher Richtung. Vergrößert man c_{krit}, so wird das Risiko eines Fehlers 1. Art kleiner, das Risiko eines Fehlers 2. Art jedoch größer. Verkleinert man c_{krit}, so verhält es sich genau umgekehrt.

Signifikanzniveau, Test zum Niveau α Bezeichnet „H_1" eine Annahme der Alternative und „H_0" eine Annahme der Nullhypothese durch eine Entscheidungsregel (im Beispiel: „H_1" $\overset{\wedge}{=} T > c_{\text{krit}}$), dann ist durch diese Regel ein **statistischer Test zum Signifikanzniveau (Niveau)** α gegeben, wenn

$$P_{H_0}(\text{„}H_1\text{"}) \leq \alpha.$$

Genauer ist die linke Seite ist das tatsächliche Signifikanzniveau des Tests und die rechte Seite das vorgegebene **nominale** Signifikanzniveau.

Man fordert nur $\leq$ statt $=$, da es bei manchen Testproblemen nicht möglich ist, den Test so zu konstruieren, dass das nominale Niveau exakt erreicht wird. Mathematisch ist ein Test eine Funktion $\phi : \mathbb{R}^n \to \{0,1\}$, wobei H_0 genau dann abgelehnt wird, wenn $\phi(x) = 1$. Der Test ϕ operiert dann auf dem Niveau $E_{H_0}(\phi) = P_{H_0}(\phi = 1)$. Ein statistischer Nachweis (der Alternative H_1) zum Niveau α liegt vor, wenn der Nachweis lediglich mit einer Wahrscheinlichkeit von $\alpha \cdot 100\%$ irrtümlich erfolgt. Für die obige Beispielsituation muss daher die kritische Grenze so gewählt werden, dass $P_{H_0}(X > c_{\text{krit}}) \leq \alpha$ gilt.

Schärfe (Power) Die Wahrscheinlichkeit eines Fehlers 2. Art wird üblicherweise mit β bezeichnet. Die Gegenwahrscheinlichkeit,

$$1 - \beta = P_{H_1}(\text{„}H_1\text{"}) = E_{H_1}(1 - \phi),$$

dass der Test die Alternative H_1 tatsächlich aufdeckt, heißt **Schärfe (Power)** des Testverfahrens.

Nur wenn die Schärfe eines Tests hinreichend groß ist, kann man erwarten, aus der Analyse von realen Daten auch etwas zu lernen.

In der folgenden Tabelle sind noch einmal die vier Entscheidungskonstellationen und die zugehörigen Wahrscheinlichkeiten dargestellt.

	H_0	H_1
„H_0"	$\sqrt{}$	Fehler 2. Art
	$1 - \alpha$	β
„H_1"	Fehler 1. Art	$\sqrt{}$
	α	$1 - \beta$: Schärfe (Power)

In der betrachteten Beispielsituation, die uns auf diese Definitionen geführt hat, sind Nullhypothese und Alternative einelementig. Liegt allgemeiner ein Verteilungsmodell $\mathcal{P}$ vor, so ist ein Testproblem durch eine disjunkte Zerlegung von $\mathcal{P}$ in zwei Teilmengen $\mathcal{P}_0$ und $\mathcal{P}_1$ gegeben: Ist P die wahre Verteilung der Daten, dann ist zwischen $H_0 : P \in \mathcal{P}_0$ und $H_1 : P \in \mathcal{P}_1$ zu entscheiden.

Ist $\mathcal{P} = \{P_\vartheta | \vartheta \in \Theta\}$ ein parametrisches Verteilungsmodell, dann entsprechen $\mathcal{P}_0$ und $\mathcal{P}_1$ - und somit H_0 und H_1 - gewissen Teilmengen Θ_0 bzw. Θ_1 des Parameterraums. Das Testproblem nimmt dann die Gestalt

$$H_0 : \vartheta \in \Theta_0 \qquad \text{gegen} \qquad H_1 : \vartheta \in \Theta_1$$

an. Dann ist ϕ ein Test zum Niveau α, falls für *alle* Verteilungen/Parameterwerte, die zur Nullhypothese gehören, die Fehlerwahrscheinlichkeit 1. Art α nicht überschreitet. In Formeln:

$$\sup_{\vartheta \in H_0} E_\vartheta \phi = \sup_{\vartheta \in H_0} P_\vartheta(\text{,,}H_1\text{``}) \leq \alpha \qquad \text{gilt.}$$

Für jeden Parameterwert $\vartheta \in \Theta$ betrachtet man dann die Ablehnwahrscheinlichkeit

$$G(\vartheta) = P_\vartheta(\text{,,}H_1\text{``}) = E_\vartheta(1 - \phi), \quad \vartheta \in \Theta.$$

Diese Funktion heißt **Gütefunktion** des Tests.

3.6 1-Stichproben-Tests

Eine Basissituation der Datenanalyse ist die Erhebung einer einfachen Zufallsstichprobe von Zufallsvariablen, um durch einen statistischen Test empirisch zu überprüfen, ob gewisse Annahmen über die Verteilung der Zufallsvariablen stimmen.

3.6.1 Motivation

Zur Motivation betrachten wir ein konkretes Beispiel:

Beispiel 3.6.1. Die Schätzung der mittleren Ozonkonzentration während der Sommermonate ergab für eine Großstadt anhand von $n = 26$ Messungen die Schätzung $\overline{x} = 244$ (in $[\mu g/m^3]$) bei einer Standardabweichung von $s = 5.1$. Der im Ozongesetz v. 1995 festgelegte verbindliche Warnwert beträgt 240 $[\mu g/m^3]$. Kann dieses Ergebnis als signifikante Überschreitung des Warnwerts gewertet werden ($\alpha = 0.01$)?

3.6.2 Stichproben-Modell

Bei 1-Stichproben-Problemen liegt eine einfache Stichprobe

$$X_1, \ldots, X_n \overset{i.i.d.}{\sim} F(x)$$

von n Zufallsvariablen vor, wobei X_i den zufallsbehafteten numerischen Ausgang des i-ten Experiments, der i-ten Messwiederholung bzw. Beobachtung repräsentiert. Es gelte:

1) $X_1, \ldots, X_n$ sind identisch verteilt nach einer gemeinsamen Verteilungsfunktion $F(x)$ (Wiederholung unter identischen Bedingungen).

2) $X_1, \ldots, X_n$ sind stochastisch unabhängig (unabhängige Wiederholungen).

Die im folgenden Abschnitt besprochenen Verfahren gehen von normalverteilten Daten aus.

3.6.3 Gauß- und t-Test

Die n Beobachtungen $X_1, \ldots, X_n$ seien unabhängig und identisch normalverteilt, d.h.

$$X_i \overset{i.i.d.}{\sim} N(\mu, \sigma^2), \qquad i = 1, \ldots, n,$$

mit Erwartungswert μ und Varianz σ^2. Wir behandeln mit dem Gauß- bzw. t-Test die in dieser Situation üblichen Testverfahren, um Hypothesen über den Parameter μ zu überprüfen. Der Gaußtest wird verwendet, wenn die Streuung σ bekannt ist. Dem Fall unbekannter Streuung entspricht der t-Test.

▷ Hypothesen

Einseitiges Testproblem (Nachweis, dass μ_0 überschritten wird)

$$H_0 : \mu \leq \mu_0 \qquad \text{gegen} \qquad H_1 : \mu > \mu_0,$$

bzw. (Nachweis, dass μ_0 unterschritten wird)

$$H_0 : \mu \geq \mu_0 \qquad \text{gegen} \qquad H_1 : \mu < \mu_0.$$

Das zweiseitige Testproblem stellt der Nullhypothese, dass $\mu = \mu_0$ gilt (Einhaltung des „Sollwertes" μ_0), die Alternative $\mu \neq \mu_0$ gegenüber, dass eine Abweichung nach unten oder oben vorliegt:

$$H_0 : \mu = \mu_0 \qquad \text{gegen} \qquad H_1 : \mu \neq \mu_0.$$

▷ Der Gaußtest

Der Lageparameter $\mu = E(X_i)$ wird durch das arithmetische Mittel $\widehat{\mu} = \overline{X} = \frac{1}{n} \sum_{i=1}^{n} X_i$ geschätzt, welches unter der Normalverteilungsannahme wiederum normalverteilt ist:

$$\overline{X} \sim N(\mu, \sigma^2/n).$$

$\overline{X}$ streut also um den wahren Erwartungswert μ mit Streuung $\sigma/\sqrt{n}$. Für einen einseitigen Test $H_0 : \mu \leq \mu_0$ gegen $H_1 : \mu > \mu_0$ ist es daher nahe liegend, H_0 zu verwerfen, wenn die Differenz zwischen unserem Schätzer $\widehat{\mu} = \overline{X}$ und dem Sollwert μ_0 „groß" ist.

Statistisch denken heißt, diese Differenz nicht für bare Münze zu nehmen. Da die Daten streuen, streut auch der Schätzer. Die Differenz muss auf das Streuungsmaß $\sigma/\sqrt{n}$ relativiert werden. Man betrachtet daher die Statistik

$$T = \frac{\overline{X} - \mu_0}{\sigma/\sqrt{n}}.$$

T misst die Abweichung des Schätzer vom Sollwert, ausgedrückt in Streuungs-einheiten. Große positive Abweichungen sprechen gegen die Nullhypothese $H_0 : \mu \leq \mu_0$. Daher wird H_0 verworfen, wenn

$$T > c_{\text{krit}},$$

wobei c_{krit} ein noch zu bestimmender kritischer Wert ist. c_{krit} muss so gewählt werden, dass die unter H_0 berechnete Wahrscheinlichkeit des Verwerfungs-bereiches $B = (c_{\text{krit}}, \infty)$ höchstens α beträgt. Problematisch ist nun, dass die Nullhypothese keine eindeutige Verteilung postuliert, sondern eine ganze Schar von Verteilungsmodellen, nämlich alle Normalverteilungen mit $\mu \leq \mu_0$. Man nimmt daher diejenige, die am schwierigsten von den H_1-Verteilungen zu unterscheiden ist. Dies ist offensichtlich bei festgehaltenem σ die Normalver-lung mit $\mu = \mu_0$. Für den Moment tun wir daher so, als ob die Nullhypothese in der Form $H_0 : \mu = \mu_0$ formuliert sei. Unter $H_0 : \mu = \mu_0$ kennen wir die Verteilung von T. Es gilt

$$T = \frac{\overline{X} - \mu_0}{\sigma/\sqrt{n}} \overset{\mu=\mu_0}{\sim} N(0,1).$$

Als kritischer Wert ergibt sich das $(1-\alpha)$-Quantil $z_{1-\alpha}$ der Standardnormal-verteilung $N(0,1) : c_{\text{krit}} = z_{1-\alpha}$. Dann ist $P_{H_0}(T > c_{\text{krit}}) = P(U > z_{1-\alpha})$, $U \sim N(0,1)$. Die Entscheidungsregel lautet daher:

> *Einseitiger Gaußtest (1)* Der einseitige Gaußtest verwirft die Nullhypothe-se $H_0 : \mu \leq \mu_0$ auf dem Signifikanzniveau α zugunsten von $H_1 : \mu > \mu_0$, wenn $T > z_{1-\alpha}$.

Der Ablehnbereich des Tests ist das Intervall $(z_{1-\alpha}, \infty)$. Man kann diese Ent-scheidungsregel (Ungleichung) nach $\overline{X}$ auflösen:

$$T > z_{1-\alpha} \qquad \Leftrightarrow \qquad \overline{X} > \mu_0 + z_{1-\alpha} \cdot \frac{\sigma}{\sqrt{n}}$$

Diese Formulierung zeigt, dass beim statistischen Test das Stichprobenmittel nicht in naiver Weise direkt mit μ_0 verglichen wird. Ein Überschreiten ist erst dann statistisch signifikant, wenn die Differenz auch einen *Sicherheitszuschlag* übersteigt. Dieser Sicherheitszuschlag besteht aus drei Faktoren:

- dem Quantil $z_{1-\alpha}$ (kontrolliert durch das Signifikanzniveau),
- der Streuung σ des Merkmals in der Population und
- dem Stichprobenumfang n.

Die Überlegungen zum einseitigen Gaußtest für das Testproblem $H_0 : \mu \geq \mu_0$ gegen $H_1 : \mu < \mu_0$ (Nachweis des Unterschreitens) verlaufen ganz analog, wobei lediglich die Ungleichheitszeichen zu kippen sind. Die Entscheidungsregel lautet:

Einseitiger Gaußtest (2) Der einseitige Gaußtest verwirft $H_0 : \mu \geq \mu_0$ auf dem Signifikanzniveau α zugunsten von $H_1 : \mu < \mu_0$, wenn $T < z_\alpha$.

Auflösen nach $\overline{X}$ liefert:

$$ T < z_\alpha \iff \overline{X} < \mu_0 + z_\alpha \cdot \frac{\sigma}{\sqrt{n}}. $$

In der folgenden Tabelle sind die zu den gängigsten Signifikanzniveaus gehörigen kritischen Werte für beide einseitigen Tests zusammengestellt.

α	0.1	0.05	0.01
z_α	-1.282	-1.645	-2.326
$z_{1-\alpha}$	1.282	1.645	2.326

Für das zweiseitige Testproblem $H_0 : \mu = \mu_0$ gegen $H_1 : \mu \neq \mu_0$ sprechen sowohl große Werte der Teststatistik T gegen H_0 als auch sehr kleine. Der Ablehnbereich ist somit *zweigeteilt* und von der Form $A = (-\infty, c_1) \cup (c_2, \infty)$, wobei c_1 und c_2 so zu wählen sind, dass $P_0(A) = \alpha$ gilt. Die Fehlerwahrscheinlichkeit muss auf beide Teilbereiche von A aufgeteilt werden. Man geht hierbei symmetrisch vor und wählt c_1 so, dass $P_{H_0}(T < c_1) = \alpha/2$ gilt. Somit ist $c_1 = z_{\alpha/2} = -z_{1-\alpha/2}$. c_2 wird nun so bestimmt, dass $P_{H_0}(T > c_2) = \alpha/2$ ist, also $c_2 = z_{1-\alpha/2}$. Insgesamt resultiert folgende Testprozedur:

Zweiseitiger Gaußtest Der zweiseitige Gauß-Test verwirft die Nullhypothese $H_0 : \mu = \mu_0$ zugunsten der Alternative

$$ H_1 : \mu \neq \mu_0 \quad \text{(Abweichung vom Sollwert} \mu_0 \text{)}, $$

wenn $|T| > z_{1-\alpha/2}$.

▷ **Der t-Test:**

In aller Regel ist die Standardabweichung σ der Beobachtungen nicht bekannt, so dass die Teststatistik des Gaußtests nicht berechnet werden kann. Der Streuungsparamter σ der Normalverteilung tritt hier jedoch als sogenannte Störparameter (engl: *nuisance parameter*) auf, da wir keine Inferenz über σ, sondern über den Lageparameter μ betreiben wollen. Wir betrachten das zweiseitige Testproblem

$$H_0 : \mu = \mu_0 \qquad \text{gegen} \qquad H_1 : \mu \neq \mu_0.$$

Man geht nun so vor, dass man den unbekannten Störparameter σ in der Teststatistik durch den konsistenten Schätzer $s = \sqrt{\frac{1}{n-1} \sum_{i=1}^{n}(X_i - \overline{X})^2}$ ersetzt. Also:

$$T = \frac{\overline{X} - \mu_0}{s/\sqrt{n}}.$$

Unter der Nullhypothese $H_0 : \mu = \mu_0$ gilt:

$$T = \frac{\overline{X} - \mu_0}{s/\sqrt{n}} \overset{\mu = \mu_0}{\sim} t(n-1).$$

Große Werte von $|T|$ (also sowohl sehr kleine (negative) als auch sehr große (positive) Werte von T) sprechen gegen die Nullhypothese. Die weitere Konstruktion verläuft nun ganz ähnlich wie beim Gaußtest: Man hat im Grunde *zwei* kritische Werte c_1 und c_2 anzugeben: c_1 soll so gewählt werden, dass Unterschreitungen von c_1 durch T (d.h.: $T < c_1$) als signifikant gewertet werden können, c_2 soll entsprechend so gewählt werden, dass Überschreitungen von c_2 durch T als signifikant gewertet werden können. Der Verwerfungsbereich ist *zweigeteilt* und besteht aus den Intervallen $(-\infty, c_1)$ und (c_2, ∞). Die kritischen Werte c_1 und c_2 werden so gewählt, dass

$$P_{H_0}(T < c_1) = P(t(n-1) < c_1) \overset{!}{=} \alpha/2$$
$$P_{H_0}(T > c_2) = P(t(n-1) > c_2) \overset{!}{=} \alpha/2$$

Somit ergibt sich $c_1 = t(n-1)_{\alpha/2}$ und $c_2 = t(n-1)_{1-\alpha/2}$. Da die t-Verteilung symmetrisch ist, gilt: $c_1 = -c_2$. Wir erhalten die Entscheidungsregel:

Zweiseitiger t-Test Der zweiseitige t-Test verwirft $H_0 : \mu = \mu_0$ zugunsten von $H_1 : \mu \neq \mu_0$ auf dem Signifikanzniveau α, wenn $|T| > t(n-1)_{1-\alpha/2}$. Der einseitige t-Test für das Testproblem $H_0 : \mu \leq \mu_0$ gegen $H_1 : \mu > \mu_0$ verwirft H_0, wenn $T > t(n-1)_{1-\alpha}$. Die Nullhypothese $H_0 : \mu \geq \mu_0$ wird zugunsten von $H_1 : \mu < \mu_0$ verworfen, wenn $T < -t(n-1)_{1-\alpha}$.

Beispiel 3.6.2. Wir wollen den t-Test auf die Daten aus Beispiel 3.6.1 anwenden. Zu testen ist $H_0 : \mu \leq 240$ gegen $H_1 : \mu > 240$. Zunächst erhalten wir als beobachtete Teststatistik

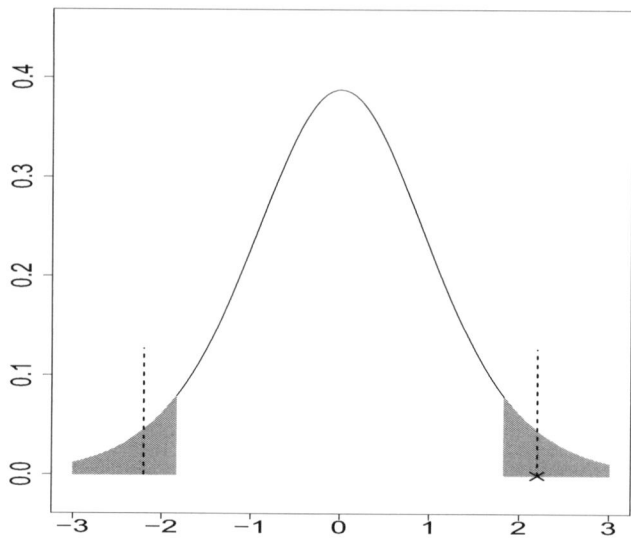

Abb. 3.3. Zweiseitiger t-Test. Unterlegt ist der Verwerfungsbereich. Ferner ist eine Realisation t_{obs} der Teststatistik T markiert, bei der H_0 verworfen wird (p-Wert kleiner α).

$$t = T_{\mathrm{obs}} = \sqrt{26}\,\frac{244 - 240}{5.1} = 3.999,$$

die mit dem kritischen Wert $t(25)_{0.99} = 2.485$ zu vergleichen ist. Da $t > 2.485$, können wir auf einem Signifikanzniveau von $\alpha = 0.01$ auf eine Überschreitung des Warnwerts schließen.

▷ **Zusammenhang zu Konfidenzintervallen**

Es gibt einen wichtigen und für die Praxis ausgesprochen nützlichen Zusammenhang zwischen Gauß- und t-Test sowie den in Abschnitt 3.4.1 besprochenen Konfidenzintervallen für μ. Der t-Test zum Niveau α akzeptiert die Nullhypothese $H_0 : \mu = \mu_0$, wenn

$$\mu_0 - t(n-1)_{1-\frac{\alpha}{2}} \cdot \frac{S}{\sqrt{n}} \;\leq\; \overline{X} \;\leq\; \mu_0 + t(n-1)_{1-\frac{\alpha}{2}} \cdot \frac{S}{\sqrt{n}}.$$

Ansonsten wird H_0 zugunsten der Alternative $H_1 : \mu \neq \mu_0$ verworfen. Die obige Ungleichungskette können wir durch Äquivalenzumformungen so umstellen, dass μ_0 in der Mitte steht:

$$\overline{X} - t(n-1)_{1-\frac{\alpha}{2}} \cdot \frac{S}{\sqrt{n}} \; \leq \; \mu_0 \; \leq \; \overline{X} + t(n-1)_{1-\frac{\alpha}{2}} \cdot \frac{S}{\sqrt{n}}.$$

$H_0 : \mu = \mu_0$ wird somit genau dann akzeptiert, wenn der Sollwert μ_0 vom $(1-\alpha)$-Konfidenzintervall für μ überdeckt wird. Das Konfidenzintervall beinhaltet also bereits die Information über das Testergebnis des zweiseitigen t-Tests.

Darüber hinaus erkennt man sofort, welche Nullhypothesen $H_0 : \mu = \mu_0$ akzeptiert beziehungsweise verworfen werden. Dieser Zusammenhang gilt auch für den zweiseitigen Gaußtest. Für die einseitigen Tests und Konfidenzintervalle ergeben sich analoge Aussagen.

▷ Der p-Wert

Wir haben oben die einseitigen Gaußtests nach folgendem Schema konstruiert: *Nach* Festlegung des Signifikanzniveaus wird der Verwerfungsbereich des Tests durch Berechnung der entsprechenden Quantile bestimmt. Fällt der beobachtete Wert t_{obs} der Teststatistik in diesen Verwerfungsbereich, so wird H_0 verworfen, ansonsten beibehalten.

Alle gebräuchlichen Statistikprogramme gehen jedoch in aller Regel *nicht* nach diesem Schema vor, und der Grund ist sehr nahe liegend: Es ist in aller Regel sinnvoller, das Ergebnis einer statistischen Analyse so zu dokumentieren und kommunizieren, dass Dritte die Testentscheidung aufgrund ihres persönlichen Signifikanzniveaus (neu) fällen können.

Hierzu wird der sogenannte p-Wert berechnet. Dieser gibt an, wie wahrscheinlich es bei einer (gedanklichen) Wiederholung des Experiments ist, einen Teststatistik-Wert zu erhalten, der noch deutlicher gegen die Nullhypothese spricht, als es der tatsächlich beobachtete Wert tut. Etwas laxer ausgedrückt: Der p–Wert ist die Wahrscheinlichkeit, noch signifikantere Abweichungen von der Nullhypothese zu erhalten.

Äquivalent hierzu ist die Charakterisierung des p-Wertes als das maximale Signifikanzniveau, bei dem der Test noch nicht verwirft, bei dem also die Teststatistik mit dem kritischen Wert übereinstimmt.

Zur Erläuterung bezeichne $t_{\text{obs}} = T(x_1, \dots, x_n)$ den realisierten (d.h. konkret beobachteten) Wert der Teststatistik und T^* die Teststatistik bei einer (gedanklichen) Wiederholung des Experiments. Der p-Wert für das Testproblem

$$H_0 : \mu \leq \mu_0 \qquad \text{gegen} \qquad H_1 : \mu > \mu_0$$

ist dann formal definiert durch

$$p = P_{H_0}(T^* > t_{\text{obs}}).$$

Dient t_{obs} gedanklich als kritischer Wert, dann wird H_0 abgelehnt, wenn man p als Signifikanzniveau wählt. Nun gilt (s. Abbildung 3.4)

$$t_{\text{obs}} > c_{\text{krit}} \Leftrightarrow P_{H_0}(T^* > t_{\text{obs}}) < \alpha.$$

Also wird H_0 genau dann verworfen, wenn der p-Wert kleiner als α ist. Es ist zu beachten, dass prinzipiell der p-Wert von der Formulierung des Testproblems abhängt. Für das einseitige Testproblem $H_0 : \mu \geq \mu_0$ gegen $H_1 : \mu < \mu_0$ sind extremere Werte als t_{obs} durch $T < t_{\text{obs}}$ gegeben. Somit ist in diesem Fall der p-Wert durch $p = P_{H_0}(T < t_{\text{obs}})$ gegeben.

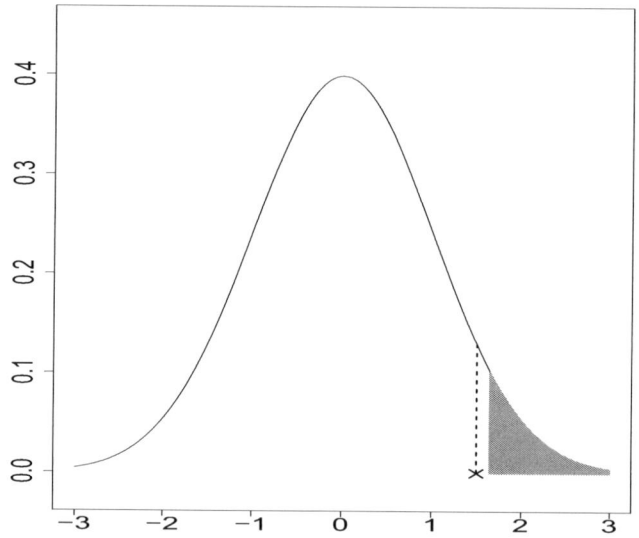

Abb. 3.4. Einseitiger Gaußtest. Markiert ist eine Realisation der Teststatistik, die zur Beibehaltung der Nullhypothese führt.

Beim zweiseitigen t-Test sprechen große Werte von $|T|$ gegen die Nullhypothese. Der p-Wert ist daher gegeben durch

$$p_{zweis.} = P_{H_0}(|T| > |t|_{\text{obs}}),$$

wobei $|t|_{\text{obs}}$ den beobachteten Wert der Teststatistik $|T|$ bezeichnet. Mitunter geben Statistik-Programme nur den zweiseitigen oder nur den einseitigen p-Wert aus. Ist die Verteilung von T symmetrisch, dann gilt:

$$p_{zweis.} = P(|T| > |t|_{\text{obs}}) = P_{H_0}(T < -|t|_{\text{obs}}) + P_{H_0}(T > |t|_{\text{obs}}) = 2 \cdot p_{eins.}$$

Hat man nur den zweiseitigen p-Wert zur Verfügung, so muss man $p_{zweis.}/2$ mit α vergleichen *und* zusätzlich auf das Vorzeichen von t_{obs} schauen:

Beim einseitigen Test von $H_0 : \mu \le \mu_0$ gegen $H_1 : \mu > \mu_0$ wird H_0 auf dem Niveau α verworfen, wenn $p_{\text{zweis.}}/2 < \alpha$ und $t_{\text{obs}} > 0$.

Beispiel 3.6.3. Angenommen, wir führen einen zweiseitigen Gaußtest durch und erhalten als beobachteten Wert der Teststatistik den Wert $|t| = |T_{\text{obs}}| = 2.14$. Der p-Wert ist

$$p = P(|T| > |t|) = 2P(N(0,1) > 2.14).$$

Es gilt: $P(N(0,1) > 2.14) \approx 0.0162$. H_0 wird daher auf dem 5%-Niveau abgelehnt.

▷ Gütefunktion

Es stellt sich die Frage nach der Schärfe (Güte, Power) des Gauß- bzw. t-Tests, also nach der Wahrscheinlichkeit mit der die Alternative tatsächlich aufgedeckt wird. Diese Wahrscheinlichkeit hängt ab von den beiden Parameter μ und σ^2. Hier soll die Abhängigkeit von μ im Vordergrund stehen. Die **Gütefunktion** ist definiert als die Ablehnwahrscheinlichkeit des Tests, wenn der Erwartungswert der Beobachtungen gerade μ ist:

$$G(\mu) = P(\text{„}H_1\text{“}|\mu, \sigma^2)$$

Gehört μ zur Nullhypothese, so gilt $G(\mu) \le \alpha$. Ist μ ein H_1-Wert, so gibt $G(\mu)$ gerade die Power des Tests bei Vorliegen der Alternative μ an.

Betrachten wir ein konkretes Beispiel: Wir wollen anhand von $n = 25$ unabhängig und identisch normalverteilten Messungen, deren Streuung $\sigma = 10$ sei, untersuchen, ob der Grenzwert $\mu_0 = 150$ überschritten ist. Das Testproblem lautet:

$$H_0 : \mu \le \mu_0 = 150 \qquad \text{(Grenzwert eingehalten)}$$

versus

$$H_1 : \mu > \mu_0 = 150 \qquad \text{(Grenzwert überschritten)}$$

Wählen wir das Niveau $\alpha = 0.01$, so verwirft der einseitige Gaußtest genau dann, wenn $T > 2.3263$, wobei $T = \frac{\overline{X}-150}{10/\sqrt{n}}$.

Frage: Mit welcher Wahrscheinlichkeit lehnt der Test bei einem wahren Erwartungswert der Messungen von $\mu = 155$ bzw. $\mu = 160$ die Nullhypothese H_0 tatsächlich ab?

Zur Beantwortung berechnen wir die Gütefunktion

$$G(\mu) = P_\mu(T > 2.3263).$$

Wir werden hierbei den Stichprobenumfang zunächst nicht spezifizieren. Ist μ der wahre Erwartungswert der Messungen, so ist in der Teststatistik $\overline{X}$ nicht an seinem Erwartungswert μ zentriert. Um dies zu korrigieren, schreiben wir

$$\frac{\overline{X} - 150}{10/\sqrt{n}} = \frac{\overline{X} - \mu}{10/\sqrt{n}} + \frac{\mu - 150}{10/\sqrt{n}}.$$

Der erste Summand ist $N(0,1)$-verteilt, den zweiten können wir ausrechnen, wenn n und μ bekannt sind. Wir können nun die Gütefunktion aufstellen:

$$\begin{aligned}
G(\mu) &= P_\mu\left(\frac{\overline{X} - 150}{10/\sqrt{n}} > 2.3263\right) \\
&= P_\mu\left(\frac{\overline{X} - \mu}{10/\sqrt{n}} + \frac{\mu - 150}{10/\sqrt{n}} > 2.3263\right) \\
&= P_\mu\left(\frac{\overline{X} - \mu}{10/\sqrt{n}} > 2.3263 - \frac{\mu - 150}{10/\sqrt{n}}\right) \\
&= 1 - \Phi\left(2.3263 - \frac{\mu - 150}{10/\sqrt{n}}\right) = \Phi\left(-2.3263 + \frac{\mu - 150}{10/\sqrt{n}}\right)
\end{aligned}$$

Für $n = 25$ und $\mu = 155$ erhalten wir

$$G(155) = \Phi(-2.3263 + 2.5) = \Phi(0.1737) \approx 0.569.$$

Genauso berechnet man $G(160) = \Phi(2.6737) \approx 0.9962$. Eine Abweichung von 10 Einheiten wird also mit sehr hoher Wahrscheinlichkeit entdeckt, 5 Einheiten jedoch lediglich mit Wahrscheinlichkeit ≈ 0.57.

Ersetzt man in der obigen Herleitung 2.3263 durch $z_{1-\alpha}$, 150 durch μ und 10 durch σ, so erhält man die allgemeine Formel für die Güte des einseitigen Gaußtests:

$$G(\mu) = \Phi\left(-z_{1-\alpha} + \frac{\mu - \mu_0}{\sigma/\sqrt{n}}\right)$$

Eine analoge Überlegung liefert für den zweiseitigen Test:

$$G_{\text{zweis.}}(\mu) = 2\Phi\left(-z_{1-\alpha/2} + \frac{\mu - \mu_0}{\sigma/\sqrt{n}}\right)$$

Diese Formeln zeigen, dass die Gütefunktion differenzierbar in μ ist, monoton wachsend im Stichprobenumfang n, monoton wachsend in $\mu - \mu_0$ (einseitiger Test) bzw. in $|\mu - \mu_0|$ (zweiseitiger Test) sowie monoton fallend in σ^2.

Für den t-Test ist die Situation etwas schwieriger. Man benötigt die Verteilung unter der Alternative, die sich nicht so elegant auf die Verteilung unter H_0 zurückführen läßt, jedoch in jedem besseren Statistik-Computer-Programm zu finden ist. In vielen praktischen Anwendungen reicht es, die obigen Formeln für den Gaußtest als Näherungsformel anzuwenden, wobei man σ durch eine Schätzung ersetzt.

▷ Fallzahlplanung

Ein statistischer Test zum Niveau α kontrolliert zunächst nur den Fehler 1. Art, dass die Nullhypothese fälschlicherweise verworfen wird. Der Fehler 2. Art, dass die Nullhypothese fälschlicherweise akzeptiert wird, ist zunächst nicht unter Kontrolle. Das zum Fehler 2. Art komplementäre Ereignis ist das Aufdecken der tatsächlich vorliegenden Alternative. Wir haben im vorigen Abschnitt gesehen, dass die Wahrscheinlichkeit, mit der die Alternative aufgedeckt wird, eine stetige Funktion von μ ist. Ist μ nahe dem H_0-Wert μ_0, so ist sie nur unwesentlich größer als α, so dass die zugehörige Wahrscheinlichkeit eines Fehlers 2. Art nahezu $1 - \alpha$ ist.

Ein praktikables Vorgehen besteht nun darin, eine relevante Mindestabweichung d_0 der Lageänderung $d = \mu - \mu_0$ festzulegen und zu verlangen, dass diese mit einer Mindestwahrscheinlichkeit von $1 - \beta$ aufgedeckt werden kann.

Machen wir uns das Prozedere am konkreten Beispiel des vorigen Abschnitts klar. Dort hatten wir die Gütefunktion

$$G(\mu) = \Phi\left(-2.3263 + \frac{\mu - 150}{10/\sqrt{n}}\right)$$

erhalten. Wir wollen nun die Fallzahl n so bestimmen, dass eine Abweichung von 5 mit einer Wahrscheinlichkeit von 90% aufgedeckt wird. Dies ist gleichbedeutend mit der Forderung, dass die Wahrscheinlichkeit eines Fehlers 2. Art für $\mu = 155$ höchstens 0.1 beträgt. Mit $\mu = 155$ ist also n so zu wählen, dass gilt:

$$\Phi\left(-2.3263 + \frac{\mu - 150}{10/\sqrt{n}}\right) \geq 0.9.$$

Bezeichnen wir das Argument von Φ mit z, so sehen wir, dass die Gleichung $\Phi(z) \geq 1 - \beta$ erfüllt ist, wenn $z \geq z_{1-\beta}$ ist, da Φ streng monoton wachsend ist. Hierbei ist $z_{1-\beta}$ das $(1 - \beta)$-Quantil der $N(0,1)$-Verteilung. Also:

$$z = -2.3263 + \sqrt{n}\frac{\mu - 150}{10} \geq z_{0.9}$$

Auflösen nach n liefert für $\mu = 155$ und $z_{0.9} = 1.12816\ldots$

$$n \geq \frac{10^2}{5^2}(2.3263 + 1.2816)^2 = 52.068$$

Die gewünschte Schärfe des Tests von mindestens 0.9 für $\mu \geq 155$ ist also ab einem Stichprobenumfang von 53 gewährleistet.

Ersetzt man wieder die speziellen Werte durch ihre Platzhalter, so ergibt sich als Mindestfallzahl

$$n \geq \frac{\sigma^2}{|\mu - \mu_0|^2}(z_{1-\alpha} + z_{1-\beta})^2.$$

Für den zweiseitigen Fall ergibt sich die Forderung

$$n \geq \frac{\sigma^2}{|\mu - \mu_0|^2}(z_{1-\alpha/2} + z_{1-\beta})^2,$$

damit Abweichungen größer oder gleich $\Delta = |\mu - \mu_0|$ mit einer Mindestwahrscheinlichkeit von $1 - \beta$ aufgedeckt werden.

Für den t-Test ist es meist ausreichend, die obigen Formeln als Näherungen zu verwenden, wobei σ^2 geeignet zu schätzen ist. Um auf der sicheren Seite zu liegen, sollten die Fallzahl (großzügig) aufgerundet werden.

3.6.4 Vorzeichentest und Binomialtest

Nicht immer sind Daten normalverteilt. Der t-Test reagiert auf etliche Abweichungen von der Normalverteilungsannahme sehr empfindlich. Eine Einhaltung des vorgegebenen Niveaus ist dann nicht mehr gewährleistet.

Ein Test, der immer anwendbar ist, solange die Daten unabhängig und identisch verteilt sind, ist der Vorzeichentest. Im Unterschied zum t-Test ist dies jedoch ein Test für den Median der Verteilung. Der Median stimmt mit dem Erwartungswert überein, wenn die Verteilung symmetrisch ist.

Es zeigt sich, dass dieses Testproblem auf den Binomialtest zurückgeführt werden kann, mit dem Hypothesen über die Erfolgswahrscheinlichkeit p einer Binomialverteilung überprüft werden können. Wir besprechen daher den Binomialtest gleich an dieser Stelle.

▷ Test für den Median

Modell: $X_1, \ldots, X_n$ seien unabhängig und identisch verteilt mit eindeutigem Median $m = \widetilde{x}_{0.5}$, dass heißt: $P(X_1 \leq m) = P(X_1 \geq m) = 1/2$. Als einseitiges Testproblem formulieren wir

$$H_0 : m \leq m_0 \qquad \text{versus} \qquad H_1 : m > m_0$$

Wir können dieses Testproblem auf die Situation eines Binomialexperiments zurückführen, indem wir zählen, wieviele Beobachtungen größer als der maximale unter H_0 postulierte Median m_0 sind. Als Teststatistik verwendet man daher die Anzahl Y (Summe) der Beobachtungen, die größer als m_0 sind. Dann ist Y binomialverteilt mit Erfolgswahrscheinlichkeit

$$p = P(X_1 > m_0).$$

Ist $m = m_0$, so ist p gerade $1/2$, da m_0 der Median der Beobachtungen ist. Gilt H_0, so ist $p \leq 1/2$, gilt hingegen H_1, so ist $p > 1/2$. Wir können also das ursprüngliche Testproblem auf einen *Binomialtest* zurückführen.

▷ Binomialtest

Ist allgemein Y eine Bin(n,p)-verteilte Größe, so wird die Nullhypothese $H_0 :$ $p \leq p_0$ zugunsten der Alternative $H_1 : p > p_0$ verworfen, wenn die Anzahl Y der beobachteten Erfolge „groß genug" ist.

Exakter Binomialtest Der exakte Binomialtest verwirft $H_0 : p \leq p_0$ zugunsten von $H_1 : p > p_0$, wenn $Y > c_{\text{krit}}$ ist. Hierbei ist c_{krit} die kleinste ganze Zahl, so dass

$$\sum_{k=c_{\text{krit}}+1}^{n} \binom{n}{k} p_0^k (1 - p_0)^{n-k} \leq \alpha.$$

In großen Stichproben kann man die Normalapproximation aufgrund des zentralen Grenzwertsatzes verwenden. Gilt $p = p_0$, so ist

$$E(Y) = np_0, \qquad \text{Var}(Y) = np_0(1 - p_0)$$

und nach dem zentralen Grenzwertsatz gilt in großen Stichproben

$$T = \frac{Y - np_0}{\sqrt{np_0(1 - p_0)}} \sim_{approx} N(0{,}1).$$

Asymptotischer Binomialtest Der asymptotische Binomialtest verwirft $H_0 : p \leq p_0$ auf dem Niveau α zugunsten von $H_1 : p > p_0$, wenn

$$T = \frac{Y - np_0}{\sqrt{np_0(1 - p_0)}} > z_{1-\alpha}.$$

Dies ist äquivalent zu $Y > np_0 + z_{1-\alpha}\sqrt{np_0(1 - p_0)}$. Beim einseitigen Testproblem $H_0 : p \geq p_0$ gegen $H_1 : p < p_0$ wird H_0 abgelehnt, wenn $T < -z_{1-\alpha}$. Der zugehörige zweiseitige Test lehnt $H_0 : p = p_0$ zugunsten von $H_1 : p \neq p_0$ ab, wenn $|T| > z_{1-\alpha/2}$. In diesen Regeln ist $z_{1-\alpha}$ das $(1 - \alpha)$-Quantil der $N(0{,}1)$-Verteilung.

Für den wichtigen Spezialfall $p_0 = 1/2$ erhält man die einfachere Formel

$$T = \frac{Y - n/2}{\sqrt{n/4}} = 2\frac{Y - n/2}{\sqrt{n}}.$$

Die Gütefunktion des einseitigen Binomialtests berechnet sich zu

$$G(p) = \Phi\left(\sqrt{n}\frac{p - p_0}{\sqrt{p(1 - p)}} - \sqrt{\frac{p_0(1 - p_0)}{p(1 - p)}}z_{1-\alpha} \right).$$

Soll im Rahmen einer Fallzahlplanung der Stichprobenumfang n bestimmt werden, so dass die Alternative p ($> p_0$) mit einer Mindestwahrscheinlichkeit von $1 - \beta$ aufgedeckt wird, so gilt näherungsweise

$$n \geq \left[\frac{\sqrt{p(1-p)}}{p - p_0} \left(z_{1-\beta} + \sqrt{\frac{p_0(1-p_0)}{p(1-p)}} z_{1-\alpha} \right) \right]^2 .$$

Beispiel 3.6.4. Eine Bin(40,p)-verteilte Zufallsvariable realisiere sich zu $y = 24$. Spricht dies schon gegen die Nullhypothese $H_0 : p \leq 1/2$ und zugunsten $H_1 : p > 1/2$? Wir wählen $\alpha = 0.05$. Dann ist $n/2 + z_{0.95}\sqrt{n/4} \approx 25.2$. Somit kann H_0 nicht verworfen werden. Die Schärfe des Tests, die Alternative $p = 0.6$ aufzudecken, beträgt näherungsweise $G(0.6) \approx 0.35$. Wie groß müßte der Stichprobenumfang gewählt werden, damit die Alternative $p = 0.6$ mit einer Wahrscheinlichkeit von $1 - \beta = 0.9$ aufgedeckt wird? Wir erhalten durch obige Näherung $n \geq 211$.

3.7 2-Stichproben-Tests

Die statistische Analyse von Beobachtungen zweier Vergleichsgruppen mit dem Ziel, Unterschiede zwischen ihnen aufzudecken, ist vermutlich das am häufigsten eingesetzte Instrument der statistischen Methodenlehre. Es ist zwischen den folgenden Versuchsdesigns zu unterscheiden:

- Verbundenes Design: Jeweils zwei Beobachtungen aus beiden Stichproben stammen von *einer* Versuchseinheit und sind daher stochastisch abhängig. (Beispiel: Vorher-Nachher-Studie).

- Unverbundenes Design: Alle vorliegenden Beobachtungen stammen von verschiedenen statistischen Einheiten und sind daher voneinander stochastisch unabhängig.

Im ersten Fall liegt eine Stichprobe von n Wertepaaren (X_i, Y_i), $i = 1, \ldots, n$, vor, die man erhält, indem an n statistischen Einheiten jeweils zwei Beobachtungen erhoben werden. Im zweiten Fall liegen zwei unabhängige Stichproben mit einzelnen Stichprobenumfängen n_1 und n_2 vor, die von $n = n_1 + n_2$ verschiedenen statistischen Einheiten stammen.

3.7.1 Verbundene Stichproben

Mitunter ist der aufzudeckende Lageunterschied deutlich kleiner als die Streuung zwischen den statistischen Einheiten. Dann benötigt man sehr große Stichproben, was nicht immer realisierbar ist. Man kann nun so vorgehen, dass man

n statistische Einheiten jeweils *beiden* Versuchsbedingungen (Behandlungen) aussetzt und die Zielgröße erhebt. Dann kann jede Versuchseinheit als seine eigene Kontrolle fungieren. Relevant ist nun nur noch die Streuung von Messungen an einer statistischen Einheit. Die typische Anwendungssituation ist die Vorher-Nachher-Studie.

Modell: Es liegt eine Zufallsstichprobe

$$(X_1,Y_1),\ldots,(X_n,Y_n)$$

von bivariat normalverteilten Zufallsvariablen vor. Wir wollen durch einen statistischen Test untersuchen, ob sich die Erwartungswerte

$$\mu_X = E(X_i) \qquad \text{und} \qquad \mu_Y = E(Y_i)$$

unterscheiden. Man berechnet für die n statistischen Einheiten die Differenzen

$$D_i = Y_i - X_i, \qquad i = 1,\ldots,n.$$

Durch die Differenzenbildung ist das Problem auf die Auswertung *einer* Stichprobe reduziert. Erwartungswert und Varianz der Differenzen ergeben sich zu:

$$\delta = E(D_i) = \mu_Y - \mu_X$$

$$\text{Var}(D_i) = \text{Var}(X_1) + \text{Var}(Y_1) - 2 \cdot \text{Cov}(X_1,Y_1).$$

δ ist genau dann 0, wenn $\mu_X = \mu_Y$. Wir können daher einen t-Test auf die Differenzen anwenden, um die Nullhypothese

$$H_0 : \delta = 0 \Leftrightarrow \mu_X = \mu_Y \qquad \text{(kein Effekt)}$$

gegen die (zweiseitige) Alternative

$$H_1 : \delta \neq 0 \Leftrightarrow \mu_X = \mu_Y \qquad \text{(Effekt vorhanden)}$$

zu testen.

H_0 wird auf einem Signifikanzniveau α verworfen, wenn für die Teststatistik

$$T = \frac{\overline{D}}{S_D/\sqrt{n}}$$

gilt: $|T| > t(n-1)_{1-\alpha/2}$. Hierbei ist $S_D^2 = \frac{1}{n-1}\sum_{i=1}^n (D_i - \overline{D})^2$. Soll einseitig $H_0 : \delta \leq 0$ gegen $H_1 : \delta > 0$ getestet werden, so schließt man auf einen signifikanten Lageunterschied, wenn $T > t(n-1)_{1-\alpha}$. Entsprechend wird $H_0 : \delta \geq 0$ zugunsten von $H_1 : \delta < 0$ verworfen, wenn $T < t(n-1)_\alpha$.

3.7.2 Unverbundene Stichproben

Wir besprechen nun den wichtigen Fall, dass zwei unabhängige normalverteilte Stichproben auf einen Lageunterschied untersucht werden sollen.

▷ **Motivation**

Beispiel 3.7.1. Die deskriptive Analyse von zwei Stichproben von $n_1 = 7$ bzw. $n_2 = 6$ Beobachtungen ergibt:

	Gruppe1	Gruppe2
$\overline{x}$	−30.71429	62.5
s	32.96824	44.6934

Zu klären ist einerseits, ob die beobachtete Differenz der Mittelwerte, $d = 62.5 - (-30.71429) = 93.21429$, auf einen tatsächlichen Unterschied hindeutet, oder ob sie ein stochastisches Artefakt auf Grund der Stichprobenziehung ist. Andererseits ist zu untersuchen, ob die unterschiedlichen Streuungsschätzungen auf einen tatsächlichen Streuungseffekt hindeuten oder nicht.

In der Praxis tritt häufig das Problem auf, dass die Streuungen der zu vergleichenden Gruppen nicht identisch sind. Dieses Phänomen bezeichnet man als **Varianzinhomogenität** oder **Heteroskedastizität** und spricht (ein wenig lax) von **heteroskedastischen Daten**. Stimmen die Varianzen überein - etwa weil eine Randomisierung (zufällige Aufteilung) der statistischen Einheiten auf die beiden Gruppen vorgenommen wurde - so spricht man von **Varianzhomogenität**. Ist die Varianzhomogenität verletzt, so ist der von Welch vorgeschlagene Test deutlich besser. Routinemäßig wird daher zunächst ein Test auf Varianzhomogenität durchgeführt und in Abhängigkeit vom Testergebnis der t-Test oder Welchs Test angewendet.

Modell: Ausgangspunkt sind zwei unabhängige Stichproben

$$X_{11}, \ldots, X_{1n_1} \overset{i.i.d.}{\sim} N(\mu_1, \sigma_1^2)$$

$$X_{21}, \ldots, X_{2n_2} \overset{i.i.d.}{\sim} N(\mu_2, \sigma_2^2)$$

Es liegen also insgesamt $n = n_1 + n_2$ stochastisch unabhängige Beobachtungen vor.

▷ **Test auf Varianzhomogenität**

Zu testen ist die Nullhypothese $H_0 : \sigma_1^2 = \sigma_2^2$ der Varianzgleichheit (Homogenität) in beiden Stichproben gegen die Alternative $H_1 : \sigma_1^2 \neq \sigma_2^2$, dass die Daten in einer der beiden Gruppen weniger streuen als in der anderen. Es ist nahe liegend, eine Teststatistik zu verwenden, welche die Varianzschätzungen

$$S_1^2 = \frac{1}{n_1 - 1} \sum_{j=1}^{n_1} (X_{1j} - \overline{X}_1)^2$$

und

$$S_2^2 = \frac{1}{n_2 - 1} \sum_{j=1}^{n_2} (X_{2j} - \overline{X}_2)^2$$

der beiden Stichproben in Beziehung setzt. Unter der Normalverteilungsannahme sind die Varianzschätzungen gestreckt χ^2-verteilt:

$$\frac{(n_i - 1)S_i^2}{\sigma_i^2} \sim \chi^2(n_i - 1), \qquad i = 1,2.$$

Da beide Streuungsmaße aus verschiedenen und unabhängigen Stichproben berechnet werden, folgt der mit den reziproken Freiheitsgraden gewichtete Quotient $\frac{\sigma_2^2}{\sigma_1^2}\frac{S_1^2}{S_2^2}$ einer $F(n_1 - 1, n_2 - 1)$-Verteilung. Unter der Nullhypothese ist $\frac{\sigma_1^2}{\sigma_2^2} = 1$, so dass die F-Teststatistik

$$F = \frac{S_1^2}{S_2^2}$$

mit den Quantilen der $F(n_1 - 1, n_2 - 1)$-Verteilung verglichen werden kann. Sowohl sehr kleine als auch sehr große Werte sprechen gegen die Nullhypothese.

> **F-Test auf Varianzgleichheit** Der F-Test auf Gleichheit der Varianzen verwirft $H_0 : \sigma_1 = \sigma_2$, wenn $F < F(n_1 - 1, n_2 - 1)_{\alpha/2}$ oder $F > F(n_1 - 1, n_2 - 1)_{1-\alpha/2}$.

Betrachten wir speziell den häufigen Fall, dass die Stichprobenumfänge gleich sind, also $n_1 = n_2$. Dann ist die Dies ist äquivalent dazu, die Stichproben so zu nummerieren, dass S_1^2 die kleinere Varianzschätzung ist und H_0 zu verwerfen, wenn $F < F(n_1 - 1, n_2 - 1)_{\alpha/2}$.

Beispiel 3.7.2. Wir wenden den Varianztest auf die Daten aus Beispiel 3.7.1 an. Zu testen sei also auf einem Niveau von $\alpha = 0.1$, ob sich die Varianzparameter σ_1 und σ_2 der zugrunde liegenden Populationen unterscheiden. Es ist

$$F_{\text{obs}} = \frac{32.968^2}{44.693^2} = 0.544$$

Wir benötigen die Quantile $F(6,5)_{0.95} = 4.950$ und $F(6,5)_{0.05} = \frac{1}{F(5,6)_{0.95}} = \frac{1}{4.389} = 0.228$. Der Annahmebereich ist also $[0.228, 4.950]$. Da $0.544 \in [0.228, 4.950]$, wird H_0 beibehalten.

▷ *t*-Test auf Lageunterschied

Die statistische Formulierung des Testproblems, einen Lageunterschied zwischen den zwei Stichproben aufzudecken, lautet:

$$H_0 : \mu_1 = \mu_2 \qquad \text{(kein Lageunterschied)}$$

versus

$$H_1 : \mu_1 \neq \mu_2 \quad \text{(Lageunterschied)}$$

Der Nachweis tendenziell größerer Beobachtungen in Gruppe 2 erfolgt über die einseitige Formulierung

$$H_0 : \mu_1 \geq \mu_2 \qquad \text{versus} \qquad H_1 : \mu_1 < \mu_2.$$

Entsprechend testet man $H_0 : \mu_1 \leq \mu_2$ gegen $H_1 : \mu_1 > \mu_2$, um tendenziell größere Beobachtungen in Gruppe 1 nachzuweisen.

Die Teststatistik des 2-Stichproben *t*-Tests schaut naheliegenderweise auf die Differenz der arithmetischen Mittelwerte

$$\overline{X}_1 = \frac{1}{n_1} \sum_{j=1}^{n_1} X_{1j}, \qquad \overline{X}_2 = \frac{1}{n_2} \sum_{j=1}^{n_2} X_{2j}.$$

Da die Mittelwerte $\overline{X}_1$ und $\overline{X}_2$ unabhängig sind, erhalten wir als Varianz der Differenz:

$$v^2 = \text{Var}(\overline{X}_2 - \overline{X}_1) = \frac{\sigma^2}{n_1} + \frac{\sigma^2}{n_2}.$$

Genauer gilt: Bei normalverteilten Daten ist die Differenz normalverteilt,

$$\overline{X}_2 - \overline{X}_1 \sim N\left(\mu_2 - \mu_1, \sigma^2 \left(\frac{1}{n_1} + \frac{1}{n_2}\right)\right).$$

Ist σ^2 bekannt, so kann man die normalverteilte Größe $T' = \frac{\overline{X}_2 - \overline{X}_1}{v}$ als Teststatistik verwenden. Dies ist jedoch unrealistisch. Man benötigt daher eine Schätzung für σ^2. Eine erwartungstreue Schätzung erhält man durch das gewichtete Mittel der Schätzer S_1^2 und S_2^2, wobei man als Gewichte die Freiheitsgrade verwendet:

$$S^2 = \frac{n_1 - 1}{n_1 + n_2 - 2} S_1^2 + \frac{n_2 - 1}{n_1 + n_2 - 2} S_2^2.$$

Bei identischen Stichprobenumfängen ($n_1 = n_2$) mittelt man also einfach S_1^2 und S_2^2. Als Summe von unabhängigen und gestreckt χ^2-verteilten Größen ist $(n_1 + n_2 - 2)S^2$ ebenfalls wieder gestreckt χ^2-verteilt:

$$(n_1 + n_2 - 2)S^2/\sigma^2 \sim \chi^2(n_1 + n_2 - 2).$$

Ersetzt man in T' die unbekannte Varianz σ^2 durch diesen Schätzer, dann erhält man die Teststatistik

$$T = \frac{\overline{X}_2 - \overline{X}_1}{\sqrt{\left(\frac{1}{n_1} + \frac{1}{n_2}\right) S^2}}$$

Unter der Nullhypothese folgt T einer $t(n-2)$-Verteilung.

> **2-Stichproben t-Test** Der 2-Stichproben t-Test verwirft $H_0 : \mu_1 = \mu_2$ zugunsten von $H_1 : \mu_1 \neq \mu_2$, wenn $|T| > t(n-2)_{1-\alpha/2}$. Entsprechend wird beim einseitigen Test $H_0 : \mu_1 \leq \mu_2$ zugunsten von $H_1 : \mu_1 > \mu_2$ verworfen, wenn $T < t(n-2)_\alpha$, und $H_0 : \mu_1 \geq \mu_2$ zugunsten von $H_1 : \mu_1 < \mu_2$, falls $T > t(n-2)_{1-\alpha}$.

Beispiel 3.7.3. Für die Daten aus Beispiel 3.6.1 ergibt sich zunächst

$$S^2 = \frac{6}{11} 32.968^2 + \frac{5}{11} 44.693^2 = 1500.787,$$

also $\widehat{\sigma} = S = 38.734$. Die t-Teststatistik berechnet sich zu

$$T_{\text{obs}} = \frac{62.5 - (-30.71)}{\sqrt{\left(\frac{1}{7} + \frac{1}{6}\right) 1500.787}} = 4.3249$$

Für einen Test auf einem Niveau von $\alpha = 0.05$ müssen wir $|T_{\text{obs}}| = 4.3249$ mit dem Quantil $t(6 + 7 - 2)_{1-\alpha/2} = t(11)_{0.975} = 2.201$ vergleichen. Wir können also die Nullhypothese auf dem 5%-Niveau verwerfen.

▷ **Welchs Test**

Bei Varianzinhomogenität ($\sigma_1 \neq \sigma_2$) sollte Welchs Test verwendet werden. Dieser Test basiert auf der Teststatistik

$$T = \frac{\overline{X}_2 - \overline{X}_1}{\sqrt{\frac{S_1^2}{n_1} + \frac{S_2^2}{n_2}}}.$$

Der Ausdruck unter der Wurzel schätzt hierbei die Varianz des Zählers. In großen Stichproben ist T näherungsweise standardnormalverteilt. Jedoch ist die folgende Approximation durch eine t-Verteilung (nach Welch) wesentlich besser. Man verwirft $H_0 : \mu_1 = \mu_2$ auf dem Niveau α, wenn $|T| > t(df)_{1-\alpha/2}$, wobei sich die zu verwendenden Freiheitsgrade durch die Formel

$$df = \frac{\left(\frac{S_1^2}{n_1} + \frac{S_2^2}{n_2}\right)^2}{\left(\frac{S_1^2}{n_1}\right)^2 \frac{1}{n_1-1} + \left(\frac{S_2^2}{n_2}\right)^2 \frac{1}{n_2-1}}.$$

berechnen. Ist df nicht ganzzahlig (dies ist die Regel), dann rundet man die rechte Seite vorher ab.

Welch-Test $H_0 : \mu_1 \leq \mu_2$ wird zugunsten $H_1 : \mu_1 > \mu_2$ verworfen, wenn $T < t(df)_\alpha$. $H_0 : \mu_1 \geq \mu_2$ wird zugunsten $H_1 : \mu_1 < \mu_2$ verworfen, wenn $T > t(df)_{1-\alpha}$.

▷ **Fallzahlplanung**

Für den Fall identischer Stichprobenumfänge $(n_1 = n_2 = n)$ kann eine Fallzahlplanung anhand der folgenden Näherungsformeln erfolgen, die sich analog zum 1-Stichproben-Fall aus der Normalapproximation ergeben. Sei $\sigma^2 = \sigma_1^2 + \sigma_2^2$.

Zweiseitiger Test: Wähle

$$n \geq \frac{\sigma^2}{\Delta^2}(z_{1-\alpha/2} + z_{1-\beta})^2,$$

um eine Schärfe von $1 - \beta$ bei einer Abweichung von $\Delta = |\mu_A - \mu_B|$ näherungsweise zu erzielen.

Einseitiger Test: Wähle

$$n \geq \frac{\sigma^2}{\Delta^2}(z_{1-\alpha} + z_{1-\beta})^2,$$

um eine Schärfe von $1 - \beta$ bei einer Abweichung von $\Delta = |\mu_A - \mu_B|$ näherungsweise zu erzielen.

3.7.3 Wilcoxon-Test

Oftmals ist die Normalverteilungsannahme des 2-Stichproben t-Tests nicht erfüllt. Hierbei ist insbesondere an schiefe Verteilungen und Ausreißer in den Daten zu denken. In diesem Fall ist von einer Anwendung des t-Tests abzuraten, da nicht mehr sichergestellt ist, dass der Test tatsächlich das vorgegebene Signifikanzniveau einhält. Hinzu kommt, dass bei nicht normalverteilten Daten die t-Testverfahren ihre Optimalitätseigenschaften verlieren.

Ein Ausweg ist der Wilcoxon-Rangsummentest. Dieser Test hat immer das vorgegebene Niveau, solange zwei unabhängige Stichproben vorliegen, deren Beobachtungen jeweils unabhängig und identisch nach einer Dichtefunktion verteilt sind. Er kann ebenfalls auf ordinal skalierte Daten angewendet werden. Wir beschränken uns hier auf den Fall stetig verteilter Daten. Für die Behandlung von ordinal skalierten Daten sei auf die weiterführende Literatur verwiesen.

Modell: Es liegen zwei unabhängige Stichproben

$$X_{i1}, \ldots, X_{in_i} \sim F_i(x), \quad i = 1,2,$$

mit Stichprobenumfängen n_1 und n_2 vor. Die Beobachtungen der Stichprobe 1 sind nach der Verteilungsfunktion $F_1(x)$ verteilt, diejenigen der Stichprobe 2 nach $F_2(x)$.

Nichtparametrisches Lokationsmodell (Shiftmodell)

Im nichtparametrischen Lokationsmodell wird angenommen, dass nach Subtraktion des Lageunterschiedes Δ Beobachtungen der zweiten Stichprobe genau so verteilt sind wie Beobachtungen der ersten Stichprobe. Dann gilt für alle $x \in \mathbb{R}$:

$$P(X_{21} - \Delta \leq x) = P(X_{11} \leq x)$$

Die linke Seite ist gerade $F_2(x + \Delta)$, die rechte hingegen $F_1(x)$. Somit gilt:

$$F_2(x + \Delta) = F_1(x), \qquad x \in \mathbb{R}.$$

Für $\Delta > 0$ sind die Beobachtungen der zweiten Stichprobe tendenziell größer als die der ersten, im Fall $\Delta < 0$ verhält es sich genau umgekehrt. Kein Lageunterschied besteht, wenn $\Delta = 0$. Dies ist im Shiftmodell gleichbedeutend mit der Gleichheit der Verteilungsfunktionen: $F_1(x) = F_2(x)$ für alle $x \in \mathbb{R}$. Als Testproblem formuliert man daher im zweiseitigen Fall

$$H_0 : \Delta = 0 \Leftrightarrow F_1 = F_2$$

versus

$$H_1 : \Delta \neq 0 \Leftrightarrow F_1 \neq F_2$$

Die Grundidee des Wilcoxon-Tests ist es, die Daten so zu transformieren, dass die Schiefe eliminiert und der Einfluss von Ausreißern begrenzt wird. Hierzu markiert man alle Beobachtungen auf der Zahlengerade und kennzeichnet ihre Zugehörigkeit zu den beiden Stichproben. Nun schreibt man von links nach rechts die Zahlen 1 bis $n = n_1 + n_2$ unter die Punkte. Auf diese Weise hat man den Beobachtungen ihre Rangzahlen in der Gesamt-Stichprobe zugewiesen. Diese wollen wir mit R_{ij} bezeichnen. In Formeln ausgedrückt: Ist $W_{(1)}, \ldots, W_{(N)}$ die Ordnungsstatistik der Gesamtstichprobe $X_{11}, \ldots, X_{2n_2}$, dann wird der Beobachtung X_{ij} der Rang $R_{ij} = k$ zugeordnet, wenn $X_{ij} = W_{(k)}$ der k-te Wert in der Ordnungsstatistik der Gesamtstichprobe ist.

Besteht nun ein Lageunterschied, so werden tendenziell die Beobachtungen der einen Stichprobe kleine Rangzahlen erhalten, die der anderen Stichprobe hingegen große Rangzahlen. Man verwendet daher die Summe der Ränge der zweiten Stichprobe,

$$W = \sum_{j=1}^{n_2} R_{2j},$$

als Teststatistik. Sowohl sehr große als auch sehr kleine Werte von T sprechen gegen die Nullhypothese. Unter der Nullhypothese ist die Teststatistik T **verteilungsfrei**, d.h. ihre Verteilung hängt nicht von der zugrunde liegenden

Verteilung F der Daten ab.[1] Die kritischen Werte können daher tabelliert werden und gelten unabhängig von der Verteilung der Daten. Eine weitere Konsequenz der Verteilungsfreiheit ist, dass der Wilcoxon-Test immer sein Niveau einhält.

Bei großen Stichproben kann man die Verteilung von T durch eine Normalverteilung approximieren, da auch für T ein zentraler Grenzwertsatz gilt. Wegen

$$E_{H_0}(W) = \frac{n_1 n_2}{2}, \qquad \mathrm{Var}_{H_0}(W) = \frac{n_1 n_2 (n+1)}{12},$$

gilt unter H_0 näherungsweise

$$T = \frac{W - n_1 n_2 / 2}{\sqrt{n_1 n_2 (n+1)/12}} \sim_n N(0,1).$$

Wilcoxon-Test Der Wilcoxon-Test verwirft H_0 auf dem Niveau α, wenn $|T| > z_{1-\alpha/2}$ bzw. wenn

$$W > \frac{n_1 n_2}{2} + z_{1-\alpha/2} \sqrt{n_1 n_2 (n+1)/12}.$$

oder

$$W < \frac{n_1 n_2}{2} - z_{1-\alpha/2} \sqrt{n_1 n_2 (n+1)/12}.$$

3.7.4 2-Stichproben Binomialtest

Werden unter zwei Konstellationen Zufallsstichproben mit Umfängen n_1 bzw. n_2 erhoben, wobei die Zielgröße *binär* (Erfolg/Misserfolg) ist, so betrachtet man die Anzahl der Erfolge, Y_1 und Y_2, in beiden Stichproben. Es liegen dann zwei unabhängige binomialverteilte Größen vor:

$$Y_1 \sim \mathrm{Bin}(n_1, p_1), \qquad Y_2 \sim \mathrm{Bin}(n_2, p_2),$$

mit Erfolgswahrscheinlichkeiten p_1 und p_2. Das zugrunde liegende binäre Merkmal ist in beiden Gruppen identisch verteilt, wenn $p_1 = p_2$ gilt. Somit lautet das Testproblem „gleiche Erfolgschancen" formal:

$$H_0 : p_1 = p_2 \qquad \text{versus} \qquad H_1 : p_1 \neq p_2.$$

---

[1] Bei Gültigkeit der Nullhypothese liegt eine Zufallsstichprobe vom Umfang $n = n_1 + n_2$ aus *einer* Population vor. Dann ist jede Permutation der n Stichprobenwerte gleichwahrscheinlich. Also ist jede Zuordnung von n_2 Rangzahlen (aus der Menge $(\{1, \dots, n\})$ zu den Beobachtungen der zweiten Stichprobe gleichwahrscheinlich mit Wahrscheinlichkeit $1/\binom{n}{n_2}$.

Möchte man nachweisen, dass beispielsweise Gruppe 2 eine höhere Erfolgschan-
ce besitzt, so formuliert man $H_0 : p_1 \geq p_2$ versus $H_1 : p_1 < p_2$.

Man kann nun eine 2×2-Kontingenztafel mit den Einträgen Y_1, $n_1 - Y_1$
sowie Y_2, $n_2 - Y_2$ aufstellen und das zweiseitige Testproblem durch einen
χ^2-Test untersuchen. Dieser Ansatz wird im Abschnitt über die Analyse von
Kontingenztafeln vorgestellt.

Die Erfolgswahrscheinlichkeiten werden durch Anteile in den Stichproben,

$$\widehat{p}_1 = \frac{Y_1}{n_1} \quad \text{und} \quad \widehat{p}_2 = \frac{Y_2}{n_2},$$

geschätzt. Der zentrale Grenzwertsatz liefert die Näherung

$$\widehat{p}_2 - \widehat{p}_1 \sim_{\text{appr.}} N(p_2 - p_1, \sigma_n^2)$$

mit $\sigma_n^2 = \frac{\widehat{p}_2(1-\widehat{p}_2)}{n_2} + \frac{\widehat{p}_1(1-\widehat{p}_1)}{n_1}$. Man verwendet daher als Teststatistik

$$T = \frac{\widehat{p}_2 - \widehat{p}_1}{\sqrt{\frac{\widehat{p}_2(1-\widehat{p}_2)}{n_2} + \frac{\widehat{p}_1(1-\widehat{p}_1)}{n_1}}}$$

2-Stichproben-Binomialtest Die Nullhypothese $H_0 : p_1 = p_2$ wird zugunsten der Alternative $H_1 : p_1 \neq p_2$ auf dem Niveau α verworfen,
wenn $|T| > z_{1-\alpha/2}$. Entsprechend verwirft man $H_0 : p_1 \geq p_2$ zugunsten
$H_1 : p_1 < p_2$, wenn $T > z_{1-\alpha}$, und $H_0 : p_1 \leq p_2$ wird zugunsten $H_1 : p_1 > p_2$
verworfen, wenn $T < z_\alpha$.

3.8 Korrelationstests

Situation: An n Untersuchungseinheiten werden zwei Merkmale X und Y
simultan beobachtet. Es liegt also eine Stichprobe

$$(X_1, Y_1), \ldots, (X_n, Y_n)$$

von Wertepaaren vor. Es soll anhand dieser Daten untersucht werden, ob zwischen den Merkmalen X und Y ein ungerichteter Zusammenhang besteht. Das
heißt, uns interessiert, ob das gemeinsame Auftreten von X- und Y-Werten gewissen Regelmäßigkeiten unterliegt (etwa: große X-Werte treten stark gehäuft
zusammen mit kleinen Y-Werten auf), ohne dass ein kausaler Zusammenhang
unterstellt wird. Keine der beiden Variablen soll als potentielle Einflussgröße
ausgezeichnet sein. Aus diesem Grund sollte eine geeignete Kenngröße, die
'Zusammenhang' (Korrelation) messen will, symmetrisch in den X- und Y-
Werten sein. Wir betrachten zwei Testverfahren. Das erste unterstellt, dass

die Stichprobe bivariat normalverteilt ist und basiert auf dem Korrelationskoeffizient nach Bravais-Pearson. Das zweite Verfahren unterstellt keine spezielle Verteilung der Paare (X_i, Y_i) und nutzt lediglich die ordinale Information der Daten aus. Es beruht auf dem Rangkorrelationskoeffizienten von Spearman.

3.8.1 Test auf Korrelation

Modell: Es liegt eine Stichprobe $(X, Y), (X_1, Y_1), \ldots, (X_n, Y_n)$ von unabhängig und identisch bivariat normalverteilten Paaren vor mit Korrelationskoeffizient $\rho = \rho(X, Y) = \mathrm{Cor}(X, Y)$.

Testproblem: Um auf Korrelation zwischen den zufälligen Variablen X und Y zu testen, formulieren wir:

$$H_0 : \rho = 0 \qquad \text{versus} \qquad H_1 : \rho \neq 0.$$

Die Teststatistik basiert auf dem empirischen Korrelationskoeffizienten nach Bravais-Pearson,

$$\widehat{\rho} = r_{XY} = \frac{\sum_{i=1}^{n}(X_i - \overline{X})(Y_i - \overline{Y})}{\sqrt{\sum_{i=1}^{n}(X_i - \overline{X})^2 \sum_{i=1}^{n}(Y_i - \overline{Y})^2}},$$

der bereits im Kapitel über deskriptiven Statistik ausführlich besprochen wurde. Unter der Nullhypothese gilt:

$$T = \frac{\widehat{\rho}\sqrt{n-2}}{\sqrt{1 - \widehat{\rho}^2}} \sim t(n-2).$$

> Der Korrelationstest für normalverteilte bivariate Stichproben verwirft H_0 wird auf einem Signifikanzniveau von α zugunsten von H_1, wenn $|T| > t(n-2)_{1-\alpha/2}$.

Für bivariat normalverteilte Daten ist dieser Test ein exakter Test auf Unabhängigkeit. Bei leichten Verletzung der Normalverteilungsannahme kann der Test als asymptotischer Test auf Unkorreliertheit angewendet werden. Im Zweifelsfall sollte das nun zu besprechende Testverfahren verwendet werden.

3.8.2 Rangkorrelationstest

Als Assoziationsmaß, das lediglich die ordinale Information verwendet, war in Abschnitt 1.8.1 von Kapitel 1 der Rangkorrelationskoeffizient nach Spearman betrachtet worden. Der Rangkorrelationskoeffizient nach Spearman kann verwendet werden, um zu testen, ob in den Daten ein monotoner Zusammenhang zwischen den X- und Y-Messungen besteht. Unter der Nullhypothese H_0, dass kein monotoner Trend besteht, ist die Teststatistik

$$T = \frac{R_{Sp}\sqrt{n-2}}{\sqrt{1-R_{Sp}^2}}$$

näherungsweise $t(n-2)$-verteilt. H_0 wird auf dem Niveau α abgebildet, falls $|T| > t(n-2)_{1-\alpha/2}$.

3.9 Lineares Regressionsmodell

Im ersten Kapitel über deskriptive Statistik war die lineare Regressionsrechnung als Werkzeug zur Approximation einer Punktwolke durch eine Gerade bereits beschrieben worden. Wir gehen nun davon aus, dass die Punktepaare (y_i, x_i), $i = 1, \ldots, n$, einem stochastischen Modell folgen. Hierdurch wird es möglich, Konfidenzintervalle und Tests für die Modellparameter – insbesondere y-Achsenabschnitt und Steigung der Gerade – zu konstruieren.

3.9.1 Modell

Beobachtet werden unabhängige Paare von Messwerten

$$(Y_1, x_1), (Y_2, x_2), \ldots, (Y_n, x_n),$$

wobei Y_i den an der i-ten Versuchs- oder Beobachtungseinheit gemessenen Wert der Zielgröße bezeichnet und x_i den zugehörigen x-Wert. Trägt man reale Datenpaare von Experimenten auf, bei denen die Theorie einen „perfekten" linearen Zusammenhang vorhersagt, so erkennt man typischerweise, dass die Messwerte nicht exakt auf einer Gerade liegen, sondern bestenfalls um eine Gerade streuen. Dies erklärt sich aus Messfehlern oder anderen zufälligen Einflüssen, die in der Theorie nicht berücksichtigt wurden. Die Tatsache, dass bei gegebenem x_i nicht der zugehörige Wert auf der wahren Geraden beobachtet wird, berücksichtigen wir durch einen additiven stochastischen Störterm mit Erwartungswert 0:

$$Y_i = a + b \cdot x_i + \epsilon_i, \qquad i = 1, \ldots, n,$$

mit Störtermen (Messfehlern) $\epsilon_1, \ldots, \epsilon_n$, für die gilt:

$$E(\epsilon_i) = 0, \qquad \text{Var}(\epsilon_i) = \sigma^2 \in (0, \infty), \qquad i = 1, \ldots, n.$$

σ^2 heißt auch **Modellfehler**, da es den zufälligen Messfehler des Modells quantifiziert. Ob x einen Einfluss auf Y ausübt, erkennt man an dem Parameter b. Ist $b = 0$, so taucht x nicht in der Modellgleichung für die Beobachtung Y_i auf. Die Variable x hat dann keinen Einfluss auf Y.

Das Modell der linearen Einfachregression unterstellt die Gültigkeit der folgenden Annahmen:

1) Die Störterme $\epsilon_1, \ldots, \epsilon_n$ sind unabhängig und identisch normalverteilte Zufallsvariable mit

$$E(\epsilon_i) = 0, \qquad \text{Var}(\epsilon_i) = \sigma^2 > 0,$$

für $i = 1, \ldots, n$.

2) Die $x_1, \ldots, x_n$ sind vorgegeben (deterministisch), beispielsweise durch festgelegte Messzeitpunkte.

3) a und b sind unbekannte Parameter, genannt **Regressionskoeffizienten**.

Der Erwartungswert von Y hängt von x ab und berechnet sich zu:

$$f(x) = a + b \cdot x.$$

Die Funktion $f(x)$ heißt **wahre Regressionsfunktion**. Die lineare Funktion $f(x) = a + b \cdot x$ spezifiziert also den Erwartungswert von Y bei gegebenem x. $a = f(0)$ ist der y-Achsenabschnitt (engl.: *intercept*), $b = f'(x)$ ist das Steigungsmaß (engl.: *slope*). Die im ersten Kapitel ausführlich vorgestellte Kleinste–Quadrate–Methode liefert folgende Schätzer:

$$\widehat{b} = \frac{\sum_{i=1}^{n} Y_i x_i - n \cdot \overline{Y}\,\overline{x}}{\sum_{i=1}^{n} x_i^2 - n \cdot (\overline{x})^2} = \frac{s_{xy}}{s_x^2},$$

$$\widehat{a} = \overline{Y} - \widehat{b} \cdot \overline{x}.$$

wobei

$$s_{xy} = \frac{1}{n} \sum_{i=1}^{n} x_i Y_i - \overline{x}\,\overline{Y}, \qquad s_x^2 = \frac{1}{n} \sum_{i=1}^{n} x_i^2 - \overline{x}^2.$$

Hierdurch erhalten wir die (**geschätzte**) **Regressionsgerade** (**Ausgleichsgerade**)

$$\widehat{f}(x) = \widehat{a} + \widehat{b} \cdot x, \qquad \text{für} \quad x \in [x_{\min}, x_{\max}].$$

Die Differenzen zwischen Zielgrößen Y_i und ihren Prognosen $\widehat{Y}_i = \widehat{f}(x_i) = \widehat{a} + \widehat{b} \cdot x_i$,

$$\widehat{\epsilon}_i = Y_i - \widehat{Y}_i, \qquad i = 1, \ldots, n,$$

sind die (**geschätzten**) **Residuen**. Wir erhalten also zu jeder Beobachtung auch eine Schätzung des Messfehlers. Eine erwartungstreue Schätzung des Modellfehlers σ^2 erhält man durch

$$\widehat{\sigma}^2 = s_n^2 = \frac{1}{n-2} \sum_{i=1}^{n} \widehat{\epsilon}_i^2 = \frac{1}{n-2} Q(\widehat{a}, \widehat{b}).$$

3.9.2 Statistische Eigenschaften der KQ-Schätzer

Die Schätzer $\widehat{a}$ und $\widehat{b}$ sind erwartungstreu und konsistent für die Regressionskoeffizienten a bzw. b. Ihre Varianzen können durch

$$\widehat{\sigma}_b^2 = \frac{\widehat{\sigma}^2}{n \cdot s_x^2} \quad \text{sowie} \quad \widehat{\sigma}_a^2 = \frac{\sum_{i=1}^n x_i^2}{n^2 \cdot s_x^2} \cdot \widehat{\sigma}^2$$

geschätzt werden.

Herleitung: Wegen $n \cdot \overline{Y}\overline{x} = \sum_{i=1}^n Y_i \cdot \overline{x}$ ist $\widehat{b}$ Linearkombination der $Y_1, \ldots, Y_n$

$$\widehat{b} = \frac{\sum_{i=1}^n Y_i x_i - n\overline{Y} \cdot \overline{x}}{n \cdot s_x^2} = \sum_{i=1}^n \frac{(x_i - \overline{x})}{n \cdot s_x^2} \cdot Y_i.$$

Somit ist $\widehat{b}$ normalverteilt: $\widehat{b} \sim N\left(E(\widehat{b}), \mathrm{Var}(\widehat{b})\right)$. Einsetzen von $EY_i = a + b \cdot x_i$ und Ausnutzen von

$$\sum_{i=1}^n (a + b \cdot x_i)(x_i - \overline{x}) = a \cdot \sum_{i=1}^n (x_i - \overline{x}) + b \cdot \sum_{i=1}^n x_i(x_i - \overline{x})$$
$$= b \cdot n \cdot s_x^2$$

liefert

$$E(\widehat{b}) = b.$$

Also ist $\widehat{b}$ erwartungstreu für b. Die Varianz $\sigma_b^2 = Var(\widehat{b})$ berechnet sich zu

$$\sigma_b^2 = \sum_{i=1}^n \frac{(x_i - \overline{x})^2}{n^2 \cdot s_x^4} \sigma^2 = \frac{\sigma^2}{n \cdot s_x^2} \to 0, \ n \to \infty.$$

Folglich ist $\widehat{b}$ konsistenter Schätzer für b. Der angegebenen Schäzer ergibt sich durch Ersetzen des unbekannten Modellfehlers σ^2 durch $\widehat{\sigma}^2$. $\widehat{a}$ ist ebenfalls Linearkombination der $Y_1, \ldots, Y_n$,

$$\widehat{a} = \sum_{i=1}^n \left(\frac{1}{n} - \frac{(x_i - \overline{x})\overline{x}}{s_x^2} \right) Y_i,$$

also normalverteilt. Einsetzen von $E(\overline{Y}) = \frac{1}{n} \sum_{i=1}^n (a + b \cdot x_i)$ liefert

$$E(\widehat{a}) = E(\overline{Y} - \widehat{b}\overline{x}) = \frac{1}{n} \sum_{i=1}^n (a + b \cdot x_i) - b \cdot \frac{1}{n} \sum_{i=1}^n x_i = a.$$

Die Varianz berechnet sich zu

$$\sigma_a^2 = Var(\widehat{a}) = \frac{\sum_{i=1}^n x_i^2}{n^2 \cdot s_x^2} \sigma^2.$$

Den angegebenen Schätzer $\widehat{\sigma}_a^2$ erhält man durch Einsetzen von $\widehat{\sigma}^2$. $\square$

3.9.3 Konfidenzintervalle

Meist interessiert primär ein (zweiseitiges) Konfidenzintervall für den Parameter b, der den Einfluss von x beschreibt, und für den Modellfehler σ^2.

$$\left[\widehat{b} - t(n-2)_{1-\alpha/2}\frac{\widehat{\sigma}}{\sqrt{\sum_{i=1}^n (x_i - \overline{x})^2}}, \ \widehat{b} + t(n-2)_{1-\alpha/2}\frac{\widehat{\sigma}}{\sqrt{\sum_{i=1}^n (x_i - \overline{x})^2}}\right]$$

ist ein Konfidenzintervall für b und

$$\left[\frac{(n-2)\widehat{\sigma}^2}{\chi^2(n-2)_{1-\alpha/2}}, \ \frac{(n-2)\widehat{\sigma}^2}{\chi^2(n-2)_{\alpha/2}}\right]$$

eins für σ^2, jeweils zum Konfidenzniveau $1 - \alpha$. Zieht man die Wurzel aus den Intervallgrenzen, so erhält man ein Konfidenzintervall für σ.

Ein $(1 - \alpha)$-Konfidenzbereich für die gesamte Regressionsfunktion ist durch die eingrenzenden Funktionen

$$l(x) = \widehat{a} + \widehat{b} \cdot x - \widehat{\sigma}\sqrt{2 \cdot F(2,n-2)_{1-\alpha} \cdot \left(\frac{1}{n} + \frac{(\overline{x} - x)^2}{n \cdot s_{xx}}\right)}$$

$$u(x) = \widehat{a} + \widehat{b} \cdot x + \widehat{\sigma}\sqrt{2 \cdot F(2,n-2)_{1-\alpha} \cdot \left(\frac{1}{n} + \frac{(\overline{x} - x)^2}{n \cdot s_{xx}}\right)}$$

gegeben. Der so definierte Bereich überdeckt die wahre Regressionsfunktion $m(x) = a + b \cdot x$ mit Wahrscheinlichkeit $1 - \alpha$.

▷ Hypothesentests

Von Interesse sind Tests über die Modellparameter a,b und σ^2. Um einen Einfluss des Regressors x auf die Zielgröße Y auf dem Signifikanzniveau α nachzuweisen, ist das Testproblem $H_0 : b = 0$ versus $H_1 : b \neq 0$ zu betrachten. Man geht hierbei wie beim Testen der Parameter μ und σ^2 einer normalverteilten Stichprobe vor. Ausgangspunkt sind die folgenden Verteilungsergebnisse:

Sind $\epsilon_1, \ldots, \epsilon_n$ unabhängig und identisch $N(0, \sigma^2)$-verteilte Zufallsvariablen, dann gilt:

$$T_b = \frac{\widehat{b} - b}{\widehat{\sigma}_b} \sim t(n-2), \quad T_a = \frac{\widehat{a} - a}{\widehat{\sigma}_a} \sim t(n-2), \quad Q = \frac{(n-2)\widehat{\sigma}^2}{\sigma_0^2} \sim \chi^2(n-2).$$

Test der Regressionskoeffizienten

1) $H_0 : b = b_0$ gegen $H_1 : b \neq b_0$. H_0 ablehnen, wenn $|T_b| > t(n-2)_{1-\alpha/2}$.
2) $H_0 : b \leq b_0$ gegen $H_1 : b > b_0$. H_0 ablehnen, falls $T_b > t(n-2)_{1-\alpha}$.
3) $H_0 : b \geq b_0$ gegen $H_1 : b < b_0$. H_0 ablehnen, falls $T_b < -t(n-2)_{1-\alpha} = t(n-2)_{\alpha}$.

Die entsprechenden Tests für den Parameter a erhält man durch Ersetzen von b durch a in den Hypothesen und Ersetzen von T_b durch T_a.

Test des Modellfehlers

1) $H_0 : \sigma^2 = \sigma_0^2$ gegen $H_1 : \sigma^2 \neq \sigma_0^2$. H_0 ablehnen, wenn $Q < \chi^2(n-2)_{\alpha/2}$ oder $Q > \chi^2(n-2)_{1-\alpha/2}$.
2) $H_0 : \sigma^2 \leq \sigma_0^2$ gegen $H_1 : \sigma^2 > \sigma_0^2$. H_0 ablehnen, falls $Q > \chi^2(n-2)_{1-\alpha}$.
3) $H_0 : \sigma^2 \geq \sigma_0^2$ gegen $H_1 : \sigma^2 < \sigma_0^2$. H_0 ablehnen, falls $Q < \chi^2(n-2)_{\alpha}$.

Beispiel 3.9.1. Gegeben seien die folgenden Daten:

x	1	2	3	4	5	6	7
y	1.7	2.6	2.0	2.7	3.2	3.6	4.6

Hieraus berechnet man:

$$\sum_{i=1}^{7} x_i = 28, \qquad \sum_{i=1}^{7} x_i^2 = 140, \qquad \overline{x} = 4$$

$$\sum_{i=1}^{7} y_i = 20.4, \qquad \sum_{i=1}^{7} y_i^2 = 65.3, \qquad \overline{y} = 2.91429$$

sowie $\sum_{i=1}^{7} y_i x_i = 93.5$. Die geschätzten Regressionskoeffizienten lauten somit:

$$\widehat{\beta}_1 = \frac{\sum\limits_{i=1}^{7} y_i x_i - n \cdot \overline{xy}}{\sum\limits_{i=1}^{7} x_i^2 - n \cdot \overline{x}^2}$$

$$= \frac{93.5 - 7 \cdot 4 \cdot 2.91429}{140 - 7 \cdot (4)^2}$$

$$= \frac{11.89988}{28}$$

$$\approx 0.425.$$

$$\widehat{\beta}_0 = \overline{y} - \widehat{\beta}_1 \cdot \overline{x} = 2.91 - 0.425 \cdot 4 = 1.21.$$

Die Ausgleichsgerade ist somit gegeben durch:

$$\widehat{f}(x) = 1.21 + 0.425 \cdot x, \qquad x \in [1,7].$$

Ferner ist $s^2 = 0.1582143$

Um $H_0 : b = 0.5$ gegen $H_1 : b \neq 0.5$ zu testen, berechnet man

$$s_x^2 = \frac{140}{7} - 4^2 = 4, \quad s_b^2 = \frac{s^2}{n \cdot s_x^2} = 0.00565$$

und hieraus

$$t_b = \frac{0.425 - 0.5}{\sqrt{0.00565}} \approx -0.9978.$$

Da $t(5)_{0.975} = 2.57$, wird H_0 auf dem 5%-Niveau akzeptiert.

▷ **Heteroskedastizität (Ungleiche Fehlervarianzen)** In vielen Anwendungen tritt das Problem auf, dass die Varianzen der Fehlerterme $\varepsilon_1, \ldots, \varepsilon_n$ nicht identisch sind. Dieses Phänomen heißt Heteroskedastizität. In diesem Fall liefert der Standardfehler von $\widehat{b}$, $\widehat{\sigma}_b^2$, falsche Werte. Der Schätzer

$$\widetilde{\sigma}_b^2 = \frac{1}{n} \cdot \frac{\frac{1}{n-2} \sum_{i=1}^n (X_i - \overline{X})^2 \cdot \widehat{\varepsilon}_i^2}{\left[\frac{1}{n} \sum_{i=1}^n (X_i - \overline{X})^2 \right]^2}$$

$$= \frac{1}{n} \cdot \frac{1}{s_x^2} \frac{1}{n-2} \sum_{i=1}^n (X_i - \overline{X})^2 \cdot \widehat{\varepsilon}_i^2$$

ist auch bei heteroskedastischen Fehlertermen konsistent. Bei den Hypothesentests ersetzt man die Quantile der $t(n-2)$-Verteilung durch die der $N(0,1)$-Verteilung.

3.10 Multiple lineare Regression (Lineares Modell)*

Die im letzten Abschnitt besprochene Inferenz für das lineare Regressionsmodell mit nur einer erklärenden Variablen greift in der Regel zu kurz. Typischerweise möchte man den Einfluss von mehreren Regressoren auf den Erwartungswert einer Response-Variablen untersuchen. Diese nahe liegende Erweiterung führt zur multiplen linearen Regression, die aufgrund ihrer großen Flexibilität zur Standardausrüstung der Datenanalyse gehört. Sie ist in gängiger Statistik-Software verfügbar.

3.10.1 Modell

Beobachtet werden eine zufällige Zielgröße Y und p deterministische erklären-de Variablen $x_1, \ldots, x_p$. In Regressionsmodellen wird angenommen, dass der Erwartungswert von Y eine Funktion von $x_1, \ldots, x_p$ ist, die durch einen stochastischen Fehlerterm ϵ mit $E(\epsilon) = 0$ überlagert wird:

$$Y = f(x_1, \ldots, x_p) + \epsilon.$$

$f(x_1, \ldots, x_p)$ heißt **(wahre) Regressionsfunktion**. Basierend auf einer Stichprobe soll einerseits f geschätzt werden. Zudem soll durch statistische Tests untersucht werden, von welchen Variablen f tatsächlich abhängt.

Im linearen Modell wird angenommen, dass f eine lineare Funktion der Form

$$f(x_1, \ldots, x_p) = b_0 + b_1 \cdot x_1 + \cdots + b_p \cdot x_p$$

ist. Hierbei sind $b_0, \ldots, b_p$ unbekannte (feste) Parameter, die wir in einem Parametervektor $\mathbf{b} = (b_0, \ldots, b_p)' \in \mathbb{R}^{p+1}$ zusammenfassen. $f(x_1, \ldots, x_p)$ ist das Skalarprodukt von $\mathbf{x} = (1, x_1, \ldots, x_p)'$ und $\mathbf{b}$: $f(x_1, \ldots, x_p) = \mathbf{b}'\mathbf{x}$ heißt **linearer Prädiktor**.

Wir gehen nun davon aus, dass n Beobachtungsvektoren $(Y_i, x_{i1}, \ldots, x_{ip})$, $i = 1, \ldots, n$ vorliegen. Die Modellgleichung für den i-ten Beobachtungsvektor lautet:

$$Y_i = f(x_{i1}, \ldots, x_{ip}) + \epsilon_i, \qquad i = 1, \ldots, n.$$

Hierbei sind $\epsilon_1, \ldots, \epsilon_n$ unabhängige und identisch verteilte Zufallsvariablen mit

$$E(\epsilon_i) = 0, \qquad \mathrm{Var}(\epsilon_i) = \sigma^2 \in (0, \infty), \quad i = 1, \ldots, n.$$

Zur Vereinfachung der folgenden Formeln sei $k = p + 1$. Die in der i-ten Modellgleichung auftretende Summation $f(x_{i1}, \ldots, x_{ip}) = b_0 + b_1 x_{i1} + \ldots + b_p x_{ip}$ ist das Skalarprodukt des Vektors $\mathbf{x}_i = (1, x_{i1}, \ldots, x_{ip})' \in \mathbb{R}^k$ mit dem Parametervektor:

$$Y_i = \mathbf{x}_i'\mathbf{b} + \epsilon_i, \qquad i = 1, \ldots, n.$$

Es gilt $E(Y_i) = \mathbf{x}_i'\mathbf{b}$. Um die Modellgleichung in Matrixschreibweise zu formulieren, setzen wir

$$\mathbf{Y} = (Y_1, \ldots, Y_n)' \in \mathbb{R}^n, \quad \epsilon = (\epsilon_1, \ldots, \epsilon_n)' \in R^n, \quad \mathbf{X} = \begin{pmatrix} x_{11} & \cdots & x_{ik} \\ \vdots & & \vdots \\ x_{n1} & \cdots & x_{nk} \end{pmatrix}.$$

Die $(n \times k)$-Matrix $\mathbf{X}$ heißt **Designmatrix**. Nun gilt:

$$\mathbf{Y} = \mathbf{X}\mathbf{b} + \epsilon.$$

3.10.2 KQ-Schätzung

Die Modellschätzung des Parametervektors $\mathbf{b}$ erfolgt meist mit Hilfe der Kleinste–Quadrate–Methode (KQ-Methode). Zu minimieren ist die Zielfunktion

$$Q(\mathbf{b}) = \sum_{i=1}^{n}(Y_i - \mathbf{x}_i'\mathbf{b})^2, \qquad \mathbf{b} \in \mathbb{R}^k.$$

Jedes Minimum $\widehat{\mathbf{b}} = (\widehat{\beta}_0, \ldots, \widehat{\beta}_p)'$ von $Q(\mathbf{b})$ heißt KQ-Schätzer für $\mathbf{b}$. Die Regressionsfunktion wird dann durch

$$\widehat{f}(x_1, \ldots, x_p) = \widehat{b}_0 + \widehat{b}_1 x_1 + \ldots + \widehat{b}_p x_p$$

geschätzt. Schätzungen der Fehlerterme erhält man durch die geschätzten Residuen

$$\widehat{\epsilon}_i = Y_i - \mathbf{x}_i'\widehat{\mathbf{b}}.$$

Der Vektor $\widehat{\epsilon} = (\widehat{\epsilon}_1, \ldots, \widehat{\epsilon}_n)'$ berechnet sich durch $\widehat{\epsilon} = \mathbf{Y} - \mathbf{X}\widehat{\mathbf{b}}$. Der Modellfehler σ^2 wird schließlich durch

$$\widehat{\sigma}^2 = \frac{1}{n-k}\sum_{i=1}^{n}\widehat{\epsilon}_i^2$$

geschätzt.

KQ-Schätzer, Normalgleichungen Ist $\widehat{\mathbf{b}}$ der KQ-Schätzer für $\mathbf{b}$, dann gelten die Normalgleichungen

$$\mathbf{X'X}\widehat{\mathbf{b}} = \mathbf{X'Y}.$$

Hat $\mathbf{X}$ den (vollen) Rang k, dann ist

$$\widehat{\mathbf{b}} = (\mathbf{X'X})^{-1}\mathbf{X'Y}, \qquad \widehat{\epsilon} = (\mathbf{I} - \mathbf{X}(\mathbf{X'X})^{-1}\mathbf{X'})\mathbf{Y}.$$

Herleitung: Ist $\widehat{\mathbf{b}}$ ein KQ-Schätzer, dann gilt: $\operatorname{grad} Q(\widehat{\mathbf{b}}) = \mathbf{0}$. Es ist

$$\frac{\partial Q(\mathbf{b})}{b_j} = -2\sum_{i=1}^{n}(Y_i - \mathbf{x}_i'\mathbf{b})x_{ij}$$

Die auftretende Summe ist das Skalarprodukt des Vektors $\mathbf{Y} - \mathbf{Xb}$, dessen i-te Koordinate gerade $Y_i - \mathbf{x}_i'\mathbf{b}$ ist, und der j-ten Zeile von $\mathbf{X}'$. Daher ist

$$\operatorname{grad} Q(\mathbf{b}) = -2\mathbf{X'}(\mathbf{Y} - \mathbf{Xb}) = -2(\mathbf{X'Y} - \mathbf{X'X}).$$

Für den KQ-Schätzer gilt: $\mathbf{X'Y} - \mathbf{X'X}\widehat{\mathbf{b}} = \mathbf{0}$, d.h.

$$\mathbf{X'X}\widehat{\mathbf{b}} = \mathbf{X'Y}.$$

Dies ist ein lineares Gleichungssystem in den Variablen $\widehat{b}_0, \ldots, \widehat{b}_p$ mit symmetrischer Koeffizientenmatrix $\mathbf{X'X}$ und rechter Seite $\mathbf{X'Y}$. $\mathbf{X'X}$ ist invertierbar, wenn $\mathbf{X}$ vollen Rang k hat. Multiplikation von links mit $(\mathbf{X'X})^{-1}$ liefert die Lösungsformel. Schließlich ist $\epsilon = \mathbf{Y} - \mathbf{X}\widehat{\mathbf{b}} = \mathbf{Y} - \mathbf{X}(\mathbf{X'X})^{-1}\mathbf{X'Y} = (\mathbf{I} - \mathbf{X}(\mathbf{X'X})^{-1}\mathbf{X'})\mathbf{Y}$. $\square$

3.10.3 Verteilungseigenschaften

Hat die Designmatrix vollen Rang, dann berechnet sich der KQ-Schätzer durch Anwendung der Matrix $(\mathbf{X'X})^{-1}\mathbf{X'}$ auf den Datenvektor $\mathbf{Y}$, ist also eine lineare Funktion von $\mathbf{Y}$.

> Die Fehlerterme $\epsilon_1, \ldots, \epsilon_n$ seien unabhängig und identisch $N(0, \sigma^2)$-verteilt. Dann gilt
> $$\epsilon \sim N(\mathbf{0}, \sigma^2 \mathbf{I}) \qquad \text{und} \qquad \mathbf{Y} \sim N(\mathbf{Xb}, \sigma^2 \mathbf{I}).$$
> Hat $\mathbf{X}$ vollen Spaltenrang, dann gilt:
>
> 1) $\widehat{\mathbf{b}} \sim N(\mathbf{b}, \sigma^2 (\mathbf{X'X})^{-1})$
> 2) $\widehat{\epsilon} \sim N(\mathbf{0}, (\mathbf{I} - \mathbf{X}(\mathbf{X'X})^{-1}\mathbf{X'}))$
> 3) $\sum_{i=1}^{n} \widehat{\epsilon}_i^2 \sim \chi^2(n-k)$.
> 4) $\widehat{\sigma^2}$ ist erwartungstreu für σ^2.
> 5) $\widehat{\mathbf{b}}$ und $\widehat{\sigma}^2$ sind unabhängig.

Herleitung: Alle Aussagen folgen aus den in Abschnitt 2.12.3 des Kapitels 2 dargestellten Regeln: Da $\epsilon \sim N(\mathbf{0}, \sigma^2 \mathbf{I})$, ist $\mathbf{Y} = \mathbf{Xb} + \epsilon \sim N(\mathbf{Xb}, \sigma^2 \mathbf{I})$. Damit gilt für eine beliebige Matrix $\mathbf{A}$ mit n Spalten: $\mathbf{AY} \sim N(\mathbf{AXb}, \sigma^2 \mathbf{AA'})$. Für den KQ-Schätzer ist $\mathbf{A} = (\mathbf{X'X})^{-1}\mathbf{X'}$, also $\mathbf{AXb} = (\mathbf{X'X})^{-1}\mathbf{X'Xb} = \mathbf{b}$ und $\mathbf{AA'} = (\mathbf{X'X})^{-1}\mathbf{X'X}(\mathbf{X'X})^{-1} = (\mathbf{X'X})^{-1}$. Der Vektor der geschätzten Residuen berechnet sich dann durch $\epsilon = \mathbf{BY}$ mit $\mathbf{B} = \mathbf{I} - \mathbf{X}(\mathbf{X'X})^{-1}\mathbf{X'}$. Somit ist $\epsilon \sim N(\mathbf{BXb}, \sigma^2 \mathbf{BB'})$. Es ist $\mathbf{BXb} = \mathbf{0}$ und $\mathbf{BB'} = \mathbf{B}$. $\qquad\square$

Aus diesen Resultaten folgt insbesondere, dass die Statistik

$$T_j = \frac{\widehat{\beta}_j - \beta_j}{\widehat{\sigma} h_i}$$

$t(n-k)$-verteilt ist. Hierbei ist h_i das i-te Diagonalelement der Matrix $(\mathbf{X'X})^{-1}$. Die Konstruktion von Hypothesentests folgt dem üblichen Schema. Wir formulieren den am häufigsten verwendeten zweiseitigen Test, um zu testen, ob die j-te Variable in der Modellgleichung vorkommt.

> **Test der Regressionskoeffizienten** $H_0 : \beta_j = 0$ gegen $H_1 : \beta_j \neq 0$: H_0 ablehnen, falls $|T_j| > t(n-k)_{1-\alpha/2}$

3.10.4 Anwendung: Funktionsapproximation

In vielen Anwendungen wird angenommen werden, dass die Regressionsfunktion $f(x)$, $x \in \mathbb{R}$, eine Linearkombination von bekannten Funktionen $f_1(x), \ldots, f_p(x)$ ist:

$$f(x) = \sum_{j=1}^{p} b_j f_j(x).$$

Insbesondere kann $f(x)$ nichtlinear sein. Bei einer polynomialen Regression ist $f_j(x) = x^j$. In diesem Fall kann $f(x)$ als Taylorapproximation an verstanden werden.

Für ein Beobachtungspaar (Y,x) gelte nun $Y = f(x) + \epsilon$ mit einem stochastischen Störterm ϵ mit $E(\epsilon) = 0$.

Basierend auf einer Stichprobe $(Y_1,x_i),\ldots,(Y_n,x_n)$ soll die Funktion $f(x)$ geschätzt und der Einfluss der Komponenten $f_1,\ldots,f_p$ analysiert werden. Die Modellgleichungen lauten nun:

$$Y_i = f(x_i) + \epsilon_i = \sum_{j=1}^{p} b_j f_j(x_i) + \epsilon_i, \qquad i = 1,\ldots,n.$$

Wir können dies als lineares Modell schreiben: Setze

$$\mathbf{x}_i = (f_1(x_i),\ldots,f_p(x_i))'.$$

Dann gilt: $Y_i = \mathbf{x}_i'\mathbf{b} + \epsilon_i$, $i = 1,\ldots,n$, und in Matrixschreibweise:

$$\mathbf{Y} = \mathbf{X}\mathbf{b} + \epsilon$$

mit der Designmatrix $\mathbf{X} = (f_i(x_j))_{i,j}$.

3.11 Analyse von Kontingenztafeln

Oftmals besteht das auszuwertende Datenmaterial aus kategorialen bzw. Zähldaten. Hier gibt es nur endlich viele Ausprägungen für jedes Merkmal und die Stichproben-Information besteht aus den Anzahlen der Beobachtungen, die in die verschiedenen Kategorien gefallen sind.

Im Kapitel über beschreibende Statistik wurde bereits die deskriptive Analyse von Kontingenztafeln diskutiert. Dort war insbesondere der Begriff der empirischen Unabhängigkeit eingeführt worden, dessen theoretisches Gegenstück die stochastische Unabhängigkeit der betrachteten Merkmale ist. Was noch fehlt ist ein formaler statistischer Test.

Kontingenztafeln können nicht nur durch Kreuzklassifikation von Datenmaterial nach zwei (oder mehr) Merkmalen entstehen, sondern auch durch die Aneinanderreihung mehrerer Stichproben eines diskreten Merkmals. Werden bspw. auf p Märkten jeweils 100 Konsumenten über die gefühlte Einkaufsqualität (schlecht/geht so/gut/weiß nicht) befragt, so können die p Häufigkeitsverteilungen zu einer $(p \times 4)$-Kontingenztafel zusammmen gestellt werden. Dann ist es von Interesse zu testen, ob die p Verteilungen übereinstimmen oder nicht.

3.11.1 Vergleich diskreter Verteilungen

Die Kontingenztafel habe r Zeilen und s Spalten mit insgesamt N Beobachtungen. Sie habe folgende Struktur: Zeilenweise liegen diskrete Verteilungen einer Zielgröße mit s Ausprägungen vor, deren Stichprobenumfänge fest vorgegeben sind. Bezeichnet N_{ij} die Anzahl der Beobachtungen in Zeile i und Spalte j, dann ist $(N_{i1}, \ldots, N_{is})$ die Häufigkeitsverteilung in Zeile i vom Stichprobenumfang $N_{i\bullet} = \sum_{j=1}^{s} N_{ij}$. Die relevante Nullhypothese H_0 lautet: Alle Zeilenverteilungen stimmen überein. Unter H_0 liegt also nur eine Verteilung $(p_1, \ldots, p_s)$ vor. Die Daten können dann spaltenweise zusammen gefasst werden zur Randverteilnug $(N_{\bullet 1}, \ldots, N_{\bullet s})$, wobei $N_{\bullet j} = \sum_{i=1}^{r} N_{ij}$ die j-te Spaltensumme ist. Die p_j werden durch

$$\widehat{p}_j = \frac{N_{\bullet j}}{N}, \quad j = 1, \ldots, s,$$

geschätzt. Unter H_0 ist der Erwartungswert von N_{ij} durch $E_{ij} = E_{H_0}(N_{ij}) = N_{i\bullet} \cdot p_j$ gegeben, da N_{ij} $\mathrm{Bin}(N_{i\bullet}, p_j)$-verteilt ist. Die erwarteten Anzahlen E_{ij} werdern durch Einsetzen von $\widehat{p}_j$ geschätzt:

$$\widehat{E}_{ij} = N_{i\bullet} \cdot \widehat{p}_j = \frac{N_{i\bullet} \cdot N_{\bullet j}}{N}.$$

Die $\widehat{E}_{ij}$ werden nun mit den beobachteten Anzahlen N_{ij} verglichen. Man verwendet die Chiquadratstatistik aus der deskriptiven Statistik:

$$Q = \sum_{i=1}^{r} \sum_{j=1}^{s} \frac{(N_{ij} - N_{i\bullet} \cdot N_{\bullet j}/N)^2}{N_{i\bullet} \cdot N_{\bullet j}/N}.$$

Unter H_0 ist Q näherungsweise χ^2-verteilt mit $(r-1)(s-1)$ Freiheitsgraden.

Chiquadrat-Test Der Chiquadrat-Test zum Vergleich diskreter Verteilungen verwirft die Nullhypothese H_0 identischer Verteilungen, wenn $Q > \chi^2((r-1)(s-1))_{1-\alpha}$.

Für den wichtigen Spezialfall einer 2×2 Tafel mit Einträgen a,b,c,d vereinfacht sich die Prüfgröße zu

$$Q = \frac{n(ad - bc)^2}{(a+b)(c+d)(a+c)(b+d)}.$$

Die kritischen Werte zu den gebräuchlichsten Signifikanzniveaus sind für diesen Fall in der folgenden Tabelle zusammengestellt.

α	0.1	0.05	0.025	0.01	0.001
c_{krit}	2.706	3.842	5.024	6.635	10.83

3.11.2 Chiquadrat-Unabhängigkeitstest

Die Kontingenztafel habe wieder r Zeilen und s Spalten, entstehe jedoch durch eine *Kreuzklassifikation* von N zufällig ausgewählten statistischen Einheiten nach zwei nominal skalierten Merkmalen X und Y. X habe r Ausprägungen $a_1, \ldots, a_r$, Y habe s Ausprägungen $b_1, \ldots, b_s$. Man zählt nun aus, wie oft die Kombination (a_i, b_j) beobachtet wurde und erhält so die N_{ij}.

Die relevante Nullhypothese H_0 lautet: Zeilenvariable X und Spaltenvariable Y sind stochastisch unabhängig. Ist $(p_1, \ldots, p_r)$ die Verteilung von X und $(q_1, \ldots, q_s)$ die Verteilung von Y, so ist der Erwartungswert von N_{ij} bei Gültigkeit von H_0 gerade $E_{ij} = E_{H_0}(N_{ij}) = N \cdot p_i \cdot q_j$, da die N_{ij} $\mathrm{Bin}(N, p_{ij})$-verteilt sind mit $p_{ij} \overset{H_0}{=} p_i \cdot q_j$. Die E_{ij} werden durch

$$\widehat{E}_{ij} = N \cdot \frac{N_{i\bullet}}{N} \cdot \frac{N_{\bullet j}}{N} = \frac{N_{i\bullet} \cdot N_{\bullet j}}{N}$$

geschätzt. Ein Vergleich mit den beobachteten Anzahlen erfolgt wieder durch die Chiquadratstatistik

$$Q = \sum_{i=1}^{r} \sum_{j=1}^{s} \frac{(N_{ij} - N_{i\bullet} \cdot N_{\bullet j}/N)^2}{N_{i\bullet} \cdot N_{\bullet j}/N}.$$

Unter H_0 ist Q in großen Stichproben χ^2 (df)-verteilt mit $df = (r-1)(s-1)$.

Der formale Rechengang ist also wie bei dem Vergleich diskreter Verteilungen, jedoch wird das Ergebnis anders interpretiert, da sich die Datenmodelle unterscheiden.

3.12 Elemente der Bayes-Statistik*

Die bisher betrachteten statistischen Verfahren gehören zur frequentistischen Statistik, in der keinerlei subjektives Vorwissen verwendet wird. Die Information über den relevanten Parameter wird allein aus der Stichprobe bezogen. Aus Sicht des Bayesianers ist dies suboptimal, da oftmals Vorwissen vorhanden ist.

Wirft man z.B. eine frisch geprägte Münze fünfmal und erhält einmal Kopf, dann schätzt der Frequentist die Wahrscheinlichkeit für Kopf „optimal" mit 1/5. Für einen Bayesianer ist dies absurd, da wir wissen, dass der wahre Wert nahe bei 1/2 liegt. Wenn ein Wirtschaftsinstitut eine Prognose der Arbeitslosenquote erstellen soll, dann hängt diese Prognose sicherlich davon ab, welche Werte für die Wahrscheinlichkeit p, dass sich die Konjunktur belebt, von dem Institut als glaubwürdig angesehen werden. In diesem Fall liegt subjektives Vorwissen vor.

Die Bayes'sche Statistik arbeitet daher mit subjektiven Wahrscheinlichkeiten, die das Ausmaß unseres Glaubens (degree of belief) zum Ausdruck bringen. Es stellt sich die Frage, wie solches (subjektives) Vorwissen modelliert und mit der Information aus den Daten verschmolzen werden kann. Wir können an dieser Stelle nicht auf den Disput zwischen Frequentisten und Bayesianern eingehen, sondern beschränken uns darauf, die wesentlichen Kernideen der Bayes'schen Statistik vorzustellen.

3.12.1 Grundbegriffe

$X_1, \ldots, X_n$ seien unabhängig und identisch verteilte Beobachtungen, d.h.

$$X_i \overset{i.i.d.}{\sim} f_\vartheta(x).$$

Hierbei sei f_ϑ eine Dichte bzw. Zähldichte aus einer parametrischen Verteilungsfamilie $\mathcal{F} = \{f_\vartheta : \vartheta \in \Theta\}$. $\Theta \subset \mathbb{R}^k$ bezeichnet den Parameterraum.

Das Ziel der Statistik ist es, anhand einer Stichprobe $X = (X_1, \ldots, X_n)$ eine Entscheidung zu treffen. $\mathcal{A}$ sei die Menge der möglichen Entscheidungen, auch **Aktionsraum** genannt.

> *Entscheidungsfunktion* Eine **Entscheidungsfunktion** δ ist eine Statistik $\delta : \mathbb{R}^n \to \mathcal{A}$ mit Werten in $\mathcal{A}$. Wird $\mathbf{x} = (x_1, \ldots, x_n)$ beobachtet, so trifft man die Entscheidung $\delta(x_1, \ldots, x_n)$. $\mathcal{D}$ sei die Menge der möglichen Entscheidungsfunktionen.

Beispiel 3.12.1. Sei $\mathcal{A} = \{a_1, a_2\}$. Jede Entscheidungsregel zerlegt den Stichprobenraum $\mathbb{R}^n$ in zwei komplementäre Mengen A und A^c. Für $x \in A$ entscheidet man sich für a_1, sonst für a_2. Dies ist die Situation des statistischen Hypothesentests ($a_1 = $ „H_0", $a_2 = $ „H_1").

Beispiel 3.12.2. Ist $\mathcal{A} = \Theta$, dann kann $\delta(x) \in \Theta$ als Punktschätzer für den Parameter ϑ interpretiert werden. Dies entspricht dem statistischen Schätzproblem.

> *Verlustfunktion* Eine nicht-negative Funktion $L : \Theta \times \mathcal{A} \to \mathbb{R}$ heißt **Verlust** oder **Verlustfunktion**.

Speziell heißt im Fall $\mathcal{A} = \Theta$

$$L(\vartheta, a) = (\vartheta - a)^2$$

quadratische Verlustfunktion. $L(\vartheta, a)$ ist der Verlust in Folge der Entscheidung a bei Vorliegen des wahren Parameters ϑ.

Setzt man in das Argument a die Entscheidungsfunktion $\delta(X)$ ein, die ja stets Werte in der Menge $\mathcal{A}$ annimmt, so erhält man eine zufällige Variable $L(\vartheta,\delta(X))$.

$L(\vartheta,\delta(X))$ heißt **Verlust** der Entscheidungsfunktion $\delta(X)$ im Punkt $\vartheta \in \Theta$.

Risiko Die **Risikofunktion** $R : \Theta \times \mathcal{D} \to \mathbb{R}$,

$$R(\vartheta,\delta) = E_\vartheta L(\vartheta,\delta(X))$$

ist der erwartete Verlust der Entscheidungsfunktion $\delta(X)$ im Punkt ϑ.

Beispiel 3.12.3. Sei $\mathcal{A} = \Theta \subset \mathbb{R}$ und $L(\vartheta,a) = (\vartheta - a)^2$. Dann ist

$$R(\vartheta,\delta) = E_\vartheta L(\vartheta,\delta(X)) = E_\vartheta (\vartheta - \delta(X))^2$$

der MSE von $\widehat{\vartheta} = \delta(X)$ bzgl. ϑ. Betrachtet man nur unverzerrte Schätzer, setzt also

$$\mathcal{D} = \{\delta : \mathbb{R}^n \to \Theta \mid E_\vartheta \delta(X) = \vartheta \text{ für alle } \vartheta \in \Theta\},$$

dann ist das Risiko gerade die Varianz des Schätzers.

Es ist nun nahe liegend, Entscheidungsfunktionen $\delta \in \mathcal{D}$ zu bestimmen, die das Risiko $R(\vartheta,\delta)$ in einem geeigneten Sinne optimieren.

3.12.2 Minimax-Prinzip

Minimax-Regel $\delta^* \in \mathcal{D}$ heißt **Minimax-Regel**, wenn

$$\max_{\vartheta \in \Theta} R(\vartheta,\delta^*) \leq \max_{\vartheta \in \Theta} R(\vartheta,\delta) \quad \text{für alle } \delta \in \mathcal{D}.$$

Beispiel 3.12.4. Sei $X \sim \text{Bin}(1,p)$, $p \in \{\frac{1}{4},\frac{1}{2}\}$ und $\mathcal{A} = \{a_1,a_2\}$. Die Verlustfunktion sei gegeben durch

	a_1	a_2
$p = 1/4$	1	4
$p = 1/2$	3	2

Die vier möglichen Entscheidungsfunktionen sind:

x	δ_1	δ_2	δ_3	δ_4
0	a_1	a_1	a_2	a_2
1	a_1	a_2	a_1	a_2

Das Risiko für δ_1 bei Vorliegen von $p = 1/4$ berechnet sich zu

$$
\begin{aligned}
R(1/4,\delta_1) = EL\left(\tfrac{1}{4},\delta_1(X)\right) &= \sum_x L\left(\tfrac{1}{4},\delta_1(x)\right) P_{1/4}(X = x) \\
&= L\left(\tfrac{1}{4},\delta_1(0)\right) \cdot P_{1/4}(X = 0) + L\left(\tfrac{1}{4},\delta_1(1)\right) \cdot P_{1/4}(X = 1) \\
&= L\left(\tfrac{1}{4},a_1\right)\left(1 - \tfrac{1}{4}\right) + L\left(\tfrac{1}{4},a_1\right)\tfrac{1}{4} = 1 \,.
\end{aligned}
$$

Man erhält

i	$R(\tfrac{1}{4},\delta_i)$	$R(\tfrac{1}{2},\delta_i)$	$\max\limits_{p\in\{\frac{1}{4},\frac{1}{2}\}} R(p,\delta_i)$	$\min\limits_{i}\ \max\limits_{p\in\{\frac{1}{4},\frac{1}{2}\}} R(p,\delta_i)$
1	1	3	3	
2	7/4	5/2	5/2	5/2
3	13/4	5/2	13/4	
4	4	2	4	

$\Longrightarrow$ δ_2 ist Minimax-Regel für dieses Problem!

3.12.3 Bayes-Prinzip

In der bayesianischen Statistik nimmt man an, dass der Parameter eine Zufallsvariable mit (Zähl-) Dichte $\pi(\vartheta)$ auf Θ ist:

$$\vartheta \sim \pi(\vartheta).$$

$\pi(\vartheta)$ heißt **a-priori-Verteilung** oder kurz **Prior**.

Wir verwenden hier die in der bayesianischen Welt übliche Konvention, dass Variablenbezeichner einen Gültigkeitsbereich (engl.: *scope*) besitzen. Auf der rechten Seite des Ausdrucks $\vartheta \sim \pi(\vartheta)$ definiert die Formel $\pi(\vartheta)$ einen scope, innerhalb dessen ϑ das Argument der (Zähl-) Dichte π bezeichnet. Auf der linken Seite bezeichnet ϑ den zufälligen Parameter, dessen Verteilung spezifiziert wird.

$f_\vartheta(x)$ wird nun als bedingte Dichte von X bei gegebenem Parameter ϑ interpretiert, und man schreibt stattdessen $f(x|\vartheta)$. Die gemeinsame Dichte von X und ϑ notieren wir mit $f(x,\vartheta)$. Es gilt:

$$f(x,\vartheta) = f(x|\vartheta)\pi(\vartheta).$$

Die (Zähl-) Dichte $f(x)$ von X berechnet sich hieraus wie folgt:

$$f(x) = \int f(x,\vartheta)\,d\vartheta \qquad \text{bzw.} \qquad f(x) = \sum_\vartheta f(x,\vartheta)$$

Die bedingte (Zähl)-Dichte von ϑ gegeben $X = x$ schreiben wir als $f(\vartheta|x)$. Es ist:

$$f(\vartheta|x) = \frac{f(x,\vartheta)}{f(x)}$$

Nach dem Satz von Bayes gilt:

$$f(\vartheta|x) = \frac{f(x,\vartheta)}{f(x)} = \frac{f(x|\vartheta)\pi(\vartheta)}{\int f(x|\vartheta)\pi(\vartheta)\,d\vartheta}\,,$$

$f(\vartheta|x)$ beschreibt, wie die Beobachtung x unsere Einschätzung über die Verteilung von ϑ ändert.

$\pi(\vartheta)$ liefert die Verteilung des Parameters *bevor* x beobachtet wird, $f(\vartheta|x)$ ist die (neue) Verteilung von ϑ *nach* Beobachten von x.

Die Bayes'sche Formel $f(\vartheta|x) = f(x|\vartheta)\pi(\vartheta)/f(x)$ stellt die Essenz der bayesianischen Statistik dar: Für den Bayesianer ist $f(\vartheta|x)$ die relevante Information über den Parameter ϑ im Lichte der Beobachtung x.

Sie besagt, dass als Funktion von ϑ die a posteriori-Dichte proportional zum Produkt aus a-priori-Dichte und Likelihood $L(\vartheta|x) = f(x|\vartheta)$ ist:

$$f(\vartheta|x) \propto \pi(\vartheta)L(\vartheta|x).$$

$f(\vartheta|x)$ heißt **a posteriori-Verteilung (Posterior-Verteilung)** von ϑ.

Die Risikofunktion $R(\vartheta,\delta)$ wird als bedingter erwarteter Verlust interpretiert,

$$R(\vartheta,\delta) = E(L(\vartheta,\delta(x))|\vartheta).$$

Ist X stetig verteilt, so ist

$$R(\vartheta,\delta) = \int L(\vartheta,\delta(x))f(x|\vartheta)\,dx,$$

bei diskretem X berechnet man

$$R(\vartheta,\delta) = \sum_x L(\vartheta,\delta(x))f(x|\vartheta).$$

Bayes-Risiko Mittelt man das bedingte Risiko $R(\vartheta,\delta)$ über ϑ, so erhält man das **Bayes-Risiko** von δ unter dem Prior π,

$$R(\pi,\delta) = E_\pi R(\vartheta,\delta).$$

Ist $\pi(\vartheta)$ eine Dichte, so ist

$$R(\pi,\delta) = \int R(\vartheta,\delta)\pi(\vartheta)\,d\vartheta,$$

bei diskretem Prior berechnet man

$$R(\pi,\delta) = \sum_{\vartheta} R(\vartheta,\delta)\pi(\vartheta).$$

Bayes-Regel Eine Entscheidungsfunktion $\delta^* \in \mathcal{D}$ heißt **Bayes-Regel**, wenn sie das Bayes-Risiko minimiert

$$R(\pi,\delta^*) = \min_{\delta} R(\pi,\delta).$$

Verwendet man den quadratischen Verlust, so kann der Bayes-Schätzer direkt berechnet werden. Bei Vorliegen von Dichten erhält man durch Ausnutzen von $f(x|\vartheta)\pi(\vartheta) = f(\vartheta|x)f(x)$ und Vertauschen der Integrationsreihenfolge

$$R(\pi,\delta) = \int \left[\int (\delta(x) - \vartheta)^2 f(\vartheta|x)\, d\vartheta \right] f(x)\, dx.$$

Das Bayes-Risiko wird also minimal, wenn das innere Integral minimiert wird, das als Funktion $h(z)$, $z = \delta(x)$, aufgefasst werden kann. Aus

$$h'(z) = 2 \int (z - \vartheta) f(\vartheta|x)\, d\vartheta = 0$$

folgt, dass der Bayes-Schätzer gegeben ist durch

$$\delta(x) = E(\vartheta|x) = \int \vartheta f(\vartheta|x)\, dx,$$

also als Erwartungswert der Posterior-Verteilung.

Beispiel 3.12.5. Gegeben p sei X Bin(n,p)-verteilt. Der Parameter p sei $G[0,1]$-verteilt. Also ist

$$f(x|p) = \binom{n}{x} p^x (1 - p)^{n-x}.$$

Die gemeinsame Dichte ist

$$f(x|p)f(p) = \binom{n}{x} p^x (1 - p)^{n-x} 1_{[0,1]}(p).$$

Integrieren nach p liefert die Rand-Zähldichte von X

$$f(x) = \int_0^1 \binom{n}{x} p^x (1 - p)^{n-x}\, dp = \binom{n}{x} B(x+1, n-x+1).$$

Die a posteriori-Dichte von p nach Beobachten von $X = x$ ist

$$f(p|x) = \frac{f(x|p)f(p)}{f(x)} = \frac{p^x(1-p)^{n-x}}{B(x+1, n-x+1)},$$

also eine $B(x+1, n-x+1)$-Dichte, deren Erwartungswert durch

$$E(p|x) = \frac{x+1}{n-x+1+(x+1)} = \frac{x+1}{n+2}$$

gegeben ist. Also ist der Bayes-Schätzer für p

$$\widehat{p}_{\text{Bayes}} = \frac{x+1}{n+2}.$$

Oft lässt sich die a posteriori-Verteilung nicht explizit berechnen. Gehört jedoch die posteriori-Verteilung wieder zur gewählten Familie der priori-Verteilungen, dann besteht der Update-Schritt von $\pi(\vartheta)$ auf $f(\vartheta|x)$ aus einer Transformation der Parameter.

$\pi(\vartheta)$, $\vartheta \in \Theta$, heißt **konjugierte Prior-Familie** (kurz: $\pi(\vartheta)$ ist konjugierter Prior) zu einem bedingten Verteilungsmodell $f(x|\vartheta)$, wenn die a posteriori-Verteilung ein Element der Prior-Familie ist.

$f(x|\vartheta)$ bed. Stichproben- verteilung	$\pi(\vartheta)$	$f(\vartheta|x)$
$N(\vartheta, \sigma^2)$	$N(\mu, \tau^2)$	$N\left(\dfrac{\sigma^2\mu + x\tau^2}{\sigma^2 + \tau^2}, \dfrac{\sigma^2\tau^2}{\sigma^2 + \tau^2}\right)$
$\Gamma(\nu, \beta)$	$\Gamma(\alpha, \beta)$	$\Gamma(\alpha + \nu, \beta + x)$
$\text{Bin}(n, p)$	$\text{Beta}(\alpha, \beta)$	$\text{Beta}(\alpha + x, \beta + n - x)$

Tabelle: Konjugierte Verteilungen.

3.13 Meilensteine

3.13.1 Lern- und Testfragen Block A

1) Was versteht man unter dem Stichprobenraum $\mathcal{X}$?

2) Welche Annahmen an die Stichprobenvariablen $X_1, \ldots, X_n$ werden bei einer einfachen Zufallsstichprobe getroffen?

3) Wie ist der Begriff der Statistik mathematisch definiert? Geben Sie drei Beispiele an!

4) Was versteht man unter einem parametrischen Verteilungsmodell?

5) Geben Sie Erwartungswert und Varianz der empirischen Verteilungsfunktion an.

6) Erweitern Sie Beispiel 3.2.1 auf den Fall $\vartheta \in \{1/4, 1/2, 3/4\}$. Geben Sie für alle möglichen Realisationen y den Maximum-Likelihood-Schätzer an.

7) Zu schätzen sei der Parameter λ im Modell der Exponentialverteilung. Geben Sie die Verteilungsfamilie formal an. Stellen Sie die Likelihood-Funktion auf. Bestimmen Sie den ML-Schätzer. Welchen Wert erhalten Sie, wenn $\bar{x} = 10$ beobachtet wird?

8) Betrachten Sie den Schätzer $T(X_1, \ldots, X_n) = (X_1 + X_3 + 1)/2$, wobei $X_1, \ldots, X_n$ eine einfache Zufallsstichprobe vom Umfang $n \geq 3$ ist. Bestimmen Sie Bias, Varianz und MSE bzgl. des zu schätzenden Verteilungsparameters $\mu = E(X_1)$. Geben Sie einen Schtzer an, der stets besser ist.

9) Ist ein konsistenter Schtzer erwartungstreu? Falls nein, geben Sie ein Gegenbeispiel an.

10) Geben sei eine normalverteilte Zufallsstichprobe vom Umfang $n = 20$, aus deren Realisation sich die Werte $\sum_{i=1}^{n} x_i = 100$ und $S^2 = 10$ ergeben. Geben Sie ein Konfidenzintervall für den Erwartungswert zum Konfidenzniveau 0.9 an.

11) Diskutieren Sie die folgende Interpretation: Ein Konfidenzintervall ist ein Intervall, in dem der Schätzer mit Wahrscheinlichkeit $1 - \alpha$ liegt.

12) Führen Sie die auf S. 158 nicht ausgeführten Umformungen, die auf das Konfidenzintervall für den Parameter λ der Poisson-Verteilung führen, konkret durch. Hat das Konfidenzintervall exakt (und bei jedem Stichprobenumfang) das Konfidenzniveau $1 - \alpha$?

3.13.2 Lern- und Testfragen Block B

1) Welche statistischen Testprobleme für das Binomialmodell kennen Sie?

2) Was versteht man unter dem Begriff Signifikanzniveau? Ändert sich die Fehlerwahrscheinlichkeit 1. Art, wenn man den Stichprobenumfang vergrößert?

3) Welcher Fehler wird durch einen statistischen Signifikanztest kontrolliert?

4) Illustrieren Sie an einer Skizze die folgenden Begriffe für einen zweiseitigen Test: Kritischer Bereich, Signifikanzniveau, t_{obs}, P-Wert.

5) Sehen Sie sich das Videotutorial zum Zentralen Grenzwertsatz an. Berechnen Sie für den Autohersteller ein Konfidenzintervall für den erwarteten Gewinn zum Konfidenzniveau 95%, wenn $\bar{x} = 0.5$ Mio Euro gegeben ist.

6) Für eine normalverteilte Stichprobe ergebe die Berechnung eines Konfi-
denzintervalls zum Konfidenzniveau 95% für den Erwartungswert das Intervall $[0.5, 3.8]$. Können Sie die Hypothese $H_0 : \mu = 0$ auf dem 5%-Niveau
ablehnen?

7) Berechnen Sie für den einseitigen Gausstest zum Testproblem $H_0 : \mu \leq$
160 die Gütefunktion, wenn $n = 36$ und $\alpha = 0.05$ vorgegeben sind. Führen
Sie eine Fallzahlplanung durch, wenn eine Differenz von $d = 5$ als relevant angesehen wird und mit einer Wahrscheinlichkeit von 80% aufgedeckt
werden soll.

8) Wie gehen Sie in Beispiel 3.7.3 vor, wenn zwar angenommen werden kann,
dass die Verteilungen in beiden Stichproben dieselbe Form haben, aber
keine Normalverteilungen sind?

9) Betrachten Sie die Datensätze $(X_1, X_2, X_3, X_4) = (1.3, 6.5, 2.4, 3.3)$ und
$(Y_1, Y_2, Y_3, Y_4, Y_5) = (2.1, 3.1, 4.8, 6.8, 8.1)$. Markieren Sie beide Datensätze
auf der reellen Achse, schreiben Sie über die Beobachtungen die Beobachtungsnummer dazu und notieren Sie unter den Beobachtungen die Rangzahlen. Berechnen Sie die Teststatistik des Wilcoxon-Rangsummentests.

10) Formulieren Sie das stochastische Modell der linearen Einfachregression.
Warum wird angenommen, dass die Fehlerterme Erwartungswert 0 haben?

11) Leiten Sie die Normalgleichungen her und hieraus die Formeln für die
KQ-Schätzer im Regressionsmodell.

12) Erläutern Sie, warum das Bestimmtheitsmaß R^2 so bezeichnet wird. Mit
welcher grundlegenden Statistik hängt es zusammen?

13) Gibt es einen Zusammenhang (bzw. mehrere Zusammenhänge) zwischen
dem Wert des Korrelationskoeffizienten und dem Steigungsmaß der Regressionsgerade? Wenn ja, welche(n)?

14) Die Teststatistik T_b für den Test des Steigungskoeffizienten nehme für
einen Datensatz den Wert 7.8 an. Was können Sie hieraus schließen?

A

Mathematik - kompakt

A.1 Notationen

A.1.1 Griechische Buchstaben (Auswahl)

α: Alpha, β: Beta, γ, Γ: Gamma, δ, Δ: Delta, ϵ: Epsilon, λ, Λ: Lambda, μ: Mu, π, Π: Pi, ρ : Rho, σ, Σ: Sigma, τ: Tau, χ: Chi, ψ, Ψ: Psi, ω, Ω: Omega.

A.1.2 Mengen und Zahlen

$\mathbb{N} = \{1, 2, 3, \ldots\}$ natürliche Zahlen, $\mathbb{N}_0 = \mathbb{N} \cup \{0\}$, $\mathbb{Z} = \{\ldots, -2, 1, 0, 1, 2, \ldots\}$ ganze Zahlen, $\mathbb{Q} = \{\frac{p}{q} | p \in \mathbb{Z}, q \in \mathbb{N}\}$ rationale Zahlen, $\mathbb{R}$: reelle Zahlen.

A.2 Platzhalter, Variablen und Termumformungen

Unter einer Variablen versteht man einen Platzhalter für eine konkrete Zahl. Variablen werden in der Regel mit lateinischen oder griechischen Buchstaben (z.B. x, y, A, K oder λ) bezeichnet, oder auch mit gängigen Kürzeln wie K_f (Fixkosten) oder $x_{\max}$. Das Rechnen mit Variablen hat den Vorteil, dass man oftmals ein Ergebnis erhält, das man durch Einsetzen konkreter Zahlen für die Variablen immer wieder anwenden kann. Für jede Variable muss angegeben werden, aus welcher Menge Einsetzungen erlaubt sind. Beispiel: Für alle $x \in \mathbb{R}$ gilt: $x^2 \geq 0$. Mitunter muss man dies jedoch erschließen. So ist etwa $x - 3 \geq 0$ für alle $x \geq 3$ erfüllt; das Intervall $[3, \infty)$ ist die maximale Menge, für die Einsetzungen zu einer richtigen (wahren) Aussage führen. Bei Rechnungen (Termumformungen) dürfen Rechenregeln, die gelten, wenn für die Variablen konkrete Zahlen eingesetzt werden, benutzt werden. So ist $\frac{x^5}{x^2} = x^3$, wenn x

eine reelle Zahl ist – allerdings muss hier $x \neq 0$ vorausgesetzt werden, da sonst der Bruch $\frac{x^5}{x^2}$ nicht definiert ist (man darf nicht durch 0 dividieren!).

In der Regel fällt aber das Rechnen mit konkreten Zahlen/Daten leichter als mit formalen Variablen. Hier anhand eines Beispiels ein *Trick*, wie man von Rechnungen mit konkreten Zahlen recht leicht zu allgemeinen Ergebnissen kommen kann. Die Gesamtkosten bei einer Produktionsmenge x betragen bei Fixkosten von 100 Euro und variablen Stückkosten 2 Euro gerade

$$K(x) = 100 + 2 \cdot x.$$

Frage: Welcher Produktionsmenge entsprechen Gesamtkosten in Höhe von $K = 110$ Euro? Wir stellen die Gleichung

$$100 + 2 \cdot x \stackrel{!}{=} 110$$

auf, die wir nach x auflösen (umstellen) müssen. Nun rechnen wir explizit und vereinfachen hierbei nicht:

$$100 + 2 \cdot x = 110$$
$$2 \cdot x = 110 - 100$$
$$x = \frac{110 - 100}{2}.$$

Also $x = 5$. Um die allgemeine Lösung für beliebige Fixkosten $K_f > 0$ und variable Stückkosten k_v zu erhalten (K_f und k_v sind jetzt Platzhalter/Variablen), ersetzen wir überall in obiger Rechnung die Zahl 100 durch K_f, die 110 durch K und die Zahl 2 durch k_v:

$$100 \to K_f, \quad 110 \to K, \quad 2 \to k_v.$$

Dann prüft man Schritt für Schritt, ob alle Umformungen gültig bleiben. Bei Teilen durch 2 bzw. k_v muss nun $k_v \neq 0$ vorausgesetzt werden. Man erhält:

$$K_f + k_v \cdot x = K$$
$$k_v \cdot x = K - K_f$$
$$x = \frac{K - K_f}{k_v}$$

und somit die allgemeine Lösungsformel, in die man nun nach Belieben Einsetzen darf. Dieses Vorgehen funktioniert sehr häufig; wichtig ist, dass man für alle auftretenden Größen *verschiedene* Zahlen nimmt, die man an allen Stellen auseinander halten kann, und nirgendwo kürzt oder rundet (sondern erst ganz am Schluss...).

A.3 Punktfolgen und Konvergenz

Betrachte die *Folge* der Zahlen

$$1, \frac{1}{2}, \frac{1}{3}, \frac{1}{4}, \frac{1}{5}, \ldots$$

Die Punkte deuten an, dass hier ein Bildungsgesetz zugrunde liegt, so dass man auch die nicht angegeben Zahlen erschließen kann: Die $n$te Zahl ist gerade durch die *Formel* $a_n = \frac{1}{n}$ gegeben, wobei n die Werte $1, 2, 3, \ldots$ annimmt. Es ist offensichtlich, dass diese Zahlen immer kleiner werden, auch wenn sie nie 0 werden. Aber man kann der 0 beliebig nahe kommen, wenn n groß genug gewählt wird: Die Folge *konvergiert* gegen 0.

Folge Sei $I \subset \mathbb{N}_0$ eine Indexmenge (meist: $I = \mathbb{N}_0$ oder $I = \mathbb{N}$). Eine Zuordnung, die jedem $i \in I$ eine reelle Zahl $a_n \in \mathbb{R}$ zuordnet, heißt **Folge**. Für $I = \mathbb{N}_0$:

$$a_0, a_1, a_2, \ldots$$

a_i heißt i-**tes Folgenglied**. Für $I = \mathbb{N}$ oder $I = \mathbb{N}_0$ notiert man die Folgenglieder meist mit a_n. Notation einer Folge: $(a_i)_{i \in I}$, $(a_i : i \in I)$ oder auch $(a_i)_i$, wenn die Indexmenge aus dem Kontext heraus klar ist. Ist $|I| = n < \infty$, dann heißt $(a_i)_i$ **endliche Folge**. Ansonsten spricht man von einer **unendlichen Folge**.

In den folgenden Vereinbarungen notieren wir die Folge $(a_n)_{n \in I}$ kurz mit (a_n) und schreiben stets „für alle n" statt ausführlicher „für alle $n \in I$".

1) (a_n) heißt **monoton wachsend**, wenn $a_n \leq a_{n+1}$ für alle n gilt und **streng monoton wachsend**, wenn $a_n < a_{n+1}$ für alle n gilt.

2) (a_n) heißt **monoton fallend**, wenn $a_n \geq a_{n+1}$ für alle n gilt und **streng monoton fallend**, wenn $a_n > a_{n+1}$ für alle n gilt.

3) (a_n) heißt **alternierend**, wenn für alle n mit $a_n \neq a_{n+1}$ gilt: $a_n < a_{n+1}$ zieht $a_{n+1} > a_{n+2}$ nach sich und umgekehrt.

4) (a_n) heißt **beschränkt**, falls es eine Zahl (Konstante) K gibt, so dass $|a_n| \leq K$ für alle n gilt. Gilt $a_n \geq K$ für alle n und ein $K \in \mathbb{R}$, dann heißt (a_n) **nach unten beschränkt**. Gilt $a_n \leq K$ für alle n und ein $K \in \mathbb{R}$, dann heißt (a_n) **nach oben beschränkt**.

Beispiele:

(i) $a_n = \frac{1}{n}$, $n \in \mathbb{N}$, ist streng monoton fallend, da

$$n + 1 > n \Leftrightarrow \frac{1}{n+1} < n \Leftrightarrow a_{n+1} < a_n, \; n \geq 1.$$

(ii) $a_n = 3^n$, $n \in \mathbb{N}$, und $K_n = K_0(1+i)^n$, $n \in \mathbb{N}$, $i > 0$, sind streng monoton wachsend.

(iii) $a_n = (-1)^n$, $n \in \mathbb{N}$, ist alternierend und beschränkt.

A.3.1 Konvergenz von Folgen

Konvergenz, Nullfolge Eine Folge $(a_n)_{n \in I}$ heißt **konvergent** gegen $a \in \mathbb{R}$, wenn es zu jeder Toleranz $\epsilon > 0$ einen Index n_0 gibt, so dass für alle $n \geq n_0$ gilt:

$$|a_n - a| < \epsilon.$$

Eine Folge heißt **Nullfolge**, wenn $(a_n)_{n \in I}$ gegen $a = 0$ konvergiert. (a_n) heißt **konvergent gegen** ∞ (bestimmt divergent gegen ∞), wenn zu jeder Schranke $K > 0$ ein n_0 existiert, so dass für alle $n \geq n_0$ gilt: $a_n > K$. (a_n) heißt **konvergent gegen** $-\infty$ (bestimmt divergent gegen $-\infty$), wenn zu jeder Schranke $K < 0$ ein n_0 existiert, so dass für alle $n \geq n_0$ gilt: $a_n < K$. Man schreibt:

$$a_n \to a, \quad n \to \infty, \qquad \text{oder} \qquad a = \lim_{n \to \infty} a_n.$$

Konvergiert $(a_n)_{n \in I}$ nicht gegen eine Zahl $a \in \mathbb{R}$ oder gegen ∞ oder $-\infty$, dann heißt die Folge **divergent**.

Beispiele: Die Folge $a_n = 1/n$ ist eine Nullfolge (zu $\varepsilon > 0$ runde $1/\varepsilon$ nach oben auf, um n_0 zu erhalten), $a_n = 1 + 1/n$ konvergiert gegen $a = 1$, $a_n = n$ gegen ∞ und $a_n = -n$ gegen $-\infty$.

Kriterium Jede monoton wachsende (oder fallende) und beschränkte Folge ist konvergent gegen eine Zahl $a \in \mathbb{R}$.

Ist die Folge $(a_n)_n$ konvergent gegen $a \in \mathbb{R}$ und die Folge $(b_n)_n$ konvergent gegen $b \in \mathbb{R}$ und sind c,d reelle Zahlen, dann gelten die folgenden Rechenregeln:

1) Die Differenz-, Summen- bzw. Produktfolge $c_n = a_n \pm b_n$ konvergiert und hat den Grenzwert $c = a \pm b$, d.h.

$$\lim_{n \to \infty} (a_n \pm b_n) = \lim_{n \to \infty} a_n \pm \lim_{n \to \infty} b_n.$$

Gilt $b_n \neq 0$ für alle n und ist $b \neq 0$, dann konvergiert auch die Quotientenfolge $c_n = a_n/b_n$ mit Grenzwert $c = a/b$.

2) Die Folge $c \cdot a_n \pm d \cdot b_n$ konvergiert und hat den Grenzwert $ca \pm db$.

Beispiele:

(i) $a_n = \frac{1}{n} \to 0$, $n \to \infty$, so wie $b_n = \frac{1}{n^k} \underset{n \to \infty}{\longrightarrow} 0$, $k \in \mathbb{N}$.

(ii) $a_n = \frac{2n^5+n^3-3}{-4n^5+n} = \frac{n^5\left(2+\frac{1}{n^2}-\frac{3}{n^5}\right)}{n^5\left(-4+\frac{1}{n^4}\right)} \underset{n \to \infty}{\longrightarrow} \frac{2}{-4} = -\frac{1}{2}$.

A.3.2 Summen und Reihen

Sind $x_1, \ldots, x_n \in \mathbb{R}$ reelle Zahlen, dann heißt

$$\sum_{i=1}^{n} x_i = x_1 + \cdots + x_n$$

(endliche) Summe der x_i oder auch **endliche Reihe**. i heißt **Laufindex**.

Es gilt: $\sum_{i=1}^{n} i = \frac{n(n+1)}{2}$, $\sum_{i=1}^{n} i^2 = \frac{n(n+1)(2n+1)}{6}$.

Endliche geometrische Reihe Für alle $x \in \mathbb{R}\setminus\{1\}$ gilt:

$$1 + x + \cdots + x^n = \sum_{i=0}^{n} x^i = \frac{1-x^{n+1}}{1-x}.$$

Reihe, Partialsumme Ist a_n, $n \in \mathbb{N}_0$, eine Folge reeller Zahlen, dann heißt

$$s_n = \sum_{k=0}^{n} a_k$$

n-**te Partialsumme**. Die Folge s_n, $n \in \mathbb{N}_0$, der n-ten Partialsummen heißt **Reihe**. Notation: $\sum_{k=0}^{\infty} a_k$.

(Absolute) Konvergenz und Divergenz einer Reihe Die Reihe $s_n = \sum_{k=0}^{n} a_k$, $n \in \mathbb{N}_0$, heißt **konvergent** gegen $s \in \mathbb{R}$, wenn sie als reelle Folge gegen eine Zahl $s \in \mathbb{R}$ konvergiert. Dann schreibt man:

$$\sum_{k=0}^{\infty} a_k = \lim_{n \to \infty} s_n = s.$$

s heißt **Grenzwert**, **Limes** oder **Wert** der Reihe. Die Reihe s_n heißt **absolut konvergent**, wenn $\sum_{k=0}^{n} |a_k|$ konvergiert.

Konvergiert eine Reihe gegen eine Zahl, ohne dass man diesen Limes kennt, so schreibt man mitunter $\sum_{k=0}^{\infty} a_k < \infty$.

Ergänzung: Die Reihe heißt *uneigentlich konvergent* gegen ∞ ($-\infty$), wenn die Folge (s_n) gegen ∞ ($-\infty$) *uneigentlich konvergiert*. Ansonsten heißt die Reihe *divergent*.

Exponentialreihe: $\sum_{k=0}^{\infty} \frac{x^k}{k!}$. Geometrische Reihe: $\sum_{k=0}^{\infty} q^k = \frac{1}{1-q}$, $|q| < 1$.

▷ **Konvergenzkriterien**

Notwendiges Kriterium Konvergiert die Reihe $s_n = \sum_{k=0}^{n} a_k$ gegen $s \in \mathbb{R}$, dann gilt: $a_n \to 0$, $n \to \infty$.

Leibniz-Kriterium Die Reihe $\sum_{k=0}^{n} (-1)^k a_k$ konvergiert, wenn (a_k) eine monton fallende Nullfolge ist.

Quotientenkriterium $s_n = \sum_{k=0}^{n} a_k$ sei eine Reihe, deren Summanden a_k ab einem Index n_0 ungleich 0 sind. Gibt es ein $q \in (0,1)$, so dass

$$\left| \frac{a_{k+1}}{a_k} \right| \leq q, \qquad k \geq n_0,$$

bzw. $\lim_{k\to\infty} \frac{a_{k+1}}{a_k} = q$, dann konvergiert s_n gegen eine Zahl $s \in \mathbb{R}$. Gilt $|a_{k+1}/a_k| \geq 1$, $k \geq n_0$, dann konvergiert s_n nicht gegen eine Zahl $s \in \mathbb{R}$.

Beispiele:

(i) $s_n = \sum_{k=1}^{n} (-1)^k \frac{1}{k^2}$, $n \in \mathbb{N}$, konvergiert nach dem Leibniz-Kriterium.

(ii) Sei $x > 0$ fest und $s_n = \sum_{i=0}^{n} \frac{x^i}{5^i}$, $n \in \mathbb{N}_0$, also $a_i = \frac{x^i}{5^i}$. Da

$$\left| \frac{a_{i+1}}{a_i} \right| = \left| \frac{x^{i+1}}{5^{i+1}} \cdot \frac{5^i}{x^i} \right| = \left| \frac{x}{5} \right| < 1 \Leftrightarrow |x| < 5$$

ist die Reihe konvergent für $-5 < x < 5$.

(iii) $\sum_{n=0}^{\infty} \left(\frac{6}{3^n} + \frac{3}{2^n} \right) = 6 \cdot \sum_{n=0}^{\infty} \left(\frac{1}{3} \right)^n + 3 \cdot \sum_{n=0}^{\infty} \left(\frac{1}{2} \right)^n = 6 \cdot \frac{3}{2} + 3 \cdot 2 = 15.$

A.4 Ungleichungen

Die folgenden Ungleichungen sind oftmals nützlich:

Ungleichungen

1) Dreiecksungleichung: $|a + b| \leq |a| + |b|$ für $a, b \in \mathbb{R}$.
2) Für reelle Zahlen a, b gilt: $|a| - |b| \leq |a - b| \leq |a| + |b|$.
3) Für komplexe Zahlen x, y gilt: $||x| - |y|| \leq |x - y| \leq |x| + |y|$.
4) Bernoullische Ungleichung: Für reelle Zahlen $a \geq -1$ und ganze Zahlen $n \geq 1$ gilt:
$$(1 + a)^n \geq 1 + na.$$
5) Binomische Ungleichung: Für reelle Zahlen $a, b \in \mathbb{R}$ gilt:
$$|ab| \leq \frac{1}{2}\left(a^2 + b^2\right).$$
6) Cauchy-Schwarzsche Ungleichung für Summen: Für alle $a_i, b_i \in \mathbb{R}$ gilt:
$$|a_1 b_1 + \cdots + a_n b_n| \leq \sqrt{a_1^2 + \cdots + a_n^2}\sqrt{b_1^2 + \cdots + b_n^2}.$$
7) Cauchy-Schwarzsche Ungleichung für konvergente Reihen:
$$\left|\sum_{i=1}^{\infty} a_i b_i\right| \leq \sqrt{\sum_{i=1}^{\infty} a_i^2}\sqrt{\sum_{i=1}^{\infty} b_i^2}.$$
8) Cauchy-Schwarzsche Integrale für bestimmte Integrale:
$$\left|\int_a^b f(x)g(x)\,dx\right| \leq \sqrt{\int_a^b f^2(x)\,dx}\sqrt{\int_a^b g^2(x)\,dx}.$$

A.5 Funktionen

Viele Zusammenhänge zwischen zwei Variablen x und y können so beschrieben werden: Für gewisse (zulässige, sinnvolle) Werte für x kann man durch eine Vorschrift ein zu diesem x gehörendes y bestimmen. Beispiel: Zu jeder Verkaufsmenge $x \in [0, M]$ eines Produktes mit Verkaufspreis a, von dem man M Stück zur Verfügung hat, kann man den Erlös zu $y = a \cdot x$ bestimmen. Wenn man in dieser Form y aus x bestimmen kann, spricht man von einer *Funktion*. Formal gesehen, wird jedem x aus einer bestimmten Menge, dem *Definitionsbereich*, ein Wert $y = f(x)$ zugeordnet.

> *Funktion* Eine Zuordnung, die jedem Element x einer Menge $D \subset \mathbb{R}$ eine Zahl $y = f(x) \in \mathbb{R}$ zuordnet, heißt **Funktion** und wird mit $f : D \to \mathbb{R}$ notiert. D heißt **Definitionsbereich**, die Menge $W = \{f(x) | x \in D\}$ heißt **Wertebereich**.

Ist $f : D \to \mathbb{R}$ eine Funktion mit Wertebereich W und ist $g : E \to \mathbb{R}$ eine Funktion, so dass W Teilmenge von E ist, dann ist die Funktion $y = g(f(x))$ für alle $x \in D$ definiert und heißt **Komposition (Verkettung) von f und g**.

Beispiele:

1) $y = \ln(x^2)$. Setzt man $f(x) = x^2$ und $g(z) = \ln(z)$, so ist $y = g(f(x))$.

2) $y = \sqrt{x^2 + 1}$. Hier ist $y = f(g(x))$, wenn $g(x) = x^2 + 1$ und $f(z) = \sqrt{z}$.

Die Gleichung $y = f(x)$, y vorgegeben, ist lösbar, wenn $y \in W$. Wann ist sie jedoch eindeutig lösbar?

> *Umkehrfunktion* Eine Funktion $f(x)$, $x \in D$, mit Wertebereich W heißt **umkehrbar**, wenn es zu jedem $y \in W$ genau ein $x \in D$ gibt mit $y = f(x)$. Durch $f^{-1}(y) = x$ wird die **Umkehrfunktion** $f^{-1} : W \to D$ definiert. Es gelten dann die Gleichungen:
>
> $$f(f^{-1}(y)) = y \qquad \text{und} \qquad f^{-1}(f(x)) = x.$$

Achtung: Unterscheide $f^{-1}(x)$ (Umkehrfunktion) und $f(x)^{-1} = 1/f(x)$.

Jede streng monotone Funktion $f : D \to \mathbb{R}$ ist umkehrbar.

Beispiel: $f : [0,\infty) \to \mathbb{R}$, $y = f(x) = x^2 + 4$, ist streng monoton wachsend mit $f([0,\infty)) = [4,\infty)$. Für $x \geq 0$ gilt $y = x^2 + 4 \geq 4$ und somit

$$y = x^2 + 4 \quad \Leftrightarrow \quad y - 4 = x^2 \quad \Leftrightarrow \quad x = \sqrt{y - 4}.$$

Also ist $f^{-1}(y) = \sqrt{y - 4}$ mit Definitionsbereich $[4,\infty)$. Hingegen ist $f(x)^{-1} = \frac{1}{x^2 + 4}$.

A.5.1 Spezielle Funktionen

Sind $a_0, \ldots, a_n \in \mathbb{R}$, dann heißt die Funktion $p : \mathbb{R} \to \mathbb{R}$,

$$p(x) = a_0 + a_1 \cdot x + a_2 \cdot x^2 + \ldots + a_n \cdot x^n, \qquad x \in \mathbb{R},$$

Polynom vom Grad n oder **ganz-rationale Funktion** und $a_0, \ldots, a_n$ heißen **Koeffizienten**. Zwei Polynome sind gleich, wenn ihre Koeffizienten gleich sind. Ist x_1 eine Nullstelle von $f(x)$, dann gilt: $f(x) = (x - x_1)g(x)$ mit einem Polynom $g(x)$ vom Grad $n - 1$.

Sind $p(x)$ und $q(x)$ zwei Polynome und hat $q(x)$ keine Nullstellen in der Menge D, dann ist

$$f(x) = \frac{p(x)}{q(x)}, \qquad x \in D,$$

definiert und heißt **gebrochen-rationale Funktion**. Die Nullstellen von $q(x)$ sind *Polstellen* (senkrechte Asymptoten) von $f(x)$.

Ist $n \in \mathbb{N}$, dann ist die Funktion $f(x) = x^n$, $x \in [0,\infty)$, streng monoton wachsend mit Wertebereich $[0,\infty)$ und somit umkehrbar. Die Umkehrfunktion heißt ***n*-te Wurzelfunktion**: $f^{-1}(y) = \sqrt[n]{y}$. Dies ist die eindeutige nicht-negative Lösung der Gleichung $y = x^n$.

Für $a \neq 0$ heißt $f(x) = x^a$ **Potenzfunktion**. Der maximale Definitionsbereich ist $[0,\infty)$, falls $a > 0$, und $(0,\infty)$, falls $a < 0$.

Ist $b > 0$, dann heißt die Funktion

$$f(x) = b^x, \qquad x \in \mathbb{R},$$

allgemeine Exponentialfunktion zur Basis b. Für $b = e^0 \approx 2.718282$ erhält man die **Exponentialfunktion** e^x, deren Wertebereich $\mathbb{R}_+$ ist. e^x ist streng monoton wachsend mit Umkehrfunktion $y = \ln(x)$, dem **natürlichen Logarithmus**, dessen Definitionsbereich $(0,\infty)$ ist. Es ist $y = e^x \Leftrightarrow x = \ln(y)$. Es gilt für $b > 0$ und $x \in \mathbb{R}$:

$$b^x = e^{x \cdot \ln(b)}.$$

Daher hat $y = b^x$ die Umkehrfunktion $x = \log_b(y) = \ln(y)/\ln(b)$, $y > 0$, sofern $b \neq 1$. Die Rechenregeln der Potenzfunktion leiten sich daher aus den folgenden Rechenregeln für die Exponentialfunktion ab: Für alle $x, y \in \mathbb{R}$ gilt:

1) $e^0 = 1$ sowie: $e^x > 1$, wenn $x > 0$, und $0 < e^x < 1$ wenn $x < 0$,

2) $e^{-x} = 1/e^x$,

3) $e^{x+y} = e^x \cdot e^y$, $e^{x-y} = e^x/e^y$,

4) $(e^x)^y = e^{x \cdot y}$.

Für den Logarithmus gelten die folgenden Rechenregeln:

1) $\ln(1) = 0$,

2) Sind $x, y > 0$, dann ist $\ln(x \cdot y) = \ln(x) + \ln(y)$, $\ln(x/y) = ln(x) - \ln(y)$,

3) Für $x > 0$ und $y \subset \mathbb{R}$ ist $\ln(x^y) = y\ln(x)$.

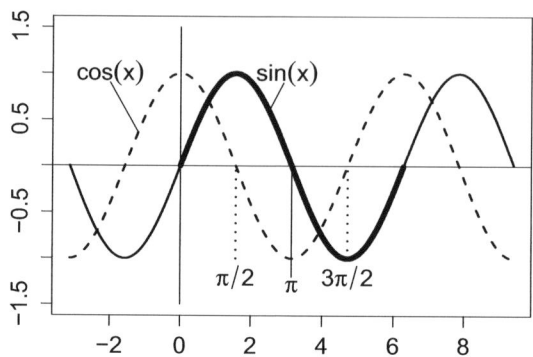

Abb. A.1. Sinus und Kosinus.

Zu jeder Zahl $t \in [0,2\pi]$ gibt es auf dem Einheitskreis im $\mathbb{R}^2$ einen Punkt (x,y), so dass der *Kreisbogen* vom Punkt $(1,0)$ bis zum Punkt (x,y), gegen den Uhrzeigersinn aufgetragen, die Länge t hat. Die Koordinaten werden mit $x = \cos(t)$ und $y = \sin(t)$ bezeichnet. Da der Kreisumfang 2π ist, sind diese Funktionen somit zunächst für $t \in [0, 2\pi]$ definiert. Läuft man zusätzlich mehrfach um den Kreis, sagen wir k-mal, hat also auf dem Kreis eine Strecke der Länge $2\pi k + t$ zurückgelegt, so ist offensichtlich nur Rest t nach ganzzahliger Division durch 2π relevant. Somit sind $\cos(t)$ und $\sin(t)$ für alle $t \in \mathbb{R}$ definiert und besitzen die Periode 2π.

Die Funktion $\sin(x)$ heißt **Sinus**, die Funktion $\cos(x)$ **Kosinus**.

Wichtige Eigenschaften und Rechenregeln:

1) $\cos(x + 2\pi) = \cos(x)$, $\sin(x + 2\pi) = \sin(x)$ (Periode 2π),

2) $\cos(-x) = \cos(x)$ (gerade), $\sin(-x) = \sin(x)$ (ungerade),

3) Nullstellen vom Sinus: $\sin(x) = 0$ für $x = k\pi$, $k \in \mathbb{Z}$.

4) Nullstellen vom Kosinus: $\cos(x) = 0$ für $x = (k + 1/2)\pi$, $k \in \mathbb{Z}$ (die Nullstellen sind im Vergleich zum Sinus um $\pi/2$ verschoben).

5) Maximalstellen vom Sinus: $x_{\max,k} = \pi/2 + 2\pi k$, $k \in \mathbb{Z}$, Maximalwert: 1.

6) Minimalstellen vom Sinus: $x_{\min,k} = -\pi/2 + 2\pi k$, $k \in \mathbb{Z}$, Minimalwert: -1.

7) Maximalstellen vom Kosinus: $x_{\max,k} = 2\pi k$, $k \in \mathbb{Z}$, Maximalwert: 1.

8) Minimalstellen vom Kosinus: $x_{\min,k} = \pi + 2\pi k$, $k \in \mathbb{Z}$, Minimalwert: -1.

9) $\cos(x + \pi) = -\cos(x)$, $\sin(x + \pi) = -\sin(x)$,

10) $(\sin(x))^2 + (\cos(x))^2 = 1$ (Satz des Pythagoras),

11) $|\sin(x)| \leq 1$, $|\cos(x)| \leq 1$,

12) $(\cos(x))^2 = \frac{1}{2}(1 + \cos(2x))$, $(\sin(x))^2 = \frac{1}{2}(1 - \cos(2x))$ (Halber Winkel),

13) $\cos(x + y) = \cos(x)\cos(y) - \sin(x)\sin(y)$,

14) $\cos(x - y) = \cos(x)\cos(y) + \sin(x)\sin(y)$,

15) $\sin(x + y) = \sin(x)\cos(y) + \cos(x)\sin(y)$,

16) $\sin(x - y) = \sin(x)\cos(y) - \cos(x)\sin(y)$,

Die letzten vier Regeln sind die Additionstheoreme.

A.5.2 Grenzwert von Funktionen

Ist $f : D \to \mathbb{R}$ eine Funktion und (x_n) eine Folge von Zahlen mit $x_n \in D$ für alle n, dann kann man die Folge der Funktionswerte $f(x_n)$ bilden. Was passiert mit dieser Folge der Funktionswerte, wenn die Folge x_n gegen einen Wert x konvergiert?

> *Grenzwert einer Funktion* Sei $f : D \to \mathbb{R}$ eine Funktion und $a \in \mathbb{R}$. $f(x)$ hat im Punkt a den **Grenzwert** c, wenn für jede Folge $(x_n)_n$ mit $x_n \in D$ für alle n und $\lim_{n \to \infty} x_n = a$ gilt: $\lim_{n \to \infty} f(x_n) = c$. Notation:
>
> $$\lim_{x \to a} f(x) = c$$
>
> c heißt **linksseitiger Grenzwert im Punkt** a und wird mit $f(a-)$ bezeichnet, wenn für alle Folgen $(x_n)_n$ mit $x_n \in D$, $x_n \leq a$ für alle n und $\lim_{n \to \infty} x_n = a$ gilt: $f(x_n) \to c$, $n \to \infty$.
> c heißt **rechtsseitiger Grenzwert im Punkt** a und wird mit $f(a+)$ bezeichnet, wenn für alle Folgen $(x_n)_n$ mit $x_n \in D$, $x_n \geq a$ für alle n und $\lim_{n \to \infty} x_n = a$ gilt: $f(x_n) \to c$, $n \to \infty$. Notationen:
>
> $$f(a-) = \lim_{x \uparrow a} f(x) \qquad \text{und} \qquad f(a+) = \lim_{x \downarrow a} f(x).$$

In den Definitionen von $f(a-)$ und $f(a+)$ sind $-\infty$ und ∞ als Grenzwerte zugelassen. Gilt $f(a+) \neq f(a-)$ und sind $f(a+)$ und $f(a-)$ endlich, dann hat $f(x)$ an der Stelle a einen Sprung der Höhe $f(a+) - f(a-)$.

Beispiele: $\lim_{x \to \infty} \frac{1}{x} = 0$, $\lim_{x \downarrow 0} \frac{1}{x} = \infty$, $\lim_{x \uparrow 0} \frac{1}{x} = -\infty$, $\lim_{x \to \infty} e^x = \infty$, $\lim_{x \to -\infty} e^x = 0$.

Indikatorfunktion: Die Indikatorfunktion $\mathbf{1}(A)$ eines Ausdrucks A, der wahr oder falsch sein kann, ist 1, wenn A wahr ist und 0, wenn A falsch ist. Die Indikatorfunktion, $\mathbf{1}_I(x)$, auf einer Menge I ist

$$\mathbf{1}_I(x) = \mathbf{1}(x \in I) = \begin{cases} 1, x \in I, \\ 0, x \notin I. \end{cases}$$

Sie nimmt den Wert 1 an, wenn x in der Menge I ist, sonst den Wert 0 an. Ist $I = [a,\infty)$, dann hat $f(x) = \mathbf{1}_I(x)$ einen Sprung der Höhe 1 an der Stelle a. Es gilt $f(a-) = 0$ und $f(a+) = 1$.

A.5.3 Stetigkeit

Stetige Funktion Eine Funktion $f : D \to \mathbb{R}$ heißt **stetig im Punkt** $x \in D$, wenn für alle Folgen $(x_n)_n$ mit $x_n \to x$, für $n \to \infty$, gilt: $f(x_n) \to f(x)$, $n \to \infty$. Die ist gleichbedeutend mit $f(x-) = f(x+)$. $f(x)$ heißt *stetig*, wenn $f(x)$ in allen Punkten $x \in D$ stetig ist.

Für die Funktion $f(x) = x^2$ gilt nach den Regeln für das Rechnen mit konvergenten Folgen: Aus $x_n \to x$, für $n \to \infty$, folgt $f(x_n) = x_n \cdot x_n \to x \cdot x = x^2 = f(x)$, für $n \to \infty$. Also ist $f(x)$ stetig in x. Dies gilt für alle $x \in \mathbb{R}$.

$f(x)$ ist genau dann stetig in x, wenn links- und rechtsseitiger Grenzwert endlich sind und übereinstimmen: $f(x+) = f(x-) = f(x)$.

Sind $f(x)$ und $g(x)$ stetige Funktionen mit Definitionsbereich D, dann auch $f(x) \pm g(x)$, $f(x) \cdot g(x)$ und $f(x)/g(x)$ (sofern $g(x) \neq 0$). Ist $f(g(x))$ definiert, dann ist mit $f(x)$ und $g(x)$ auch $f(g(x))$ stetig.

Insbesondere sind alle Polynome, gebrochen-rationale Funktionen, $|x|$, e^x und $\ln(x)$ stetig. Die Indikatorfunktion $\mathbf{1}_{(a,b]}(x)$ ist nicht stetig. Unstetigkeitsstellen sind bei $x = a$ und $x = b$.

A.5.4 Potenzreihen*

Potenzreihe Für $x \in \mathbb{R}$ und Zahlen $a_k \in R$, $k \in \mathbb{N}_0$, heißt

$$f(x) = \sum_{k=0}^{\infty} a_k (x - x_0)^k$$

formale Potenzreihe mit Entwicklungspunkt x_0. $f(x)$ konvergiert entweder nur für $x = 0$, auf einem ganzen Intervall $I \subset \mathbb{R}$, oder auf ganz $\mathbb{R}$.

Wenn es eine Zahl $R > 0$, so dass $f(x)$ für alle $|x - x_0| < R$ absolut konvergiert und für $|x - x_0| > R$ divergiert, dann heißt R **Konvergenzradius**. Es gilt dann:

$$R = \lim_{n \to \infty} \frac{a_n}{a_{n+1}}.$$

A.6 Differenzialrechnung

A.6.1 Ableitung

Ist $f(x)$ eine Funktion, dann ist $f(x + h) - f(x)$ die Änderung des Funktionswertes, wenn das Argument um h Einheiten geändert wird. Umgerechnet auf eine Einheit ergibt dies den **Differenzenquotienten** $\frac{f(x+h)-f(x)}{h}$ (relative Änderung, Änderungsrate).

Ableitung Eine Funktion $f : D \to \mathbb{R}$ heißt im Punkt $x \in D$ **differenzierbar**, wenn der Differenzenquotient für $h \to 0$ konvergiert und

$$f'(x) = \frac{df(x)}{dx} = \lim_{h \to 0} \frac{f(x + h) - f(x)}{h}$$

eine reelle Zahl ist. Dann heißt der Grenzwert $f'(x)$ **Ableitung von f an der Stelle** x. $f(x)$ heißt **differenzierbar**, wenn $f(x)$ an jeder Stelle $x \in D$ differenzierbar ist.

Die **linksseitige Ableitung** ist definiert durch $f'(x-) = \lim_{h \uparrow 0} \frac{f(x+h)-f(x)}{h}$, die **rechtsseitige Ableitung** durch $f'(x+) = \lim_{h \downarrow 0} \frac{f(x+h)-f(x)}{h}$. Beispiel: Für $f(x) = |x|$ ist $f'(0+) = 1$ und $f'(0-) = -1$.

Geometrisch ist der Differenzenquotient die Steigung der Sekanten durch die Punkte $(x, f(x))$ und $(x + h, f(x + h))$. Für $h \to 0$ erhält man die Steigung der Tangenten, sofern f in x differenzierbar ist. Die Geradengleichung der Tangente lautet: $y = f(x_0) + f'(x_0)(x - x_0)$. Eine lineare Approximation an $f(x)$ im Punkt x_0 ist somit gegeben durch:

$$f(x) \approx f(x_0) + f'(x_0)(x - x_0).$$

Regel von L'Hospital Konvergieren $f(x)$ und $g(x)$ für $x \to x_0$ beide gegen 0, ∞ oder $-\infty$ und gilt $\frac{f'(x)}{g'(x)} \to c \in \mathbb{R}$ für $x \to x_0$, dann folgt $\frac{f(x)}{g(x)} \to c$, für $x \to x_0$.

Ableitungsregeln Sind $f(x)$ und $g(x)$ im Punkt x differenzierbar, dann auch $f(x) \pm g(x)$, $f(x)g(x)$, sowie $f(x)/g(x)$ (sofern $g(x) \neq 0$) und es gilt:

1) $(cf(x))' = cf'(x)$ für alle $c \in \mathbb{R}$,
2) Summenregel: $(f(x) \pm g(x))' = f'(x) \pm g'(x)$,
3) Produktregel: $(f(x)g(x))' = f'(x)g(x) + f(x)g'(x)$,
4) Quotientenregel: $\left(\frac{f(x)}{g(x)}\right)' = \frac{f'(x)g(x) - f(x)g'(x)}{g(x)^2}$,
5) Kettenregel: $(f(g(x)))' = f'(g(x))g'(x)$,
6) Umkehrfunktion: $(f^{-1}(y))' = \frac{1}{f(x)} = \frac{1}{f(f^{-1}(y))}$ $(y = f(x), x = f^{-1}(y))$.

Funktion $f(x)$	Ableitung $f'(x)$	Stammfunktion $\int f(x)\,dx$
$ax + b$	a	$ax^2/2 + bx$
x^n $(n \in \mathbb{N}, x \in \mathbb{R})$	nx^{n-1}	$\frac{x^{n+1}}{n+1}$
x^r $(r \in \mathbb{R})$	rx^{r-1}	$\frac{x^{r+1}}{r+1}$
b^x $(b > 0, x \in \mathbb{R})$	$\ln(b)b^x$	$\frac{b^x}{\ln(b)}$
$a_0 + a_1 x + \cdots + a_n x^n$	$a_1 + 2a_2 x + \cdots + na_n x^{n-1}$	$a_0 x + a_1 \frac{x^2}{2} + \cdots + a_n \frac{x^{n+1}}{n+1}$
e^x	e^x	e^x
$\ln(x)$ $(x > 0)$	$1/x$	$x\ln(x) - x$
$\sin(x)$	$\cos(x)$	$-\cos(x)$
$\cos(x)$	$-\sin(x)$	$\sin(x)$

Beispiele:

(i) $h(x) = x^a e^x$ mit $a \neq 0$. $h'(x) = ax^{a-1}e^x + x^a e^x = (a+x)x^{a-1}e^x$.

(ii) $h(x) = ln(x^2)$. $h'(x) = \frac{2}{x}$, da $h'(y) = \frac{1}{y}$ und $(x^2)' = 2x$.

(iii) $y = f(x) = x^2, x > 0$. $x = f^{-1}(y) = \sqrt{y}$. $(f^{-1})'(y) = \frac{1}{f'(\sqrt{y})} = \frac{1}{2\sqrt{y}}$.

A.6.2 Elastizität

$f : I \to \mathbb{R}$, $I = (a,b)$, sei eine differenzierbare Funktion mit $f(x) \neq 0$ für alle $x \in I$. Die Funktion

$$\widehat{f}(x) = \frac{f'(x)}{f(x)}$$

heißt **Wachstumsfunktion** und gibt die prozentuale Änderung von $f(x)$ (bezogen auf $f(x_0)$) pro x-Einheit an.

$$e_f(x) = x \cdot \frac{f'(x)}{f(x)}$$

heißt **Elastizität** von $f(x)$ an der Stelle x bzw. **Elastizitätsfunktion**. Sie gibt an, um welchen Prozentsatz sich f (ausgehend vom Punkt x mit Funktionswert $f(x)$) ändert, wenn sich x um 1% erhöht. Die Elastizität beantwortet als eine sehr oft praktisch relevante Fragestellung: Änderung der Funktionswerte bei Änderung des Arguments, jeweils ausgedrückt in Prozent.

Rechenregeln: $f(x)$ und $g(x)$ seinen Funktionen mit Elastizitätsfunktionen $e_f(x)$ bzw. $e_g(x)$ und Definitionsbereichen D_f bzw. D_g.

1) $e_{f+g}(x) = \frac{f(x)}{f(x)+g(x)}e_f(x) + \frac{g(x)}{f(x)+g(x)}e_g(x)$, für alle $x \in D_f \cap D_g$.

2) $e_{fg}(x) = e_f(x) + e_g(x)$, $e_{f/g}(x) = e_f(x) + e_g(x)$, für alle $x \in D_f \cap D_g$.

3) $e_{g \circ f}(x) = e_g(f(x))e_f(x)$, wenn $g(f(x))$ für $x \in A \subset D_f$ definiert ist.

A.6.3 Höhere Ableitungen

Ist $f(x)$ in x differenzierbar, dann kann man untersuchen, ob die Ableitung $f'(x)$ wieder differenzierbar ist.

Höhere Ableitungen Ist $f'(x)$ in x differenzierbar, dann heißt

$$f''(x) = f^{(2)}(x) = \frac{d^2 f(x)}{dx^2} = (f'(x))'$$

zweite Ableitung von $f(x)$ an der Stelle x. Ist für $n \geq 3$ die Funktion $f^{(n-1)}(x)$ an der Stelle x differenzierbar, dann heißt $f^{(n)}(x) = (f^{(n-1)}(x))'$ **n-te Ableitung von $f(x)$ an der Stelle x**.

$f(x)$ sei in x_0 zweimal stetig differenzierbar. Eine quadratische Approximation von $f(x)$ für x-Werte nahe x_0 ist gegeben durch:

$$f(x) \approx f(x_0) + f'(x_0)(x - x_0) + \frac{1}{2}f''(x_0)(x - x_0)^2.$$

A.7 Taylorpolynom und Taylorentwicklung

Wir wollen eine n-mal differenzierbare Funktion $f(x)$ durch ein Polynom $p(x)$ approximieren, so dass der Funktionswert und die ersten n Ableitungen von $p(x)$ an einer vorgegeben Stelle x_0 mit Funktionswert und Ableitungen von $f(x)$ übereinstimmt.

Taylorpolynom, Restglied Ist $f(x)$ n-mal differenzierbar in x_0, dann heißt

$$P_n(f,x) = f(x_0) + f'(x_0)(x - x_0) + \frac{f''(x_0)}{2}(x - x_0)^2 + \cdots + \frac{f^{(n)}}{n!}(x - x_0)^n$$

Taylorpolynom von $f(x)$ an der Stelle x_0. Der Approximationsfehler $R_n(f,x) = f(x) - P_n(f,x)$ heißt **Restglied**.

Ist $f(x)$ $(n+1)$-mal stetig differenzierbar, dann gilt für x-Werte mit $|x - x_0| \leq c$, $c > 0$, die Abschätzung:

$$R_n(f,x) = |f(x) - P_n(f,x)| \leq \frac{c^{n+1}}{(n+1)!} \max_{t \in [x_0 - c, x_0 + c]} |f^{(n+1)}(t)|.$$

Taylorreihe Sei $f : (a,b) \to \mathbb{R}$ gegeben. Falls $f(x)$ darstellbar ist in der Form

$$f(x) = \sum_{k=0}^{\infty} a_k (x - x_0)^k$$

für alle x mit $|x - x_0| < R$ ($R > 0$) gilt, dann heißt die rechts stehende Potenzreihe **Taylorreihe** von $f(x)$ mit Entwicklungspunkt x_0. Es gilt dann: $a_k = \frac{f^{(k)}(x_0)}{k!}$.

Wichtige Taylorreihen: Geometrische Reihe: $\frac{1}{1-x} = \sum_{k=0}^{\infty} x^n$ für $|x| < 1$.
Binomialreihe: $(1 + x)^\alpha = \sum_{k=0}^{\infty} \binom{\alpha}{k} x^k$ für $|x| < 1$.

A.8 Optimierung von Funktionen

Wir stellen uns den Graphen von $f(x)$ als Gebirge vor: $f(x)$ ist dann die Höhe am Ort x. Wir suchen Täler und Bergspitzen. Für die höchste Bergspitze am Ort x^* gilt: $f(x) \leq f(x^*)$ für alle x. Betrachtet man $f(x)$ nur auf einem (kleinen) Teilintervall $(x_0 - c, x_0 + c)$ um x_0, dann gilt für eine (kleine) Bergspitze an der Stelle x_0: $f(x_0) \geq f(x)$ für alle $x \in (x_0 - c, x_0 + c)$, wenn $c > 0$ klein genug gewählt ist.

(Lokale/globale) Minima/Maxima/Extrema Sei $f : (a,b) \to \mathbb{R}$ eine Funktion auf dem offenen Intervall (a,b). $f(x)$ besitzt an der Stelle $x_0 \in (a,b)$ ein **lokales Minimum**, wenn es ein $c > 0$ gibt, so dass $f(x_0) \leq f(x)$ für alle x mit $|x - x_0| < c$. $x_0 \in (a,b)$ ist ein **lokales Maximum**, wenn $f(x) \leq f(x_0)$ für alle x mit $|x - x_0| < c$. x_0 ist ein **globales Minimum**, wenn $f(x_0) \leq f(x)$ für alle $x \in (a,b)$. x_0 ist ein **globales Maximum**, wenn $f(x) \leq f(x_0)$ für alle $x \in (a,b)$.

In einem lokalen Extremum verläuft die Tangente an $f(x)$ parallel zur x-Achse.

Notwendiges Kriterium Ist $x_0 \in (a,b)$ ein lokales Extremum, dann gilt: $f'(x_0) = 0$

Punkte x mit $f'(x) = 0$ sind also Kandidaten für die lokalen Extrema.

Stationärer Punkt Ein Punkt x mit $f'(x) = 0$ heißt **stationärer Punkt**.

Hinreichendes Kriterium 1. Ordnung $x_0 \in (a,b)$ sei ein stationärer Punkt von $f(x)$. Bei einem Vorzeichenwechsel von $f'(x)$ bei $x_0 \ldots$

1) von $+$ nach $-$ liegt ein lokales Maximum bei x_0, vor.
2) von $-$ nach $+$ liegt ein lokales Minimum bei x_0 vor.

Hinweis: Eine genaue Analyse des Vorzeichens von $f'(x)$ über den gesamten Definitionsbereich ermöglicht oft eine leichte Klärung der Frage, ob ein lokales Minimum auch ein globales ist (analog für Maxima).

Eine Funktion $f(x)$ heißt **konvex** auf (a,b), wenn alle Verbindungsstrecken von zwei Punkten auf dem Graphen mit x-Koordinaten in (a,b) oberhalb der Kurve verlaufen. Verlaufen diese stets unterhalb, dann heißt $f(x)$ **konkav**.

Kriterium für konvex/konkav Sei $f(x)$ zweimal differenzierbar. Gilt $f''(x) < 0$ für alle $x \in (a,b)$, dann ist $f(x)$ in (a,b) konkav. Gilt $f''(x) > 0$ für alle (a,b), dann ist $f(x)$ konvex in (a,b).

Hinreichendes Kriterium 2. Ordnung $x_0 \in (a,b)$ sei ein stationärer Punkt von $f(x)$.

1) Gilt zusätzlich $f''(x_0) < 0$, dann ist x_0 lokales Maximum.
2) Gilt zusätzlich $f''(x_0) > 0$, dann ist x_0 lokales Maximum.

Beispiel: Für $f(x) = x^3$, $x \in [-2,2]$, hat $f'(x) = 3x^2 = 0$ die Lösung $x = 0$. Da $f''(x) = 6x$ ist $x = 0$ Wendepunkt (s.u.). An den Rändern: $f(-2) = -8$, $f(2) = 8$, d.h. -2 ist globales Minimum, 2 globales Maximum.

Beispiel:

(i) $f(x) = 100 + 12x - 3x^2$, $x \in \mathbb{R}$. Es ist $f'(x) = 12 - 6x$, $f''(x) = -6$. Stationäre Punkte: $f'(x^*) = 12 - 6x^* = 0 \Leftrightarrow x^* = 2$. Da $f''(x^*) < 0$ ist $x^* = 2$ lokales Maximum. Aus $f(x) \to -\infty$ für $x \to -\infty$ beziehungsweise $x \to -\infty$ folgt, dass $x^* = 2$ globales Maximum ist.

Wendepunkt $x_0 \in \mathbb{R}$ heißt Wendepunkt (oder Wendestelle) von f, wenn es ein Intervall (a,b) gibt, so dass f auf (a, x_0) konvex und auf (x_0, b) konkav ist oder konkav auf (a, x_0) und konvex auf (x_0, b) ist.

Unter Wendepunkt wird mitunter auch $(x_0, f(x_0))$ verstanden.

Wendepunkte sind also Punkte, an denen sich das *Krümmungsverhalten* ändert. Ist x_0 ein Wendepunkt, dann gilt $f''(x_0) = 0$.

Hinreichende Kriterien (Wendepunkt)

1) Kriterium basierend auf der zweiten Ableitung: Gilt $f''(x_0) = 0$ und wechselt $f''(x)$ an der Stelle x_0 das Vorzeichen, dann ist x_0 ein Wendepunkt.
2) Kriterium basierend auf der dritten Ableitung: Gilt $f''(x_0) = 0$ und $f'''(x_0) \neq 0$, dann ist x_0 eine Wendestelle.
3) Allgemeines Kriterium $n$ter Ordnung: Gilt für ein $n \geq 3$

$$f''(x_0) = \cdots = f^{(n-1)}(x_0) = 0 \qquad \text{und} \qquad f^{(n)}(x_0) \neq 0,$$

dann liegt an der Stelle x_0 ein Wendepunkt vor.

A.9 Integration

Sei $f : [a,b] \to \mathbb{R}$ eine Funktion und $a = x_0 < x_1 < \cdots < x_n = b$ eine **Partition** von $[a,b]$. $d_n = \max_{i=1,\dots,n} |x_i - x_{i-1}|$ heißt **Feinheit** der Partition. Wähle in jedem Teilintervall $(x_{i-1}, x_i]$ einen Stützpunkt x_i^*. Dann heißt

$$R_n(f) = \sum_{i=1}^{n} f(x_i^*)(x_i - x_{i-1})$$

Riemann-Summe von $f(x)$ zu den Stützstellen $x_1^*, \ldots, x_n^*$. Wählt man alle x_i^* als Minima von $f(x)$ auf dem Intervall $[x_{i-1}, x_i]$, dann erhält man die **Untersumme** $U_n(f)$, wählt man die x_i^* als Maxima von $f(x)$ auf $[x_{i-1}, x_i]$, so erhält man die **Obersumme**.

(Riemann-) integrierbar Konvergiert $R_n(f)$ für jede beliebige Wahl der Stützstellen bzw. (gleichbedeutend hiermit) konvergieren Unter- und Obersumme gegen dieselbe Zahl I, sofern die Feinheit d_n für $n \to \infty$ gegen 0 konvergiert, dann heißt $f(x)$ **(Riemann-) integrierbar auf** $[a,b]$. Man setzt:

$$\int_a^b f(x)\, dx = I.$$

Anschaulich ist das Integral die Fläche unter dem Graphen von f in den Grenzen von a bis b, d.h. begrenzt durch die vertikalen Geraden gegeben durch $x = a$ bzw. $x = b$.

Jede (stückweise) stetige Funktion $f : [a,b] \to \mathbb{R}$ ist integrierbar.

A.9.1 Stammfunktion

Grundlegend für die Berechnung von Integralen ist der Begriff der Stammfunktion und der Zusammenhang zwischen *Integrieren* und *Ableiten*.

Stammfunktion Ist $F(x)$ eine Funktion auf $[a,b]$ mit $F'(x) = f(x)$ für alle $x \in [a,b]$, dann heißt $F(x)$ **Stammfunktion von** $f(x)$. Insbesondere ist $F(x) = \int_a^x f(t)\, dt$ eine Stammfunktion.

Stammfunktionen sind nicht eindeutig bestimmt: Gilt $F'(x) = f(x)$ und ist $G(x) = F(x) + c$ mit $c \in \mathbb{R}$, dann ist auch $G(x)$ eine Stammfunktion von $f(x)$. Die Menge aller Stammfunktionen wird mit $\int f(x)\, dx$ bezeichnet und heißt **unbestimmtes Integral**:

$$\int f(x)\, dx = F(x) + c, \qquad c \in \mathbb{R}$$

c heißt **Integrationskonstante**.
Beispiel: $\int x\, dx = \frac{x^2}{2} + c$, $c \in \mathbb{R}$. Also $\int_0^1 x\, dx = \frac{x^2}{2}\big|_0^1 = 1/2$. $\int \frac{f'(x)}{f(x)}\, dx = \ln(f(x)) + c$, $c \in \mathbb{R}$.

In Abschnitt A.6.1 sind Stammfunkionen zu einigen elementaren Funktionen angegeben, jeweils zur Integrationskonstante $c = 0$. Ist $F(x)$ eine Stammfunktion von $f(x)$, dann gilt:

$$\int_a^b f(x)\,dx = [F(x)]_a^b = F(x)\Big|_a^b = F(b) - F(a).$$

Jede Ableitungsregel liefert eine Integrationsregel, indem man das Ergebnis des Ableitens als Integranden nimmt – die linke Seite ist dann eine Stammfunktion:

$$g(x) \text{ gegeben}, \quad g'(x) = f(x)$$

$\Rightarrow g(x)$ ist eine Stammfunktion von $f(x)$

Beispiele:

1) Es gilt: $\frac{d}{dx}x^{n+1} = (n+1)x^n$ und $\frac{d}{dx}\frac{x^{n+1}}{n+1} = x^n$. Also ist $F(x) = \frac{x^{n+1}}{n+1}$ eine Stammfunktion von $f(x) = x^n$. Daher gilt:

$$\int_a^b x^n\,dx = \frac{x^{n+1}}{n+1}\Big|_a^b$$

Somit ist etwa $\int_0^1 x^3\,dx = \frac{x^4}{4}\big|_0^1 = \frac{1}{4}$.

2) $\ln'(x) = 1/x$. Also ist $F(x) = \ln(x)$ eine Stammfunktion von $1/x$. Alle Stammfunktionen sind dann

$$\int \frac{1}{x}\,dx = \ln(x) + C, \qquad C \in \mathbb{R}.$$

3) $\sin'(x) = \cos(x)$, somit ist $\sin(x)$ eine Stammfunktion von $\cos(x)$:

$$\int_a^b \cos(x)\,dx = \sin(x)\Big|_a^b = \sin(b) - \sin(a).$$

4) Eine Stammfunktion von $f(x) = 6x^6 - 3x^5 + 2x^4 + x$ ist

$$F(x) = \frac{6}{7}x^7 - \frac{1}{2}x^6 + \frac{2}{5}x^5 + \frac{x^2}{2}.$$

(Verifikation durch Ableiten von $F(x)$). Die Menge aller Stammfunktionen, also das unbestimmte Integral ist durch

$$\int f(x)\,dx = \frac{6}{7}x^7 - \frac{1}{2}x^6 + \frac{2}{5}x^5 + \frac{x^2}{2} + c,$$

mit $c \in \mathbb{R}$ gegeben.

A.9.2 Integrationsregeln

Integrationsregeln

1) Partielle Integration: $\int_a^b f'(x)g(x)\,dx = f(x)g(x)|_a^b - \int_a^b f(x)g'(x)\,dx$.

2) Substitutionsregel: $\int_a^b f(g(x))g'(x)\,dx = \int_{g(a)}^{g(b)} f(y)\,dy,\ (y = g(x))$.

3) $\int_a^b f(x)dx = -\int_b^a f(x)dx,\ \int_a^a f(x)dx = 0$.

4) $\int_a^b [c \cdot f(x) + d \cdot g(x)]dx = c \cdot \int_a^b f(x)dx + d \cdot \int_a^b g(x)dx$.

5) $\int_a^b f(x)dx = \int_a^c f(x)dx + \int_c^b f(x)dx$.

6) $\frac{d}{dt}\int_a^t f(x)dx = f(t),\ \frac{d}{dt}\int_t^a f(x)dx = -f(t)$.

7) Sind $a(t), b(t)$ differenzierbar mit Werten in $Def(f)$, dann gilt

$$\frac{d}{dt}\int_{a(t)}^{b(t)} f(x)dx = f(b(t))b'(t) - f(a(t))a'(t).$$

8) Gilt zusätzlich zu den Annahmen von 7), dass $f(x,t)$ und $\frac{\partial f(x,t)}{\partial t}$ stetige Funktionen in (x,t) sind, dann gilt

$$\frac{d}{dt}\int_{a(t)}^{b(t)} f(x,t)dx = f(b(t),t)b'(t) - f(a(t),t)a'(t) + \int_{a(t)}^{b(t)} \frac{\partial f(x,t)}{\partial t}dx.$$

A.9.3 Uneigentliches Integral

Sei $f : [a,b) \to \mathbb{R}$, $b \in \mathbb{R}$ oder $b = +\infty$, auf jedem Teilintervall $[a,c] \subset [a,b)$ integrierbar. $f(x)$ heißt **(uneigentlich) integrierbar auf** $[a,b)$, wenn der Grenzwert

$$I = \lim_{c \uparrow b} \int_a^c f(x)\,dx$$

existiert (oder $\pm\infty$ ist). I heißt **uneigentliches Integral von** f. Notation: $I = \int_a^b f(x)\,dx$. bzw. $I = \int_a^\infty f(x)\,dx$, wenn $b = \infty$.

Genauso geht man am linken Rand vor: Sei $a \in \mathbb{R}$ oder $a = -\infty$ und $b \in \mathbb{R}$. $f : (a,b] \to \mathbb{R}$ sei auf jedem Teilintervall $[c,d] \subset (a,b]$ integrierbar. Dann definiert man:

$$\int_a^b f(x)\,dx = \lim_{c \downarrow a} \int_c^b f(x)\,dx.$$

A.10 Vektoren

Wir bezeichnen die Punkte der zweidimensionalen Ebene (xy-Ebene) mit Großbuchstaben $A,B,\ldots$. Ein **Vektor** $\overrightarrow{AB}$ ist ein Pfeil mit Anfangspunkt A und Endpunkt B. Zwei Vektoren $\overrightarrow{AB}$ und $\overrightarrow{CD}$ heißen **gleich**, wenn man durch eine Parallelverschiebung (parallel zu den Koordinatenachsen) eines der Vektoren erreichen kann, dass die Pfeile deckungsgleich sind, also Anfangs- und Endpunkt aufeinanderfallen. Somit ist jeder Vektor $\overrightarrow{AB}$ gleich zu einem sogenannten **Ortsvektor**, dessen Anfangspunkt der Ursprung $\mathbf{0}$ ist. Auf diese Weise kann jeder Vektor mit einem Punkt, nämlich dem Endpunkt des zugehörigen Ortsvektors, identifiziert werden.

Spalten- und Zeilenvektor, $\mathbb{R}^n$, transponierter Vektor   Die Menge aller **(Spalten-) Vektoren**

$$\mathbf{x} = \begin{pmatrix} x_1 \\ \vdots \\ x_n \end{pmatrix}, \qquad x_1,\ldots,x_n \in \mathbb{R},$$

heißt n-**dimensionaler Vektorraum** $\mathbb{R}^n$. $(x_1,\ldots,x_n)$ heißt **Zeilenvektor**. **Transposition:** Ist $\mathbf{x} \in \mathbb{R}^n$ der Spaltenvektor mit den Einträgen $x_1,\ldots,x_n$, dann bezeichnet $\mathbf{x}'$ den zugehörigen Zeilenvektor $(x_1,\ldots,x_n)$. Ist $(x_1,\ldots,x_n)$ ein Zeilenvektor, dann ist $(x_1,\ldots,x_n)'$ der zugehörige Spaltenvektor. $\mathbf{x}'$ heißt **transponierter Vektor**.

Zwei Vektoren $\overrightarrow{x}=\overrightarrow{AB}$ und $\overrightarrow{y}=\overrightarrow{CD}$ werden addiert, indem man $\overrightarrow{y}$ so verschiebt, dass sein Anfangspunkt mit dem Endpunkt von $\overrightarrow{x}$ übereinstimmt. Der Endpunkt des so verschobenen Vektors sei E. Der Vektor $\overrightarrow{x} + \overrightarrow{y}$ ist dann derjenige Vektor mit Anfangspunkt D und Endpunkt E: $\overrightarrow{x} + \overrightarrow{y}=\overrightarrow{DE}$. Identifiziert man die Vektoren $\overrightarrow{x}, \overrightarrow{y}$ und $\overrightarrow{x} + \overrightarrow{y}$ mit den Endpunkten $(x_1,x_2), (y_1,y_2)$ und (z_1,z_2) ihrer zugehörigen Ortsvektoren, dann sieht man, dass gilt: $z_1 = x_1 + y_1$ und $z_2 = x_2 + y_2$.

Spezielle Vektoren:

- $\mathbf{0} = \mathbf{0}_n = (0,\ldots,0)' \in \mathbb{R}^n$ heißt **Nullvektor**.

- Die Vektoren

$$\mathbf{e}_1 = \begin{pmatrix} 1 \\ 0 \\ \vdots \\ 0 \end{pmatrix}, \mathbf{e}_2 = \begin{pmatrix} 0 \\ 1 \\ 0 \\ \vdots \\ 0 \end{pmatrix}, \ldots, \mathbf{e}_n = \begin{pmatrix} 0 \\ \vdots \\ 0 \\ 1 \end{pmatrix}$$

heißen **Einheitsvektoren**. e_i heißt i-ter **Einheitsvektor**.

Vektoraddition Sind $\mathbf{x} = (x_1, \ldots, x_n)'$ und $\mathbf{y} = (y_1, \ldots, y_n)'$ n-dimensionale Vektoren, dann definiert man:

$$\mathbf{x} + \mathbf{y} = \begin{pmatrix} x_1 + y_1 \\ \vdots \\ x_n + y_n \end{pmatrix}.$$

Vektoren werden also koordinatenweise addiert.

Um Verwechselungen zu vermeiden, nennt man in der Vektorrechnung reelle Zahlen oftmals **Skalare**. Wir notieren Skalare mit normalen Buchstaben $a, b, x, y, \ldots$ und verwenden für Vektoren Fettschrift.

Multiplikation mit einem Skalar Ist $\mathbf{x} \in \mathbb{R}^n$ ein Vektor und $c \in \mathbb{R}$ ein Skalar, dann ist das skalare Vielfache $c \cdot \mathbf{x}$ der Vektor $(cx_1, \ldots, cx_n)'$ (koordinatenweise Multiplikation).

Für Skalare $c, d \in \mathbb{R}$ und Vektoren $\mathbf{x}, \mathbf{y}, \mathbf{z} \in \mathbb{R}^n$ gelten die Rechenregeln:

1) $\mathbf{x} + (\mathbf{y} + \mathbf{z}) = (\mathbf{x} + \mathbf{y}) + \mathbf{z}$,

2) $c(\mathbf{x} + \mathbf{y}) = c\mathbf{x} + c\mathbf{y}$,

3) $(c + d)\mathbf{x} = c\mathbf{x} + d\mathbf{x}$.

A.10.1 Lineare Unabhängigkeit

Linearkombination Sind $\mathbf{x}_1, \ldots, \mathbf{x}_k \in \mathbb{R}^n$ Vektoren und $c_1, \ldots, c_k \in \mathbb{R}$ Skalare, dann heißt

$$c_1 \mathbf{x}_1 + \ldots + c_k \mathbf{x}_k$$

Linearkombination von $\mathbf{x}_1, \ldots, \mathbf{x}_k$ mit Koeffizienten $c_1, \ldots, c_k$. Ein Vektor $\mathbf{y}$ heißt **linear kombinierbar aus** $\mathbf{x}_1, \ldots, \mathbf{x}_k$, wenn es Zahlen $c_1, \ldots, c_k$ gibt, so dass

$$c_1 \mathbf{x}_1 + \ldots + c_k \mathbf{x}_k = \mathbf{y}.$$

Es gilt: $(1,0)' - (1,1)' + (0,1)' = (0,0)$. Somit ist der Nullvektor aus den Vektoren $(1,0), (1,1), (0,1)$ linear kombinierbar (mit Koeffizienten $+1, -1, +1$).

> *Linear abhängig, linear unabhängig* k Vektoren $\mathbf{x}_1, \ldots, \mathbf{x}_k$ heißen **linear abhängig**, wenn es Zahlen $c_1, \ldots, c_k \in \mathbb{R}$ gibt, die nicht alle 0 sind, so dass
>
> $$c_1 \mathbf{x}_1 + \ldots + c_k \mathbf{x}_k = \mathbf{0}.$$
>
> Ansonsten heißen $\mathbf{x}_1, \ldots, \mathbf{x}_n$ **linear unabhängig**.

Sind $\mathbf{x}_1, \ldots, \mathbf{x}_k$ linear unabhängig, dann folgt aus

$$c_1 \mathbf{x}_1 + \ldots + c_k \mathbf{x}_k = \mathbf{0}$$

schon, dass alle Koeffizienten 0 sind: $c_1 = 0, \ldots, c_k = 0$.

A.10.2 Skalarprodukt und Norm

> *Skalarprodukt* Sind $\mathbf{x} = (x_1, \ldots, x_n)'$ und $\mathbf{y} = (y_1, \ldots, y_n)'$ zwei n-dimensionale Vektoren, dann heißt die Zahl
>
> $$\mathbf{x}'\mathbf{y} = \sum_{i=1}^{n} x_i y_i$$
>
> **Skalarprodukt** von $\mathbf{x}$ und $\mathbf{y}$. Insbesondere ist $\mathbf{x}'\mathbf{x} = \sum_{i=1}^{n} x_i^2$.

Für das Skalarprodukt gelten die folgenden Rechenregeln: Sind $\mathbf{x}, \mathbf{y}, \mathbf{z} \in \mathbb{R}^n$ Vektoren und ist $c \in \mathbb{R}$ ein Skalar, dann gilt:

1) $\mathbf{x}'\mathbf{y} = \mathbf{y}'\mathbf{x}$,

2) $(\mathbf{x} + \mathbf{y})'\mathbf{z} = \mathbf{x}'\mathbf{z} + \mathbf{y}'\mathbf{z}$,

3) $(c \cdot \mathbf{x})'\mathbf{y} = c \cdot \mathbf{x}'\mathbf{y} = \mathbf{x}'(c \cdot \mathbf{y})$.

> *Orthogonale (senkrechte) Vektoren* Zwei Vekoren $\mathbf{x}, \mathbf{y} \in \mathbb{R}^n$ heißen **orthogonal** (senkrecht), wenn ihr Skalarprodukt 0 ist, d.h. $\mathbf{x}'\mathbf{y} = 0$.

Ist $\mathbf{x} = (x_1, x_2)'$ ein (Orts-) Vektor, dann ist seine Länge nach dem *Satz des Pythagoras* gegeben durch:

$$l = \sqrt{x_1^2 + x_2^2}.$$

Wir können l über das Skalarprodukt darstellen: $l = \sqrt{\mathbf{x}'\mathbf{x}}$. Man nennt die Länge eines Vektors auch Norm.

Norm, normierter Vektor Ist $\mathbf{x} \in \mathbb{R}^n$ ein Vekor, dann heißt

$$\|\mathbf{x}\| = \sqrt{\mathbf{x}'\mathbf{x}}$$

(euklidische) Norm von x. Ein Vektor $\mathbf{x}$ heißt **normiert**, wenn seine Norm 1 ist: $\|\mathbf{x}\| = 1$.

Die Norm erfüllt folgende Rechenregeln: Für Vektoren $\mathbf{x}, \mathbf{y} \in \mathbb{R}^n$ und $c \in \mathbb{R}$ gilt:

1) $\|\mathbf{x}\| = 0$ gilt genau dann, wenn $\mathbf{x}$ der Nullvektor ist, d.h. $\mathbf{x} = \mathbf{0}$,

2) $\|\mathbf{x} + \mathbf{y}\| \le \|\mathbf{x}\| + \|\mathbf{y}\|$ (Dreiecksungleichung),

3) $\|c \cdot \mathbf{x}\| = |c| \cdot \|\mathbf{x}\|$.

Jede Abbildung $\|\cdot\| : \mathbb{R}^n \to \mathbb{R}$, welche diese Regeln erfüllt heißt **Norm**. Eine weitere Norm ist etwa: $\|\mathbf{x}\|_\infty = \max_{i=1,\dots,n} |x_i|$.

Jeder Vektor $\mathbf{x} \ne \mathbf{0}$ kann **normiert** werden: Der Vektor $\mathbf{x}^* = \frac{\mathbf{x}}{\|\mathbf{x}\|}$ hat Norm 1.

Cauchy-Schwarz-Ungleichung Sind $\mathbf{x}, \mathbf{y} \in \mathbb{R}^n$ n-dimensionale Vektoren, dann gilt:

$$|\mathbf{x}'\mathbf{y}| \le \|\mathbf{x}\| \cdot \|\mathbf{y}\|.$$

Aus der Cauchy-Schwarz-Ungleichung folgt, dass das Skalarprodukt der normierten Vektoren $\mathbf{x}^* = \frac{\mathbf{x}}{\|\mathbf{x}\|}$ und $\mathbf{y}^* = \frac{\mathbf{y}}{\|\mathbf{y}\|}$ betragsmäßig kleiner oder gleich 1 ist:

$$|(\mathbf{x}^*)'(\mathbf{y}^*)| = \left| \frac{\mathbf{x}'\mathbf{y}}{\|\mathbf{x}\|\|\mathbf{y}\|} \right| \le 1.$$

Also ist $(\mathbf{x}^*)'(\mathbf{y}^*)$ eine Zahl zwischen -1 und $+1$, so dass wir die Funktion arccos anwenden können, um einen Winkel zu zu ordnen.

Winkel zwischen zwei Vektoren Sind $\mathbf{x}, \mathbf{y} \in \mathbb{R}^n$ Vektoren, dann heißt

$$(\mathbf{x},\mathbf{y}) = \arccos\left(\frac{\mathbf{x}}{\|\mathbf{x}\|}, \frac{\mathbf{y}}{\|\mathbf{y}\|} \right)$$

Winkel zwischen den Vektoren x und y.

Satz des Pythagoras Sind $\mathbf{x}, \mathbf{y} \in \mathbb{R}^n$ orthogonale Vektoren, dann gilt:
$\|\mathbf{x} + \mathbf{y}\|^2 = \|\mathbf{x}\|^2 + \|\mathbf{y}\|^2$.

A.11 Matrizen

Matrix Eine Anordnung von $m \cdot n$ Zahlen

$$a_{ij} \in \mathbb{R}, i = 1, \ldots, m, \ j = 1, \ldots, n,$$

der Form

$$\mathbf{A} = \begin{pmatrix} a_{11} & a_{12} & \cdots & a_{1n} \\ a_{21} & a_{22} & \cdots & a_{2n} \\ \vdots & & & \vdots \\ a_{m1} & a_{m2} & \cdots & a_{mn} \end{pmatrix}$$

heißt $(m \times n)$-**Matrix**. (m,n) heißt **Dimension**. Ist die Dimension aus dem Kontext klar, dann schreibt man oft abkürzend: $\mathbf{A} = (a_{ij})_{i,j}$.

Zwei Matrizen $\mathbf{A} = (a_{ij})_{i,j}$ und $\mathbf{B} = (b_{ij})_{i,j}$ gleicher Dimension (d.h.: mit gleicher Zeilen- und Spaltenanzahl) heißen **gleich**, wenn alle Elemente übereinstimmen: $a_{ij} = b_{ij}$ für alle Zeilen i und alle Spalten j.

Einige spezielle Matrizen:

- Nullmatrix: $\mathbf{0} = \mathbf{0}_{m \times n}$ ist die Matrix, deren Einträge alle 0 sind.

- $\mathbf{A}$ heißt **Diagonalmatrix**, wenn

$$\mathbf{A} = \begin{pmatrix} a_{11} & 0 & \ldots & & & 0 \\ 0 & a_{22} & 0 & & \ldots & 0 \\ \vdots & & & & & \vdots \\ 0 & \cdots & 0 & a_{n-1,n-1} & & 0 \\ 0 & & & \ldots & 0 & a_{nn} \end{pmatrix}$$

Nur die Diagonale ist belegt. Kurznotation: $\mathbf{A} = \text{diag}(a_{11}, \ldots, a_{nn})$.

- **Einheitsmatrix:** $\mathbf{I} = \mathbf{I}_{n \times n} = \text{diag}(1, \ldots, 1)$ ist die Diagonalmatrix mit Diagonalelementen 1.

Sind $\mathbf{A} = (a_{ij})_{i,j}$ und $\mathbf{B} = (b_{ij})_{i,j}$ zwei Matrizen gleicher Dimension, dann ist $\mathbf{C} = \mathbf{A} + \mathbf{B}$ die Matrix mit den Einträgen $c_{ij} = a_{ij} + b_{ij}$ (elementweise Addition). Für ein $c \in \mathbb{R}$ ist $c\mathbf{A}$ die Matrix mit den Einträgen $c \cdot a_{ij}$ (elementweise Multiplikation mit einen Skalar). Für Matrizen $\mathbf{A}, \mathbf{B}, \mathbf{C}$ gleicher Dimension und Skalare $c, d \in \mathbb{R}$ gelten dann die Rechenregeln:

1) $(\mathbf{A} + \mathbf{B}) + \mathbf{C} = \mathbf{A} + (\mathbf{B} + \mathbf{C})$,

2) $c(\mathbf{A} + \mathbf{B}) = c\mathbf{A} + c\mathbf{B}$,

3) $(c + d)\mathbf{A} = c\mathbf{A} + d\mathbf{A}$.

Sei $\mathbf{y} = (y_1, \ldots, y_m)' \in \mathbb{R}^m$ ein Vektor, dessen Koordinaten sich aus $\mathbf{x}$ durch m Skalarprodukte

$$y_i = \mathbf{a}_i' \mathbf{x} = \sum_{j=1}^{n} a_{ij} x_j, \qquad i = 1, \ldots, m,$$

mit Koeffizientenvektoren $\mathbf{a}_i = (a_{i1}, \ldots, a_{in})'$ berechnen.

Matrix–Vektor–Multiplikation Ist $\mathbf{A} = (a_{ij})_{i,j}$ eine $(m \times n)$-Matrix und $\mathbf{x} = (x_1, \ldots, x_n)' \in \mathbb{R}^n$ ein Vektor, dann ist die **Multiplikation von A mit x** definiert als derjenige m-dimensionale Vektor $\mathbf{y}$, dessen i-ter Eintrag das Skalarprodukt der i-ten Zeile von $\mathbf{A}$ mit $\mathbf{x}$ ist:

$$\mathbf{y} = \mathbf{A}\mathbf{x} = \begin{pmatrix} \mathbf{a}_1' \mathbf{x} \\ \vdots \\ \mathbf{a}_n' \mathbf{x} \end{pmatrix}.$$

Bei gegebener Matrix $\mathbf{A}$ wird durch diese Operation jedem Vektor $\mathbf{x} \in \mathbb{R}^n$ ein Bildvektor $\mathbf{y} = \mathbf{A}\mathbf{x} \in \mathbb{R}^m$ zugeordnet. Die m Vektoren, welche die Zeilen einer Matrix $\mathbf{A}$ bilden, bezeichnen wir mit $\mathbf{a}_1, \ldots, \mathbf{a}_m$. Die n Spaltenvektoren notieren wir mit $\mathbf{a}^{(1)}, \ldots, \mathbf{a}^{(n)}$. Dann gilt:

$$\mathbf{A} = \begin{pmatrix} \mathbf{a}_1' \\ \vdots \\ \mathbf{a}_m' \end{pmatrix} = (\mathbf{a}^{(1)}, \ldots, \mathbf{a}^{(n)}).$$

In den Spalten von $\mathbf{A}$ stehen die Bildvektoren der Einheitsvektoren $\mathbf{e}_i$:
$\mathbf{a}^{(i)} = \mathbf{A}\mathbf{e}_i$, $i = 1, \ldots, n$.

Sind $\mathbf{A}$ und $\mathbf{B}$ $(m \times n)$-Matrizen, $\mathbf{x}, \mathbf{y} \in \mathbb{R}^n$ und ist $c \in \mathbb{R}$, dann gelten die folgenden Regeln:

1) $(\mathbf{A} + \mathbf{B})\mathbf{x} = \mathbf{A}\mathbf{x} + \mathbf{B}\mathbf{x}$,

2) $\mathbf{A}(\mathbf{x} + \mathbf{y}) = \mathbf{A}\mathbf{x} + \mathbf{A}\mathbf{y}$,

3) $\mathbf{A}(c \cdot \mathbf{x}) = c \cdot \mathbf{A}\mathbf{x}$.

Die letzten beiden Regeln besagen, dass die Abbildung $\mathbf{x} \mapsto \mathbf{A}\mathbf{x}$ *linear* ist.

Ist $\mathbf{x} = (x_1, \ldots, x_n)' \in \mathbb{R}^n$, dann ist $\mathbf{y} = \mathbf{A}\mathbf{x}$ eine Linearkombination der n Spalten $\mathbf{a}^{(1)}, \ldots, \mathbf{a}^{(n)}$ von $\mathbf{A}$. Aus

$$\mathbf{x} = x_1 \mathbf{e}_1 + x_2 \mathbf{e}_2 + \cdots + x_n \mathbf{e}_n$$

und der Linearität folgt nämlich:

$$\mathbf{Ax} = x_1 \mathbf{Ae}_1 + \cdots + x_n \mathbf{Ae}_n = x_1 \mathbf{a}^{(1)} + \cdots + x_n \mathbf{a}^{(n)}.$$

Matrizenmultiplikation Ist $\mathbf{A}$ eine $(m \times n)$-Matrix und $\mathbf{B}$ eine $(n \times r)$-Matrix, dann wird die Produktmatrix $\mathbf{A} \cdot \mathbf{B}$ definiert als $(m \times r)$-Matrix

$$\mathbf{C} = \mathbf{AB} = (c_{ij})_{i,j} \in \mathbb{R}^{m \times r},$$

deren Einträge c_{ij} das Skalarprodukt der i-ten Zeile von $\mathbf{A}$ mit der j-ten Spalte von $\mathbf{B}$ sind:

$$c_{ij} = \sum_{k=1}^{n} a_{ik} b_{kj}$$

Zwei Matrizen heißen **multiplikations-kompatibel**, wenn die Spaltenzahl von $\mathbf{A}$ mit der Zeilenzahl von $\mathbf{B}$ übereinstimmt, so dass die Produktmatrix gebildet werden kann.

Sind $\mathbf{A}, \mathbf{B}, \mathbf{C}$ Matrizen, so dass $\mathbf{A}$ und $\mathbf{C}$ sowie $\mathbf{B}$ und $\mathbf{C}$ multiplikations-kompatibel sind, ist $\mathbf{x} \in \mathbb{R}^n$ und $c \in \mathbb{R}$, dann gelten die folgenden Regeln:

1) $(\mathbf{A} + \mathbf{B})\mathbf{C} = \mathbf{AC} + \mathbf{BC}$,

2) $\mathbf{A}(\mathbf{Bx}) = (\mathbf{AB})\mathbf{x}$,

3) $\mathbf{A}(\mathbf{BC}) = (\mathbf{AB})\mathbf{C}$,

4) Meist gilt: $\mathbf{AB} \neq \mathbf{BA}$.

Die Produktmatrix $\mathbf{C} = \mathbf{AB}$ beschreibt die Hintereinanderausführung der Abbildungen, die durch $\mathbf{A}$ und $\mathbf{B}$ beschrieben werden: $\mathbf{B}$ ordnet jedem Vektor $\mathbf{x} \in \mathbb{R}^r$ einen Bildvektor $\mathbf{y} = \mathbf{Bx} \in \mathbb{R}^n$ zu, dem wir durch Anwenden der Matrix $\mathbf{A}$ einen Vektor $\mathbf{z} = \mathbf{Ay} \in \mathbb{R}^m$ zuordnen können:

$$\mathbf{x} \mapsto \mathbf{y} = \mathbf{Bx} \mapsto \mathbf{z} = \mathbf{Ay} = \mathbf{A}(\mathbf{Bx}).$$

Die Produktmatrix ist nun genau diejenige Matrix, die $\mathbf{x}$ direkt auf $\mathbf{z}$ abbildet: $\mathbf{z} = \mathbf{Cx}$. In den Spalten von $\mathbf{C}$ stehen die Bildvektoren der Einheitsvektoren: $\mathbf{c}^{(i)} = \mathbf{Ce}_i$. Es gilt:

$$\mathbf{c}^{(i)} = (\mathbf{AB})\mathbf{e}_i = \mathbf{A}(\mathbf{Be}^{(i)}) = \mathbf{Ab}^{(i)}.$$

In den Spalten von $\mathbf{C}$ stehen also die Bildvektoren der Spalten von $\mathbf{B}$ nach Anwendung der Matrix $\mathbf{A}$.

Rang einer Matrix Der **Spaltenrang** bzw. **Zeilenrang** einer Matrix ist die maximale Anzahl linear unabhängiger Spalten- bzw. Zeilenvektoren. Spalten- und Zeilenrang einer Matrix stimmen überein, so dass man vom **Rang** einer Matrix spricht. Notation: $\mathrm{rg}(\mathbf{A})$.

A.12 Lösung linearer Gleichungssysteme

Seien $\mathbf{A}$ eine $(m \times n)$-Matrix mit Zeilen $\mathbf{a}_i'$, $i = 1, \ldots, m$, und $\mathbf{b} \in \mathbb{R}^m$. Gesucht sind Lösungsvektoren $\mathbf{x} \in \mathbb{R}^n$ der n Gleichungen:

$$\mathbf{a}_i'\mathbf{x} = b_i, \qquad i = 1, \ldots, m, \qquad \Leftrightarrow \qquad \mathbf{A}\mathbf{x} = \mathbf{b}.$$

Dies ist ein *lineares Gleichungssystem* (LGS) mit m Gleichungen und n Unbekannten $x_1, \ldots, x_n$. $\mathbf{A}\mathbf{x} = \mathbf{b}$ besitzt genau dann eine Lösung, wenn $\mathbf{b}$ als Linearkombination der Spalten von $\mathbf{A}$ darstellbar ist. Gilt nämlich:

$$\mathbf{b} = x_1 \mathbf{a}^{(1)} + \cdots + x_n \mathbf{a}^{(n)},$$

dann ist $\mathbf{x} = (x_1, \ldots, x_n)'$ ein Lösungsvektor.

Ist $\mathbf{b}$ als Linearkombination der Spalten von $\mathbf{A}$ darstellbar, dann besitzt die **erweiterte Koeffizientenmatrix** $(\mathbf{A}|\mathbf{b})$ den selben Rang wie $\mathbf{A}$. Ansonsten sind die Vektoren $\mathbf{a}^{(1)}, \ldots, \mathbf{a}^{(n)}, \mathbf{b}$ linear unabhängig, so dass $\mathrm{rg}(\mathbf{A}|\mathbf{b}) > \mathrm{rg}(\mathbf{A})$.

Das LGS $\mathbf{A}\mathbf{x} = \mathbf{b}$ besitzt genau dann eine Lösung, wenn $\mathrm{rg}(\mathbf{A}) = \mathrm{rg}(\mathbf{A}|\mathbf{b})$.

Ist $\mathbf{A} = (a_{ij})_{ij}$ eine (2×2)-Matrix, dann zeigt eine explizite Rechnung (s. Steland (2004), Abschnitt 7.6.5), dass das LGS $\mathbf{A}\mathbf{x} = \mathbf{b}$ genau dann eine Lösung besitzt, wenn die **Determinante**

$$\det(\mathbf{A}) = a_{11}a_{22} - a_{12}a_{21}$$

ungleich 0 ist.

Determinante einer (2×2)-Matrix Gilt $\det(\mathbf{A}) \neq 0$, dann heißt

$$\mathbf{A}^{-1} = \frac{1}{\det(\mathbf{A})} \begin{pmatrix} a_{22} & -a_{12} \\ -a_{21} & a_{11} \end{pmatrix}$$

inverse Matrix von $\mathbf{A}$. Das LGS $\mathbf{A}\mathbf{x} = \mathbf{b}$ besitzt dann die eindeutig bestimmte Lösung

$$\mathbf{x} = \mathbf{A}^{-1}\mathbf{b} = \frac{1}{\det(A)} \begin{pmatrix} a_{22} & -a_{12} \\ -a_{21} & a_{11} \end{pmatrix} \begin{pmatrix} b_1 \\ b_2 \end{pmatrix}.$$

Ist allgemein $\mathbf{A}^{-1}$ eine Matrix mit $\mathbf{A}^{-1}\mathbf{A} = \mathbf{I}$, dann können wir $\mathbf{A}\mathbf{x} = \mathbf{b}$ auf beiden Seiten von links mit der Matrix $\mathbf{A}^{-1}$ multiplizieren, also nach $\mathbf{x}$ *auflösen*: $\mathbf{x} = \mathbf{A}^{-1}\mathbf{b}$.

Inverse Matrix Sei $\mathbf{A}$ eine $(n \times n)$-Matrix. Existiert eine Matrix $\mathbf{B}$ mit

$$\mathbf{BA} = \mathbf{I}, \qquad \mathbf{AB} = \mathbf{I},$$

dann heißt $\mathbf{B}$ **inverse Matrix von** $\mathbf{A}$ und wird mit $\mathbf{A}^{-1}$ bezeichnet.

Sei $\mathbf{A}$ eine invertierbare $(n \times n)$-Matrix. Dann gilt:

1) Ist $\mathbf{A} \cdot \mathbf{B} = \mathbf{I}$ oder $\mathbf{B} \cdot \mathbf{A} = \mathbf{I}$, dann folgt $\mathbf{B} = \mathbf{A}^{-1}$.

2) $(\mathbf{A}')^{-1} = (\mathbf{A}^{-1})'$.

3) Ist $c \in \mathbb{R}$, dann gilt: $(c\mathbf{A})^{-1} = \frac{1}{c}\mathbf{A}^{-1}$.

4) Ist $\mathbf{A}$ symmetrisch, d.h. $\mathbf{A} = \mathbf{A}'$, dann ist auch $\mathbf{A}^{-1}$ symmetrisch.

5) Sind $\mathbf{A}$ und $\mathbf{B}$ invertierbar, dann auch die Produkte $\mathbf{A} \cdot \mathbf{B}$ und $\mathbf{B} \cdot \mathbf{A}$:

$$(\mathbf{AB})^{-1} = \mathbf{B}^{-1}\mathbf{A}^{-1}, \qquad (\mathbf{BA})^{-1} = \mathbf{A}^{-1}\mathbf{B}^{-1}.$$

A.12.1 Gauß-Verfahren

Das Gauß-Verfahren ist ein bekanntes Verfahren zur Lösung linearer Gleichungssysteme. Hierzu wird ein beliebiges LGS $\mathbf{Ax} = \mathbf{b}$ durch sogenannte elementare Zeilenumformungen so umgeformt, dass die Koeffizientenmatrix Dreiecksgestalt hat. Ist $\mathbf{A}$ eine obere Dreiecksmatrix, dann kann das Gleichungssystem durch *schrittweises Rückwärtseinsetzen* gelöst werden. Für $m = n$ gilt dann:

$$
\begin{aligned}
a_{11}x_1 + a_{12}x_2 + \cdots + a_{1n}x_n &= b_1, \\
a_{22}x_2 + \cdots + a_{2n}x_n &= b_2, \\
&\vdots \\
a_{nn}x_n &= b_n
\end{aligned}
$$

Die letzte Zeile liefert $x_n = b_n/a_{nn}$. Dies wird in die vorletzte Zeile eingesetzt, die dann nach x_{n-1} aufgelöst werden kann, usw.

Die folgenden **elementaren Zeilenumformungen** ändern die Lösungsmenge des Gleichungssystems $\mathbf{Ax} = \mathbf{b}$ nicht:

1) Vertauschen zweier Zeilen.

2) Addition eines Vielfachen der i-ten Zeile zur j-ten Zeile.

3) Multiplikation einer Zeile mit einer Zahl $c \neq 0$.

Durch Anwenden dieser Operationen auf die erweiterte Koeffizientenmatrix $(\mathbf{A}|\mathbf{b})$ erzeugt man nun Nullen unterhalb der Diagonalen von $\mathbf{A}$ und bringt $(\mathbf{A}|\mathbf{b})$ somit auf die Gestalt

$$\left(\begin{array}{c|c}\mathbf{T} & \mathbf{d} \\ \hline \mathbf{0} & \mathbf{e}\end{array}\right).$$

Hierbei ist $\mathbf{T}$ eine $(k \times n)$-Matrix mit Stufengestalt. Ist $\mathbf{e}$ kein Nullvektor, dann ist das LGS widersprüchlich und besitzt keine Lösung. Der Rang der Matrix $\mathbf{A}$ ist k. $\mathbf{T}$ habe an den Spalten mit Indizes $s_1, \ldots, s_k$ Stufen. Das heißt, in der j-ten Zeile ist der Eintrag t_{j,s_j} in der s_j-ten Spalte ungleich 0 und links davon stehen nur Nullen: $(0, \ldots, 0, t_{j,s_j}, *, \ldots, *)$ mit $t_{j,s_j} \neq 0$. Hierbei steht $*$ für eine beliebige Zahl. Durch weitere elementare Zeilenumformungen kann man noch Nullen oberhalb von t_{j,s_j} erzeugen. Davon gehen wir jetzt aus. Die Gleichungen können dann nach den Variablen $x_{s_1}, \ldots, x_{s_k}$ aufgelöst werden. Die übrigen Variablen x_j mit $j \notin \{s_1, \ldots, s_k\}$ bilden $n - k$ **freie Parameter**: Man beginnt mit der k-ten Zeile des obigen Schemas,

$$t_{k,s_k} x_{s_k} + t_{k,s_k+1} \cdot x_{s_k+1} + \cdots + t_{k,n} \cdot x_n = d_k.$$

Diese Gleichung wird nach x_{s_k} aufgelöst:

$$x_{s_k} = \frac{d_k}{t_{k,s_k}} - \frac{t_{k,s_k+1}}{t_{k,s_k}} x_{s_k+1} - \cdots - \frac{t_{k,n}}{t_{k,s_k}} x_n.$$

x_{s_k} ist nun eine Funktion der freien Variablen $x_{s_k+1}, \ldots, x_n$, die beliebig gewählt werden können. Da oberhalb von t_{k,s_k} Nullen erzeugt wurden, muss x_{s_k} nicht in die oberen Gleichungen eingesetzt werden. Man löst nun schrittweise die Gleichungen (von unten nach oben) nach den Variablen $x_{s_k}, x_{s_{k-1}}, \ldots, x_{s_1}$ auf. Hierbei erscheinen die übrigen Variablen als zusätzliche freie Parameter in den Formeln für die x_{s_j}.

Beispiel: Löse das Gleichungssystem

$$2x_2 - x_3 = 2$$
$$x_1 + x_2 + x_3 = 2$$
$$x_2 + x_3 = 7$$

Hier ist $\mathbf{A} = \begin{pmatrix} 0 & 2 & -1 \\ 1 & 1 & 1 \\ 0 & 1 & 1 \end{pmatrix}$ und $\mathbf{b} = \begin{pmatrix} 2 \\ 2 \\ 7 \end{pmatrix}$. Wir arbeiten mit der erweiterten Koeffizientenmatrix und wenden elementare Zeilenumformungen an, bis unterhalb der Diagonalen Nullen stehen:

$$(\mathbf{A}|\mathbf{b}) = \begin{pmatrix} 0 & 2 & -1 & 2 \\ 1 & 1 & 1 & 2 \\ 0 & 1 & 1 & 7 \end{pmatrix}$$

$$\rightarrow \begin{pmatrix} 1 & 1 & 1 & 2 \\ 0 & 2 & -1 & 2 \\ 0 & 1 & 1 & 7 \end{pmatrix}$$

$$\rightarrow \begin{pmatrix} 1 & 1 & 1 & 2 \\ 0 & 2 & -1 & 2 \\ 0 & 0 & \frac{3}{2} & 6 \end{pmatrix}$$

1. Schritt: Vertausche 1. und 2. Zeile. 2. Schritt: Addiere das $-\frac{1}{2}$-fache der 2. Zeile zur 3. Zeile. Rückwärtseinsetzen liefert die Lösung $x_3 = 4$, $x_2 = 3$ und $x_1 = -5$.

▷ **Das Gauß-Verfahren für mehrere rechte Seiten**

Sind k Gleichungssysteme mit rechten Seiten $\mathbf{b}_1, \ldots, \mathbf{b}_k$ zu lösen,

$$\mathbf{A}\mathbf{x} = \mathbf{b}_1, \quad \mathbf{A}\mathbf{x} = \mathbf{b}_2, \quad \ldots, \quad \mathbf{A}\mathbf{x} = \mathbf{b}_k,$$

dann kann das Gauß-Verfahren auf die erweiterte Matrix $(\mathbf{A}|\mathbf{b}_1, \ldots, \mathbf{b}_k)$ angewendet werden: Erzeugt man durch elementare Zeilenumformungen die Gestalt $(\mathbf{I}|\mathbf{B})$, so stehen in der Matrix $\mathbf{B}$ spaltenweise die Lösungsvektoren $\mathbf{x}_1, \ldots, \mathbf{x}_k$.

▷ **Berechnung der inversen Matrix**

Sei $\mathbf{A}$ eine invertierbare $(n \times n)$-Matrix. Betrachte die n linearen Gleichungssysteme

$$\mathbf{A}\mathbf{x} = \mathbf{e}_i, \qquad i = 1, \ldots, n,$$

bei denen die rechten Seiten die n Einheitsvektoren sind. Da $\mathbf{A}$ invertierbar ist, hat $\mathbf{A}\mathbf{x} = \mathbf{e}_i$ die eindeutige Lösung $\mathbf{x} = \mathbf{A}^{-1}\mathbf{e}_i$. Dies ist die i-te Spalte der inversen Matrix $\mathbf{A}^{-1}$. Löst man die n linearen Gleichungssysteme $\mathbf{A}\mathbf{x} = \mathbf{e}_i$, so erhält man also spaltenweise die inverse Matrix. Dies kann effizient durch das Gauß-Verfahren geschehen, indem man die erweiterte Matrix $(\mathbf{A}|\mathbf{I})$ durch elementare Zeilenumformungen auf die Gestalt $(\mathbf{I}|\mathbf{C})$ bringt. Dann ist $\mathbf{C}$ die inverse Matrix $\mathbf{A}^{-1}$.

A.12.2 Determinanten

Für (2×2)-Matrizen wurde die Determinante bereits definiert.

Determinante einer (3×3)-*Matrix* Ist $\mathbf{A}$ eine (3×3)-Matrix mit Einträgen $a_{ij} \in \mathbb{R}$, dann heißt die Zahl

$$a_{11} \det \begin{pmatrix} a_{22} & a_{23} \\ a_{32} & a_{33} \end{pmatrix} - a_{12} \det \begin{pmatrix} a_{21} & a_{23} \\ a_{31} & a_{33} \end{pmatrix} + a_{13} \det \begin{pmatrix} a_{21} & a_{22} \\ a_{31} & a_{32} \end{pmatrix}$$

Determinante von $\mathbf{A}$ und wird mit $\det(\mathbf{A})$ notiert.

Die Definition der Determinante einer $(n \times n)$-Matrix ist etwas komplizierter: Eine *Transposition* von $\{1, \ldots, n\}$ ist eine Permutation, die genau zwei Elemente vertauscht und die anderen unverändert läßt. Jede Permutation p kann als endliche Anzahl von hintereinander ausgeführten Transpositionen geschrieben werden. Ist diese Anzahl gerade, so vergibt man das *Vorzeichen* $\mathrm{sgn}(p) = +1$, sonst $\mathrm{sgn}(p) = -1$. Beispiel: Die Permutation $(2,1,3)$ der Zahlen $1,2,3$ hat das Vorzeichen $\mathrm{sgn}(2,1,3) = -1$, $(2,3,1)$ hat das Vorzeichen $+1$. Ist $\mathbf{A}$ eine Matrix, dann kann man zu jeder Permutation $p = (p_1, \ldots, p_n)$ diejenige Matrix $\mathbf{A}_p$ betrachten, bei der die Zeilen entsprechend permutiert sind: In der i-ten Zeile von $\mathbf{A}_p$ steht die p_i-te Zeile von $\mathbf{A}$. Die **Determinante von $\mathbf{A}$** ist jetzt definiert als

$$\det(\mathbf{A}) = \sum_p \mathrm{sgn}(p) a_{p_1,1} \cdot \ldots \cdot a_{p_n,n}.$$

Jeder Summand ist das Produkt der Diagonalelemente der Matrix $\mathbf{A}_p$; es wird über alle $n!$ Permutationen summiert. Für eine (2×2)-Matrix $\mathbf{A} = (a_{ij})_{i,j}$ gibt es nur zwei Permutation der Zeilenindizes $\{1, 2\}$, nämlich $p = (1,2)$ und $q = (2,1)$. Daher ist $\det(\mathbf{A}) = a_{p(1),1} a_{p(2),2} - a_{q(1),1} a_{q(2),2} = a_{11} a_{22} - a_{21} a_{12}$; wie gehabt. Man berechnet Determinanten jedoch wie folgt:

Entwicklungssatz $\mathbf{A}$ sei eine $(n \times n)$-Matrix. $\mathbf{A}_{ij}$ entstehe aus $\mathbf{A}$ durch Streichen der i-ten Zeile und j-ten Spalte. Dann berechnet sich die Determinante von $\mathbf{A}$ durch

$$\det(\mathbf{A}) = \sum_{j=1}^{n} (-1)^{i+j} a_{ij} \det(\mathbf{A}_{ij})$$

(Entwicklung nach der i-ten Zeile). Insbesondere gilt:

$$\det(\mathbf{A}) = a_{11} \det(\mathbf{A}_{11}) - a_{12} \det(\mathbf{A}_{12}) \pm \cdots + (-1)^{n+1} \det(\mathbf{A}_{1n}).$$

Es gilt auch: $\det(\mathbf{A}) = \sum_{i=1}^{n} (-1)^{i+j} a_{ij} \det(\mathbf{A}_{ij})$ (Entwicklung nach der j-ten Spalte), da $\det(\mathbf{A}) = \det(\mathbf{A}')$. Man entwickelt nach derjenigen Spalte oder Zeile, in der die meisten Nullen stehen.

Sind $\mathbf{A}, \mathbf{B}$ multiplikationskompatible Matrizen und ist $c \in \mathbb{R}$, dann gilt:

1) Vertauschen zweier Zeilen (Spalten) ändert das Vorzeichen der Determinante.

2) $\det(\mathbf{AB}) = \det(\mathbf{A}) \det(\mathbf{B})$.

3) $\det(c\mathbf{A}) = c^n \det(\mathbf{A})$.

4) $\det(\mathbf{A}) = \det(\mathbf{A}')$

5) $\det(\mathbf{A}) = 0$ genau dann, wenn $\operatorname{rg}(\mathbf{A}) < n$.

6) $\det(\mathbf{A}) \neq 0$ genau dann, wenn die Zeilen (Spalten) von $\mathbf{A}$ linear unabhängig sind.

7) $\mathbf{A}$ ist genau dann invertierbar, wenn $\det(\mathbf{A}) \neq 0$.

8) Die Determinante ist linear in jeder Zeile bzw. Spalte.

9) Sind alle Elemente unterhalb der Hauptdiagonalen 0, dann erhält man:
$\det(\mathbf{A}) = a_{11} a_{22} \cdot \ldots \cdot a_{nn}$.

Sei $\mathbf{A} = (\mathbf{a}^{(1)}, \ldots, \mathbf{a}^{(n)})$ die $(n \times n)$-Matrix mit Spaltenvektoren $\mathbf{a}^{(j)}$. Die Determinate kann als Funktion der Spalten von $\mathbf{A}$ aufgefasst werden:

$$\det(\mathbf{A}) = \det(\mathbf{a}^{(1)}, \ldots, \mathbf{a}^{(n)}).$$

Cramer'sche Regel   Ist $\mathbf{A}$ invertierbar, dann berechnet sich die i-te Koordinate x_i des eindeutig bestimmten Lösungsvektors des LGLs $\mathbf{Ax} = \mathbf{b}$ durch

$$x_i = \frac{\det(\mathbf{a}^{(1)}, \ldots, \mathbf{a}^{(i-1)}, \mathbf{b}, \mathbf{a}^{(i+1)}, \ldots, \mathbf{a}^{(n)})}{\det(\mathbf{A})}.$$

A.13 Funktionen mehrerer Veränderlicher

Funktion   Eine Zuordnung $f : D \to \mathbb{R}$ mit $D \subset \mathbb{R}^n$, die jedem Punkt $\mathbf{x} = (x_1, \ldots, x_n) \in D$ genau eine Zahl $y = f(x_1, \ldots, x_n) \in \mathbb{R}$ zuordnet, heißt **Funktion von** $x_1, \ldots, x_n$. D heißt **Definitionsbereich von** f, $x_1, \ldots, x_n$ **Argumentvariablen** oder auch **(unabhängige, exogene) Variablen**. $y = f(x_1, \ldots, x_n)$ heißt mitunter auch **endogene Variable**. Die Menge $W = \{ f(\mathbf{x}) : \mathbf{x} \in D \}$ heißt **Wertebereich**.

Betrachtet man Funktionen von $n = 2$ Variablen, so ist es üblich, die Variablen mit x, y zu bezeichnen und den Funktionswert mit $z = f(x, y)$. Solche Funktionen kann man grafisch darstellen, indem man den Funktionswert $z = f(x, y)$

über dem Punkt $(x,y) \in D$ aufträgt. Anschaulich ist der **Funktionsgraph** $\{(x,y,z) : z = f(x,y), (x,y) \in D\}$ ein Gebirge.

Konvergenz von Punktfolgen Eine Folge $(\mathbf{x}_k)_{k \in \mathbb{N}}$ von Punkten des $\mathbb{R}^n$,

$$\mathbf{x}_k = (x_{k1}, \ldots, x_{kn}),$$

heißt **konvergent gegen x**, $\mathbf{x} = (x_1, \ldots, x_n)$, wenn alle n Koordinatenfolgen gegen die zugehörigen Koordinaten von $\mathbf{x} = (x_1, \ldots, x_n)$ konvergieren:

$$\mathbf{x}_k = (x_{k1}, \ldots, x_{kn})$$
$$\downarrow \qquad \downarrow$$
$$\mathbf{x} = (x_1, \ldots, x_n).$$

Stetige Funktion Eine Funktion $f(\mathbf{x}) = f(x_1, \ldots, x_n)$, $\mathbf{x} \in D$, heißt **stetig im Punkt a**, wenn für alle Folgen $(\mathbf{x}_k)_k$, die gegen $\mathbf{a}$ konvergieren, auch die zugehörigen Funktionswerte $f(\mathbf{x}_k)$ gegen $f(\mathbf{a})$ konvergieren, d.h.

$$\mathbf{x}_k \to \mathbf{a}, \quad k \to \infty, \qquad \Rightarrow \qquad f(\mathbf{x}_k) \to f(\mathbf{a}), \quad k \to \infty.$$

$f(\mathbf{x})$ heißt **stetig**, wenn $f(\mathbf{x})$ in allen Punkten $\mathbf{a}$ stetig ist.

Insbesondere sind alle Polynome in n Variablen sowie alle Funktionen, die durch Addition, Subtraktion, Multiplikation oder Division aus stetigen Funktionen hervorgehen, stetig. Desgleichen ist eine Verkettung $f(g_1(\mathbf{x}), \ldots, g_n(\mathbf{x}))$ stetig, wenn $f(\mathbf{x})$ und die reellwertigen Funktionen $g_1(\mathbf{x}), \ldots, g_n(\mathbf{x})$ stetig sind.

A.13.1 Partielle Differenzierbarkeit und Kettenregel

Partielle Ableitung

1) Ist $f(\mathbf{x}) = f(x_1, \ldots, x_n)$ eine Funktion von n Variablen, dann ist die **(i-te) partielle Ableitung nach x_i im Punkt x**, definiert durch

$$\frac{\partial f(\mathbf{x})}{\partial x_i} := \lim_{h \to 0} \frac{f(\mathbf{x} + h\mathbf{e}_i) - f(\mathbf{x})}{h},$$

sofern dieser Grenzwert (in $\mathbb{R}$) existiert.

2) f heißt **partiell differenzierbar** (im Punkt x), wenn alle n partiellen Ableitungen (im Punkt x) existieren.

3) f heißt **stetig partiell differenzierbar**, wenn alle n partiellen Ableitungen stetig sind.

Die partielle Ableitung nach x_i ist die „gewöhnliche" Ableitung, wobei alle anderen Variablen als Konstanten betrachtet werden.

Gradient Der Vektor der n partiellen Ableitungen,

$$\operatorname{grad} f(\mathbf{x}) = \begin{pmatrix} \frac{\partial f(\mathbf{x})}{\partial x_1} \\ \vdots \\ \frac{\partial f(\mathbf{x})}{\partial x_n} \end{pmatrix}$$

heißt **Gradient von $f(\mathbf{x})$**.

Die Funktion $f(x,y) = |x| + y^2$ ist in jedem Punkte (x,y) partiell nach y differenzierbar mit $\frac{\partial f(x,y)}{\partial y} = 2y$. $f(x,y)$ ist jedoch in allen Punkten $(0,y)$ mit $y \in \mathbb{R}$ nicht nach x partiell differenzierbar.

Ist die Funktion $\frac{\partial f(x_1,\ldots,x_n)}{\partial x_i}$ partiell differenzierbar nach x_j, so notiert man die resultierende partielle Ableitung mit $\frac{\partial^2 f(x_1,\ldots,x_n)}{\partial x_j \partial x_i}$.

In analoger Weise sind alle partielle Ableitungen k-ter Ordnung nach den Variablen $x_{i_1}, \ldots, x_{i_k}$ definiert und werden mit $\frac{\partial^k f(x_1,\ldots,x_n)}{\partial x_{i_k} \partial x_{i_{k-1}} \cdots \partial x_{i_1}}$ notiert, wenn die partielle Ableitung $\frac{\partial^{k-1} f(x_1,\ldots,x_n)}{\partial x_{i_{k-1}} \cdots \partial x_{i_1}}$ nach x_{i_k} partiell differenzierbar ist.

Beispiel:

(i) $f(x,y) = 3x^2 y^2 + 2xy - 2x^3 y^2$. Ableiten nach x:

$$\frac{\partial f(x,y)}{\partial x} = 3y^2(x^2)' + 2y(x)' - 2y^2(x^3)'$$
$$= 6y^2 x + 2y - 6y^2 x^2$$

Ableiten nach y:

$$\frac{\partial f(x,y)}{\partial y} = 3x^2(y^2)' + 2x(y)' - 2x^3(y^2)'$$
$$= 6x^2 y + 2x - 4x^3 y = (6x^2 - 4x^3)y + 2x.$$

(ii) $f(x,y) = x \cdot \sin(x) - \cos(y)$. Da $\sin'(x) = \cos(x)$ und $\cos'(x) = -\sin(x)$:

$$\frac{\partial f(x,y)}{\partial x} = 1 \cdot \sin(x) + x \cdot \cos(x)$$
$$\frac{\partial f(x,y)}{\partial y} = \sin(y)$$

Vertauschbarkeitsregel Existieren alle partiellen Ableitungen 2. Ordnung, $\frac{\partial^2 f(\mathbf{x})}{\partial x_i \partial x_j}$, und sind dies stetige Funktionen von $\mathbf{x} = (x_1, \ldots, x_n)$, dann kann die Reihenfolge vertauscht werden:

$$\frac{\partial^2 f(\mathbf{x})}{\partial x_i \partial x_j} = \frac{\partial}{\partial x_i}\left(\frac{\partial f(\mathbf{x})}{\partial x_j}\right) = \frac{\partial}{\partial x_j}\left(\frac{\partial f(\mathbf{x})}{\partial x_i}\right) = \frac{\partial^2 f(\mathbf{x})}{\partial x_j \partial x_i}$$

Ist $f : D \to \mathbb{R}$ eine Funktion von $\mathbf{x} = (x_1, \ldots, x_n)$ und sind $x_i(t)$, $i = 1, \ldots, n$, n Funktionen mit Definitionsbereich I, so dass

$$(x_1(t), \ldots, x_n(t)) \in D, \qquad \text{für alle } t \in I,$$

dann erhält man durch Einsetzen der Funktionen $x_i(t)$ in die entsprechenden Argumente von $f(x_1, \ldots, x_n)$ eine Funktion von I nach $\mathbb{R}$:

$$z(t) = f(x_1(t), \ldots, x_n(t)).$$

Die folgende Kettenregel liefert eine Formel für die Ableitung von $z(t)$:

Kettenregel Ist $f(x_1, \ldots, x_n)$ differenzierbar und sind die Funktionen $x_1(t), \ldots, x_n(t)$ alle differenzierbar, dann gilt

$$\frac{dz(t)}{dt} = (\text{grad} f(x_1(t), \ldots, x_n(t)))' \begin{pmatrix} \frac{dx_1(t)}{dt} \\ \vdots \\ \frac{dx_n(t)}{dt} \end{pmatrix}.$$

Beispiel: Sei $f(x,y) = x^2 + y^2$, $(x,y) \in \mathbb{R}^2$, sowie $x(t) = t^2$, $y(t) = 3t$, $t \in \mathbb{R}$. Dann ist

$$z(t) = f(x(t), y(t)) = (t^2)^2 + (3t)^2 = t^4 + 9t^2$$
$$z'(t) = 4t^3 + 18t.$$

Ferner ist $\text{grad} f(x,y) = \binom{2x}{2y}$ und $\frac{d\mathbf{x}(t)}{dt} = \binom{2t}{3}$. Die Kettenregel liefert

$$z'(t) = (2t^2, 6t) \binom{2t}{3} = 4t^3 + 18t$$

A.13.2 Lineare und quadratische Approximation, Hessematrix

Ist eine Funktion $f(\mathbf{x})$ in einem Punkte $\mathbf{x}_0$ stetig partiell differenzierbar, dann kann $f(\mathbf{x})$ für Argumente $\mathbf{x}$ in der Nähe von $\mathbf{x}_0$ durch eine lineare bzw. quadratische Funktion angenähert werden.

Lineare Approximation Die lineare Approximation von $f(x,y)$ im Punkte (x_0, y_0) ist

$$f(x,y) \approx f(x_0, y_0) + \frac{\partial f(x_0, y_0)}{\partial x}(x - x_0) + \frac{\partial f(x_0, y_0)}{\partial y}(y - y_0).$$

Allgemein ist für eine Funktion von n Variablen die lineare Approximation von $f(\mathbf{x})$ im Punkt $\mathbf{x}_0$ gegeben durch:

$$f(\mathbf{x}) \approx f(\mathbf{x}_0) + (\text{grad} f(\mathbf{x}_0))'(\mathbf{x} - \mathbf{x}_0).$$

Hesse-Matrix Ist f zweimal stetig partiell differenzierbar im Punkt $\mathbf{x}$, dann heißt die symmetrische $(n \times n)$-Matrix

$$\mathbf{H}_f(\mathbf{x}) = \left(\frac{\partial^2 f(\mathbf{x})}{\partial x_i \partial x_j}\right)_{i,j}$$

Hesse-Matrix von $f(\mathbf{x})$ an der Stelle $\mathbf{x}$.

Quadratische Approximation Eine quadratische Approximation an $f(\mathbf{x})$ in der Nähe von $\mathbf{x}_0$ ist gegeben durch:

$$Q(\mathbf{x}) = f(\mathbf{x}_0) + \operatorname{grad} f(\mathbf{x}_0)'(\mathbf{x} - \mathbf{x}_0) + \frac{1}{2}(\mathbf{x} - \mathbf{x}_0)'\mathbf{H}_f(\mathbf{x}_0)(\mathbf{x} - \mathbf{x}_0).$$

Die Funktion $Q(\mathbf{x})$ bestimmt das Verhalten von $f(\mathbf{x})$ in der Nähe von $\mathbf{x}_0$.

Aus der quadratischen Approximation folgt, dass das Verhalten von $f(\mathbf{x})$ in der Nähe von $\mathbf{x}_0$ durch den Gradienten $\operatorname{grad} f(\mathbf{x}_0)$ und die Hesse-Matrix $\mathbf{H}_f(\mathbf{x}_0)$ bestimmt wird.

A.13.3 Optimierung von Funktionen

Lokale Extrema (Minimum/Maximum) Sei $f : D \to \mathbb{R}$, $D \subset \mathbb{R}^n$, eine Funktion. Ein Punkt $\mathbf{x}_0$ heißt **lokales Minimum**, wenn $f(\mathbf{x}_0) \leq f(\mathbf{x})$ für alle $\mathbf{x}$ mit $\|\mathbf{x} - \mathbf{x}_0\| \leq c$ für ein $c > 0$ gilt. $\mathbf{x}_0$ heißt **lokales Maximum**, wenn $\mathbf{x}_0$ lokales Minimum von $-f(\mathbf{x})$ ist. $\mathbf{x}_0$ heißt **lokales Extremum**, wenn $f(\mathbf{x})$ lokales Minimum oder lokales Maximum ist.

Anschaulich kann man sich eine Funktion $f(x,y)$ als Gebirge vorstellen. Befindet man sich am Ort (x_0,y_0), dann zeigt der Gradient $\operatorname{grad} f(x_0,y_0)$ in Richtung des steilsten Anstiegs. $-\operatorname{grad} f(x_0,y_0)$ zeigt in die Richtung des steilsten Abstiegs. Gibt es keine Aufstiegsrichtung, dann befindet man sich u.U. in einem lokalen Minimum oder lokalen Maximum.

Stationäre Punkte Ein Punkt $\mathbf{x} \in \mathbb{R}^n$ heißt **stationärer Punkt**, wenn der Gradient in diesem Punkt der Nullvektor ist: $\operatorname{grad} f(\mathbf{x}) = \mathbf{0}$.

Zur Bestimmung aller stationären Punkte ist also die Gleichung $\operatorname{grad} f(\mathbf{x}) = \mathbf{0}$ zu lösen.

Innerer Punkt Ein Punkt $\mathbf{x}_0 \in D$ des Definitionsbereichs D einer Funktion $f : D \to \mathbb{R}$ heißt **innerer Punkt**, wenn es ein $c > 0$ gibt, so dass alle Punkte $\mathbf{x}$, deren Abstand $\|\mathbf{x} - \mathbf{x}_0\|$ kleiner als c ist, auch in D liegen.

Notwendiges Kriterium 1. Ordnung Ist $\mathbf{x}_0 \in D$ innerer Punkt von D und ein lokales Extremum von $f(\mathbf{x})$, dann gilt: $\operatorname{grad} f(\mathbf{x}_0) = \mathbf{0}$.

Ist $f(\mathbf{x})$ zweimal stetig partiell differenzierbar und ist $\mathbf{x}_0$ ein stationärer Punkt, dann lautet die quadratische Approximation von $f(\mathbf{x})$:

$$f(\mathbf{x}) \approx f(\mathbf{x}_0) + \frac{1}{2}(\mathbf{x} - \mathbf{x}_0)'\mathbf{H}_f(\mathbf{x}_0)(\mathbf{x} - \mathbf{x}_0).$$

Somit entscheidet das Verhalten von $q(\mathbf{x}) = (\mathbf{x} - \mathbf{x}_0)'\mathbf{H}_f(\mathbf{x}_0)(\mathbf{x} - \mathbf{x}_0)$, ob $\mathbf{x}_0$ ein lokales Extremum ist. Nimmt $q(\mathbf{x})$ nur positive (negative) Werte an, dann ist $\mathbf{x}_0$ ein lokales Minimum (Maximum). Man definiert daher:

Positiv/negativ definit Sei $\mathbf{A}$ eine symmetrische $(n \times n)$-Matrix. $\mathbf{A}$ heißt **positiv definit**, wenn $\mathbf{x}'\mathbf{A}\mathbf{x} > 0$ ist für alle $\mathbf{x} \neq \mathbf{0}$. $\mathbf{A}$ heißt **negativ definit**, wenn $-\mathbf{A}$ positiv definit ist. Sonst heißt $\mathbf{A}$ indefinit.

Kriterium für positive Definitheit

1) Ist $\mathbf{A} = \begin{pmatrix} a & b \\ c & d \end{pmatrix}$ eine (2×2)-Matrix, dann ist $\mathbf{A}$ genau dann positiv definit, wenn $a > 0$ und $ad - bc > 0$ gilt.

2) Ist $\mathbf{A}$ eine $(n \times n)$-Matrix, dann ist $\mathbf{A}$ positiv definit, wenn alle Determinanten $\det(\mathbf{A}_i)$ der Teilmatrizen $\mathbf{A}_i$, die aus den ersten i Zeilen und Spalten von $\mathbf{A}$ bestehen, positiv sind.

Hinreichendes Kriterium 2. Ordnung, Sattelpunkt Ist $f(\mathbf{x})$ zweimal stetig differenzierbar und ist $\mathbf{x}_0$ ein stationärer Punkt, der innerer Punkt von D ist, dann gilt:

1) Ist $\mathbf{H}_f(\mathbf{x}_0)$ positiv definit, dann ist $\mathbf{x}_0$ *lokales Minimum*.
2) Ist $\mathbf{H}_f(\mathbf{x}_0)$ negativ definit, dann ist $\mathbf{x}_0$ *lokales Maximum*.
3) Ist $\mathbf{H}_f(\mathbf{x}_0)$ indefinit, dann heißt $\mathbf{x}_0$ *Sattelpunkt*.

Das Kriterium macht *keine* Aussage, wenn die Hesse-Matrix nur **positiv semidefinit** ist, d.h. $\mathbf{x}'\mathbf{H}_f\mathbf{x} \geq 0$ für alle $\mathbf{x} \neq \mathbf{0}$ gilt, oder **negativ semidefinit** ist, d.h. $\mathbf{x}'\mathbf{H}_f\mathbf{x} \geq 0$ für alle $\mathbf{x} \neq \mathbf{0}$ gilt!

A.13.4 Optimierung unter Nebenbedingungen

Problem: Bestimme die Extremalstellen einer Funktion $f : D \to \mathbb{R}$, $D \subset \mathbb{R}^n$, unter den m Nebenbedingungen

$$g_1(\mathbf{x}) = 0, \; g_2(\mathbf{x}) = 0, \; \ldots, \; g_m(\mathbf{x}) = 0.$$

Man spricht von einem **restringierten Optimierungsproblem**. Kann man diese m Gleichungen nach m Variablen, etwa nach $x_{n-m+1}, \ldots, x_n$, auflösen,

$$x_{n-m+1} = h_1(x_1, \ldots, x_{n-m}), \ldots x_n = h_m(x_1, \ldots, x_{n-m}),$$

dann erhält man durch Einsetzen in $f(x_1, \ldots, x_n)$ ein unrestringiertes Optimierungsproblem: Minimiere

$$f(x_1, \ldots, x_{n-m}, h_1(x_1, \ldots, x_{n-m}), \ldots, h_m(x_1, \ldots, x_{n-m}))$$

in den $n - m$ Variablen $x_1, \ldots, x_{n-m}$.

Beispiel: Minimiere $f(x,y) = x^2 + y^2$ unter der Nebenbedingung $x + y = 10$. Die Nebenbedingung ist äquivalent zu $y = 10 - x$. Einsetzen liefert: Minimiere $f(x, 10 - x) = x^2 + (10 - x)^2$ in $x \in \mathbb{R}$.

Häufig ist dieses Vorgehen jedoch nicht möglich. Dann verwendet man die Lagrange-Methode:

Lagrange-Ansatz, Lagrange-Funktion Seien die Zielfunktion $f : D \to \mathbb{R}$ und die Funktionen $g_1, \ldots, g_m : D \to \mathbb{R}$ stetig differenzierbar und $\mathbf{x}_0$ eine lokale Extremalstelle von $f(\mathbf{x})$ unter den Nebenbedingungen $g_i(\mathbf{x}) = 0$, $i = 1, \ldots, m$. Die $(m \times n)$- Jakobi-Matrix

$$g'(\mathbf{x}_0) = \begin{pmatrix} \frac{\partial g_1(\mathbf{x}_0)}{\partial x_1} & \ldots & \frac{\partial g_1(\mathbf{x}_0)}{\partial x_n} \\ \vdots & & \vdots \\ \frac{\partial g_m(\mathbf{x}_0)}{\partial x_1} & \ldots & \frac{\partial g_m(\mathbf{x}_0)}{\partial x_n} \end{pmatrix}$$

der partiellen Ableitungen der g_i nach $x_1, \ldots, x_n$ habe vollen Rang m. Dann gibt es eindeutig bestimmte Zahlen $\lambda_1, \ldots, \lambda_n \in \mathbb{R}$, die **Lagrange-Multiplikatoren**, so dass gilt:

$$\operatorname{grad} f(\mathbf{x}_0) + \sum_{i=1}^{m} \lambda_i \operatorname{grad} g_i(\mathbf{x}_0) = \mathbf{0}.$$

Die Funktion $F : D \to \mathbb{R}^n$,

$$F(x_1, \ldots, x_n, \lambda_1, \ldots, \lambda_m) = f(\mathbf{x}) + \sum_{i=1}^{m} \lambda_i g_i(\mathbf{x}),$$

heißt **Lagrange-Funktion**. Die obige Bedingung besagt, dass ein lokales Extremum $\mathbf{x}_0$ von $f(\mathbf{x})$ unter den Nebenbedingungen $g_i(\mathbf{x}) = \mathbf{0}$, $i = 1, \ldots, m$, ein *stationärer* Punkt der Lagrange-Funktion ist.

A.14 Mehrdimensionale Integration

Ist $f(x,y)$ eine stetige Funktion $f : \mathbb{R}^2 \to \mathbb{R}$, dann ist auch die Funktion $g(y) = f(x,y)$, $y \in \mathbb{R}$, die man durch Fixieren von x erhält, stetig. Somit kann man das Integral

$$I(x) = \int_c^d g(y)\, dy = \int_c^d f(x,y)\, dy$$

berechnen (Integration über y). $I(x)$ ist wieder stetig, so dass man $I(x)$ über ein Intervall $(a,b]$ integrieren kann:

$$I = \int_a^b I(x)\, dx = \int_a^b \left(\int_c^d f(x,y)\, dy \right) dy\,.$$

Man berechnet also zunächst das sogenannte **innere Integral** $I(x)$ und dann das **äußere Integral** I. Die Intervalle $(a,b]$ und $(c,d]$ definieren ein **Intervall im** $\mathbb{R}^2$: $R = (a,b] \times (c,d]$. Man schreibt: $\int_R f(x,y)\, dx\, dy$.

Mehrdimensionales Integral Ist $f : D \to \mathbb{R}$ eine (stückweise) stetige Funktion und $(\mathbf{a},\mathbf{b}] = (a_1,b_1] \times \cdots \times (a_b,b_n]$, $\mathbf{a} = (a_1,\ldots,a_n)$, $\mathbf{b} = (b_1,\ldots,b_n) \in \mathbb{R}^n$, ein Intervall, dann existiert das Integral

$$I = \int_{(\mathbf{a},\mathbf{b}]} f(x_1,\ldots,x_n)\, dx_1 \ldots dx_n$$

und wird durch schrittweise Integration *von innen nach außen* berechnet:

$$I = \int_{a_1}^{b_1} \cdots \left(\int_{a_n}^{b_n} f(x_1,\ldots,x_n)\, dx_n \right) \cdots dx_1\,.$$

Hierbei darf die Reihenfolge der Variablen, nach denen integriert wird, vertauscht werden. Für eine Funktion $f(x,y)$ gilt also:

$$\int_a^b \left(\int_c^d f(x,y)\, dy \right) dx = \int_c^d \left(\int_a^b f(x,y)\, dx \right) dy\,.$$

B

Glossar

B.1 Deutsch–Englisch

Abbildung	mapping, transformation
Abhängige Variable	dependent variable
Ablehnbereich	critical region
Ableitung	derivative
Änderungsrate	rate of change
Alternative H_1	alternative hypothesis
Annahmebereich	acceptance region
Asymptotisch unverzerrter Schätzer	asymptotically unbiased estimator
Ausdruck (mathematischer)	expression
Ausgang ($\omega \in \Omega$)	(possible) outcome
Balkendiagramm	bar chart
Bedingte Verteilung	conditional distribution (law)
Bedingte Wahrscheinlichkeit	conditional probability
Beobachtungsstudie	observational study
bestimmtes Integral	definite integral
Bestimmtheitsmaß R^2	coefficient of determination
Betrag, Absolutwert	absolute value
Determinante	determinant
Dichtefunktion	(probability) density function (p.d.f.)
differenzierbare Funktion	differentiable function
Differenzenquotient	difference quotient
disjunkt	disjoint
Dreiecksmatrix	triangular matrix
Dreisatz	rule of three
Eigenwert	eigenvalue
Empirische Verteilungsfunktion	empirical distribution function
Ereignis	(random) event
Ereignisalgebra	σ field
Erwartungswert	expectation, mean
F-Test	F-Test, variance ratio test

Folge (z.B. von Zahlen)	sequence
Folgerung	conclusion
Freiheitsgrade	degrees of freedom
ganze Zahlen $\mathbb{Z}$	integers
gebrochen rationale Funktion	rational function
Gesetz der großen Zahlen	law of large numbers
Gleichung	equation
Gleichverteilung	uniform distribution
Grad (eines Polynoms)	degree
Grenzwert	limes
Grundgesamtheit	population
Häufigkeitstabelle	frequency table
identisch verteilt	identically distributed
Kerndichteschätzer	kernel density estimator
Kettenregel	chain rule
Kleinste-Quadrate Schätzung	least squares estimation
Komplementärmenge	complementary set
Konfidenzintervall	confidence interval
Konsistenz	consistency
Kontingenztafel	contingency table
Konvergenz, konvergieren gegen	convergence, converge to
Kreisdiagramm	pie chart
kritischer Wert	critical value
Kurtosis	kurtosis
leere Menge	empty set
linear unabhängig	linearly independent
lokales Extremum	local extremum
Meinungsumfrage	opinion poll
Menge	set
Merkmal	feature
Mittelwert (arithm.)	(arithmetic) average, sample mean
Münzwurf	coin toss
natürliche Zahlen	natural numbers
Nenner (eines Bruchs)	denominator
Nullhypothese H_0	null hypothesis
Ordnungsstatistik	order statistic
p Wert	p-value
partielle Ableitung	partial derivative
partielle Integration	integration by parts
Polynom	polynomial
Prozent, Prozentsatz	percent, percentage
Punktschätzer	point estimator
Quantil	quantile
Randverteilung	marginal distribution
reelle Zahlen	real numbers
Regressoren	explanatory variables
Reihe	series
Residuum	residual
Schätzer	estimator

Schiefe	skewness
Schnittpunkt	point of intersection
Schranke (untere/obere)	bound (lower/upper...)
Signifikanzniveau	significance level, type I error rate
Spaltenvektor	column vector
stetige Funktion	continuous function
Stichprobe	(random) sample
Stichprobenraum (Ergebnismenge)	sample space
Stichprobenvarianz	sample variance
Störparameter	nuisance parameter
Teilmenge	subset
Test zum Niveau α	level α test
Totalerhebung	census
Trendbereinigung	detrending
Treppenfunktion	step function
(stochastisch) unabhängig	(stochastically) independent
unendlich ∞	infinity
Ungleichung	inequality
Unstetigkeitsstelle	point of discontinuity
unverbundener t-Test (2 Stichproben)	independent samples t-test
unverzerrt / verzerrt	unbiased / biased
Varianz	variance
Variationskoeffizient	coefficient of variation
Vektorraum	vector space
Verbundener t-Test (2 Stichproben)	matched pairs t-test
Verteilung	distribution (law)
Verteilungsfunktion	(cumulative) distribution function (c.d.f.)
Verteilungskonvergenz	convergence of distribution
verzerrt	biased
Wahrscheinlichkeitsmaß	probability (measure)
Wahrscheinlichkeitsraum	probability space
Wendepunkt	point of inflection
Wertetabelle	table of values
Wurzel	root
Zähldichte	probability function
Zähler (eines Bruchs)	numerator
Zeilenvektor	row vector
Zentraler Grenzwertsatz	central limit theorem
Zielvariable (Regressand)	response variable
Zufallsexperiment	random experiment
Zufallsstichprobe	random sample
Zufallsvariable	random variable
Zufallszahl	random number

B.2 Englisch – Deutsch

Absolute value	Absolutwert, Betrag
Acceptance region	Annahmebereich
Alternative hypothesis	Alternativhypothese (H_1)
arithmetic average	arithmetischer Mittelwert
Asymptotically (un)biased	asymptotisch (un)verzerrt
average	Mittelwert
bar chart	Balkendiagramm
bias	Verzerrung, Bias
biased	verzerrt
bound (lower, upper)	Schranke (untere, obere)
census	Totalerhebung
central limit theorem (CLT)	Zentraler Grenzwertsatz (ZGWS)
chain rule	Kettenregel
coefficient of variation	Variationskoeffizient
coin toss	Münzwurf
column vector	Spaltenvektor
complementary set	Komplementärmenge
confidence interval	Konfidenzinterval, Vertrauensbereich
conclusion	Schlussfolgerung, Folgerung
conditional distribution	bedingte Verteilung
conditional expectation	bedingter Erwartungswert
conditional probability	bedingte Wahrscheinlichkeit
consistency	Konsistenz (eines Schätzers)
contingency table	Kontingenztafel
continuous function	stetige Funktion
Continuity	Stetigkeit
convergence, to converge (to)	Konvergenz, konvergieren (gegen)
convergence in distribution	Konvergenz in Verteilung, Verteilungskonvergenz
critical region	Ablehnbereich (eines Tests)
critical value	kritischer Wert
cumulative distribution function (c.d.f.)	Verteilungsfunktion
definite integral	bestimmmtes Integral
degree	Grad (eines Polynoms)
degrees of freedom	Freiheitsgrade
(probability) density function	Dichtefunktion
denominator	Nenner (eines Bruchs)
dependent variable	abhängige Variable
derivative	Ableitung
determinant	Determinante
detrending	Trendbereinigung
disjoint	disjunkt
difference quotient	Differenzenquotient
differentiable function	differenzierbare Funktion
differentiability	Differenzierbarkeit
distribution	Verteilung
eigenvalue	Eigenwert
empirical distribution function (e.d.f.)	Empirische Verteilungsfunktion

empty set	leere Menge
equation	Gleichung
estimator	Schätzer
event	Ereignis
expectation	Erwartungswert
explanatory variable	erklärende Variable (Regression)
expression	Ausdruck
feature	Merkmale
frequency table	Häufigkeitstabelle
identically distributed	identisch verteilt
independent	unabhängig
independent events	unabhängige Ereignisse
independent random variables	unabhängige Zufallsvariablen
independent samples t test	unverbundener t-Test
inequality	Ungleichung
infinity	unendlich
integers	ganze Zahlen
integration by parts	partielle Integration
kernel density estimator	Kerndichteschätzer
kurtosis	Kurtosis
law	Verteilung, Verteilungsgesetz
law of large numbers (LLN)	Gesetz der Großen Zahlen
least squares estimation	Kleinste-Quadrate Schätzung
level α test	Test zum Niveau α
limes	Grenzwert, Limes
linearly independent	linear unabhängig
local extremum	lokales Extremum, lokaler Hochpunkt
lower bound	untere Schranke
nuisance parameter	Störparameter
marginal distribution	Randverteilung
matched pairs t test	verbundener t-Test
matrix	Matrix
mean	Erwartungswert
natural numbers	natürliche Zahlen
null hypothesis	Nullhypothese (H_0)
numerator	Zähler (eines Bruchs)
order statistic	Ordungsstatistik
opinion poll	Meinungsumfrage
p-value	p-Wert
partial derivative	partielle Ableitung
percent, percentage	Prozent, Prozentsatz
pie chart	Kreisdiagramm
point estimator	Punktschätzer
point of discontinuity	Unstetigkeitsstelle
point of inflection	Wendepunkt
point of intersection	Schnittpunkt
polynomial	Polynom
population	Grundgesamtheit, Population
probability (measure)	Wahrscheinlichkeitsmaß

probability (mass) function	Zähldichte
probability space	Wahrscheinlichkeitsraum
quantile	Quantil
random experiment	Zufallsexperiment
random number	Zufallszahl
random sample	Zufallsstichprobe, Stichprobe
random variable	Zufallsvariable
rational function	gebrochen rationale Funktion
real numbers	reelle Zahlen
realisation	Realisierung
residual	Residuum
response variable	Zielvariable (Regressand)
root	Wurzel, Nullstelle
row vector	Zeilenvektor
sample	Stichprobe
sample mean	Stichprobenmittel, arithmetisches Mittel
sample space	Stichprobenraum, Ergebnismenge
sample variance	Stichprobenvarianz
series	Reihe
set	Menge
sequence	Folge
step function	Treppenfunktion
significance level	Signifikanzniveau
stochastically independent	stochastisch unabhängig
skewness	Schiefe
stratified sample	geschichtete Zufallsauswahl
subset	Untermenge
table of values	Wertetabelle
transpose	Transponierte (einer Matrix)
type I error rate	Signifikanzniveau, α-Fehler, Fehlerwahrscheinlichkeit 1. Art
type II error rate	β-Fehler, Fehlerwahrscheinlichkeit 2. Art
unbiased	unverzerrt
uniform distribution	Gleichverteilung
variance	Varianz
vector	Vektor
vector space	Vektorraum

C

Tabellen

C.1 Normalverteilung

x	Überschreitungswahrscheinlichkeiten $1 - \Phi(x+h)$									
	0	0.01	0.02	0.03	0.04	0.05	0.06	0.07	0.08	0.09
0	.5000	.4960	.4920	.4880	.4840	.4801	.4761	.4721	.4681	.4641
0.1	.4602	.4562	.4522	.4483	.4443	.4404	.4364	.4325	.4286	.4247
0.2	.4207	.4168	.4129	.4090	.4052	.4013	.3974	.3936	.3897	.3859
0.3	.3821	.3783	.3745	.3707	.3669	.3632	.3594	.3557	.3520	.3483
0.4	.3446	.3409	.3372	.3336	.3300	.3264	.3228	.3192	.3156	.3121
0.5	.3085	.3050	.3015	.2981	.2946	.2912	.2877	.2843	.2810	.2776
0.6	.2743	.2709	.2676	.2643	.2611	.2578	.2546	.2514	.2483	.2451
0.7	.2420	.2389	.2358	.2327	.2296	.2266	.2236	.2206	.2177	.2148
0.8	.2119	.2090	.2061	.2033	.2005	.1977	.1949	.1922	.1894	.1867
0.9	.1841	.1814	.1788	.1762	.1736	.1711	.1685	.1660	.1635	.1611
1	.1587	.1562	.1539	.1515	.1492	.1469	.1446	.1423	.1401	.1379
1.1	.1357	.1335	.1314	.1292	.1271	.1251	.1230	.1210	.1190	.1170
1.2	.1151	.1131	.1112	.1093	.1075	.1056	.1038	.1020	.1003	.0985
1.3	.0968	.0951	.0934	.0918	.0901	.0885	.0869	.0853	.0838	.0823
1.4	.0808	.0793	.0778	.0764	.0749	.0735	.0721	.0708	.0694	.0681
1.5	.0668	.0655	.0643	.0630	.0618	.0606	.0594	.0582	.0571	.0559
1.6	.0548	.0537	.0526	.0516	.0505	.0495	.0485	.0475	.0465	.0455
1.7	.0446	.0436	.0427	.0418	.0409	.0401	.0392	.0384	.0375	.0367
1.8	.0359	.0351	.0344	.0336	.0329	.0322	.0314	.0307	.0301	.0294
1.9	.0287	.0281	.0274	.0268	.0262	.0256	.0250	.0244	.0239	.0233
2	.0228	.0222	.0217	.0212	.0207	.0202	.0197	.0192	.0188	.0183
2.1	.0179	.0174	.0170	.0166	.0162	.0158	.0154	.0150	.0146	.0143
2.2	.0139	.0136	.0132	.0129	.0125	.0122	.0119	.0116	.0113	.0110
2.3	.0107	.0104	.0102	.0099	.0096	.0094	.0091	.0089	.0087	.0084
2.4	.0082	.0080	.0078	.0075	.0073	.0071	.0069	.0068	.0066	.0064
2.5	.0062	.0060	.0059	.0057	.0055	.0054	.0052	.0051	.0049	.0048
2.6	.0047	.0045	.0044	.0043	.0041	.0040	.0039	.0038	.0037	.0036
2.7	.0035	.0034	.0033	.0032	.0031	.0030	.0029	.0028	.0027	.0026
2.8	.0026	.0025	.0024	.0023	.0023	.0022	.0021	.0021	.0020	.0019

Beispiel: $X \sim \mathcal{N}(0,1), P(X > 2.26) = 0.0119$

Verteilungsfunktion $\Phi(x + h)$									
x					h				
0	0.01	0.02	0.03	0.04	0.05	0.06	0.07	0.08	0.09
0	.5000	.5040	.5080	.5120	.5160	.5199	.5239	.5279	.5319	.5359
0.1	.5398	.5438	.5478	.5517	.5557	.5596	.5636	.5675	.5714	.5753
0.2	.5793	.5832	.5871	.5910	.5948	.5987	.6026	.6064	.6103	.6141
0.3	.6179	.6217	.6255	.6293	.6331	.6368	.6406	.6443	.6480	.6517
0.4	.6554	.6591	.6628	.6664	.6700	.6736	.6772	.6808	.6844	.6879
0.5	.6915	.6950	.6985	.7019	.7054	.7088	.7123	.7157	.7190	.7224
0.6	.7257	.7291	.7324	.7357	.7389	.7422	.7454	.7486	.7517	.7549
0.7	.7580	.7611	.7642	.7673	.7704	.7734	.7764	.7794	.7823	.7852
0.8	.7881	.7910	.7939	.7967	.7995	.8023	.8051	.8078	.8106	.8133
0.9	.8159	.8186	.8212	.8238	.8264	.8289	.8315	.8340	.8365	.8389
1	.8413	.8438	.8461	.8485	.8508	.8531	.8554	.8577	.8599	.8621
1.1	.8643	.8665	.8686	.8708	.8729	.8749	.8770	.8790	.8810	.8830
1.2	.8849	.8869	.8888	.8907	.8925	.8944	.8962	.8980	.8997	.9015
1.3	.9032	.9049	.9066	.9082	.9099	.9115	.9131	.9147	.9162	.9177
1.4	.9192	.9207	.9222	.9236	.9251	.9265	.9279	.9292	.9306	.9319
1.5	.9332	.9345	.9357	.9370	.9382	.9394	.9406	.9418	.9429	.9441
1.6	.9452	.9463	.9474	.9484	.9495	.9505	.9515	.9525	.9535	.9545
1.7	.9554	.9564	.9573	.9582	.9591	.9599	.9608	.9616	.9625	.9633
1.8	.9641	.9649	.9656	.9664	.9671	.9678	.9686	.9693	.9699	.9706
1.9	.9713	.9719	.9726	.9732	.9738	.9744	.9750	.9756	.9761	.9767
2	.9772	.9778	.9783	.9788	.9793	.9798	.9803	.9808	.9812	.9817
2.1	.9821	.9826	.9830	.9834	.9838	.9842	.9846	.9850	.9854	.9857
2.2	.9861	.9864	.9868	.9871	.9875	.9878	.9881	.9884	.9887	.9890
2.3	.9893	.9896	.9898	.9901	.9904	.9906	.9909	.9911	.9913	.9916
2.4	.9918	.9920	.9922	.9925	.9927	.9929	.9931	.9932	.9934	.9936
2.5	.9938	.9940	.9941	.9943	.9945	.9946	.9948	.9949	.9951	.9952
2.6	.9953	.9955	.9956	.9957	.9959	.9960	.9961	.9962	.9963	.9964
2.7	.9965	.9966	.9967	.9968	.9969	.9970	.9971	.9972	.9973	.9974
2.8	.9974	.9975	.9976	.9977	.9977	.9978	.9979	.9979	.9980	.9981

Beispiel: $X \sim \mathcal{N}(3,9)$,

$$P(X \leq 4.26) = P(\tfrac{X-3}{\sqrt{9}} \leq \tfrac{4.26-3}{3}) = P(X \leq 0.42) = 0.6628$$

C.2 *t*-Verteilung

q-Quantile der *t*(*df*)-Verteilung					
			q		
df	0.9	0.95	0.975	0.98	0.99	0.995
1	3.078	6.314	12.706	15.895	31.821	63.657
2	1.886	2.920	4.303	4.849	6.965	9.925
3	1.638	2.353	3.182	3.482	4.541	5.841
4	1.533	2.132	2.776	2.999	3.747	4.604
5	1.476	2.015	2.571	2.757	3.365	4.032
6	1.440	1.943	2.447	2.612	3.143	3.707
7	1.415	1.895	2.365	2.517	2.998	3.499
8	1.397	1.860	2.306	2.449	2.896	3.355
9	1.383	1.833	2.262	2.398	2.821	3.250
10	1.372	1.812	2.228	2.359	2.764	3.169
11	1.363	1.796	2.201	2.328	2.718	3.106
12	1.356	1.782	2.179	2.303	2.681	3.055
13	1.350	1.771	2.160	2.282	2.650	3.012
14	1.345	1.761	2.145	2.264	2.624	2.977
15	1.341	1.753	2.131	2.249	2.602	2.947
16	1.337	1.746	2.120	2.235	2.583	2.921
17	1.333	1.740	2.110	2.224	2.567	2.898
18	1.330	1.734	2.101	2.214	2.552	2.878
19	1.328	1.729	2.093	2.205	2.539	2.861
20	1.325	1.725	2.086	2.197	2.528	2.845
21	1.323	1.721	2.080	2.189	2.518	2.831
22	1.321	1.717	2.074	2.183	2.508	2.819
23	1.319	1.714	2.069	2.177	2.500	2.807
24	1.318	1.711	2.064	2.172	2.492	2.797
25	1.316	1.708	2.060	2.167	2.485	2.787
26	1.315	1.706	2.056	2.162	2.479	2.779
27	1.314	1.703	2.052	2.158	2.473	2.771
28	1.313	1.701	2.048	2.154	2.467	2.763
29	1.311	1.699	2.045	2.150	2.462	2.756
30	1.310	1.697	2.042	2.147	2.457	2.750
31	1.309	1.696	2.040	2.144	2.453	2.744
32	1.309	1.694	2.037	2.141	2.449	2.738

Beispiel: $X \sim t(8)$,

$$P(X \leq c) = 0.95 \ \Rightarrow c = 1.860$$

q-Quantile der $t(df)$-Verteilung					
			q		
df 0.9	0.95	0.975	0.98	0.99	0.995
33 1.308	1.692	2.035	2.138	2.445	2.733
34 1.307	1.691	2.032	2.136	2.441	2.728
35 1.306	1.690	2.030	2.133	2.438	2.724
36 1.306	1.688	2.028	2.131	2.434	2.719
37 1.305	1.687	2.026	2.129	2.431	2.715
38 1.304	1.686	2.024	2.127	2.429	2.712
39 1.304	1.685	2.023	2.125	2.426	2.708
40 1.303	1.684	2.021	2.123	2.423	2.704
41 1.303	1.683	2.020	2.121	2.421	2.701
42 1.302	1.682	2.018	2.120	2.418	2.698
43 1.302	1.681	2.017	2.118	2.416	2.695
44 1.301	1.680	2.015	2.116	2.414	2.692
45 1.301	1.679	2.014	2.115	2.412	2.690
46 1.300	1.679	2.013	2.114	2.410	2.687
47 1.300	1.678	2.012	2.112	2.408	2.685
48 1.299	1.677	2.011	2.111	2.407	2.682
49 1.299	1.677	2.010	2.110	2.405	2.680
50 1.299	1.676	2.009	2.109	2.403	2.678
51 1.298	1.675	2.008	2.108	2.402	2.676
52 1.298	1.675	2.007	2.107	2.400	2.674
53 1.298	1.674	2.006	2.106	2.399	2.672
54 1.297	1.674	2.005	2.105	2.397	2.670
55 1.297	1.673	2.004	2.104	2.396	2.668
56 1.297	1.673	2.003	2.103	2.395	2.667
57 1.297	1.672	2.002	2.102	2.394	2.665
58 1.296	1.672	2.002	2.101	2.392	2.663
59 1.296	1.671	2.001	2.100	2.391	2.662
60 1.296	1.671	2.000	2.099	2.390	2.660
61 1.296	1.670	2.000	2.099	2.389	2.659
62 1.295	1.670	1.999	2.098	2.388	2.657
63 1.295	1.669	1.998	2.097	2.387	2.656
64 1.295	1.669	1.998	2.096	2.386	2.655

C.3 χ^2-Verteilung

q-Quantile der $\chi^2(df)$-Verteilung					
			q		
df	0.9	0.95	0.975	0.98	0.99	0.995
1	2.706	3.841	5.024	5.412	6.635	7.879
2	4.605	5.991	7.378	7.824	9.210	10.597
3	6.251	7.815	9.348	9.837	11.345	12.838
4	7.779	9.488	11.143	11.668	13.277	14.860
5	9.236	11.070	12.833	13.388	15.086	16.750
6	10.645	12.592	14.449	15.033	16.812	18.548
7	12.017	14.067	16.013	16.622	18.475	20.278
8	13.362	15.507	17.535	18.168	20.090	21.955
9	14.684	16.919	19.023	19.679	21.666	23.589
10	15.987	18.307	20.483	21.161	23.209	25.188
11	17.275	19.675	21.920	22.618	24.725	26.757
12	18.549	21.026	23.337	24.054	26.217	28.300
13	19.812	22.362	24.736	25.472	27.688	29.819
14	21.064	23.685	26.119	26.873	29.141	31.319
15	22.307	24.996	27.488	28.259	30.578	32.801
16	23.542	26.296	28.845	29.633	32.000	34.267
17	24.769	27.587	30.191	30.995	33.409	35.718
18	25.989	28.869	31.526	32.346	34.805	37.156
19	27.204	30.144	32.852	33.687	36.191	38.582
20	28.412	31.410	34.170	35.020	37.566	39.997
21	29.615	32.671	35.479	36.343	38.932	41.401
22	30.813	33.924	36.781	37.659	40.289	42.796
23	32.007	35.172	38.076	38.968	41.638	44.181
24	33.196	36.415	39.364	40.270	42.980	45.559
25	34.382	37.652	40.646	41.566	44.314	46.928
26	35.563	38.885	41.923	42.856	45.642	48.290
27	36.741	40.113	43.195	44.140	46.963	49.645
28	37.916	41.337	44.461	45.419	48.278	50.993
29	39.087	42.557	45.722	46.693	49.588	52.336
30	40.256	43.773	46.979	47.962	50.892	53.672
31	41.422	44.985	48.232	49.226	52.191	55.003
32	42.585	46.194	49.480	50.487	53.486	56.328
33	43.745	47.400	50.725	51.743	54.776	57.648
34	44.903	48.602	51.966	52.995	56.061	58.964
35	46.059	49.802	53.203	54.244	57.342	60.275

q-Quantile der $\chi^2(df)$-Verteilung					
			q		
df	0.9	0.95	0.975	0.98	0.99	0.995
36	47.212	50.998	54.437	55.489	58.619	61.581
37	48.363	52.192	55.668	56.730	59.893	62.883
38	49.513	53.384	56.896	57.969	61.162	64.181
39	50.660	54.572	58.120	59.204	62.428	65.476
40	51.805	55.758	59.342	60.436	63.691	66.766
41	52.949	56.942	60.561	61.665	64.950	68.053
42	54.090	58.124	61.777	62.892	66.206	69.336
43	55.230	59.304	62.990	64.116	67.459	70.616
44	56.369	60.481	64.201	65.337	68.710	71.893
45	57.505	61.656	65.410	66.555	69.957	73.166
46	58.641	62.830	66.617	67.771	71.201	74.437
47	59.774	64.001	67.821	68.985	72.443	75.704
48	60.907	65.171	69.023	70.197	73.683	76.969
49	62.038	66.339	70.222	71.406	74.919	78.231
50	63.167	67.505	71.420	72.613	76.154	79.490
51	64.295	68.669	72.616	73.818	77.386	80.747
52	65.422	69.832	73.810	75.021	78.616	82.001
53	66.548	70.993	75.002	76.223	79.843	83.253
54	67.673	72.153	76.192	77.422	81.069	84.502
55	68.796	73.311	77.380	78.619	82.292	85.749
56	69.919	74.468	78.567	79.815	83.513	86.994
57	71.040	75.624	79.752	81.009	84.733	88.236
58	72.160	76.778	80.936	82.201	85.950	89.477
59	73.279	77.931	82.117	83.391	87.166	90.715
60	74.397	79.082	83.298	84.580	88.379	91.952
61	75.514	80.232	84.476	85.767	89.591	93.186
62	76.630	81.381	85.654	86.953	90.802	94.419
63	77.745	82.529	86.830	88.137	92.010	95.649
64	78.860	83.675	88.004	89.320	93.217	96.878
65	79.973	84.821	89.177	90.501	94.422	98.105
66	81.085	85.965	90.349	91.681	95.626	99.330
67	82.197	87.108	91.519	92.860	96.828	100.554
68	83.308	88.250	92.689	94.037	98.028	101.776
69	84.418	89.391	93.856	95.213	99.228	102.996
70	85.527	90.531	95.023	96.388	100.425	104.215

C.4 *F*-Verteilung

					df_2				
df_1	1	2	3	4	5	6	7	8	9
1	161	18.5	10.1	7.7	6.6	6.0	5.6	5.3	5.1
2	199	19.0	9.6	6.9	5.8	5.1	4.7	4.5	4.3
3	216	19.2	9.277	6.591	5.409	4.757	4.347	4.066	3.863
4	225	19.2	9.117	6.388	5.192	4.534	4.120	3.838	3.633
5	230	19.3	9.013	6.256	5.050	4.387	3.972	3.687	3.482
6	234	19.3	8.941	6.163	4.950	4.284	3.866	3.581	3.374
7	237	19.4	8.887	6.094	4.876	4.207	3.787	3.500	3.293
8	239	19.4	8.845	6.041	4.818	4.147	3.726	3.438	3.230
9	241	19.4	8.812	5.999	4.772	4.099	3.677	3.388	3.179
10	242	19.4	8.786	5.964	4.735	4.060	3.637	3.347	3.137
11	243	19.4	8.763	5.936	4.704	4.027	3.603	3.313	3.102
12	244	19.4	8.745	5.912	4.678	4.000	3.575	3.284	3.073
13	245	19.4	8.729	5.891	4.655	3.976	3.550	3.259	3.048
14	245	19.4	8.715	5.873	4.636	3.956	3.529	3.237	3.025
15	246	19.4	8.703	5.858	4.619	3.938	3.511	3.218	3.006
16	246	19.4	8.692	5.844	4.604	3.922	3.494	3.202	2.989
17	247	19.4	8.683	5.832	4.590	3.908	3.480	3.187	2.974
18	247	19.4	8.675	5.821	4.579	3.896	3.467	3.173	2.960
19	248	19.4	8.667	5.811	4.568	3.884	3.455	3.161	2.948
20	248	19.4	8.660	5.803	4.558	3.874	3.445	3.150	2.936
21	248	19.4	8.654	5.795	4.549	3.865	3.435	3.140	2.926
22	249	19.5	8.648	5.787	4.541	3.856	3.426	3.131	2.917
23	249	19.5	8.643	5.781	4.534	3.849	3.418	3.123	2.908
24	249	19.5	8.639	5.774	4.527	3.841	3.410	3.115	2.900
25	249	19.5	8.634	5.769	4.521	3.835	3.404	3.108	2.893
26	249	19.5	8.630	5.763	4.515	3.829	3.397	3.102	2.886
27	250	19.5	8.626	5.759	4.510	3.823	3.391	3.095	2.880
28	250	19.5	8.623	5.754	4.505	3.818	3.386	3.090	2.874
29	250	19.5	8.620	5.750	4.500	3.813	3.381	3.084	2.869
30	250	19.5	8.617	5.746	4.496	3.808	3.376	3.079	2.864
31	250	19.5	8.614	5.742	4.492	3.804	3.371	3.075	2.859

0.950 -Quantile der $F(df_1, df_2)$-Verteilung

Beispiel: $X \sim F(4, 6), P(X \le c) = 0.9500 \Rightarrow c = 4.534$

Es gilt: $F(df_1, df_2)_\alpha = \frac{1}{F(df_2, df_1)_{1-\alpha}}$

	0.950 -Quantile der $F(df_1, df_2)$-Verteilung								
				df_2					
df_1	10	11	12	13	14	15	16	17	18
1	5.0	4.8	4.7	4.7	4.6	4.5	4.5	4.5	4.4
2	4.1	4.0	3.9	3.8	3.7	3.7	3.6	3.6	3.6
3	3.708	3.587	3.490	3.411	3.344	3.287	3.239	3.197	3.160
4	3.478	3.357	3.259	3.179	3.112	3.056	3.007	2.965	2.928
5	3.326	3.204	3.106	3.025	2.958	2.901	2.852	2.810	2.773
6	3.217	3.095	2.996	2.915	2.848	2.790	2.741	2.699	2.661
7	3.135	3.012	2.913	2.832	2.764	2.707	2.657	2.614	2.577
8	3.072	2.948	2.849	2.767	2.699	2.641	2.591	2.548	2.510
9	3.020	2.896	2.796	2.714	2.646	2.588	2.538	2.494	2.456
10	2.978	2.854	2.753	2.671	2.602	2.544	2.494	2.450	2.412
11	2.943	2.818	2.717	2.635	2.565	2.507	2.456	2.413	2.374
12	2.913	2.788	2.687	2.604	2.534	2.475	2.425	2.381	2.342
13	2.887	2.761	2.660	2.577	2.507	2.448	2.397	2.353	2.314
14	2.865	2.739	2.637	2.554	2.484	2.424	2.373	2.329	2.290
15	2.845	2.719	2.617	2.533	2.463	2.403	2.352	2.308	2.269
16	2.828	2.701	2.599	2.515	2.445	2.385	2.333	2.289	2.250
17	2.812	2.685	2.583	2.499	2.428	2.368	2.317	2.272	2.233
18	2.798	2.671	2.568	2.484	2.413	2.353	2.302	2.257	2.217
19	2.785	2.658	2.555	2.471	2.400	2.340	2.288	2.243	2.203
20	2.774	2.646	2.544	2.459	2.388	2.328	2.276	2.230	2.191
21	2.764	2.636	2.533	2.448	2.377	2.316	2.264	2.219	2.179
22	2.754	2.626	2.523	2.438	2.367	2.306	2.254	2.208	2.168
23	2.745	2.617	2.514	2.429	2.357	2.297	2.244	2.199	2.159
24	2.737	2.609	2.505	2.420	2.349	2.288	2.235	2.190	2.150
25	2.730	2.601	2.498	2.412	2.341	2.280	2.227	2.181	2.141
26	2.723	2.594	2.491	2.405	2.333	2.272	2.220	2.174	2.134
27	2.716	2.588	2.484	2.398	2.326	2.265	2.212	2.167	2.126
28	2.710	2.582	2.478	2.392	2.320	2.259	2.206	2.160	2.119
29	2.705	2.576	2.472	2.386	2.314	2.253	2.200	2.154	2.113
30	2.700	2.570	2.466	2.380	2.308	2.247	2.194	2.148	2.107
31	2.695	2.565	2.461	2.375	2.303	2.241	2.188	2.142	2.102

0.950 -Quantile der $F(df_1, df_2)$-Verteilung

| df_1 | \multicolumn{9}{c}{df_2} |
	19	20	21	22	23	24	25	26	27
1	4.4	4.4	4.3	4.3	4.3	4.3	4.2	4.2	4.2
2	3.5	3.5	3.5	3.4	3.4	3.4	3.4	3.4	3.4
3	3.127	3.098	3.072	3.049	3.028	3.009	2.991	2.975	2.960
4	2.895	2.866	2.840	2.817	2.796	2.776	2.759	2.743	2.728
5	2.740	2.711	2.685	2.661	2.640	2.621	2.603	2.587	2.572
6	2.628	2.599	2.573	2.549	2.528	2.508	2.490	2.474	2.459
7	2.544	2.514	2.488	2.464	2.442	2.423	2.405	2.388	2.373
8	2.477	2.447	2.420	2.397	2.375	2.355	2.337	2.321	2.305
9	2.423	2.393	2.366	2.342	2.320	2.300	2.282	2.265	2.250
10	2.378	2.348	2.321	2.297	2.275	2.255	2.236	2.220	2.204
11	2.340	2.310	2.283	2.259	2.236	2.216	2.198	2.181	2.166
12	2.308	2.278	2.250	2.226	2.204	2.183	2.165	2.148	2.132
13	2.280	2.250	2.222	2.198	2.175	2.155	2.136	2.119	2.103
14	2.256	2.225	2.197	2.173	2.150	2.130	2.111	2.094	2.078
15	2.234	2.203	2.176	2.151	2.128	2.108	2.089	2.072	2.056
16	2.215	2.184	2.156	2.131	2.109	2.088	2.069	2.052	2.036
17	2.198	2.167	2.139	2.114	2.091	2.070	2.051	2.034	2.018
18	2.182	2.151	2.123	2.098	2.075	2.054	2.035	2.018	2.002
19	2.168	2.137	2.109	2.084	2.061	2.040	2.021	2.003	1.987
20	2.155	2.124	2.096	2.071	2.048	2.027	2.007	1.990	1.974
21	2.144	2.112	2.084	2.059	2.036	2.015	1.995	1.978	1.961
22	2.133	2.102	2.073	2.048	2.025	2.003	1.984	1.966	1.950
23	2.123	2.092	2.063	2.038	2.014	1.993	1.974	1.956	1.940
24	2.114	2.082	2.054	2.028	2.005	1.984	1.964	1.946	1.930
25	2.106	2.074	2.045	2.020	1.996	1.975	1.955	1.938	1.921
26	2.098	2.066	2.037	2.012	1.988	1.967	1.947	1.929	1.913
27	2.090	2.059	2.030	2.004	1.981	1.959	1.939	1.921	1.905
28	2.084	2.052	2.023	1.997	1.973	1.952	1.932	1.914	1.898
29	2.077	2.045	2.016	1.990	1.967	1.945	1.926	1.907	1.891
30	2.071	2.039	2.010	1.984	1.961	1.939	1.919	1.901	1.884
31	2.066	2.033	2.004	1.978	1.955	1.933	1.913	1.895	1.878

df_1	\multicolumn{9}{c}{df_2}
	1	2	3	4	5	6	7	8	9
1	648	38.5	17.4	12.2	10.0	8.8	8.1	7.6	7.2
2	799	39.0	16.0	10.6	8.4	7.3	6.5	6.1	5.7
3	864	39.2	15.439	9.979	7.764	6.599	5.890	5.416	5.078
4	900	39.2	15.101	9.605	7.388	6.227	5.523	5.053	4.718
5	922	39.3	14.885	9.364	7.146	5.988	5.285	4.817	4.484
6	937	39.3	14.735	9.197	6.978	5.820	5.119	4.652	4.320
7	948	39.4	14.624	9.074	6.853	5.695	4.995	4.529	4.197
8	957	39.4	14.540	8.980	6.757	5.600	4.899	4.433	4.102
9	963	39.4	14.473	8.905	6.681	5.523	4.823	4.357	4.026
10	969	39.4	14.419	8.844	6.619	5.461	4.761	4.295	3.964
11	973	39.4	14.374	8.794	6.568	5.410	4.709	4.243	3.912
12	977	39.4	14.337	8.751	6.525	5.366	4.666	4.200	3.868
13	980	39.4	14.304	8.715	6.488	5.329	4.628	4.162	3.831
14	983	39.4	14.277	8.684	6.456	5.297	4.596	4.130	3.798
15	985	39.4	14.253	8.657	6.428	5.269	4.568	4.101	3.769
16	987	39.4	14.232	8.633	6.403	5.244	4.543	4.076	3.744
17	989	39.4	14.213	8.611	6.381	5.222	4.521	4.054	3.722
18	990	39.4	14.196	8.592	6.362	5.202	4.501	4.034	3.701
19	992	39.4	14.181	8.575	6.344	5.184	4.483	4.016	3.683
20	993	39.4	14.167	8.560	6.329	5.168	4.467	3.999	3.667
21	994	39.5	14.155	8.546	6.314	5.154	4.452	3.985	3.652
22	995	39.5	14.144	8.533	6.301	5.141	4.439	3.971	3.638
23	996	39.5	14.134	8.522	6.289	5.128	4.426	3.959	3.626
24	997	39.5	14.124	8.511	6.278	5.117	4.415	3.947	3.614
25	998	39.5	14.115	8.501	6.268	5.107	4.405	3.937	3.604
26	999	39.5	14.107	8.492	6.258	5.097	4.395	3.927	3.594
27	1000	39.5	14.100	8.483	6.250	5.088	4.386	3.918	3.584
28	1000	39.5	14.093	8.476	6.242	5.080	4.378	3.909	3.576
29	1001	39.5	14.087	8.468	6.234	5.072	4.370	3.901	3.568
30	1001	39.5	14.081	8.461	6.227	5.065	4.362	3.894	3.560
31	1002	39.5	14.075	8.455	6.220	5.058	4.356	3.887	3.553

0.975 -Quantile der $F(df_1, df_2)$-Verteilung

Beispiel: $X \sim F(4,6), P(X \leq c) = 0.9750 \Rightarrow c = 6.227$

Es gilt: $F(df_1, df_2)_\alpha = \frac{1}{F(df_2, df_1)_{1-\alpha}}$

0.975 -Quantile der $F(df_1, df_2)$-Verteilung								
				df_2				
df_1	10	11	12	13	14	15	16	17	18
1	6.9	6.7	6.6	6.4	6.3	6.2	6.1	6.0	6.0
2	5.5	5.3	5.1	5.0	4.9	4.8	4.7	4.6	4.6
3	4.826	4.630	4.474	4.347	4.242	4.153	4.077	4.011	3.954
4	4.468	4.275	4.121	3.996	3.892	3.804	3.729	3.665	3.608
5	4.236	4.044	3.891	3.767	3.663	3.576	3.502	3.438	3.382
6	4.072	3.881	3.728	3.604	3.501	3.415	3.341	3.277	3.221
7	3.950	3.759	3.607	3.483	3.380	3.293	3.219	3.156	3.100
8	3.855	3.664	3.512	3.388	3.285	3.199	3.125	3.061	3.005
9	3.779	3.588	3.436	3.312	3.209	3.123	3.049	2.985	2.929
10	3.717	3.526	3.374	3.250	3.147	3.060	2.986	2.922	2.866
11	3.665	3.474	3.321	3.197	3.095	3.008	2.934	2.870	2.814
12	3.621	3.430	3.277	3.153	3.050	2.963	2.889	2.825	2.769
13	3.583	3.392	3.239	3.115	3.012	2.925	2.851	2.786	2.730
14	3.550	3.359	3.206	3.082	2.979	2.891	2.817	2.753	2.696
15	3.522	3.330	3.177	3.053	2.949	2.862	2.788	2.723	2.667
16	3.496	3.304	3.152	3.027	2.923	2.836	2.761	2.697	2.640
17	3.474	3.282	3.129	3.004	2.900	2.813	2.738	2.673	2.617
18	3.453	3.261	3.108	2.983	2.879	2.792	2.717	2.652	2.596
19	3.435	3.243	3.090	2.965	2.861	2.773	2.698	2.633	2.576
20	3.419	3.226	3.073	2.948	2.844	2.756	2.681	2.616	2.559
21	3.403	3.211	3.057	2.932	2.828	2.740	2.665	2.600	2.543
22	3.390	3.197	3.043	2.918	2.814	2.726	2.651	2.585	2.529
23	3.377	3.184	3.031	2.905	2.801	2.713	2.637	2.572	2.515
24	3.365	3.173	3.019	2.893	2.789	2.701	2.625	2.560	2.503
25	3.355	3.162	3.008	2.882	2.778	2.689	2.614	2.548	2.491
26	3.345	3.152	2.998	2.872	2.767	2.679	2.603	2.538	2.481
27	3.335	3.142	2.988	2.862	2.758	2.669	2.594	2.528	2.471
28	3.327	3.133	2.979	2.853	2.749	2.660	2.584	2.519	2.461
29	3.319	3.125	2.971	2.845	2.740	2.652	2.576	2.510	2.453
30	3.311	3.118	2.963	2.837	2.732	2.644	2.568	2.502	2.445
31	3.304	3.110	2.956	2.830	2.725	2.636	2.560	2.494	2.437

					df_2				

0.975 -Quantile der $F(df_1, df_2)$-Verteilung

df_1	19	20	21	22	23	24	25	26	27
1	5.9	5.9	5.8	5.8	5.7	5.7	5.7	5.7	5.6
2	4.5	4.5	4.4	4.4	4.3	4.3	4.3	4.3	4.2
3	3.903	3.859	3.819	3.783	3.750	3.721	3.694	3.670	3.647
4	3.559	3.515	3.475	3.440	3.408	3.379	3.353	3.329	3.307
5	3.333	3.289	3.250	3.215	3.183	3.155	3.129	3.105	3.083
6	3.172	3.128	3.090	3.055	3.023	2.995	2.969	2.945	2.923
7	3.051	3.007	2.969	2.934	2.902	2.874	2.848	2.824	2.802
8	2.956	2.913	2.874	2.839	2.808	2.779	2.753	2.729	2.707
9	2.880	2.837	2.798	2.763	2.731	2.703	2.677	2.653	2.631
10	2.817	2.774	2.735	2.700	2.668	2.640	2.613	2.590	2.568
11	2.765	2.721	2.682	2.647	2.615	2.586	2.560	2.536	2.514
12	2.720	2.676	2.637	2.602	2.570	2.541	2.515	2.491	2.469
13	2.681	2.637	2.598	2.563	2.531	2.502	2.476	2.451	2.429
14	2.647	2.603	2.564	2.528	2.497	2.468	2.441	2.417	2.395
15	2.617	2.573	2.534	2.498	2.466	2.437	2.411	2.387	2.364
16	2.591	2.547	2.507	2.472	2.440	2.411	2.384	2.360	2.337
17	2.567	2.523	2.483	2.448	2.416	2.386	2.360	2.335	2.313
18	2.546	2.501	2.462	2.426	2.394	2.365	2.338	2.314	2.291
19	2.526	2.482	2.442	2.407	2.374	2.345	2.318	2.294	2.271
20	2.509	2.464	2.425	2.389	2.357	2.327	2.300	2.276	2.253
21	2.493	2.448	2.409	2.373	2.340	2.311	2.284	2.259	2.237
22	2.478	2.434	2.394	2.358	2.325	2.296	2.269	2.244	2.222
23	2.465	2.420	2.380	2.344	2.312	2.282	2.255	2.230	2.208
24	2.452	2.408	2.368	2.331	2.299	2.269	2.242	2.217	2.195
25	2.441	2.396	2.356	2.320	2.287	2.257	2.230	2.205	2.183
26	2.430	2.385	2.345	2.309	2.276	2.246	2.219	2.194	2.171
27	2.420	2.375	2.335	2.299	2.266	2.236	2.209	2.184	2.161
28	2.411	2.366	2.325	2.289	2.256	2.226	2.199	2.174	2.151
29	2.402	2.357	2.317	2.280	2.247	2.217	2.190	2.165	2.142
30	2.394	2.349	2.308	2.272	2.239	2.209	2.182	2.157	2.133
31	2.386	2.341	2.300	2.264	2.231	2.201	2.174	2.148	2.125

0.995 -Quantile der $F(df_1, df_2)$-Verteilung							
			df_2				
df_1	3	4	5	6	7	8	9	10
2	49.8	26.3	18.3	14.5	12.4	11.0	10.1	9.4
3	47.467	24.259	16.530	12.917	10.882	9.596	8.717	8.081
4	46.195	23.155	15.556	12.028	10.050	8.805	7.956	7.343
5	45.392	22.456	14.940	11.464	9.522	8.302	7.471	6.872
6	44.838	21.975	14.513	11.073	9.155	7.952	7.134	6.545
7	44.434	21.622	14.200	10.786	8.885	7.694	6.885	6.302
8	44.126	21.352	13.961	10.566	8.678	7.496	6.693	6.116
9	43.882	21.139	13.772	10.391	8.514	7.339	6.541	5.968
10	43.686	20.967	13.618	10.250	8.380	7.211	6.417	5.847
11	43.524	20.824	13.491	10.133	8.270	7.104	6.314	5.746
12	43.387	20.705	13.384	10.034	8.176	7.015	6.227	5.661
13	43.271	20.603	13.293	9.950	8.097	6.938	6.153	5.589
14	43.172	20.515	13.215	9.877	8.028	6.872	6.089	5.526
15	43.085	20.438	13.146	9.814	7.968	6.814	6.032	5.471
16	43.008	20.371	13.086	9.758	7.915	6.763	5.983	5.422
17	42.941	20.311	13.033	9.709	7.868	6.718	5.939	5.379
18	42.880	20.258	12.985	9.664	7.826	6.678	5.899	5.340
19	42.826	20.210	12.942	9.625	7.788	6.641	5.864	5.305
20	42.778	20.167	12.903	9.589	7.754	6.608	5.832	5.274
21	42.733	20.128	12.868	9.556	7.723	6.578	5.803	5.245
22	42.693	20.093	12.836	9.526	7.695	6.551	5.776	5.219
23	42.656	20.060	12.807	9.499	7.669	6.526	5.752	5.195
24	42.622	20.030	12.780	9.474	7.645	6.503	5.729	5.173
25	42.591	20.002	12.755	9.451	7.623	6.482	5.708	5.153
26	42.562	19.977	12.732	9.430	7.603	6.462	5.689	5.134
27	42.535	19.953	12.711	9.410	7.584	6.444	5.671	5.116
28	42.511	19.931	12.691	9.392	7.566	6.427	5.655	5.100
29	42.487	19.911	12.673	9.374	7.550	6.411	5.639	5.085
30	42.466	19.892	12.656	9.358	7.534	6.396	5.625	5.071
31	42.446	19.874	12.639	9.343	7.520	6.382	5.611	5.057

Beispiel: $X \sim F(4,6), P(X \le c) = 0.9950 \Rightarrow c = 12.028$

Es gilt: $F(df_1, df_2)_\alpha = \frac{1}{F(df_2, df_1)_{1-\alpha}}$

df_1	11	12	13	14	15	16	17	18

0.995 -Quantile der $F(df_1, df_2)$-Verteilung

df_2

df_1	11	12	13	14	15	16	17	18
2	8.9	8.5	8.2	7.9	7.7	7.5	7.4	7.2
3	7.600	7.226	6.926	6.680	6.476	6.303	6.156	6.028
4	6.881	6.521	6.233	5.998	5.803	5.638	5.497	5.375
5	6.422	6.071	5.791	5.562	5.372	5.212	5.075	4.956
6	6.102	5.757	5.482	5.257	5.071	4.913	4.779	4.663
7	5.865	5.525	5.253	5.031	4.847	4.692	4.559	4.445
8	5.682	5.345	5.076	4.857	4.674	4.521	4.389	4.276
9	5.537	5.202	4.935	4.717	4.536	4.384	4.254	4.141
10	5.418	5.085	4.820	4.603	4.424	4.272	4.142	4.030
11	5.320	4.988	4.724	4.508	4.329	4.179	4.050	3.938
12	5.236	4.906	4.643	4.428	4.250	4.099	3.971	3.860
13	5.165	4.836	4.573	4.359	4.181	4.031	3.903	3.793
14	5.103	4.775	4.513	4.299	4.122	3.972	3.844	3.734
15	5.049	4.721	4.460	4.247	4.070	3.920	3.793	3.683
16	5.001	4.674	4.413	4.200	4.024	3.875	3.747	3.637
17	4.959	4.632	4.372	4.159	3.983	3.834	3.707	3.597
18	4.921	4.595	4.334	4.122	3.946	3.797	3.670	3.560
19	4.886	4.561	4.301	4.089	3.913	3.764	3.637	3.527
20	4.855	4.530	4.270	4.059	3.883	3.734	3.607	3.498
21	4.827	4.502	4.243	4.031	3.855	3.707	3.580	3.471
22	4.801	4.476	4.217	4.006	3.830	3.682	3.555	3.446
23	4.778	4.453	4.194	3.983	3.807	3.659	3.532	3.423
24	4.756	4.431	4.173	3.961	3.786	3.638	3.511	3.402
25	4.736	4.412	4.153	3.942	3.766	3.618	3.492	3.382
26	4.717	4.393	4.134	3.923	3.748	3.600	3.473	3.364
27	4.700	4.376	4.117	3.906	3.731	3.583	3.457	3.347
28	4.684	4.360	4.101	3.891	3.715	3.567	3.441	3.332
29	4.668	4.345	4.087	3.876	3.701	3.553	3.426	3.317
30	4.654	4.331	4.073	3.862	3.687	3.539	3.412	3.303
31	4.641	4.318	4.060	3.849	3.674	3.526	3.399	3.290

0.995 -Quantile der $F(df_1, df_2)$-Verteilung

| df_1 | \multicolumn{8}{c}{df_2} |
	19	20	21	22	23	24	25	26
2	7.1	7.0	6.9	6.8	6.7	6.7	6.6	6.5
3	5.916	5.818	5.730	5.652	5.582	5.519	5.462	5.409
4	5.268	5.174	5.091	5.017	4.950	4.890	4.835	4.785
5	4.853	4.762	4.681	4.609	4.544	4.486	4.433	4.384
6	4.561	4.472	4.393	4.322	4.259	4.202	4.150	4.103
7	4.345	4.257	4.179	4.109	4.047	3.991	3.939	3.893
8	4.177	4.090	4.013	3.944	3.882	3.826	3.776	3.730
9	4.043	3.956	3.880	3.812	3.750	3.695	3.645	3.599
10	3.933	3.847	3.771	3.703	3.642	3.587	3.537	3.492
11	3.841	3.756	3.680	3.612	3.551	3.497	3.447	3.402
12	3.763	3.678	3.602	3.535	3.475	3.420	3.370	3.325
13	3.696	3.611	3.536	3.469	3.408	3.354	3.304	3.259
14	3.638	3.553	3.478	3.411	3.351	3.296	3.247	3.202
15	3.587	3.502	3.427	3.360	3.300	3.246	3.196	3.151
16	3.541	3.457	3.382	3.315	3.255	3.201	3.151	3.107
17	3.501	3.416	3.342	3.275	3.215	3.161	3.111	3.067
18	3.465	3.380	3.305	3.239	3.179	3.125	3.075	3.031
19	3.432	3.347	3.273	3.206	3.146	3.092	3.043	2.998
20	3.402	3.318	3.243	3.176	3.116	3.062	3.013	2.968
21	3.375	3.291	3.216	3.149	3.089	3.035	2.986	2.941
22	3.350	3.266	3.191	3.125	3.065	3.011	2.961	2.917
23	3.327	3.243	3.168	3.102	3.042	2.988	2.939	2.894
24	3.306	3.222	3.147	3.081	3.021	2.967	2.918	2.873
25	3.287	3.203	3.128	3.061	3.001	2.947	2.898	2.853
26	3.269	3.184	3.110	3.043	2.983	2.929	2.880	2.835
27	3.252	3.168	3.093	3.026	2.966	2.912	2.863	2.818
28	3.236	3.152	3.077	3.011	2.951	2.897	2.847	2.802
29	3.221	3.137	3.063	2.996	2.936	2.882	2.833	2.788
30	3.208	3.123	3.049	2.982	2.922	2.868	2.819	2.774
31	3.195	3.110	3.036	2.969	2.909	2.855	2.806	2.761

Literaturverzeichnis

[1] Bamberg G., Bauer F. (1998). *Statistik*. Oldenbourg, München.

[2] Cramer E., Kamps U., Oltmanns E. (2007). *Wirtschaftsmathematik* (2. Aufl.). Oldenbourg, München.

[3] Cramer E., Kamps U. (2001). *Grundlagen der Wahrscheinlichkeitsrechnung und Statistik*. Springer, Berlin.

[4] Dehling H., Haupt B. (2004). *Einführung in die Wahrscheinlichkeitstheorie und Statistik*. Springer, Berlin.

[5] Fahrmeir L., Künstler R., Pigeot I., Tutz, G. (2004). *Statistik - Der Weg zur Datenanalyse* (5. Aufl.). Springer, Berlin.

[6] Härdle W. (1990). *Applied Nonparametric Regression*. Cambridge University Press, Cambridge.

[7] Hartung J., Elpelt B., Klösener K.-H. (2002) *Statistik* (13. Aufl.). Oldenbourg, München.

[8] Kockelkorn U. (1993). *Statistik für Anwender*. Skript, Berlin.

[9] Kockelkorn U. (2000). *Lineare statistische Methoden*. Oldenbourg, München.

[10] Rohatgi V.K., Saleh E. (2001). *An Introduction to Probability and Statistics*. Wiley, New York.

[11] Schlittgen R. (1996). *Statistische Inferenz*. Oldenbourg, München.

[12] Schlittgen R. (2003). *Einführung in die Statistik* (10. Aufl.). Oldenbourg, München.

[13] Steland A. (2004). *Mathematische Grundlagen der empirischen Forschung*. Springer, Berlin.

[14] Stock J.H., Watson M.H. (2007). *Introduction to Econometrics*. Pearson International, Boston.

[15] Sydsaeter K., Hammond P. (2006). *Mathematik für Wirtschaftswissenschaftler*. Pearson-Studium.

[16] Zucchini W., Schlegel A., Nenadić, Sperlich, S. (2009). *Statistik für Bachelor- und Masterstudenten*, Springer-Verlag.

Sachverzeichnis